广西湿地植被

梁士楚 著

科学出版社

北京

内 容 简 介

　　本书系统论述了广西湿地植被的基本特征。简述了广西湿地植被的环境特征；分析了广西湿地植被的组成种类、生活型、水分适应型、区系成分等；提出了广西湿地植被的分类原则、分类单位和分类系统；概述了落叶针叶林、常绿针叶林、落叶阔叶林、常绿阔叶林、红树林、半红树林、竹林、常绿鳞叶林、落叶阔叶灌丛、常绿阔叶灌丛、盐生灌丛、莎草型草丛、禾草型草丛、杂草型草丛、盐生草丛、沉水草丛、浮叶草丛、漂浮草丛、挺水草丛、海草床、苔丛、藓丛等广西湿地植被主要类型的群落学特征；探讨了广西湿地植被的地理分布及其演替规律；分析了广西湿地植被的资源类型、利用现状及其保护管理对策。

　　本书可供湿地学、生态学、环境科学、地理科学、海洋学等学科的研究人员，农业、林业、水利、海洋、环保、旅游等领域的工作者，以及自然保护区管理人员和大专院校师生阅读和参考。

图书在版编目（CIP）数据

广西湿地植被/梁士楚著. —北京：科学出版社，2020.11
ISBN 978-7-03-066265-1

Ⅰ. ①广…　Ⅱ. ①梁…　Ⅲ. ①沼泽化地–植被–研究–广西　Ⅳ. ①Q948.526.7

中国版本图书馆 CIP 数据核字(2020)第 184341 号

责任编辑：张会格　白　雪 / 责任校对：郑金红
责任印制：吴兆东 / 封面设计：刘新新

科学出版社 出版
北京东黄城根北街 16 号
邮政编码：100717
http://www.sciencep.com

北京虎彩文化传播有限公司 印刷
科学出版社发行　各地新华书店经销
*
2020 年 11 月第 一 版　开本：787×1092 1/16
2020 年 11 月第一次印刷　印张：19 3/4
字数：468 000
定价：**198.00 元**
(如有印装质量问题，我社负责调换)

前　言

　　湿地植被是指生长在湿地环境中的各种植物群落的总称。湿地植被在各个气候带都有分布，为隐域植被。受气候、水文、底质等因子的影响，湿地植被类型较为复杂，从而维持丰富多样的物种多样性。广西湿地植被的专门性研究起步较晚，目前还缺乏系统和全面的研究，仅有一些文献报道。例如，金鉴明等（1981）报道漓江阳朔河道及其沿岸水生植被的主要类型为五刺金鱼藻（*Ceratophyllum platyacanthum* subsp. *oryzetorum*）群落、黑藻（*Hydrilla verticillata*）群落、竹叶眼子菜（*Potamogeton wrightii*）群落、菹草（*Potamogeton crispus*）群落等；梁士楚（2007）根据植物形态和生态特征的不同，将玉林湿地植被划分为湿生植物群落、挺水植物群落、浮水植物群落和沉水植物群落4个植被亚型29个群系；李桂荣（2008）把广西湿地植被划分为湿生植物群落、挺水植物群落、浮水植物群落和沉水植物群落4个植被亚型37个群系；甘新华和林清（2008）报道河池市的沉水植物群落有19个群丛；梁士楚（2011a）将广西湿地植被划分为5个植被型组12个植被型7个植被亚型144个群系；黄安书（2012）将广西湿地植被划分为人工植被与自然植被两大类型，其中人工植被再划分为3个植被型14个群系，自然植被再划分为9个植被型组16个植被型137个群系；国家林业局（2015）将广西湿地植被的主要类型划分为7个植被型组13个植被型70个群系等。这些研究既有广西全境范围的，也有广西局部地区的，但对于相关植被类型的群落学特征、分布特点、演替动态等方面还需要开展更深入的研究。广西境内的湿地类型众多，为湿地植被的生长和分布提供了良好的环境条件。因此，湿地植被类型复杂多样，生物多样性丰富。然而，近年来受人为干扰等因素的影响，一些湿地及其植被处于较为强烈的动态变化之中，因此有必要系统地开展广西湿地植被的生态学研究，以便为其有效地保护管理和可持续利用提供理论依据。本书是作者1982年以来对广西湿地植被研究的总结，目的在于抛砖引玉。

　　广西湿地植被的主要生境类型可划分为内陆湿地和滨海湿地两大类型，其中内陆湿地包括河流、湖泊、沼泽及沼泽化区、水库、池塘、沟渠、水田及其他土壤潮湿的区域，滨海湿地包括潮上带湿地、潮间带湿地和潮下带湿地。在具体的生境类型中，永久性淹水区为河流、湖泊、水库在低水位或枯水期水深不超过2m的永久性被水淹没的区域；消落带为河流、湖泊、水库中因水位涨落使被淹没土地周期性出露于水面的区域；岸坡为河流和沟渠两侧及湖泊、水库和池塘四周受自身水体、地下水位或其他水源影响的潮湿斜坡；河口为河流与其受纳水体联结的过渡区域，其根据受纳水体的不同可划分为入海河口、入湖河口、入库河口、支流河口等；河漫滩为位于河床主槽一侧或两侧、洪水期被淹没而枯水期出露的滩地；河心洲为位于河流中超出一般洪水位的堆积体或岩体；沼泽为地表经常过湿或有薄层积水，并有泥炭积累或潜育层发育明显的区域；沼泽化区为有沼泽化趋势的区域；水田为用于种植稻（*Oryza sativa*）、荸荠（*Eleocharis dulcis*）、华夏慈姑（*Sagittaria trifolia* subsp. *leucopetala*）、莲（*Nelumbo nucifera*）、豆瓣菜（*Nasturtium officinale*）、蕹菜（*Ipomoea aquatica*）、芋（*Colocasia esculenta*）、菰（*Zizania latifolia*）、东方泽泻（*Alisma orientale*）、蕺菜（*Houttuynia cordata*）、短叶茳芏（*Cyperus malaccensis* subsp. *monophyllus*）等水生作物或药材、有积水或潮湿的农田；而其他湿地是指水田之间及其周围、丘陵、山地等的潮湿地。

在广西湿地植被研究过程中，对于高度在 0.2m 以下，如破铜钱（*Hydrocotyle sibthorpioides* var. *batrachium*）、牛毛毡（*Eleocharis yokoscensis*）等的低矮草本植被类型，其连续分布面积在 $50m^2$ 以上才作为调查对象，而其他的草本植被类型为 $100m^2$ 以上。一些植被类型，如挖耳草（*Utricularia bifida*）、合苞挖耳草（*Utricularia peranomala*）、圆叶挖耳草（*Utricularia striatula*）等群丛，只有生境条件适合时才会出现。受湿地植物生物生态学特性的影响，一些植被类型不仅组成种类相对复杂，而且层次结构有一定的特殊性。例如，由于沉水植物淹没在水中，浮叶植物的叶浮在水面，漂浮植物自由漂浮在水面，因此对于水生植被群落类型的划分应考虑群落内挺水层、浮叶层、漂浮层、沉水层 4 个层次植物组成种类的差异。一些植被类型具有多生态型，如喜旱莲子草（*Alternanthera philoxeroides*）群丛在水较深时可呈漂浮生长，水较浅时呈挺水生长，而水枯时则呈湿生生长；芦苇（*Phragmites australis*）、茳芏（*Cyperus malaccensis*）、短叶茳芏等群丛既见于内陆淡水生境，也见于滨海盐水生境。对于这些植被类型在分类系统中的划分及归类，主要依据它们通常生长的生境类型和条件。

本书中，桂东是指玉林市、梧州市、贵港市和贺州市，桂南是指南宁市、北海市、钦州市和防城港市，桂西是指百色市、河池市和崇左市，桂北是指桂林市，桂中地区是指柳州市和来宾市。为了更好地掌握不同湿地植被类型的地理分布及其生境特点，14 个地级市在地点描述方面仅是指城区，不包括所辖的县或市。同一植被型内，不同群系按照其建群种所属科在植物分类系统上的顺序进行排列，属于同一个科的则按照属拉丁文字母顺序进行排列。由于一些湿地植物的生态幅度较宽，可以适生于多种生境，其水分适应型归属众说不一，本书划分为半湿生、湿生、水陆生、水湿生、挺水、浮叶、漂浮、沉水 8 个类群。其中，水陆生植物和水湿生植物既能水生又能湿生，水陆生植物还能中生，以这两类植物为建群种的群落在植被分类系统中的归属是根据它们常见的生长状态来划分的。层是由一定数量具有相同生长型的植物个体共同形成且叶层相对连续的结构单元，如森林群落可划分为乔木层、灌木层、草本层、地被层 4 个基本层次等。若同一层次存在亚层次结构，乔木层的采用第一亚层、第二亚层表示，灌木层和草本层的采用上层、下层表示。限于篇幅等，书中仅给出部分样方调查资料，作为范例。

本书的相关研究及出版得到广西自然科学基金重点项目（桂科自 0991022Z）、珍稀濒危动植物生态与环境保护教育部重点实验室、广西高校野生动植物生态学重点实验室等联合资助。

在野外调查、资料整理、写作等过程中，先后得到了吴汝祥、梁铭忠、伍淑婕、李桂荣、姚贻强、覃盈盈、韦锋、李军伟、黄安书、李凤、田华丽、巫文香、杨晨玲、田丰、赵红艳、李丽香、刘润红、漆光超、丁月萍、涂洪润、盘远方、林红玲、何雁、蒋婷、方耀成、肖艳梅、邬月儿等大力协助，在此表示衷心的感谢！

鉴于作者水平有限，不足之处在所难免，恳切希望同行和读者批评指正。

梁士楚

2019 年 8 月于广西桂林

目　录

第一章 广西湿地植被的环境特征

广西壮族自治区（以下简称广西）地处中国南部，位于北纬 20°54′～26°24′，东经 104°28′～112°04′，北回归线横贯中部。东连广东省，南临北部湾并与海南省隔海相望，西邻云南省，东北接湖南省，西北靠贵州省，西南与越南社会主义共和国毗邻。行政区域土地面积 23.76 万 km²，管辖北部湾海域面积约 4 万 km²。

第一节 地 貌

广西地处云贵高原东南边缘，两广丘陵西部。西北高、东南低，呈西北向东南倾斜状。四周多被山地、高原环绕，中部和南部多为丘陵平地，呈盆地状，素有"广西盆地"之称。

一、陆域地貌

广西陆域地貌可分为山地、丘陵、台地、平原等类型，呈现山多平原少、喀斯特地貌面积大等特点（广西大百科全书编纂委员会，2008a）。

（一）山地

广西海拔 400m 以上的山地面积占广西总面积的 39.7%。其中，桂北山地主要山峰有银竹老山、大南山、天平山、海洋山、蔚青岭、猫儿山、银殿山、驾桥岭等，海拔多在 1000m 以上，最高峰猫儿山海拔 2141.5m；桂西山地主要山峰有凤凰山、东风岭、青龙山、金钟山、六诏山、岑王老山、公母山等，海拔多在 1000m 以上，最高峰岑王老山海拔 2062.5m；桂东山地主要山峰有大桂山、姑婆山、云开大山、六万大山、大容山、大平天山等，海拔多在 700m 以上，最高峰姑婆山海拔 1730m；桂南山地主要山峰有十万大山、大明山、镇龙山、铜鱼山、罗阳山等，海拔多在 500m 以上，最高峰大明山海拔 1760.4m；桂中山地主要山峰有大瑶山、圣堂山、莲花山、元宝山、摩天岭等，海拔多在 1000m 以上，最高峰元宝山海拔 2081m。这些山地森林茂密，水源涵养丰富，水系发达，发育的湿地复杂多样。

（二）丘陵

广西海拔 200～400m 的丘陵面积占广西总面积的 10.3%。丘陵类型较多，但分布不均匀，主要分布在中低山边缘和主干河流两侧，以桂东南、桂南及桂西南一带较为集中，左江—郁江—浔江以南有连片分布。岩性有砂页岩、变质岩、花岗岩、岩溶、熔岩等。在构造上，丘陵多为陷落或上升都不明显的地区，为山地和平原之间的过渡类型。由于冲沟、凹地等比较发育，湿地类型较多。

（三）石山

广西石山面积占广西总面积的 19.7%。在石山地区，同样也发育着各种类型的湿地。例如，马祖陆等（2009）将岩溶湿地划分为 2 个亚类 7 个一级分类 17 个二级分类。

（四）台地

广西海拔 200m 以下的台地面积占广西总面积的 6.3%，主要类型有侏罗系硅质页岩侵蚀台地、白垩系紫砂岩侵蚀台地、侏罗系砂岩或志留系砂岩和砂页岩海蚀台地、第四系熔岩台地、第四系河流冲积物堆积台地及河谷两侧不连续的堆积台地。这些台地由于缺水和干旱，湿地类型较少。

（五）平原

广西平原面积占广西总面积的 20.6%，主要类型有冲积平原、海积平原、溶蚀平原、侵蚀—溶蚀平原等。其中，冲积平原面积最大，见于桂东南、桂南、桂中、右江河谷等；侵蚀—溶蚀平原次之，分布在碳酸盐岩与非碳酸盐岩接触地带；溶蚀平原是由碳酸盐岩溶蚀夷平而成，上覆溶蚀残余物质组成的红土台地，见于南宁、来宾等；海积平原海拔 1.5～2m，表层沉积多数为灰色或黑色泥质沙质淤泥，见于桂南沿海地区。由于平原多在沿江、沿海地区发育，湿地类型较多。

二、海域地貌

广西大陆海岸线西起中国与越南交界的东兴市北仑河口，东至与广东接壤的合浦县山口镇洗米河口，全长 1628.59km。

（一）海岸

广西海岸地貌大致以钦州市犀牛脚为界分为东、西两部分。东部地貌主要是由第四系湛江组和北海组砂砾、泥沙层组成的古洪积—冲积平原，地势由北向南倾斜，间有剥蚀残丘零星分布，以侵蚀—堆积的沙质夷平岸为主，岸线平直，海成沙堤广泛发育；而西部地貌主要是由下古生界志留系和中生界侏罗系的沙岩、粉沙岩、泥岩及不同时期侵入岩体构成的丘陵多级基岩剥蚀台地，主要为微弱充填的曲折溺谷湾海岸，岸线蜿蜒曲折，港湾众多（广西大百科全书编纂委员会，2008b）

（二）岛屿

广西沿海岛屿有 709 个，其中北海市 70 个、钦州市 304 个、防城港市 335 个，总面积 155.59km²，岸线长 671.17km（孟宪伟和张创智，2014）。主要特点是：①多数岛屿分布在港湾内；②岛屿数量大、面积小；③岛屿多数离岸较近，有些岛屿经过多次开发，已经成为陆连岛，如龙门岛、西村岛、渔沥岛、巫头岛、山心岛、沥尾岛等因修建桥梁、海堤或围垦而与大陆连通（广西海洋开发保护管理委员会，1996）。岛屿湿地及植被也较为发育，如广西海岛红树林可划分为 8 个群系 11 个群落（宁世江等，1995）。

（三）滩涂

广西沿海滩涂面积为 1005.31km²，主要是沙滩，面积为 555.15km²；其次是沙泥滩和淤泥滩，面积分别为 186.93km² 和 170.83km²。湿地植被有草丛、灌丛和红树林三大类型。

（四）浅海

广西沿海地区潮汐以全日潮为主，最大潮差 6.25m，平均潮差 2.42m。海水平均盐度 28.81，最高盐度 33.60，最低盐度 2.63；海水平均温度 23.5℃，最高温度 32.8℃，最低温度 10.1℃（广西大百科全书编纂委员会，2008b）。沿岸水深 0～20m 的浅海面积有 6488.31km²。其中，水深 0～5m 的浅海面积为 1437.56km²，占 22.16%；水深 5～10m 的浅海面积为 1159.00km²，占 17.86%；水深 10～15m 的浅海面积为 1206.44km²，占 18.59%；水深 15～20m 的浅海面积为 2685.31km²，占 41.39%。低潮时水深不超过 6m 的浅海水域的植被类型主要为海草床。

（五）河口

广西滨海地区河流众多，其中北海市有 93 条，总长 558km，流域总面积 2324km²，独流入海河流有洗米河、武留江、那交河、公馆河、南康江、福成河、三合口江、冯家江、七星江、南流江等；钦州市流域面积 100km² 以上的河流有 32 条，独流入海河流有 25 条，主要有钦江、大风江等；防城港市流域面积 50km² 以上的河流有 50 条，独流入海河流有防城河、茅岭江、北仑河、江平江等。这些入海河流的河口是广西红树林和盐沼植被分布的主要区域之一（梁士楚，2018）。

第二节 气 候

广西气候可划分为中亚热带、南亚热带和北热带 3 个气候带。≥10℃积温 6900℃等值线以北为中亚热带，≥10℃积温 8000℃等值线以南为北热带，两带之间为南亚热带；南亚热带北界经梧州北、平南北、武宣、宾阳、上林、马山、都安、巴马至田林一线，界线位于大桂山、大瑶山、都阳山、青龙山南侧，金钟山东侧；北热带主要包括东兴市、北海市各区及合浦县山口镇等地（况雪源等，2007）。

一、中亚热带

广西中亚热带可划分为桂东北北部、桂北、桂东北南部、桂中和桂西北 5 个气候区。主要气候特征是气候温暖湿润、冬有霜或雪。年平均气温 16.5～20.8℃，最热 7 月平均气温 24.7～28.9℃，最冷 1 月平均气温 5.5～11.6℃，极端最高气温 35.7～40.7℃，极端最低气温 –8.4～–1.0℃，≥10℃积温 5075～6900℃，年降水量 1086～2017mm，年蒸发量 1132～1734mm，日照时数 1218～1653h（表 1-1）。

表 1-1　广西中亚热带气候区的主要特征

气候区	桂东北北部气候区	桂北气候区	桂东北南部气候区	桂中气候区	桂西北气候区
行政区域	资源、全州、龙胜、兴安、灌阳、灵川、桂林市区、永福、阳朔、三江、融安、融水、富川、恭城北部	南丹、罗城、天峨、环江	贺州市区、钟山、昭平、平乐、荔浦、蒙山、鹿寨、金秀	柳州市区、柳城、柳江、来宾市区、象州、忻城、合山、河池市区、宜州、武宣北部、环江南部	东兰、凤山、乐业、隆林、西林、凌云、巴马北部、天峨南部
年平均气温/℃	16.5～19.8	17.0～19.0	19.6～20.4	19.9～20.8	19.1～20.2
最热 7 月均温/℃	26.2～28.6	24.7～27.1	27.7～28.7	27.9～28.9	25.5～27.2
最冷 1 月均温/℃	5.5～9.2	7.4～8.9	8.7～10.1	9.9～11.1	10.2～11.6
极端最高气温/℃	38.3～40.4	35.7～38.5	38.9～39.9	39.0～40.0	37.1～40.7
极端最低气温/℃	−8.4～−3.0	−5.5～−4.0	−5.6～−2.6	−4.2～−1.0	−5.3～−2.4
≥10℃积温/℃	5075～6332	5254～6034	6282～6900	6535～6900	6263～6900
年降水量/mm	1452～1992	1498～1578	1379～2017	1331～1517	1086～1707
年蒸发量/mm	1239～1734	1132～1388	1303～1728	1434～1687	1153～1418
日照时数/h	1246～1556	1218～1354	1451～1620	1315～1653	1370～1652

数据来源：况雪源等，2007

二、南亚热带

广西南亚热带可划分为桂东南、桂南和桂西南 3 个气候区。主要气候特征是气候暖热、夏长冬短。年平均气温 20.6～22.6℃，最热 7 月平均气温 27.0～28.8℃，最冷 1 月平均气温 11.0～14.3℃，极端最高气温 37.3～42.2℃，极端最低气温−4.4～1.4℃，≥10℃积温 6900～8000℃，年降水量 1087～2616mm，年蒸发量 1266～1861mm，日照时数 1381～1908h（表 1-2）。

表 1-2　广西南亚热带气候区的主要特征

气候区	桂东南气候区	桂南气候区	桂西南气候区
行政区域	玉林、梧州市区、苍梧、藤县、岑溪、平南、桂平	钦州、防城、防城港、贵港市区、马山、上林、宾阳、武鸣、横县、大化、合浦大部、都安南部、武宣南部	崇左、南宁市区、百色市区、隆安、平果、田东、田阳、田林、德保、靖西、那坡、上思、巴马南部
年平均气温/℃	21.0～22.1	20.8～22.6	20.6～22.4
最热 7 月均温/℃	28.0～28.8	27.9～28.8	27.0～28.7
最冷 1 月均温/℃	11.8～13.7	11.5～14.3	11.0～13.9
极端最高气温/℃	37.5～39.9	37.5～40.1	37.3～42.2
极端最低气温/℃	−4.1～0.5	−1.9～1.4	−4.4～−0.4
≥10℃积温/℃	6900～8000	6900～8000	6900～8000
年降水量/mm	1450～1906	1249～2616	1087～1366
年蒸发量/mm	1367～1861	1522～1762	1266～1852
日照时数/h	1652～1789	1409～1904	1381～1908

数据来源：况雪源等，2007

三、北热带

广西北热带只划分一个气候区，即沿海气候区，包括东兴、北海市区、合浦县山口等地，属北热带海洋性季风气候。气候温暖，长夏无冬，降水充沛。年平均气温 22.6～23.1℃，最冷 1 月平均气温 14.4～15.4℃，极端最高气温 35.8～38.4℃，极端最低气温 2.0～2.9℃，≥10℃积温 8000～8328℃，年降水量 1386～2755mm。

第三节　河流与湖泊

一、河流

广西的河流有地表河、地下河和人工运河。地表河年径流量 1830 亿 m³（表 1-3），以雨水补给类型为主，集雨面积在 50km² 以上的河流有 1350 条；受降水时空分布不均的影响，径流深与径流量在地域分布上呈自桂东南向桂西北逐渐减少的趋势；河流径流量的 70%～80% 集中在汛期。地下河见于喀斯特地区，长度在 2km 以上的有 435 条，总长约 1 万 km。人工运河有灵渠、相思埭、潭蓬运河、湖海运河等（梁士楚等，2014）。

表 1-3　广西主要河流基本情况

河流名称	流域面积/万 km²	流域面积占广西总面积/%	年径流量/亿 m³	水力资源蕴藏量/万 kW
全自治区	23.67	100.0	1830	2173.90
红水河	3.86	16.3	314	969.00
郁江	6.81	28.8	458	365.70
西江下游区	2.14	9.0	165	
桂江	1.82	7.7	111	171.90
南流江	0.92	3.9	74	23.76
柳江	4.20	17.7	320	408.20
贺江	0.84	3.5	104	79.70

数据来源：广西壮族自治区统计局，2019

二、湖泊

广西的湖泊有自然湖和人工湖两种类型（表 1-4），但面积较小。自然湖主要有石马湖、龙珠湖、灵水、经萝湖、苏关塘、八仙湖、连镜湖、睦洞湖等，其中的石马湖、睦洞湖、经萝湖、连镜湖等属喀斯特湖泊。一些湖泊因人为侵占等原因面积日趋减少。

表 1-4　广西的主要湖泊

名称	所在县市	面积/hm²	类型	名称	所在县市	面积/hm²	类型
南湖	南宁市	93	人工湖	桂湖	桂林市	16.6	人工湖
相思湖	南宁市	104.9	人工湖	木龙湖	桂林市	5.0	人工湖

名称	所在县市	面积/hm²	类型	名称	所在县市	面积/hm²	类型
白龙湖	南宁市	5.16	人工湖	睦洞湖	临桂县	22.26	自然湖
苏关塘	宾阳县	200.0	自然湖	龙角天池	天等县	20.2	自然湖
灵水	武鸣县	2.93	自然湖	东湖	贵港市	39.9	自然湖
镜湖	柳州	20	人工湖	成金塘	平南县	91	自然湖
经萝湖	隆安县	100	自然湖	龙珠湖	陆川县	20.0	自然湖
大龙潭	隆安县	1.3	自然湖	爱莲湖	贺州市	28.62	自然湖
八仙湖	武宣县	2.0	自然湖	石马湖	凤山县	133	自然湖
榕湖	桂林市	9.46	人工湖	连镜湖	靖西县	20.0	自然湖
杉湖	桂林市	7.02	人工湖	十里莲塘	田东县	46.67	自然湖

注：资料主要来源于广西壮族自治区地方志编纂委员会，1994；孙娟等，2006；广西大百科全书编纂委员会，2008a

第四节　湿地土壤

广西的湿地土壤主要类型有沼泽土、滨海盐土、酸性硫酸盐土、水稻土等（梁士楚等，2014）。

一、沼泽土

广西的沼泽土只有泥炭沼泽土 1 种类型，主要分布在沟谷洼地、山间洼地、湖滨、河流泛滥地等。由于地表长期积水，致使表层有泥炭积累，下层为潜育层。以泥炭化为主要成土过程的土壤，其有机物质的积累作用大于分解作用而形成泥炭，因此土壤中的有机质含量比较高。例如，猫儿山八角田山间低洼地带，发育有泥炭沼泽土，土壤厚 0.7～2.5m，剖面通体呈黑色、黑棕色或浊棕色，pH4.09～4.42，有机质含量 20%～30%，属高位泥炭（黄金玲和蒋得斌，2002；黄承标等，2009）；大明山、大瑶山、十万古田等地也有零星泥炭沼泽土分布。

二、滨海盐土

广西的滨海盐土见于北海市、钦州市和防城港市的潮滩地带，包括潮滩盐土、草甸潮滩盐土和滨海盐土 3 种类型，面积 77 534hm²。其中，砂质潮滩盐土见于低潮带至中潮带，面积 51 723hm²；壤质潮滩盐土见于中潮带至高潮带，面积 13 306hm²；黏质潮滩盐土见于高潮线附近，特别是港湾或海汊接近内陆处，面积 3005hm²；砂质草甸潮滩盐土见于低潮线附近，面积 1863hm²；壤质草甸潮滩盐土见于中潮带至高潮带，面积 3348hm²；黏质草甸潮滩盐土见于高潮线附近，面积 2501hm²；石灰质、砾质、砾质石灰性滨海盐土均呈零星分布，面积分别为 374hm²、73hm²、1341hm²（蓝福生等，1993；广西大百科全书编纂委员会，2008a）。

三、酸性硫酸盐土

广西的酸性硫酸盐土总面积 9160hm²，占潮滩面积的 10.57%，可划分为砂质硫酸盐土、壤质硫酸盐土和黏质硫酸盐土 3 种类型。酸性硫酸盐土多位于滨海盐土的内缘，集中连片面积较大的有珍珠湾至江平一带，约 666.7hm²，英罗湾约 100hm²，钦州七十二泾约 267hm²，其他呈零星分布。土壤多呈灰色或蓝黑色，泥土稀烂，大部分为淤泥质，具亚铁反应，质地多为壤土或黏土（喻国忠，2007）。

四、水稻土

水稻土是广西最大的一类耕作土壤，共有 164.72 万 hm²，占耕作土壤的 64.21%，主要分为淹育、潴育、潜育和咸酸 4 种类型（喻国忠，2007）。

第五节 人 为 活 动

人为活动对湿地植被的影响主要体现在因湿地发生变化而导致湿地植被的面积、类型、组成种类、结构等的变化。影响广西湿地植被的人为活动主要有建设水利工程、修建海堤和河堤、建设港口和码头、围垦造地、采沙、排放污染物、旅游、围海养殖、砍伐林木、打捞水草、乱捕滥挖等（梁士楚，2018）。

第二章　广西湿地植被的组成种类特征

湿地植被生长在水域生态系统和陆域生态系统的交错地带，因而具有较为丰富的组成种类和成分复杂的区系特征。广西湿地植被类型多种多样，对其组成种类特征进行分析，将有助于系统掌握广西湿地植被的生态学特征。

第一节　种　类　组　成

广西湿地植被组成种类共有 136 科 335 属 530 种（表 2-1）。其中，藻类植物有 1 科 1 属 1 种，各占总数的 0.74%、0.30% 和 0.19%；苔藓植物有 4 科 5 属 11 种，各占 2.94%、1.49% 和 2.08%；蕨类植物有 13 科 15 属 17 种，各占 9.56%、4.48% 和 3.21%；裸子植物有 2 科 3 属 3 种，各占 1.47%、0.90% 和 0.57%；被子植物有 116 科 311 属 498 种，各占 85.30%、92.84% 和 93.86%，包括双子叶植物有 90 科 211 属 315 种，各占 66.18%、63.99% 和 59.43%，单子叶植物有 26 科 100 属 183 种，各占 19.12%、29.85% 和 34.53%，即以双子叶植物种类为主。

表 2-1　广西湿地植被组成种类及其生活型和水分适应型

科名	属名	种名	生活型	水分适应型
轮藻科 Characeae	轮藻属 Chara	布氏轮藻 Chara braunii	h	④
地钱科 Marchantiaceae	毛地钱属 Dumortiera	毛地钱 Dumortiera hirsuta	h	③
	地钱属 Marchantia	地钱 Marchantia polymorpha	h	③
		拳卷地钱 Marchantia subintegra	h	③
		粗裂地钱 Marchantia paleacea	h	③
钱苔科 Ricciaceae	浮苔属 Riccocarpus	浮苔 Riccocarpus natans	h	⑥
泥炭藓科 Sphagnaceae	泥炭藓属 Sphagnum	长叶泥炭藓 Sphagnum falcatulum	f	③
		暖地泥炭藓拟柔叶亚种 Sphagnum junghuhnianum subsp. pseudomolle	f	③
		舌叶泥炭藓 Sphagnum obtusum	f	③
		卵叶泥炭藓 Sphagnum ovatum	f	③
金发藓科 Polytrichaceae	小金发藓属 Pogonatum	小金发藓 Pogonatum aloides	h	③
		东亚小金发藓 Pogonatum inflexum	h	③
卷柏科 Selaginellaceae	卷柏属 Selaginella	翠云草 Selaginella uncinata	f	③
水韭科 Isoetaceae	水韭属 Isoetes	中华水韭 Isoetes sinensis*	f	⑧
木贼科 Equisetaceae	木贼属 Equisetum	节节草 Equisetum ramosissimum	f	①
		笔管草 Equisetum ramosissimum subsp. debile	f	②
瓶尔小草科 Ophioglossaceae	瓶尔小草属 Ophioglossum	瓶尔小草 Ophioglossum vulgatum	f	③

科名	属名	种名	生活型	水分适应型
合囊蕨科 Marattiaceae	莲座蕨属 *Angiopteris*	福建莲座蕨 *Angiopteris fokiensis*	f	③
紫萁科 Osmundaceae	紫萁属 *Osmunda*	华南紫萁 *Osmunda vachellii*	f	⑦
海金沙科 Lygodiaceae	海金沙属 *Lygodium*	海金沙 *Lygodium japonicum*	f	②
凤尾蕨科 Adiantaceae	卤蕨属 *Acrostichum*	卤蕨 *Acrostichum aureum*	f	⑦
		尖叶卤蕨 *Acrostichum speciosum*	f	③
	铁线蕨属 *Adiantum*	铁线蕨 *Adiantum capillus-veneris*	f	③
蹄盖蕨科 Athyriaceae	双盖蕨属 *Diplazium*	食用双盖蕨 *Diplazium esculentum*	f	③
金星蕨科 Thelypteridaceae	星毛蕨属 *Ampelopteris*	星毛蕨 *Ampelopteris prolifera*	f	③
鳞毛蕨科 Dryopteridaceae	复叶耳蕨属 *Arachniodes*	美丽复叶耳蕨 *Arachniodes amoena*	f	⑨
蘋科 Marsileaceae	蘋属 *Marsilea*	蘋 *Marsilea quadrifolia*	f	⑤
槐叶蘋科 Salviniaceae	满江红属 *Azolla*	满江红 *Azolla pinnata* subsp. *asiatica*	h	⑥
	槐叶蘋属 *Salvinia*	槐叶蘋 *Salvinia natans*	h	⑥
松科 Pinaceae	铁杉属 *Tsuga*	铁杉 *Tsuga chinensis*	a	②
杉科 Taxodiaceae	水松属 *Glyptostrobus*	水松 *Glyptostrobus pensilis**	b	①
	水杉属 *Metasequoia*	水杉 *Metasequoia glyptostroboides**@	b	①
八角科 Illiciaceae	八角属 *Illicium*	假地枫皮 *Illicium jiadifengpi*	a	⑨
樟科 Lauraceae	樟属 *Cinnamomum*	阴香 *Cinnamomum burmannii*	a	⑨
		樟 *Cinnamomum camphora**	a	②
	木姜子属 *Litsea*	红皮木姜子 *Litsea pedunculata*	a	③
	润楠属 *Machilus*	建润楠 *Machilus oreophila*	c	③
		柳叶润楠 *Machilus salicina*	c	③
毛茛科 Ranunculaceae	翠雀属 *Delphinium*	翠雀 *Delphinium grandiflorum*	f	②
	水毛茛属 *Batrachium*	小花水毛茛 *Batrachium bungei* var. *micranthum*	f	④
	毛茛属 *Ranunculus*	禺毛茛 *Ranunculus cantoniensis*	f	③
		茴茴蒜 *Ranunculus chinensis*	h	⑦
		毛茛 *Ranunculus japonicus*	f	②
		石龙芮 *Ranunculus sceleratus*	h	⑦
		扬子毛茛 *Ranunculus sieboldii*	f	③
		猫爪草 *Ranunculus ternatus*	h	③
金鱼藻科 Ceratophyllaceae	金鱼藻属 *Ceratophyllum*	五刺金鱼藻 *Ceratophyllum platyacanthum* subsp. *oryzetorum*	f	④
睡莲科 Nymphaeaceae	莲属 *Nelumbo*	莲 *Nelumbo nucifera**	f	⑧
	萍蓬草属 *Nuphar*	萍蓬草 *Nuphar pumila*	f	⑤
		中华萍蓬草 *Nuphar pumila* subsp. *sinensis*	f	⑤
	睡莲属 *Nymphaea*	柔毛齿叶睡莲 *Nymphaea lotus* var. *pubescens**@	f	⑤
		延药睡莲 *Nymphaea nouchali**@	f	⑤

续表

科名	属名	种名	生活型	水分适应型
睡莲科 Nymphaeaceae	睡莲属 *Nymphaea*	睡莲 *Nymphaea tetragona**@	f	⑤
莼菜科 Cabombaceae	水盾草属 *Cabomba*	水盾草 *Cabomba caroliniana*@	f	④
三白草科 Saururaceae	蕺菜属 *Houttuynia*	蕺菜 *Houttuynia cordata*	f	⑦
	三白草属 *Saururus*	三白草 *Saururus chinensis*	f	⑦
罂粟科 Papaveraceae	血水草属 *Eomecon*	血水草 *Eomecon chionantha*	f	③
	紫堇属 *Corydalis*	地锦苗 *Corydalis sheareri*	f	③
白花菜科 Cleomaceae	黄花草属 *Arivela*	黄花草 *Arivela viscosa*	h	②
十字花科 Brassicaceae	荠属 *Capsella*	荠 *Capsella bursa-pastoris*@	g	②
	豆瓣菜属 *Nasturtium*	豆瓣菜 *Nasturtium officinale**@	f	⑧
	蔊菜属 *Rorippa*	蔊菜 *Rorippa indica*	g	②
	碎米荠属 *Cardamine*	弯曲碎米荠 *Cardamine flexuosa*@	g	⑦
堇菜科 Violaceae	堇菜属 *Viola*	如意草 *Viola arcuata*	f	⑦
		深圆齿堇菜 *Viola davidii*	f	③
		紫花地丁 *Viola philippica*	f	②
景天科 Crassulaceae	景天属 *Sedum*	凹叶景天 *Sedum emarginatum*	f	②
		藓状景天 *Sedum polytrichoides*	f	②
虎耳草科 Saxifragaceae	梅花草属 *Parnassia*	龙胜梅花草 *Parnassia longshengensis*	f	③
	扯根菜属 *Penthorum*	扯根菜 *Penthorum chinense*	f	⑦
石竹科 Caryophyllaceae	荷莲豆草属 *Drymaria*	荷莲豆草 *Drymaria cordata*	h	③
	鹅肠菜属 *Myosoton*	鹅肠菜 *Myosoton aquaticum*@	g	②
	繁缕属 *Stellaria*	繁缕 *Stellaria media*	g	②
番杏科 Aizoaceae	海马齿属 *Sesuvium*	海马齿 *Sesuvium portulacastrum*	f	⑦
马齿苋科 Portulacaceae	马齿苋属 *Portulaca*	马齿苋 *Portulaca oleracea*	h	②
蓼科 Polygonaceae	金线草属 *Antenoron*	金线草 *Antenoron filiforme*	f	②
	荞麦属 *Fagopyrum*	金荞麦 *Fagopyrum dibotrys*	f	②
	蓼属 *Polygonum*	毛蓼 *Polygonum barbatum*	f	⑦
		头花蓼 *Polygonum capitatum*	f	②
		火炭母 *Polygonum chinense*	f	①
		蓼子草 *Polygonum criopolitanum*	h	③
		大箭叶蓼 *Polygonum darrisii*	h	③
		稀花蓼 *Polygonum dissitiflorum*	h	③
		光蓼 *Polygonum glabrum*	h	⑦
		长箭叶蓼 *Polygonum hastatosagittatum*	h	⑦
		水蓼 *Polygonum hydropiper*	h	⑦
		蚕茧草 *Polygonum japonicum*	h	⑦
		愉悦蓼 *Polygonum jucundum*	h	⑦

续表

科名	属名	种名	生活型	水分适应型
蓼科 Polygonaceae	蓼属 Polygonum	柔茎蓼 Polygonum kawagoeanum	h	⑦
		酸模叶蓼 Polygonum lapathifolium	h	①
		密毛酸模叶蓼 Polygonum lapathifolium var. lanatum	h	①
		圆基长鬃蓼 Polygonum longisetum var. rotundatum	h	⑦
		长戟叶蓼 Polygonum maackianum	h	⑦
		小蓼花 Polygonum muricatum	h	⑦
		尼泊尔蓼 Polygonum nepalense	h	②
		杠板归 Polygonum perfoliatum	h	②
		习见蓼 Polygonum plebeium	h	③
		丛枝蓼 Polygonum posumbu	h	⑦
		疏蓼 Polygonum praetermissum	h	⑦
		刺蓼 Polygonum senticosum	f	②
		戟叶蓼 Polygonum thunbergii	h	⑦
	酸模属 Rumex	羊蹄 Rumex japonicus	f	①
		刺酸模 Rumex maritimus	h	②
藜科 Chenopodiaceae	藜属 Chenopodium	藜 Chenopodium album	h	②
		小藜 Chenopodium ficifolium@	h	②
	刺藜属 Dysphania	土荆芥 Dysphania ambrosioides@	h	②
	盐角草属 Salicornia	盐角草 Salicornia europaea	f	⑦
	碱蓬属 Suaeda	南方碱蓬 Suaeda australis	c	⑦
苋科 Amaranthaceae	牛膝属 Achyranthes	土牛膝 Achyranthes aspera	f	②
	莲子草属 Alternanthera	喜旱莲子草 Alternanthera philoxeroides@	f	①
		莲子草 Alternanthera sessilis	h	①
	苋属 Amaranthus	刺苋 Amaranthus spinosus@	h	②
	青葙属 Celosia	青葙 Celosia argentea@	h	②
酢浆草科 Oxalidaceae	酢浆草属 Oxalis	酢浆草 Oxalis corniculata	f	②
		红花酢浆草 Oxalis corymbosa@	f	③
凤仙花科 Balsaminaceae	凤仙花属 Impatiens	华凤仙 Impatiens chinensis	h	⑦
		黄金凤 Impatiens siculifer	h	③
千屈菜科 Lythraceae	水苋菜属 Ammannia	水苋菜 Ammannia baccifera	h	⑦
	千屈菜属 Lythrum	千屈菜 Lythrum salicaria	f	⑦
	节节菜属 Rotala	节节菜 Rotala indica	h	⑧
		圆叶节节菜 Rotala rotundifolia	h	⑦
海桑科 Sonneratiaceae	海桑属 Sonneratia	无瓣海桑 Sonneratia apetala*@	a	⑧
柳叶菜科 Onagraceae	柳叶菜属 Epilobium	柳叶菜 Epilobium hirsutum	f	⑦
	丁香蓼属 Ludwigia	水龙 Ludwigia adscendens	f	⑥

续表

科名	属名	种名	生活型	水分适应型
柳叶菜科 Onagraceae	丁香蓼属 Ludwigia	假柳叶菜 *Ludwigia epilobioides*	h	⑦
		毛草龙 *Ludwigia octovalvis*	f	⑦
		卵叶丁香蓼 *Ludwigia ovalis*	f	⑦
		细花丁香蓼 *Ludwigia perennis*	h	⑦
		丁香蓼 *Ludwigia prostrata*	h	⑦
		台湾水龙 *Ludwigia×taiwanensis*	f	⑥
菱科 Trapaceae	菱属 Trapa	欧菱 *Trapa natans*	h	⑤
小二仙草科 Haloragaceae	狐尾藻属 Myriophyllum	粉绿狐尾藻 *Myriophyllum aquaticum*＊@	f	⑧
		穗状狐尾藻 *Myriophyllum spicatum*	f	④
紫茉莉科 Nyctaginaceae	黄细心属 Boerhavia	黄细心 *Boerhavia diffusa*	f	⑨
大风子科 Flacourtiaceae	山桂花属 Bennettiodendron	山桂花 *Bennettiodendron leprosipes*	a	⑨
	箣柊属 Scolopia	箣柊 *Scolopia chinensis*	a	⑨
仙人掌科 Cactaceae	仙人掌属 Opuntia	仙人掌 *Opuntia dillenii*@	c	⑨
山茶科 Theaceae	山茶属 Camellia	西南山茶 *Camellia pitardii*	c	⑨
	柃木属 Eurya	尖叶毛柃 *Eurya acuminatissima*	c	⑨
桃金娘科 Myrtaceae	桃金娘属 Rhodomyrtus	桃金娘 *Rhodomyrtus tomentosa*	c	⑨
	蒲桃属 Syzygium	蒲桃 *Syzygium jambos*@	a	②
		水翁蒲桃 *Syzygium nervosum*	a	①
野牡丹科 Melastomataceae	野牡丹属 Melastoma	地菍 *Melastoma dodecandrum*	c	③
		野牡丹 *Melastoma malabathricum*	c	②
	金锦香属 Osbeckia	星毛金锦香 *Osbeckia stellata*	c	③
使君子科 Combretaceae	对叶榄李属 Laguncularia	拉关木 *Laguncularia racemosa*＊@	a	⑧
红树科 Rhizophoraceae	木榄属 Bruguiera	木榄 *Bruguiera gymnorhiza*	a	⑧
	秋茄树属 Kandelia	秋茄树 *Kandelia obovata*	a	⑧
	榄李属 Lumnitzera	榄李 *Lumnitzera racemosa*	a	⑦
	红树属 Rhizophora	红海榄 *Rhizophora stylosa*	a	⑧
椴树科 Tiliaceae	扁担杆属 Grewia	扁担杆 *Grewia biloba*	c	⑨
梧桐科 Sterculiaceae	银叶树属 Heritiera	银叶树 *Heritiera littoralis*	a	①
锦葵科 Malvaceae	棉属 Gossypium	海岛棉 *Gossypium barbadense*＊	e	⑨
	木槿属 Hibiscus	黄槿 *Hibiscus tiliaceus*	a	①
	黄花稔属 Sida	白背黄花稔 *Sida rhombifolia*	e	②
	桐棉属 Thespesia	桐棉 *Thespesia populnea*	a	①
	梵天花属 Urena	地桃花 *Urena lobata*	e	②
大戟科 Euphorbiaceae	铁苋菜属 Acalypha	铁苋菜 *Acalypha australis*	h	②
	大戟属 Euphorbia	飞扬草 *Euphorbia hirta*@	h	②

续表

科名	属名	种名	生活型	水分适应型
大戟科 Euphorbiaceae	海漆属 Excoecaria	海漆 Excoecaria agallocha	a	⑧
	白饭树属 Flueggea	白饭树 Flueggea virosa	c	②
	水柳属 Homonoia	水柳 Homonoia riparia	c	②
	叶下珠属 Phyllanthus	叶下珠 Phyllanthus urinaria	h	②
	守宫木属 Sauropus	艾堇 Sauropus bacciformis	h	③
	乌桕属 Triadica	乌桕 Triadica sebifera	a	①
蔷薇科 Rosaceae	悬钩子属 Rubus	粗叶悬钩子 Rubus alceifolius	f	②
		高粱藨 Rubus lambertianus	c	②
	红果树属 Stranvaesia	红果树 Stranvaesia davidiana	c	⑨
豆科 Fabaceae	含羞草属 Mimosa	光荚含羞草 Mimosa bimucronata@	d	①
	番泻决明属 Senna	黄槐决明 Senna surattensis@	d	⑨
	合萌属 Aeschynomene	合萌 Aeschynomene indica	e	⑦
	黄芪属 Astragalus	紫云英 Astragalus sinicus*@	g	③
	刀豆属 Canavalia	海刀豆 Canavalia rosea	f	②
	蝙蝠草属 Christia	铺地蝙蝠草 Christia obcordata	f	⑨
	鱼藤属 Derris	鱼藤 Derris trifoliata	c	①
	鸡眼草属 Kummerowia	鸡眼草 Kummerowia striata	h	②
	胡枝子属 Lespedeza	截叶铁扫帚 Lespedeza cuneata	c	②
	草木犀属 Melilotus	草木犀 Melilotus officinalis@	g	②
	水黄皮属 Pongamia	水黄皮 Pongamia pinnata	a	①
	槐属 Sophora	槐 Sophora japonica	a	⑨
金缕梅科 Hamamelidaceae	枫香树属 Liquidambar	枫香树 Liquidambar formosana	b	⑨
黄杨科 Buxaceae	黄杨属 Buxus	黄杨 Buxus sinica	c	⑨
杨柳科 Salicaceae	柳属 Salix	垂柳 Salix babylonica*	b	①
		腺柳 Salix chaenomeloides	b	⑦
壳斗科 Fagaceae	青冈属 Cyclobalanopsis	褐叶青冈 Cyclobalanopsis stewardiana	a	②
	柯属 Lithocarpus	包槲柯 Lithocarpus cleistocarpus	a	⑨
		硬斗柯 Lithocarpus hancei	a	⑨
木麻黄科 Casuarinaceae	木麻黄属 Casuarina	木麻黄 Casuarina equisetifolia*@	a	②
榆科 Ulmaceae	朴属 Celtis	朴树 Celtis sinensis	b	⑨
桑科 Moraceae	榕属 Ficus	石榕树 Ficus abelii	c	⑦
		对叶榕 Ficus hispida	c	②
		竹叶榕 Ficus stenophylla	c	③
	桑属 Morus	桑 Morus alba	a	⑨
荨麻科 Urticaceae	苎麻属 Boehmeria	序叶苎麻 Boehmeria clidemioides var. diffusa	e	③

续表

科名	属名	种名	生活型	水分适应型
荨麻科 Urticaceae	苎麻属 Boehmeria	海岛苎麻 Boehmeria formosana	e	②
		水苎麻 Boehmeria macrophylla	e	②
		苎麻 Boehmeria nivea	c	②
	楼梯草属 Elatostema	桂林楼梯草 Elatostema gueilinense	h	③
		楼梯草 Elatostema sp.	f	③
	糯米团属 Gonostegia	糯米团 Gonostegia hirta	f	③
		五蕊糯米团 Gonostegia pentandra	e	⑦
	花点草属 Nanocnide	毛花点草 Nanocnide lobate	f	③
	冷水花属 Pilea	粗齿冷水花 Pilea sinofasciata	f	③
	雾水葛属 Pouzolzia	雾水葛 Pouzolzia zeylanica	f	②
大麻科 Cannabaceae	葎草属 Humulus	葎草 Humulus scandens	f	②
冬青科 Aquifoliaceae	冬青属 Ilex	冬青 Ilex chinensis	a	⑨
		齿叶冬青 Ilex crenata	a	⑨
		长梗冬青 Ilex macrocarpa var. longipedunculata	a	⑨
		四川冬青 Ilex szechwanensis	a	⑨
卫矛科 Celastraceae	裸实属 Gymnosporia	变叶裸实 Gymnosporia diversifolia	c	⑨
鼠李科 Rhamnaceae	马甲子属 Paliurus	硬毛马甲子 Paliurus hirsutus	b	①
		马甲子 Paliurus ramosissimus	b	②
胡颓子科 Elaeagnaceae	胡颓子属 Elaeagnus	长叶胡颓子 Elaeagnus bockii	c	⑨
芸香科 Rutaceae	酒饼簕属 Atalantia	酒饼簕 Atalantia buxifolia	c	⑨
	茵芋属 Skimmia	茵芋 Skimmia reevesiana	c	⑨
苦木科 Simaroubaceae	鸦胆子属 Brucea	鸦胆子 Brucea javanica	c	⑨
楝科 Meliaceae	楝属 Melia	楝 Melia azedarach	b	⑨
槭树科 Aceraceae	槭属 Acer	中华枫 Acer sinense	b	⑨
漆树科 Anacardiaceae	漆属 Toxicodendron	野漆 Toxicodendron succedaneum	b	⑨
胡桃科 Juglandaceae	枫杨属 Pterocarya	枫杨 Pterocarya stenoptera	b	①
八角枫科 Alangiaceae	八角枫属 Alangium	八角枫 Alangium chinense	b	⑨
五加科 Araliaceae	树参属 Dendropanax	树参 Dendropanax dentiger	a	⑨
	萸叶五加属 Gamblea	吴茱萸五加 Gamblea ciliata var. evodiifolia	c	⑨
伞形科 Apiaceae	积雪草属 Centella	积雪草 Centella asiatica	f	③
	鸭儿芹属 Cryptotaenia	鸭儿芹 Cryptotaenia japonica	f	③
	天胡荽属 Hydrocotyle	红马蹄草 Hydrocotyle nepalensis	f	③
		天胡荽 Hydrocotyle sibthorpioides	f	⑦
		破铜钱 Hydrocotyle sibthorpioides var. batrachium	f	⑦
		肾叶天胡荽 Hydrocotyle wilfordii	f	⑦

续表

科名	属名	种名	生活型	水分适应型
伞形科 Apiaceae	水芹属 Oenanthe	水芹 Oenanthe javanica	f	⑦
		卵叶水芹 Oenanthe javanica subsp. rosthornii	f	⑦
		线叶水芹 Oenanthe linearis	f	⑦
杜鹃花科 Ericaceae	吊钟花属 Enkianthus	灯笼吊钟花 Enkianthus chinensis	d	⑨
	杜鹃属 Rhododendron	猫儿山杜鹃 Rhododendron maoerense	c	②
		稀果杜鹃 Rhododendron oligocarpum	c	⑨
		厚叶杜鹃 Rhododendron pachyphyllum	c	⑨
紫金牛科 Myrsinaceae	蜡烛果属 Aegiceras	蜡烛果 Aegiceras corniculatum	c	⑧
安息香科 Styracaceae	安息香属 Styrax	野茉莉 Styrax japonicus	c	⑨
山矾科 Symplocaceae	山矾属 Symplocos	山矾 Symplocos sumuntia	a	⑨
马钱科 Loganiaceae	醉鱼草属 Buddleja	醉鱼草 Buddleja lindleyana	c	③
木犀科 Oleaceae	女贞属 Ligustrum	女贞 Ligustrum lucidum	a	⑨
		小叶女贞 Ligustrum quihoui	c	⑨
夹竹桃科 Apocynaceae	海杧果属 Cerbera	海杧果 Cerbera manghas	a	①
	络石属 Trachelospermum	络石 Trachelospermum jasminoides	f	②
萝藦科 Asclepiadaceae	鹅绒藤属 Cynanchum	柳叶白前 Cynanchum stauntonii	c	⑦
茜草科 Rubiaceae	水团花属 Adina	水团花 Adina pilulifera	c	②
		细叶水团花 Adina rubella	d	①
	丰花草属 Spermacoce	糙叶丰花草 Spermacoce hispida	f	②
		阔叶丰花草 Spermacoce alata@	f	②
	风箱树属 Cephalanthus	风箱树 Cephalanthus tetrandrus	d	⑦
	猪殃殃属 Galium	猪殃殃 Galium spurium	f	③
	耳草属 Hedyotis	金毛耳草 Hedyotis chrysotricha	f	③
		白花蛇舌草 Hedyotis diffusa	h	⑦
	薄柱草属 Nertera	薄柱草 Nertera sinensis	f	③
	鸡矢藤属 Paederia	鸡矢藤 Paederia foetida	f	⑨
忍冬科 Caprifoliaceae	接骨木属 Sambucus	接骨草 Sambucus javanica	f	②
	荚蒾属 Viburnum	荚蒾 Viburnum dilatatum	d	②
菊科 Asteraceae	下田菊属 Adenostemma	下田菊 Adenostemma lavenia	h	⑦
	藿香蓟属 Ageratum	藿香蓟 Ageratum conyzoides@	h	②
	兔儿风属 Ainsliaea	长穗兔儿风 Ainsliaea henryi	f	⑨
	蒿属 Artemisia	艾 Artemisia argyi	f	②
	紫菀属 Aster	钻叶紫菀 Aster subulatus@	f	①
		马兰 Aster indica	f	②
	鬼针草属 Bidens	鬼针草 Bidens pilosa@	h	②

科名	属名	种名	生活型	水分适应型
菊科 Asteraceae	鬼针草属 Bidens	狼杷草 Bidens tripartita	h	①
	山芫荽属 Cotula	芫荽菊 Cotula anthemoides	h	③
	野茼蒿属 Crassocephalum	野茼蒿 Crassocephalum crepidioides@	h	②
	鳢肠属 Eclipta	鳢肠 Eclipta prostrata@	h	⑦
	球菊属 Epaltes	鹅不食草 Epaltes australis	h	③
	飞蓬属 Erigeron	一年蓬 Erigeron annuus@	h	②
	泽兰属 Eupatorium	佩兰 Eupatorium fortunei	f	⑨
		林泽兰 Eupatorium lindleyanum	f	②
	旋覆花属 Inula	旋覆花 Inula japonica	f	①
	苦荬菜属 Ixeris	沙苦荬菜 Ixeris repens	f	②
	卤地菊属 Melanthera	卤地菊 Melanthera prostrata	h	②
	阔苞菊属 Pluchea	阔苞菊 Pluchea indica	c	①
	拟鼠麹草属 Pseudognaphalium	拟鼠麹草 Pseudognaphalium affine	h	②
	虾须草属 Sheareria	虾须草 Sheareria nana	h	③
	蒲儿根属 Sinosenecio	广西蒲儿根 Sinosenecio guangxiensis	f	③
	蟛蜞菊属 Sphagneticola	南美蟛蜞菊 Sphagneticola trilobata@	f	②
	羽芒菊属 Tridax	羽芒菊 Tridax procumbens@	f	②
	苍耳属 Xanthium	苍耳 Xanthium strumarium	h	②
	黄鹌菜属 Youngia	黄鹌菜 Youngia japonica	h	②
龙胆科 Gentianaceae	匙叶草属 Latouchea	匙叶草 Latouchea fokiensis	f	②
睡菜科 Menyanthaceae	荇菜属 Nymphoides	金银莲花 Nymphoides indica	f	⑤
		荇菜 Nymphoides peltata	f	⑤
报春花科 Primulaceae	珍珠菜属 Lysimachia	广西过路黄 Lysimachia alfredii	f	②
		临时救 Lysimachia congestiflora	f	②
		红根草 Lysimachia fortunei	f	⑦
白花丹科 Plumbaginaceae	补血草属 Limonium	补血草 Limonium sinense	f	②
车前科 Plantaginaceae	车前属 Plantago	车前 Plantago asiatica	f	②
半边莲科 Lobeliaceae	半边莲属 Lobelia	半边莲 Lobelia chinensis	f	⑦
		铜锤玉带草 Lobelia nummularia	f	③
草海桐科 Goodeniaceae	草海桐属 Scaevola	小草海桐 Scaevola hainanensis	c	⑦
		草海桐 Scaevola taccada	c	②
茄科 Solanaceae	酸浆属 Physalis	酸浆 Physalis alkekengi	f	⑨
旋花科 Convolvulaceae	马蹄金属 Dichondra	马蹄金 Dichondra micrantha	f	③
	番薯属 Ipomoea	蕹菜 Ipomoea aquatica*	h	⑦
		厚藤 Ipomoea pes-caprae	f	②

科名	属名	种名	生活型	水分适应型
玄参科 Scrophulariaceae	假马齿苋属 Bacopa	假马齿苋 Bacopa monnieri	h	⑦
	泽番椒属 Deinostema	有腺泽番椒 Deinostema adenocaula	h	⑧
	石龙尾属 Limnophila	紫苏草 Limnophila aromatica	h	⑧
		中华石龙尾 Limnophila chinensis	f	⑧
		有梗石龙尾 Limnophila indica	f	⑦
		大叶石龙尾 Limnophila rugosa	f	⑦
		石龙尾 Limnophila sessiliflora	f	④
	母草属 Lindernia	长蒴母草 Lindernia anagallis	h	③
		泥花草 Lindernia antipoda	h	⑦
		母草 Lindernia crustacea	h	③
		陌上菜 Lindernia procumbens	h	⑦
		旱田草 Lindernia ruellioides	h	②
	通泉草属 Mazus	匍茎通泉草 Mazus miquelii	f	③
		纤细通泉草 Mazus gracilis	f	③
		通泉草 Mazus pumilus	h	③
	马先蒿属 Pedicularis	亨氏马先蒿 Pedicularis henryi	f	⑨
	野甘草属 Scoparia	野甘草 Scoparia dulcis@	f	①
	蝴蝶草属 Torenia	长叶蝴蝶草 Torenia asiatica	h	③
狸藻科 Lentibulariaceae	狸藻属 Utricularia	黄花狸藻 Utricularia aurea	h	④
		挖耳草 Utricularia bifida	h	⑦
		合苞挖耳草 Utricularia peranomala	h	③
		圆叶挖耳草 Utricularia striatula	h	③
		斜果挖耳草 Utricularia minutissima	h	③
苦苣苔科 Gesneriaceae	马铃苣苔属 Oreocharis	长瓣马铃苣苔 Oreocharis auricula	f	②
胡麻科 Pedaliaceae	茶菱属 Trapella	茶菱 Trapella sinensis	f	⑤
爵床科 Acanthaceae	老鼠簕属 Acanthus	老鼠簕 Acanthus ilicifolius	c	⑧
	狗肝菜属 Dicliptera	狗肝菜 Dicliptera chinensis	f	②
	水蓑衣属 Hygrophila	水蓑衣 Hygrophila ringens	f	⑦
		大花水蓑衣 Hygrophila megalantha@	f	⑦
		小狮子草 Hygrophila polysperma	h	⑦
苦槛蓝科 Myoporaceae	苦槛蓝属 Myoporum	苦槛蓝 Myoporum bontioides	c	③
马鞭草科 Verbenaceae	海榄雌属 Avicennia	海榄雌 Avicennia marina	c	⑧
	大青属 Clerodendrum	苦郎树 Clerodendrum inerme	c	①
		赪桐 Clerodendrum japonicum	c	⑨
	过江藤属 Phyla	过江藤 Phyla nodiflora	f	③
	豆腐柴属 Premna	伞序臭黄荆 Premna serratifolia	a	②

科名	属名	种名	生活型	水分适应型
马鞭草科 Verbenaceae	牡荆属 *Vitex*	牡荆 *Vitex negundo* var. *cannabifolia*	c	②
		单叶蔓荆 *Vitex rotundifolia*	d	②
唇形科 Lamiaceae	筋骨草属 *Ajuga*	筋骨草 *Ajuga ciliata*	f	②
	风轮菜属 *Clinopodium*	细风轮菜 *Clinopodium gracile*	f	②
	水蜡烛属 *Dysophylla*	齿叶水蜡烛 *Dysophylla sampsonii*	h	⑦
		水虎尾 *Dysophylla stellata*	h	⑦
	香薷属 *Elsholtzia*	水香薷 *Elsholtzia kachinensis*	h	⑦
	活血丹属 *Glechoma*	活血丹 *Glechoma longituba*	f	③
	石荠苎属 *Mosla*	小鱼仙草 *Mosla dianthera*	h	②
	薄荷属 *Mentha*	薄荷 *Mentha canadensis*	f	⑦
	紫苏属 *Perilla*	紫苏 *Perilla frutescens* var. *frutescens*	h	②
	刺蕊草属 *Pogostemon*	水珍珠菜 *Pogostemon auricularius*	h	⑦
水鳖科 Hydrocharitaceae	水筛属 *Blyxa*	有尾水筛 *Blyxa echinosperma*	h	④
	水蕴草属 *Egeria*	水蕴草 *Egeria densa*@	f	④
	喜盐草属 *Halophila*	贝克喜盐草 *Halophila beccarii*	f	④
		小喜盐草 *Halophila minor*	f	④
		喜盐草 *Halophila ovalis*	f	④
	水鳖属 *Hydrocharis*	水鳖 *Hydrocharis dubia*	f	⑤
	黑藻属 *Hydrilla*	黑藻 *Hydrilla verticillata*	f	④
	虾子草属 *Nechamandra*	虾子草 *Nechamandra alternifolia*	f	④
	水车前属 *Ottelia*	海菜花 *Ottelia acuminata*	f	④
		靖西海菜花 *Ottelia acuminata* var. *jingxiensis*	f	④
		灌阳水车前 *Ottelia guanyangensis*	f	④
	苦草属 *Vallisneria*	密刺苦草 *Vallisneria denseserrulata*	f	④
		苦草 *Vallisneria natans*	f	④
		刺苦草 *Vallisneria spinulosa*	f	④
泽泻科 Alismataceae	泽泻属 *Alisma*	东方泽泻 *Alisma orientale**	f	⑧
	肋果慈姑属 *Echinodorus*	大叶皇冠草 *Echinodorus macrophyllus**@	f	⑧
	慈姑属 *Sagittaria*	矮慈姑 *Sagittaria pygmaea*	h	⑧
		野慈姑 *Sagittaria trifolia*	f	⑧
		华夏慈姑 *Sagittaria trifolia* subsp. *leucopetala**	f	⑧
大叶藻科 Zosteraceae	大叶藻属 *Zostera*	矮大叶藻 *Zostera japonica*	f	④
眼子菜科 Potamogetonaceae	眼子菜属 *Potamogeton*	菹草 *Potamogeton crispus*	f	④
		眼子菜 *Potamogeton distinctus*	f	⑤
		微齿眼子菜 *Potamogeton maackianus*	f	④

续表

科名	属名	种名	生活型	水分适应型
眼子菜科 Potamogetonaceae	眼子菜属 Potamogeton	浮叶眼子菜 Potamogeton natans	f	⑤
		南方眼子菜 Potamogeton octandrus	f	④
		尖叶眼子菜 Potamogeton oxyphyllus	f	④
		竹叶眼子菜 Potamogeton wrightii	f	④
		篦齿眼子菜 Potamogeton pectinatus	f	④
川蔓藻科 Ruppiaceae	川蔓藻属 Ruppia	川蔓藻 Ruppia maritima	f	④
丝粉藻科 Cymodoceaceae	二药藻属 Halodule	羽叶二药藻 Halodule pinifolia	f	④
		二药藻 Halodule uninervis	f	④
茨藻科 Najadaceae	茨藻属 Najas	纤细茨藻 Najas gracillima	h	④
		大茨藻 Najas marina	h	④
		小茨藻 Najas minor	h	④
鸭跖草科 Commelinaceae	鸭跖草属 Commelina	饭包草 Commelina benghalensis	f	②
		鸭跖草 Commelina communis	h	⑦
		大苞鸭跖草 Commelina paludosa	f	③
	聚花草属 Floscopa	聚花草 Floscopa scandens	f	⑦
	水竹叶属 Murdannia	裸花水竹叶 Murdannia nudiflora	f	③
		水竹叶 Murdannia triquetra	f	⑦
	杜若属 Pollia	杜若 Pollia japonica	f	③
黄眼草科 Xyridaceae	黄眼草属 Xyris	黄眼草 Xyris indica	f	①
谷精草科 Eriocaulaceae	谷精草属 Eriocaulon	谷精草 Eriocaulon buergerianum	h	⑦
芭蕉科 Musaceae	芭蕉属 Musa	野蕉 Musa balbisiana	f	③
姜科 Zingiberaceae	闭鞘姜属 Costus	闭鞘姜 Costus speciosus	f	⑦
美人蕉科 Cannaceae	美人蕉属 Canna	水生美人蕉 Canna glauca*@	f	⑧
竹芋科 Marantaceae	水竹芋属 Thalia	再力花 Thalia dealbata*@	f	⑧
百合科 Liliaceae	山麦冬属 Liriope	山麦冬 Liriope spicata	f	⑨
	沿阶草属 Ophiopogon	褐鞘沿阶草 Ophiopogon dracaenoides	f	②
雨久花科 Pontederiaceae	梭鱼草属 Pontederia	梭鱼草 Pontederia cordata*@	f	⑧
	凤眼蓝属 Eichhornia	凤眼蓝 Eichhornia crassipes@	f	⑥
	雨久花属 Monochoria	鸭舌草 Monochoria vaginalis	f	⑧
天南星科 Araceae	菖蒲属 Acorus	菖蒲 Acorus calamus	f	⑧
		金钱蒲 Acorus gramineus	f	⑦
	芋属 Colocasia	芋 Colocasia esculenta*	f	①
		野芋 Colocasia esculentum var. antiquorum	f	⑦
	隐棒花属 Cryptocoryne	旋苞隐棒花 Cryptocoryne crispatula	f	④
	大藻属 Pistia	大藻 Pistia stratiotes@	f	⑥

续表

科名	属名	种名	生活型	水分适应型
浮萍科 Lemnaceae	少根萍属 Landoltia	少根萍 Landoltia punctata	h	⑥
	浮萍属 Lemna	浮萍 Lemna minor	h	⑥
	紫萍属 Spirodela	紫萍 Spirodela polyrhiza	h	⑥
	无根萍属 Wolffia	无根萍 Wolffia globosa	h	⑥
香蒲科 Typhaceae	香蒲属 Typha	水烛 Typha angustifolia	f	⑧
		香蒲 Typha orientalis	f	⑧
石蒜科 Amaryllidaceae	文殊兰属 Crinum	文殊兰 Crinum asiaticum var. sinicum	f	①
露兜树科 Pandanaceae	露兜树属 Pandanus	露兜树 Pandanus tectorius	c	②
蒟蒻薯科 Taccaceae	裂果薯属 Schizocapsa	裂果薯 Schizocapsa plantaginea	f	③
灯心草科 Juncaceae	灯心草属 Juncus	翅茎灯心草 Juncus alatus	f	⑦
		灯心草 Juncus effusus	f	⑦
		笄石菖 Juncus prismatocarpus	f	⑦
帚灯草科 Restionaceae	薄果草属 Dapsilanthus	薄果草 Dapsilanthus disjunctus	f	②
莎草科 Cyperaceae	大藨草属 Actinoscirpus	大藨草 Actinoscirpus grossus	f	⑧
	球柱草属 Bulbostylis	球柱草 Bulbostylis barbata	h	②
	三棱草属 Bolboschoenus	扁秆荆三棱 Bolboschoenus planiculmis	f	⑦
	薹草属 Carex	穹隆薹草 Carex gibba	f	②
		条穗薹草 Carex nemostachys	f	⑦
		镜子薹草 Carex phacota	f	⑦
		薹草 Carex sp.	f	③
	克拉莎属 Cladium	华克拉莎 Cladium jamaicence subsp. chinense	f	⑦
	莎草属 Cyperus	扁穗莎草 Cyperus compressus	h	②
		长尖莎草 Cyperus cuspidatus	f	③
		砖子苗 Cyperus cyperoides	f	②
		异型莎草 Cyperus difformis	h	⑦
		密穗莎草 Cyperus eragrostis	h	⑦
		高秆莎草 Cyperus exaltatus	f	⑦
		畦畔莎草 Cyperus haspan	f	⑦
		迭穗莎草 Cyperus imbricatus	f	⑦
		风车草 Cyperus involucratus*@	f	⑦
		碎米莎草 Cyperus iria	h	①
		茳芏 Cyperus malaccensis	f	⑧
		短叶茳芏 Cyperus malaccensis subsp. monophyllus	f	⑧
		垂穗莎草 Cyperus nutans	f	⑦
		毛轴莎草 Cyperus pilosus	f	⑦
		白花毛轴莎草 Cyperus pilosus var. obliquus	f	⑧

续表

科名	属名	种名	生活型	水分适应型
莎草科 Cyperaceae	莎草属 Cyperus	香附子 *Cyperus rotundus*@	f	②
		水莎草 *Cyperus serotinus*	f	⑦
		粗根茎莎草 *Cyperus stoloniferus*	f	⑦
	荸荠属 Eleocharis	锐棱荸荠 *Eleocharis acutangula*	f	⑦
		荸荠 *Eleocharis dulcis**	f	⑧
		木贼状荸荠 *Eleocharis equisetina*	f	⑧
		野荸荠 *Eleocharis plantagineiformis*	f	⑧
		龙师草 *Eleocharis tetraquetra*	f	⑧
		牛毛毡 *Eleocharis yokoscensis*	f	⑦
	飘拂草属 Fimbristylis	扁鞘飘拂草 *Fimbristylis complanata*	f	③
		两歧飘拂草 *Fimbristylis dichotoma*	h	②
		拟二叶飘拂草 *Fimbristylis diphylloides*	f	③
		水虱草 *Fimbristylis littoralis*	h	⑦
		结壮飘拂草 *Fimbristylis rigidula*	f	②
		绢毛飘拂草 *Fimbristylis sericea*	f	②
		锈鳞飘拂草 *Fimbristylis sieboldii*	f	⑦
		四棱飘拂草 *Fimbristylis tetragona*	h	⑦
	芙兰草属 Fuirena	芙兰草 *Fuirena umbellata*	f	⑦
	水蜈蚣属 Kyllinga	短叶水蜈蚣 *Kyllinga brevifolia*	f	③
		单穗水蜈蚣 *Kyllinga nemoralis*	f	③
	扁莎属 Pycreus	球穗扁莎 *Pycreus flavidus*	h	⑦
		多枝扁莎 *Pycreus polystachyos*	h	⑦
		红鳞扁莎 *Pycreus sanguinolentus*	f	⑦
	水葱属 Schoenoplectus	萤蔺 *Schoenoplectus juncoides*	f	⑧
		水毛花 *Schoenoplectus mucronatus* subsp. *robustus*	f	⑧
		钻苞水葱 *Schoenoplectus subulatus*	f	⑧
		水葱 *Schoenoplectus tabernaemontani*	f	⑧
		三棱水葱 *Schoenoplectus triqueter*	f	⑧
		猪毛草 *Schoenoplectus wallichii*	f	⑧
禾本科 Poaceae	看麦娘属 Alopecurus	看麦娘 *Alopecurus aequalis*	h	⑦
	水蔗草属 Apluda	水蔗草 *Apluda mutica*	f	②
	荩草属 Arthraxon	荩草 *Arthraxon hispidus*	h	③
	芦竹属 Arundo	芦竹 *Arundo donax*	f	①
	蒺藜草属 Cenchrus	蒺藜草 *Cenchrus echinatus*@	h	②
	虎尾草属 Chloris	台湾虎尾草 *Chloris formosana*	h	②
	金须茅属 Chrysopogon	竹节草 *Chrysopogon aciculatus*	f	②

科名	属名	种名	生活型	水分适应型
禾本科 Poaceae	薏苡属 Coix	水生薏苡 Coix aquatica	f	⑧
		薏苡 Coix lacryma-jobi	h	①
	狗牙根属 Cynodon	狗牙根 Cynodon dactylon	f	②
	龙爪茅属 Dactyloctenium	龙爪茅 Dactyloctenium aegyptium	h	②
	马唐属 Digitaria	二型马唐 Digitaria heterantha	h	②
		止血马唐 Digitaria ischaemum	h	②
		马唐 Digitaria sanguinalis	h	⑨
	稗属 Echinochloa	光头稗 Echinochloa colona	h	⑦
		稗 Echinochloa crusgalli	h	⑦
	穇属 Eleusine	牛筋草 Eleusine indica@	h	②
	披碱草属 Elymus	鹅观草 Elymus kamoji	f	②
	画眉草属 Eragrostis	鼠妇草 Eragrostis atrovirens	f	①
		大画眉草 Eragrostis cilianensis	h	①
	蜈蚣草属 Eremochloa	假俭草 Eremochloa ophiuroides	f	②
	箭竹属 Fargesia	华西箭竹 Fargesia nitida	f	①
	牛鞭草属 Hemarthria	扁穗牛鞭草 Hemarthria compressa	f	③
	水禾属 Hygroryza	水禾 Hygroryza aristata	f	⑥
	白茅属 Imperata	白茅 Imperata cylindrica	f	②
	柳叶箬属 Isachne	柳叶箬 Isachne globose	f	⑦
	鸭嘴草属 Ischaemum	有芒鸭嘴草 Ischaemum aristatum	h	②
		田间鸭嘴草 Ischaemum rugosum	h	③
	假稻属 Leersia	李氏禾 Leersia hexandra	f	⑧
		假稻 Leersia japonica	f	⑧
	千金子属 Leptochloa	千金子 Leptochloa chinensis	h	①
	淡竹叶属 Lophatherum	淡竹叶 Lophatherum gracile	f	⑨
	莠竹属 Microstegium	刚莠竹 Microstegium ciliatum	f	②
		柔枝莠竹 Microstegium vimineum	h	②
	芒属 Miscanthus	五节芒 Miscanthus floridulus	f	②
	求米草属 Oplismenus	竹叶草 Oplismenus compositus	f	③
		求米草 Oplismenus undulatifolius	h	③
	稻属 Oryza	野生稻 Oryza rufipogon	f	⑧
		稻 Oryza sativa*	h	⑧
	黍属 Panicum	糠稷 Panicum bisulcatum	h	⑦
		铺地黍 Panicum repens@	f	①
	雀稗属 Paspalum	长叶雀稗 Paspalum longifoliu	f	③

续表

科名	属名	种名	生活型	水分适应型
禾本科 Poaceae	雀稗属 *Paspalum*	双穗雀稗 *Paspalum distichum*	f	⑦
		圆果雀稗 *Paspalum scrobiculatum* var. *orbiculare*	f	⑨
		海雀稗 *Paspalum vaginatum*	f	⑦
	芦苇属 *Phragmites*	芦苇 *Phragmites australis*	f	⑧
		卡开芦 *Phragmites karka*	f	⑦
	早熟禾属 *Poa*	早熟禾 *Poa annua*	h	②
	棒头草属 *Polypogon*	长芒棒头草 *Polypogon monspeliensis*	h	⑦
	甘蔗属 *Saccharum*	斑茅 *Saccharum arundinaceum*	f	②
		甜根子草 *Saccharum spontaneum*	f	②
	囊颖草属 *Sacciolepis*	囊颖草 *Sacciolepis indica*	h	③
	狗尾草属 *Setaria*	棕叶狗尾草 *Setaria palmifolia*@	f	⑨
	米草属 *Spartina*	互花米草 *Spartina alterniflora*@	f	⑧
	稗荩属 *Sphaerocaryum*	稗荩 *Sphaerocaryum malaccense*	h	③
	鬣刺属 *Spinifex*	老鼠芳 *Spinifex littoreus*	f	②
	鼠尾粟属 *Sporobolus*	盐地鼠尾粟 *Sporobolus virginicus*	f	⑦
	菰属 *Zizania*	菰 *Zizania latifolia**	f	⑧
	结缕草属 *Zoysia*	结缕草 *Zoysia japonica*	f	②
		沟叶结缕草 *Zoysia matrella*	f	②

注：*为栽培或以栽培为主的种类，@为外来种；a 为常绿乔木，b 为落叶乔木，c 为常绿灌木，d 为落叶灌木，e 为亚灌木，f 为多年生草本，g 为二年生草本，h 为一年生草本；①为水陆生植物，②为半湿生植物，③为湿生植物，④为沉水植物，⑤为浮叶植物，⑥为漂浮植物，⑦为水湿生植物，⑧为挺水植物，⑨为中生植物

由表 2-1 可知，广西湿地植被组成种类中，含 1 种的科有 63 科，占 46.32%；含 2 种的科有 26 科，占 19.12%；含 3 种的科有 12 科，占 8.82%；含 4 种的科有 9 科，占 6.62%；含 5 种的科有 7 科，占 5.15%；含 6 种、7 种的科各有 2 科，各占 1.47%；含 8 种的科有 4 科，占 2.94%；含 9 种的科有 1 科，占 0.74%；含 10 种以上的科有 10 科，占 7.35%，它们是茜草科（Rubiaceae，10 种）、唇形科（Lamiaceae，10 种）、荨麻科（Urticaceae，11 种）、豆科（Fabaceae，12 种）、水鳖科（Hydrocharitaceae，14 种）、玄参科（Scrophulariaceae，18 种）、菊科（Asteraceae，26 种）、蓼科（Polygonaceae，28 种）、莎草科（Cyperaceae，52 种）和禾本科（Poaceae，60 种）。含 1 种的属有 246 属，占总属数的 73.43%；含 2 种的属有 54 属，占 16.12%；含 3 种的属有 18 属，占 5.37%；含 4 种的属有 6 属，占 1.79%；含 5 种、6 种的属各有 3 属，各占 0.90%；含 7 种以上的属有 5 属，占 1.49%，它们是丁香蓼属（*Ludwigia*，7 种）、眼子菜属（*Potamogeton*，8 种）、飘拂草属（*Fimbristylis*，8 种）、莎草属（*Cyperus*，18 种）和蓼属（*Polygonum*，24 种）。以栽培为主的种类有 26 种，占总种数的 4.91%；外来种有 51 种，占总种数的 9.62%。

第二节　生　活　型

广西湿地植被组成种类的生活型可划分为常绿乔木、落叶乔木、常绿灌木、落叶灌木、亚灌木、多年生草本、二年生草本、一年生草本8个类型（表2-1），分别有36种、13种、47种、7种、8种、271种、7种、141种，分别占总种数的6.79%、2.45%、8.87%、1.32%、1.51%、51.13%、1.32%、26.60%，即以多年生草本为主，其次是一年生草本。

第三节　水分适应型

广西湿地植被组成种类中，湿地植物的水分适应型可划分为水陆生植物、半湿生植物、湿生植物、沉水植物、浮叶植物、漂浮植物、水湿生植物、挺水植物8个类型（表2-1），分别有39种、125种、89种、34种、13种、12种、112种、51种，分别占总种数的7.36%、23.58%、16.79%、6.42%、2.45%、2.26%、21.13%、9.62%，即半湿生、水湿生、湿生的种类较多。此外，一些湿地植被还有一定数量耐水湿的中生植物，计有55种，占总种数的10.38%。生长在潮间带的红树植物和盐沼植物在涨潮较大时会被海水完全淹没。

第四节　区　系　特　征

一、科的区系成分

（一）蕨类植物

广西湿地植被的蕨类植物有13科，占总科数的9.56%。其中，卷柏科（Selaginellaceae）、瓶尔小草科（Ophioglossaceae）、紫萁科（Osmundaceae）、蹄盖蕨科（Athyriaceae）、鳞毛蕨科（Dryopteridaceae）、蘋科（Marsileaceae）、槐叶蘋科（Salviniaceae）是广布科，海金沙科（Lygodiaceae）、合囊蕨科（Marattiaceae）、凤尾蕨科（Adiantaceae）和金星蕨科（Thelypteridaceae）是热带分布科，木贼科（Equisetaceae）是温带分布科。从科级水平来看，广西湿地植被蕨类植物以广布科为主，其次是热带分布科。

（二）种子植物

根据吴征镒等（2006）的世界种子植物科分布区类型系统，广西湿地植被种子植物科的分布区可划分为8个类型和4个亚型（表2-2），分属于广布科、热带分布科和温带分布科三大类。其中，广布科有45科，占总科数的40.91%，它们是毛茛科（Ranunculaceae）、金鱼藻科（Ceratophyllaceae）、睡莲科（Nymphaeaceae）、十字花科（Brassicaceae）、堇菜科（Violaceae）、景天科（Crassulaceae）、虎耳草科（Saxifragaceae）、石竹科（Caryophyllaceae）、马齿苋科（Portulacaceae）、蓼科、藜科（Chenopodiaceae）、苋科（Amaranthaceae）、酢浆草科（Oxalidaceae）、千屈菜科（Lythraceae）、柳叶菜

（Onagraceae）、小二仙草科（Haloragaceae）、蔷薇科（Rosaceae）、豆科、金缕梅科（Hamamelidaceae）、榆科（Ulmaceae）、桑科（Moraceae）、鼠李科（Rhamnaceae）、伞形科（Apiaceae）、木犀科（Oleaceae）、茜草科、菊科、龙胆科（Gentianaceae）、睡菜科（Menyanthaceae）、报春花科（Primulaceae）、白花丹科（Plumbaginaceae）、车前科（Plantaginaceae）、半边莲科（Lobeliaceae）、茄科（Solanaceae）、旋花科（Convolvulaceae）、玄参科、狸藻科（Lentibulariaceae）、唇形科、水鳖科、泽泻科（Alismataceae）、眼子菜科（Potamogetonaceae）、茨藻科（Najadaceae）、浮萍科（Lemnaceae）、香蒲科（Typhaceae）、莎草科和禾本科。热带分布科有 47 科，占 42.73%，包括泛热带的樟科（Lauraceae）、白花菜科（Cleomaceae）、凤仙花科（Balsaminaceae）、大风子科（Flacourtiaceae）、山茶科（Theaceae）、野牡丹科（Melastomataceae）、红树科（Rhizophoraceae）、梧桐科（Sterculiaceae）、锦葵科（Malvaceae）、大戟科（Euphorbiaceae）、荨麻科、大麻科（Cannabaceae）、卫矛科（Celastraceae）、芸香科（Rutaceae）、苦木科（Simaroubaceae）、楝科（Meliaceae）、漆树科（Anacardiaceae）、紫金牛科（Myrsinaceae）、夹竹桃科（Apocynaceae）、萝藦科（Asclepiadaceae）、草海桐科（Goodeniaceae）、爵床科（Acanthaceae）、丝粉藻科（Cymodoceaceae）、鸭跖草科（Commelinaceae）、黄眼草科（Xyridaceae）、谷精草科（Eriocaulaceae）、雨久花科（Pontederiaceae）、天南星科（Araceae）和蒟蒻薯科（Taccaceae），热带亚洲—大洋洲和热带美洲（南美洲或/和墨西哥）的山矾科（Symplocaceae），热带亚洲—热带非洲—热带美洲（南美洲）的椴树科（Tiliaceae），以南半球为主的泛热带的番杏科（Aizoaceae）、桃金娘科（Myrtaceae）、石蒜科（Amaryllidaceae）和帚灯草科（Restionaceae），东亚（热带、亚热带）及热带南美间断的紫茉莉科（Nyctaginaceae）、冬青科（Aquifoliaceae）、五加科（Araliaceae）、安息香科（Styracaceae）、苦苣苔科（Gesneriaceae）、苦槛蓝科（Myoporaceae）和马鞭草科（Verbenaceae），旧世界热带的八角枫科（Alangiaceae）、胡麻科（Pedaliaceae）、芭蕉科（Musaceae）和露兜树科（Pandanaceae），热带亚洲至热带大洋洲的姜科（Zingiberaceae）；温带分布科有 18 科，占 16.36%，包括北温带的松科（Pinaceae）、大麻科（Cannabaceae）、忍冬科（Caprifoliaceae）、百合科（Liliaceae）和杜鹃花科（Ericaceae），北温带和南温带间断的罂粟科（Papaveraceae）黄杨科（Buxaceae）、杨柳科（Salicaceae）、壳斗科（Fagaceae）、胡颓子科（Elaeagnaceae）、槭树科（Aceraceae）、胡桃科（Juglandaceae）、大叶藻科（Zosteraceae）、川蔓藻科（Ruppiaceae）和灯心草科（Juncaceae），东亚及北美间断的三白草科（Saururaceae）和八角科（Illiciaceae），旧世界温带的菱科（Trapaceae）。从科级水平看，广西湿地植被组成种类是以热带分布科为主，具有明显的热带性质。

表 2-2　广西湿地植被种子植物科的分布区类型

分布区类型	科数	占总科数/%	含属数 [a]	占总属数/%	含种数 [b]	占总种数/%
1. 广布	45	—	164	—	305	—
2. 泛热带	29	44.62	60	55.56	76	56.72
2-1. 热带亚洲—大洋洲和热带美洲（南美洲或/和墨西哥）	1	1.54	1	0.93	1	0.75
2-2. 热带亚洲—热带非洲—热带美洲（南美洲）	1	1.54	1	0.93	1	0.75

分布区类型	科数	占总科数/%	含属数 [a]	占总属数/%	含种数 [b]	占总种数/%
2S. 以南半球为主的泛热带	4	6.15	5	4.63	5	3.73
3. 东亚（热带、亚热带）及热带南美间断	7	10.77	12	11.11	17	12.69
4. 旧世界热带	4	6.15	4	3.70	4	2.99
5. 热带亚洲至热带大洋洲	1	1.54	1	0.93	1	0.75
8. 北温带	5	7.69	8	7.41	10	7.46
8-4. 北温带和南温带间断	10	15.38	12	11.11	15	11.19
9. 东亚及北美间断	2	3.08	3	2.78	3	2.24
10. 旧世界温带	1	1.54	1	0.93	1	0.75
总计	110	100.00	272	100.02	439	100.02

注：a 不含仅有外来种或栽培种的属，b 不含外来种和栽培种；"—"表示扣除广布的科属种；百分比之和不等于 100% 是四舍五入数据修约的缘故，本章表同

二、属的区系成分

（一）蕨类植物

广西湿地植被的蕨类植物有 15 属，占总属数的 4.48%。其中，卷柏属（*Selaginella*）、木贼属（*Equisetum*）、瓶尔小草属（*Ophioglossum*）、铁线蕨属（*Adiantum*）、蘋属（*Marsilea*）、满江红属（*Azolla*）、槐叶蘋属（*Salvinia*）为广布属，海金沙属（*Lygodium*）、卤蕨属（*Acrostichum*）和复叶耳蕨属（*Arachniodes*）为泛热带分布属，双盖蕨属（*Diplazium*）为热带亚洲和热带美洲间断分布属，莲座蕨属（*Angiopteris*）和星毛蕨属（*Ampelopteris*）属为旧世界热带分布属，紫萁属（*Osmunda*）为北温带分布属。一些属起源古老，如木贼属是早期陆地维管植物楔叶类唯一的现存代表，目前仅澳大利亚、南极洲和新西兰尚无记载；莲座蕨属是古生代的植物类群；紫萁属是中生代三叠纪的植物类群；水韭属（*Isoetes*）是水韭科唯一幸存的属，起源于古老的石松类植物，分类学上被称为拟蕨类，即小型叶蕨类，它们具有异型孢子，广西目前为人工种植。从属级水平来看，广西湿地植被蕨类植物是以广布属和热带分布属为主。

（二）种子植物

根据吴征镒等（2006）的中国种子植物属分布区类型系统，广西湿地植被种子植物属的分布区可划分为 14 个类型和 20 个亚型（表 2-3），分属于广布属、热带分布属、温带分布属和中国特有分布属四大类。其中，广布属有 44 属，占总属数 16.18%，包括毛茛属（*Ranunculus*）、金鱼藻属（*Ceratophyllum*）、蔊菜属（*Rorippa*）、堇菜属（*Viola*）、繁缕属（*Stellaria*）、蓼属（*Polygonum*）、酸模属（*Rumex*）、藜属（*Chenopodium*）、盐角草属（*Salicornia*）、碱蓬属（*Suaeda*）、酢浆草属（*Oxalis*）、水苋菜属（*Ammannia*）、千屈菜属（*Lythrum*）、狐尾藻属（*Myriophyllum*）、槐属（*Sophora*）、悬钩子属（*Rubus*）、积雪草属（*Centella*）、猪殃殃属（*Galium*）、蒿属（*Artemisia*）、鬼针草属（*Bidens*）、拟鼠麹草属（*Pseudognaphalium*）、苍耳属（*Xanthium*）、荇菜属（*Nymphoides*）、珍珠菜属

（*Lysimachia*）、补血草属（*Limonium*）、车前属（*Plantago*）、酸浆属（*Physalis*）、狸藻属（*Utricularia*）、慈姑属（*Sagittaria*）、大叶藻属（*Zostera*）、眼子菜属（*Potamogeton*）、川蔓藻属（*Ruppia*）、茨藻属（*Najas*）、少根萍属（*Landoltia*）、浮萍属（*Lemna*）、紫萍属（*Spirodela*）、无根萍属（*Wolffia*）、香蒲属（*Typha*）、三棱草属（*Bolboschoenus*）、薹草属（*Carex*）、莎草属（*Cyperus*）、荸荠属（*Eleocharis*）、水葱属（*Schoenoplectus*）和灯心草属（*Juncus*）；热带分布属有 158 属，占总属数的 58.09%，包括泛热带的黄花草属（*Arivela*）、荷莲豆草属（*Drymaria*）、海马齿属（*Sesuvium*）、马齿苋属（*Portulaca*）、莲子草属（*Alternanthera*）、凤仙花属（*Impatiens*）、节节菜属（*Rotala*）、丁香蓼属（*Ludwigia*）、黄细心属（*Boerhavia*）、红树属（*Rhizophora*）、木槿属（*Hibiscus*）、黄花稔属（*Sida*）、桐棉属（*Thespesia*）、梵天花属（*Urena*）、铁苋菜属（*Acalypha*）、叶下珠属（*Phyllanthus*）、合萌属（*Aeschynomene*）、鱼藤属（*Derris*）、朴属（*Celtis*）、榕属（*Ficus*）、苎麻属（*Boehmeria*）、天胡荽属（*Hydrocotyle*）、醉鱼草属（*Buddleja*）、风箱树属（*Cephalanthus*）、耳草属（*Hedyotis*）、下田菊属（*Adenostemma*）、球菊属（*Epaltes*）、阔苞菊属（*Pluchea*）、半边莲属（*Lobelia*）、草海桐属（*Scaevola*）、马蹄金属（*Dichondra*）、番薯属（*Ipomoea*）、假马齿苋属（*Bacopa*）、母草属（*Lindernia*）、狗肝菜属（*Dicliptera*）、水蓑衣属（*Hygrophila*）、海榄雌属（*Avicennia*）、大青属（*Clerodendrum*）、牡荆属（*Vitex*）、喜盐草属（*Halophila*）、水车前属（*Ottelia*）、苦草属（*Vallisneria*）、二药藻属（*Halodule*）、鸭跖草属（*Commelina*）、聚花草属（*Floscopa*）、黄眼草属（*Xyris*）、杜若属（*Pollia*）、谷精草属（*Eriocaulon*）、闭鞘姜属（*Costus*）、文殊兰属（*Crinum*）、球柱草属（*Bulbostylis*）、克拉莎属（*Cladium*）、飘拂草属（*Fimbristylis*）、芙兰草属（*Fuirena*）、水蜈蚣属（*Kyllinga*）、扁莎属（*Pycreus*）、虎尾草属（*Chloris*）、狗牙根属（*Cynodon*）、龙爪茅属（*Dactyloctenium*）、马唐属（*Digitaria*）、稗属（*Echinochloa*）、画眉草属（*Eragrostis*）、白茅属（*Imperata*）、柳叶箬属（*Isachne*）、鸭嘴草属（*Ischaemum*）、假稻属（*Leersia*）、千金子属（*Leptochloa*）、甘蔗属（*Saccharum*）、求米草属（*Oplismenus*）、稻属（*Oryza*）、雀稗属（*Paspalum*）、黍属（*Panicum*）、芦苇属（*Phragmites*）和囊颖草属（*Sacciolepis*），热带亚洲—大洋洲和热带美洲（南美洲或/和墨西哥）的冬青属（*Ilex*）、山矾属（*Symplocos*）、薄柱草属（*Nertera*）和金须茅属（*Chrysopogon*），热带亚洲—热带非洲—热带美洲（南美洲）的冷水花属（*Pilea*）、雾水葛属（*Pouzolzia*）、丰花草属（*Spermacoce*）和卤地菊属（*Melanthera*），东亚（热带、亚热带）及热带南美间断的樟属（*Cinnamomum*）、木姜子属（*Litsea*）、柃木属（*Eurya*）、安息香属（*Styrax*）、树参属（*Dendropanax*）、过江藤属（*Phyla*）和喜盐草属（*Halophila*），旧世界热带的牛膝属（*Achyranthes*）、刀豆属（*Canavalia*）、楝属（*Melia*）、蜡烛果属（*Aegiceras*）、蝴蝶草属（*Torenia*）、箣柊属（*Scolopia*）、蒲桃属（*Syzygium*）、金锦香属（*Osbeckia*）、木榄属（*Bruguiera*）、榄李属（*Lumnitzera*）、扁担杆属（*Grewia*）、银叶树属（*Heritiera*）、白饭树属（*Flueggea*）、楼梯草属（*Elatostema*）、裸实属（*Gymnosporia*）、鸦胆子属（*Brucea*）、八角枫属（*Alangium*）、豆腐柴属（*Premna*）、刺蕊草属（*Pogostemon*）、石龙尾属（*Limnophila*）、雨久花属（*Monochoria*）、水筛属（*Blyxa*）、水竹叶属（*Murdannia*）、露兜树属（*Pandanus*）、荩草属（*Arthraxon*）和牛鞭草属（*Hemarthria*），热带亚洲、非洲和大洋洲间断或星散的水鳖属（*Hydrocharis*），热

带亚洲至热带大洋洲的桃金娘属（*Rhodomyrtus*）、野牡丹属（*Melastoma*）、蝙蝠草属（*Christia*）、水黄皮属（*Pongamia*）、守宫木属（*Sauropus*）、糯米团属（*Gonostegia*）、酒饼簕属（*Atalantia*）、海杧果属（*Cerbera*）、通泉草属（*Mazus*）、苦槛蓝属（*Myoporum*）、水蜡烛属（*Dysophylla*）、芭蕉属（*Musa*）、薄果草属（*Dapsilanthus*）、大蔍草属（*Actinoscirpus*）、蜈蚣草属（*Eremochloa*）、淡竹叶属（*Lophatherum*）、鬣刺属（*Spinifex*）和结缕草属（*Zoysia*），热带亚洲至热带非洲的海漆属（*Excoecaria*）、老鼠簕属（*Acanthus*）、莠竹属（*Microstegium*）和芒属（*Miscanthus*），热带亚洲的乌桕属（*Triadica*）、青冈属（*Cyclobalanopsis*）和虾子草属（*Nechamandra*），爪哇（或苏门答腊），喜马拉雅间断或星散分布到华南、西南的水禾属（*Hygroryza*），缅甸、泰国至华西南分布的裂果薯属（*Schizocapsa*），越南（或中南半岛）至华南或西南分布的马铃苣苔属（*Oreocharis*），西马来，基本上在新华莱士线以西的山桂花属（*Bennettiodendron*）、山茶属（*Camellia*）、秋茄树属（*Kandelia*）、鸡矢藤属（*Paederia*）、芋属（*Colocasia*）和稗荩属（*Sphaerocaryum*），西马来至中马来的石荠苎属（*Mosla*），西马来至东马来的润楠属（*Machilus*）、水柳属（*Homonoia*）和红果树属（*Stranvaesia*），西马来至新几内亚的水蔗草属（*Apluda*），东马来的隐棒花属（*Cryptocoryne*），全分布区东达新几内亚的苦荬菜属（*Ixeris*），全分布区东南达西太平洋诸岛弧，包括新喀里多尼亚和斐济的薏苡属（*Coix*）；温带分布属有67属，占24.63%，包括北温带的萍蓬草属（*Nuphar*）、葎草属（*Humulus*）、紫堇属（*Corydalis*）、梅花草属（*Parnassia*）、鸭儿芹属（*Cryptotaenia*）、荚蒾属（*Viburnum*）、泽兰属（*Eupatorium*）、马先蒿属（*Pedicularis*）、风轮菜属（*Clinopodium*）和菖蒲属（*Acorus*），北温带和南温带间断分布的翠雀属（*Delphinium*）、水毛莨属（*Batrachium*）、景天属（*Sedum*）、柳叶菜属（*Epilobium*）、黄杨属（*Buxus*）、柳属（*Salix*）、桑属（*Morus*）、胡颓子属（*Elaeagnus*）、槭属（*Acer*）、水芹属（*Oenanthe*）、杜鹃属（*Rhododendron*）、接骨木属（*Sambucus*）、紫菀属（*Aster*）、山芫荽属（*Cotula*）、薄荷属（*Mentha*）、披碱草属（*Elymus*）和棒头草属（*Polypogon*），欧亚和南美洲温带间断分布的看麦娘属（*Alopecurus*），东亚及北美间断的铁杉属（*Tsuga*）、八角属（*Illicium*）、三白草属（*Saururus*）、扯根菜属（*Penthorum*）、金线草属（*Antenoron*）、胡枝子属（*Lespedeza*）、鸡眼草属（*Kummerowia*）、枫香树属（*Liquidambar*）、柯属（*Lithocarpus*）、漆属（*Toxicodendron*）和络石属（*Trachelospermum*），旧世界温带的荞麦属（*Fagopyrum*）、菱属（*Trapa*）、旋覆花属（*Inula*）、香薷属（*Elsholtzia*）和活血丹属（*Glechoma*），地中海区、西亚（或中亚）和东亚间断分布的马甲子属（*Paliurus*）、女贞属（*Ligustrum*）和芦竹属（*Arundo*），地中海区和喜马拉雅间断分布的鹅绒藤属（*Cynanchum*），欧亚和南非（有时也在澳大利亚）的筋骨草属（*Ajuga*）和黑藻属（*Hydrilla*），温带亚洲的枫杨属（*Pterocarya*）和黄鹌菜属（*Youngia*），地中海区、西亚至中亚的早熟禾属（*Poa*），东亚的蕺菜属（*Houttuynia*）、茵芋属（*Skimmia*）、吊钟花属（*Enkianthus*）、水团花属（*Adina*）、兔儿风属（*Ainsliaea*）、紫苏属（*Perilla*）和沿阶草属（*Ophiopogon*），中国—喜马拉雅的萸叶五加属（*Gamblea*）和箭竹属（*Fargesia*），中国—日本的花点草属（*Nanocnide*）、蒲儿根属（*Sinosenecio*）、泽番椒属（*Deinostema*）、茶菱属（*Trapella*）和山麦冬属（*Liriope*）；中国特有分布属有血水草属（*Eomecon*）、虾须草属（*Sheareria*）和匙叶草属（*Latouchea*）3属，占1.10%。

表 2-3　广西湿地植被种子植物属分布区类型

分布区类型	属数	占总属数/%	含种数	占总种数/%
1. 广布	44	—	123	—
2. 泛热带	74	32.46	130	41.14
2-1. 热带亚洲—大洋洲和热带美洲（南美洲或/和墨西哥）	4	1.75	7	2.22
2-2. 热带亚洲—热带非洲—热带美洲（南美洲）	4	1.75	4	1.27
3. 东亚（热带、亚热带）及热带南美间断	7	3.07	9	2.85
4. 旧世界热带	26	11.40	32	10.13
4-1. 热带亚洲、非洲和大洋洲间断或星散	1	0.44	1	0.32
5. 热带亚洲至热带大洋洲	18	7.89	24	7.59
6. 热带亚洲至热带非洲	4	1.75	5	1.58
7. 热带亚洲	3	1.32	3	0.95
7-1. 爪哇（或苏门答腊），喜马拉雅间断或星散分布到华南、西南	1	0.44	1	0.32
7-3. 缅甸、泰国至华西南分布	1	0.44	1	0.32
7-4. 越南（或中南半岛）至华南或西南分布	1	0.44	1	0.32
7a. 西马来，基本上在新华莱士线以西	6	2.63	6	1.90
7ab. 西马来至中马来	1	0.44	1	0.32
7a-c. 西马来至东马来	3	1.32	4	1.27
7a-d. 西马来至新几内亚	1	0.44	1	0.32
7c. 东马来	1	0.44	1	0.32
7d. 全分布区东达新几内亚	1	0.44	1	0.32
7e. 全分布区东南达西太平洋诸岛弧，包括新喀里多尼亚和斐济	1	0.44	2	0.63
8. 北温带	10	4.39	13	4.11
8-4. 北温带和南温带间断分布	17	7.46	22	6.96
8-5. 欧亚和南美洲温带间断分布	1	0.44	1	0.32
9. 东亚及北美间断	11	4.82	12	3.80
10. 旧世界温带	5	2.19	5	1.58
10-1. 地中海区，西亚（或中亚）和东亚间断分布	3	1.32	5	1.58
10-2. 地中海区和喜马拉雅间断分布	1	0.44	1	0.32
10-3. 欧亚和南非（有时也在澳大利亚）	2	0.88	2	0.63
11. 温带亚洲	2	0.88	2	0.63
12. 地中海区、西亚至中亚	1	0.44	1	0.32
14. 东亚	7	3.07	8	2.53
14SH. 中国—喜马拉雅	2	0.88	2	0.63
14SJ. 中国—日本	5	2.19	5	1.58
15. 中国特有	3	1.32	3	0.95
合计	272	100.02	439	100.03

三、区系特点

（一）草本植物发达

由表 2-1 可知，广西湿地植被组成种类以草本植物占绝对优势，共有 419 种，占总种数的 79.06%。以草本植物为建群种形成了草丛、水生草丛和苔藓丛 3 个植被型组，莎草型草丛、禾草型草丛、杂草型草丛、盐生草丛、沉水草丛、浮叶草丛、漂浮草丛、挺水草丛、海草床、苔丛和藓丛 11 个植被型，共 261 个群系。

（二）科种和属种比值较高

广西湿地植被组成种类中，科种比值为 0.26，含 1 种的科有 63 科，占总科数的 46.32%，含 2～5 种的科有 47 科，占 34.56%；属种比值为 0.63，含 1 种的属有 246 属，占总属数的 73.43%，含 2～5 种的属有 78 属，占 23.28%。

（三）分布区类型较为复杂，以热带成分占优势

广西湿地植被组成种类的分布区类型较为复杂，热带性质明显。例如，种子植物科的分布区有 8 个类型和 4 个亚型，属的分布区有 14 个类型和 20 个亚型；热带分布科有 47 科，占 72.31%，热带分布属有 158 属，占总属数的 69.30%。

（四）特有属种匮乏

广西湿地植被组成种类中，中国特有分布属仅有 3 属，占总属数的 1.32%。根据《中国特有种子植物的多样性及其地理分布》（黄继红等，2014），中国特有种仅有蓼子草（*Polygonum criopolitanum*）、愉悦蓼（*Polygonum jucundum*）、柳叶白前（*Cynanchum stauntonii*）、虾须草（*Sheareria nana*）、齿叶水蜡烛（*Dysophylla sampsonii*）、刺苦草（*Vallisneria spinulosa*）等。特有属种匮乏，表明广西湿地植被组成种类区系的个性特征不够明显。

第三章 广西湿地植被的分类系统

第一节 湿地植被分类原则和依据

湿地植被分类是根据一定的原则和依据来进行的，生境条件、组成种类、外貌、结构、演替动态等是湿地植被分类的基本特征（中国湿地植被编辑委员会，1999）。本书在参考《中国植被》植被分类系统（中国植被编辑委员会，1980）的基础上，采用植物群落学-生态学原则对广西湿地植被进行分类，并编制相应的湿地植被分类系统。

第二节 湿地植被分类单位

一、植被型组

植被型组是广西湿地植被分类系统的最高级单位。凡建群种生活型相近且群落的外貌形态相似的湿地植物群落联合为植被型组，如针叶林、阔叶林、灌丛、草丛等。植被型组根据建群种生活型所呈现的外貌形态差异而命名，不编号，用黑体字表示。

二、植被型

植被型是广西湿地植被分类系统的高级单位。在植被型组内，凡建群种生活型相同或相似，同时对水分和盐分条件生态关系相对一致的湿地植物群落联合为植被型，如落叶阔叶林、常绿阔叶林、常绿阔叶灌丛、莎草型草丛等。植被型根据建群种生活型而命名，采用罗马数字统一编号，数字下加着重号。

三、群系

群系是广西湿地植被分类系统的中级单位。在植被型内，凡建群种或共建种相同的湿地植物群落联合为群系，如枫杨群系、木榄群系、木榄+红海榄群系等。群系根据建群种或共建种的种名而命名，采用阿拉伯数字在每个植被型内各自编号，数字下加着重号。

第三节 湿地植被分类系统

按照"植被型组—植被型—群系"等级分类系统，广西湿地植被的主要类型可划分为 7 个植被型组 22 个植被型 307 个群系（表 3-1）。其中，针叶林有 2 个植被型 3 个群系；阔叶林有 5 个植被型 30 个群系；鳞叶林有 1 个植被型 1 个群系；灌丛有 3 个植被型 12 个群系；草丛有 4 个植被型 122 个群系；水生草丛有 5 个植被型 135 个群系；苔藓丛有 2 个植被型 4 个群系。

表 3-1 广西湿地植被分类系统及其主要生境类型

植被型组	植被型	群系	生境类型及其特征
针叶林	I. 落叶针叶林	1. 水松群系 (Form. Glyptostrobus pensilis)	②、③、⑤、a、c、e
		2. 水杉群系 (Form. Metasequoia glyptostroboides)	②、③、a、b
	II. 常绿针叶林	1. 铁杉群系 (Form. Tsuga chinensis)	④、g、h
阔叶林	III. 落叶阔叶林	1. 乌桕群系 (Form. Triadica sebifera)	②、③、⑥、⑨、a、b
		2. 垂柳群系 (Form. Salix babylonica)	②、③、⑥、⑦、⑨、a、b
		3. 腺柳群系 (Form. Salix chaenomeloides)	②、⑦、a、b、d、f
		4. 枫杨群系 (Form. Pterocarya stenoptera)	②、⑨、a、b、d、f、h
	IV. 常绿阔叶林	1. 樟群系 (Form. Cinnamomum camphora)	②、a、d
		2. 水翁蒲桃群系 (Form. Syzygium nervosum)	②、a
		3. 褐叶青冈群系 (Form. Cyclobalanopsis stewardiana)	④、g、h
	V. 红树林	1. 无瓣海桑群系 (Form. Sonneratia apetala) *	①、1
		2. 拉关木群系 (Form. Laguncularia racemosa) *	①、1
		3. 木榄群系 (Form. Bruguiera gymnorhiza)	①、1
		4. 木榄+红海榄群系 (Form. Bruguiera gymnorhiza+Rhizophora stylosa)	①、1
		5. 秋茄树群系 (Form. Kandelia obovata)	①、1
		6. 秋茄树+蜡烛果群系 (Form. Kandelia obovata+Aegiceras corniculatum)	①、1
		7. 秋茄树+海榄雌群系 (Form. Kandelia obovata+Avicennia marina)	①、1
		8. 红海榄群系 (Form. Rhizophora stylosa)	①、1
		9. 红海榄+秋茄树群系 (Form. Rhizophora stylosa+Kandelia candel)	①、1
		10. 海漆群系 (Form. Excoecaria agallocha)	①、1
		11. 海漆+蜡烛果群系 (Form. Excoecaria agallocha+Aegiceras corniculatum)	①、1
		12. 蜡烛果群系 (Form. Aegiceras corniculatum)	①、1
		13. 蜡烛果+老鼠簕群系 (Form. Aegiceras corniculatum+Acanthus ilicifolius)	①、1

续表

植被型组	植被型	群系	生境类型及其特征
阔叶林	V. 红树林	14. 老鼠簕群系 (Form. *Acanthus ilicifolius*)	①、l
		15. 老鼠簕+卤蕨群系 (Form. *Acanthus ilicifolius*+*Acrostichum aureum*)	①、l
		16. 海榄雌群系 (Form. *Avicennia marina*)	①、l
		17. 海榄雌+蜡烛果群系 (Form. *Avicennia marina*+*Aegiceras corniculatum*)	①、l
	VI. 半红树林	1. 银叶树群系 (Form. *Heritiera littoralis*)	①、n、k
		2. 黄槿群系 (Form. *Hibiscus tiliaceus*)	①、n、j、k
		3. 阔苞菊群系 (Form. *Pluchea indica*)	①、n、j、k
		4. 阔苞菊+卤蕨群系 (Form. *Pluchea indica*+ *Acrostichum aureum*)	①、n、j、k
		5. 苦郎树群系 (Form. *Clerodendrum inerme*)	①、n、j、k
	VII. 竹林	1. 华西箭竹群系 (Form. *Fargesia nitida*)	④、g、h
鳞叶林	VIII. 常绿鳞叶林	1. 木麻黄群系 (Form. *Casuarina equisetifolia*)	①、n、k
	IX. 落叶阔叶灌丛	1. 白饭树群系 (Form. *Flueggea virosa*)	②、③、⑦、⑨、a、b、d
		2. 光荚含羞草群系 (Form. *Mimosa bimucronata*)	②、⑥、⑦、⑨、a、b
		3. 细叶水团花群系 (Form. *Adina rubella*)	②、⑤、⑥、⑨、a、b、c、d
		4. 牡荆群系 (Form. *Vitex negundo* var. *cannabifolia*)	②、⑤、⑥、⑨、a、b、d
灌丛	X. 常绿阔叶灌丛	1. 柳叶润楠群系 (Form. *Machilus salicina*)	②、a、b
		2. 星毛金锦香群系 (Form. *Osbeckia stellata*)	②、④、⑤、⑨、a、g、h
		3. 水柳群系 (Form. *Homonoia riparia*)	②、⑤、a、b、d
		4. 石榕树群系 (Form. *Ficus abelii*)	②、③、⑤、⑦、a、b、c、d
		5. 风箱树群系 (Form. *Cephalanthus tetrandrus*)	②、③、⑥、⑦、⑨、a、b
	XI. 盐生灌丛	1. 南方碱蓬群系 (Form. *Suaeda australis*)	①、l
		2. 鱼藤群系 (Form. *Derris trifoliata*)	①、l
		3. 小草海桐群系 (Form. *Scaevola hainanensis*)	①、l

续表

植被型组	植被型	群系	生境类型及其特征
灌丛草丛	XII. 莎草型草丛	1. 扁穗莎草群系 (Form. *Cyperus compressus*)	②、④、⑤、⑥、⑦、⑨、a、b、c、h、i
		2. 风车草群系 (Form. *Cyperus involucratus*) *	②、⑦、a、b
		3. 碎米莎草群系 (Form. *Cyperus iria*)	②、③、⑤、⑥、⑦、⑧、⑨、a、b、c、f、i、q
		4. 垂穗莎草群系 (Form. *Cyperus nutans*)	②、⑥、⑨、a、b、c、i
		5. 香附子群系 (Form. *Cyperus rotundus*)	②、⑧、a、b、c、r
		6. 牛毛毡群系 (Form. *Eleocharis yokoscensis*)	②、③、⑤、⑥、⑧、⑨、a、b、c、i、p、r
		7. 扁鞘飘拂草群系 (Form. *Fimbristylis complanata*)	④、⑤、⑦、⑧、⑨、a、f、g、h、r
		8. 两歧飘拂草群系 (Form. *Fimbristylis dichotoma*)	④、⑤、⑦、⑧、⑨、a、f、h、r
		9. 水虱草群系 (Form. *Fimbristylis littoralis*)	②、③、④、⑤、⑥、⑦、⑧、⑨、a、b、c、f、g、h、i、r
		10. 四棱飘拂草群系 (Form. *Fimbristylis tetragona*)	④、g、h
		11. 短叶水蜈蚣群系 (Form. *Kyllinga brevifolia*)	②、③、⑤、⑥、⑦、⑨、a、b、c、f、i
		12. 球穗扁莎群系 (Form. *Pycreus flavidus*)	②、③、④、⑤、⑥、⑦、⑧、a、b、f、g、h、i、r
	XIII. 禾草型草丛	1. 看麦娘群系 (Form. *Alopecurus aequalis*)	⑧、⑨、p
		2. 水蔗草群系 (Form. *Apluda mutica*)	②、③、⑤、⑥、⑦、⑨、a、b
		3. 芦竹群系 (Form. *Arundo donax*)	②、⑤、⑦、a、b、c、e、f
		4. 竹节草群系 (Form. *Chrysopogon aciculatus*)	②、③、⑤、⑥、⑨、a、b
		5. 薏苡群系 (Form. *Coix lacryma-jobi*)	②、④、⑤、⑦、⑨、a、b、c、e、f、g、h
		6. 狗牙根群系 (Form. *Cynodon dactylon*)	①、②、③、⑤、⑥、⑦、⑨、a、b、c
		7. 光头稗群系 (Form. *Echinochloa colona*)	④、⑥、⑦、⑧、⑨、a、g、h、i、r
		8. 披碱草群系 (Form. *Elymus kamoji*)	②、④、⑦、⑨、a、b、f、h
		9. 假俭草群系 (Form. *Eremochloa ophiuroides*)	①、②、③、④、⑤、⑥、⑦、⑨、a、b
		10. 扁穗牛鞭草群系 (Form. *Hemarthria compressa*)	②、③、④、⑤、⑥、⑦、⑨、a、b、c、h、i

续表

植被型组	植被型	群系	生境类型及其特征
	XIII. 禾草型草丛	11. 柳叶箬群系 (Form. *Isachne globosa*)	②、③、④、⑤、⑥、⑦、a、b、e、f、g、h、i
		12. 有芒鸭嘴草群系 (Form. *Ischaemum aristatum*)	②、③、④、a、b、f、h
		13. 刚莠竹群系 (Form. *Microstegium ciliatum*)	②、④、⑦、⑨、a、b、f、h
		14. 五节芒群系 (Form. *Miscanthus floridulus*)	②、⑤、⑨、a、b
		15. 糠稷群系 (Form. *Panicum bisulcatum*)	②、⑦、a、b、f
		16. 铺地黍群系 (Form. *Panicum repens*)	①、②、③、④、⑤、⑥、⑦、a、b、c、e、f、g、h、i、j、k、n
		17. 斑茅群系 (Form. *Saccharum arundinaceum*)	②、⑤、⑨、a、b、d
		18. 甜根子草群系 (Form. *Saccharum spontaneum*)	②、⑤、⑦、⑨、a、b
		19. 沟叶结缕草群系 (Form. *Zoysia matrella*)	①、②、a、b
灌丛草丛	XIV. 杂草型草丛	1. 节节草群系 (Form. *Equisetum ramosissimum*)	②、③、⑤、⑥、⑦、a、b、f
		2. 食用双盖蕨群系 (Form. *Diplazium esculentum*)	②、④、⑦、a、b、f、h
		3. 星毛蕨群系 (Form. *Ampelopteris prolifera*)	②、④、⑤、⑥、⑦、a、b、d、f、h
		4. 扬子毛茛群系 (Form. *Ranunculus sieboldii*)	②、③、④、⑧、⑨、a、b、h、r
		5. 蕺菜群系 (Form. *Houttuynia cordata*)	②、⑧、b、f、p
		6. 蕺菜+喜旱莲子草群系 (Form. *Houttuynia cordata+Alternanthera philoxeroides*)	④、⑨、h
		7. 血水草群系 (Form. *Eomecon chionantha*)	②、⑨、a、b
		8. 鹅肠菜群系 (Form. *Myosoton aquaticum*)	②、⑧、⑨、a、b、c、p、r
		9. 金线草群系 (Form. *Antenoron filiforme*)	②、④、⑨、a、b、h
		10. 金荞麦群系 (Form. *Fagopyrum dibotrys*)	②、④、⑨、a、b、h
		11. 头花蓼群系 (Form. *Polygonum capitatum*)	⑨、s
		12. 火炭母群系 (Form. *Polygonum chinense*)	②、③、④、⑤、⑥、⑦、⑨、a、b、c、f、g、h
		13. 蓼子草群系 (Form. *Polygonum cripolitanum*)	②、⑤、⑧、⑨、b、c、r
		14. 稀花蓼群系 (Form. *Polygonum dissitiflorum*)	②、④、⑦、⑨、a、b、f、g、h

续表

植被型组	植被型	群系	生境类型及其特征
		15. 长箭叶蓼群系 (Form. *Polygonum hastatosagittatum*)	②、④、⑦、⑨、a、b、g、h
		16. 愉悦蓼群系 (Form. *Polygonum jucundum*)	②、④、⑥、⑦、⑨、a、b、g、h、i
		17. 柔茎蓼群系 (Form. *Polygonum kawagoeanum*)	④、⑤、⑦、a、c、g、h
		18. 酸模叶蓼群系 (Form. *Polygonum lapathifolium*)	②、⑤、⑧、⑨、b、c、r
		19. 酸模叶蓼+土荆芥群系 (Form. *Polygonum lapathifolium+Dysphania ambrosioides*)	⑤、c
		20. 长戟叶蓼群系 (Form. *Polygonum maackianum*)	②、⑨、a、b
		21. 小蓼花群系 (Form. *Polygonum muricatum*)	②、④、a、b、f、g、h
		22. 小蓼花+李氏禾群系 (Form. *Polygonum muricatum+Leersia hexandra*)	④、g、h
		23. 尼泊尔蓼群系 (Form. *Polygonum nepalense*)	②、⑤、⑨、a、b、c
		24. 习见蓼群系 (Form. *Polygonum plebeium*)	②、⑤、⑧、a、b、c、p、r
		25. 疏蓼群系 (Form. *Polygonum praetermissum*)	②、⑦、⑨、b、c、h
灌丛草丛	XIV. 杂草型草丛	26. 戟叶蓼群系 (Form. *Polygonum thunbergii*)	②、④、⑤、a、b
		27. 莲子草群系 (Form. *Alternanthera sessilis*)	①、②、⑤、⑦、⑧、⑨、a、b、c、p、r
		28. 青葙群系 (Form. *Celosia argentea*)	②、⑦、⑨、a、b、c、p、r
		29. 华凤仙群系 (Form. *Impatiens chinensis*)	④、⑦、a、g、h
		30. 水苋菜群系 (Form. *Ammannia baccifera*)	⑧、⑨、p、r
		31. 千屈菜群系 (Form. *Lythrum salicaria*)	④、⑨、a、i
		32. 柳叶菜群系 (Form. *Epelobium hirsutum*)	④、⑦、⑧、g、h
		33. 假柳叶菜群系 (Form. *Ludwigia epilobioides*)	④、⑦、⑧、a、e、h、p、r
		34. 毛草龙群系 (Form. *Ludwigia octovalvis*)	②、④、⑦、a、e、g、h、p、r
		35. 卵叶丁香蓼群系 (Form. *Ludwigia ovalis*)	⑥、⑨、a、b、c、e、g、h
		36. 紫云英群系 (Form. *Astragalus sinicus*)	②、⑧、⑨、b、p
		37. 序叶苎麻群系 (Form. *Boehmeria clidemioides var. diffusa*)	②、a、b

续表

植被型组	植被型	群系	生境类型及其特征
		38. 糯米团群系（Form. Gonostegia hirta）	②、③、④、⑥、⑦、⑨、a、b、h、i
		39. 五蕊糯米团群系（Form. Gonostegia pentandra）	②、⑦、a、b、e
		40. 红马蹄草群系（Form. Hydrocotyle nepalensis）	②、⑦、⑨、a、b
		41. 天胡荽群系（Form. Hydrocotyle sibthorpioides）	②、⑤、⑥、⑦、a、b、c、i
		42. 破铜钱群系（Form. Hydrocotyle sibthorpioides var. batrachium）	②、③、⑤、⑥、⑦、⑧、⑨、a、b、c、i、p、r
		43. 肾叶天胡荽群系（Form. Hydrocotyle wilfordii）	②、④、⑦、⑨、a、b、h
		44. 卵叶水芹群系（Form. Oenanthe javanica subsp. rosthornii）	②、④、⑦、⑨、a、b、f、g、h
		45. 线叶水芹群系（Form. Oenanthe linearis）	⑥、⑦、a、i
		46. 白花蛇舌草群系（Form. Hedyotis diffusa）	⑧、⑨、p、r
		47. 藿香蓟群系（Form. Ageratum conyzoides）	②、⑤、⑥、⑦、⑧、⑨、a、b、c、p、r
		48. 钻叶紫菀群系（Form. Aster subulatus）	②、③、④、⑧、⑨、a、b、c、h、p、r
灌丛草丛	XIV. 杂草型草丛	49. 鬼针草群系（Form. Bidens pilosa）	①、②、③、⑥、⑦、⑧、⑨、a、b、c、i、j、p、r
		50. 狼耙草群系（Form. Bidens tripartita）	②、④、⑦、⑧、⑨、a、b、h、p、r
		51. 林泽兰群系（Form. Eupatorium lindleyanum）	②、⑦、a、b、d
		52. 拟鼠麴草群系（Form. Pseudognaphalium affine）	②、⑧、a、b、c、p、r
		53. 拟鼠麴草+看麦娘群系（Form. Pseudognaphalium affine+Alopecurus aequalis）	⑧、p、r
		54. 南美蟛蜞菊群系（Form. Wedelia chinensis）	①、②、③、⑤、⑥、⑦、⑨、a、b、i
		55. 半边莲群系（Form. Lobelia chinensis）	②、③、⑤、⑦、⑧、a、b、c、p、r
		56. 假马齿苋群系（Form. Bacopa monnieri）	①、②、④、a、b、f、g、h、j
		57. 大叶石龙尾群系（Form. Limnophila rugosa）	⑦、⑨、a、e
		58. 长蒴母草群系（Form. Lindernia anagallis）	②、⑤、⑨、b、f
		59. 长蒴母草+沟叶结缕草群系（Form. Lindernia anagallis+ Zoysia matrella）	②、b
		60. 匍茎通泉草群系（Form. Mazus miquelii）	②、⑤、⑨、a、b、c、f

续表

植被型组	植被型	群系	生境类型及其特征
		61. 挖耳草群系 (Form. Utricularia bifida)	④. h, i
		62. 合苞挖耳草群系 (Form. Utricularia peranomala)	⑨. s
		63. 圆叶挖耳草群系 (Form. Utricularia striatula)	⑨. s
		64. 过江藤群系 (Form. Phyla nodiflora)	①. ②. ⑤. ⑥. a, b, c, i, j
		65. 过江藤+狗牙根群系 (Form. Phyla nodiflora+Cynodon dactylon)	①. ②. ⑤. ⑥. a, b, c, i, j
		66. 齿叶水蜡烛群系 (Form. Dysophylla sampsonii)	②. ③. ④. ⑤. ⑥. ⑦. a, b, c, e, f, g, h, i
	XIV. 杂草型草丛	67. 水虎尾群系 (Form. Dysophylla stellata)	⑧. ⑨. p, r
		68. 活血丹群系 (Form. Glechoma longituba)	②. ⑨. a, b
		69. 鸭跖草群系 (Form. Commelina communis)	②. ③. ④. ⑤. ⑥. ⑨. a, b, c, f, g, h, i
		70. 大苞鸭跖草群系 (Form. Commelina paludosa)	②. ④. ⑨. a, b, f, g, h
灌丛草丛		71. 谷精草群系 (Form. Eriocaulon buergerianum)	④. ⑧. g, h, r
		72. 野蕉群系 (Form. Musa balbisiana)	②. ⑦. ⑨. a, b
		73. 芋群系 (Form. Colocasia esculenta)	⑧. ⑨. q
		74. 灯心草群系 (Form. Juncus effusus)	④. ⑤. ⑨. f, g, h
		75. 笄石菖群系 (Form. Juncus prismatocarpus)	②. ⑨. b, f
	XV. 盐生草丛	1. 卤蕨群系 (Form. Acrostichum aureum)	①. f, j, k
		2. 卤蕨+短叶茳芏主群系 (Form. Acrostichum aureum+Cyperus malaccensis subsp. monophyllus)	①. j, k
		3. 海马齿群系 (Form. Sesuvium portulacastrum)	①. n, j, k, l
		4. 盐角草群系 (Form. Salicornia europaea)	①. l
		5. 补血草群系 (Form. Limonium sinense)	①. n
		6. 厚藤群系 (Form. Ipomoea pes-caprae)	①. n
		7. 厚藤+铺地黍群系 (Form. Ipomoea pes-caprae+Panicum repens)	①. n
		8. 薄果草群系 (Form. Dapsilanthus disjunctus)	①. n

续表

植被型组	植被型	群系	生境类型及其特征
灌丛草丛	XV. 盐生草丛	9. 扁秆荆三棱群系（Form. Bolboschoenus planiculmis）	①、n、k、l
		10. 密穗莎草群系（Form. Cyperus eragrostis）	①、n
		11. 粗根茎莎草群系（Form. Cyperus stolonjferus）	①、n、j、k、l
		12. 锈鳞飘拂草群系（Form. Fimbristylis sieboldii）	①、n、j、k、l
		13. 多枝扁莎群系（Form. Pycreus polystachyos）	①、n、j
		14. 多枝扁莎+铺地黍群系（Form. Pycreus polystachyos+Panicum repens）	①、n、j
		15. 海雀稗群系（Form. Paspalum vaginatum）	①、n、j、k、l
		16. 盐地鼠尾粟群系（Form. Sporobolus virginicus）	①、n、j、k、l
水生草丛	XVI. 沉水草丛	1. 小花水毛茛群系（Form. Batrachium bungei var. micranthum）	②、e
		2. 五刺金鱼藻群系（Form. Ceratophyllum platyacanthum subsp. oryzetorum）	②、③、⑤、⑥、⑦、c、e、f
		3. 五刺金鱼藻+密刺苦草群系（Form. Ceratophyllum platyacanthum subsp. oryzetorum+Vallisneria denseserrulata）	②、③、c、e
		4. 五刺金鱼藻+黑藻群系（Form. Ceratophyllum platyacanthum subsp. oryzetorum+ Halophial verticillata）	②、c、e
		5. 穗状狐尾藻群系（Form. Myriophyllum spicatum）	②、③、⑤、⑥、⑦、c、e、f
		6. 穗状狐尾藻+密刺苦草群系（Form. Myriophyllum spicatum+Vallisneria denseserrulata）	②、③、⑤、c、e、f
		7. 有梗石龙尾群系（Form. Limnophila indica）	⑥、e
		8. 石龙尾群系（Form. Limnophila sessiliflora）	②、③、⑤、⑥、⑦、c、e、f
		9. 黄花狸藻群系（Form. Utricularia aurea）	③、⑥、e
		10. 水蕴草群系（Form. Egeria densa）	②、⑦、c、e、f
		11. 黑藻群系（Form. Halophial verticillata）	②、③、⑤、⑥、⑦、c、e、f
		12. 黑藻+石龙尾群系（Form. Halophial verticillata+Limnophila sessiliflora）	②、③、c、e、f
		13. 黑藻+密刺苦草群系（Form. Halophial verticillata+Vallisneria denseserrulata）	②、③、c、e、f
		14. 虾子草群系（Form. Nechamandra alternifolia）	③、⑥、e
		15. 海菜花群系（Form. Ottelia acuminata）	②、⑦、c、e、f

续表

植被型组	植被型	群系	生境类型及其特征
水生草丛	XVI. 沉水草丛	16. 靖西海菜花群系 (Form. Ottelia acuminata var. jingxiensis)	②、c、e、f
		17. 靖西海菜花+密刺苦草群系 (Form. Ottelia acuminata var. jingxiensis+Vallisneria denseserrulata)	②、e
		18. 靖西海菜花+竹叶眼子菜群系 (Form. Ottelia acuminata var. jingxiensis+Potamogeton wrightii)	②、c、e
		19. 灌阳水车前群系 (Form. Ottelia guanyangensis)	②、⑦、e
		20. 密刺苦草群系 (Form. Vallisneria denseserrulata)	②、③、⑤、⑥、⑦、c、e、f
		21. 苦草群系 (Form. Vallisneria natans)	②、c、e
		22. 刺苦草群系 (Form. Vallisneria spinulosa)	②、e、f
		23. 菹草群系 (Form. Potamogeton crispus)	②、③、⑥、⑦、c、e
		24. 微齿眼子菜群系 (Form. Potamogeton maackianus)	②、e
		25. 南方眼子菜群系 (Form. Potamogeton octandrus)	②、⑦、e
		26. 尖叶眼子菜群系 (Form. Potamogeton oxyphyllus)	②、e
		27. 竹叶眼子菜群系 (Form. Potamogeton wrightii)	②、③、⑤、⑥、⑦、c、e、f
		28. 竹叶眼子菜+密刺苦草群系 (Form. Potamogeton wrightii+Vallisneria denseserrulata)	②、③、c、e
		29. 竹叶眼子菜+穗状狐尾藻群系 (Form. Potamogeton wrightii+Myriophyllum spicatum)	②、③、c、e
		30. 大茨藻群系 (Form. Najas marina)	②、③、e
		31. 小茨藻群系 (Form. Najas minor)	②、⑦、e
		32. 旋苞隐棒花群系 (Form. Cryptocoryne crispatula)	②、e
	XVII. 浮叶草丛	1. 蘋群系 (Form. Marsilea quadrifolia)	⑤、⑦、⑧、c、e、f、p、r
		2. 萍蓬草群系 (Form. Nuphar pumila)	②、⑥、e
		3. 中华萍蓬草群系 (Form. Nuphar pumila subsp. sinensis)	②、③、⑥、⑦、e、f
		4. 柔毛齿叶睡莲群系 (Form. Nymphaea lotus var. pubescens) *	③、⑥、e
		5. 延药睡莲群系 (Form. Nymphaea nouchali) *	③、e
		6. 睡莲群系 (Form. Nymphaea tetragona) *	③、e

续表

植被型组	植被型	群系	生境类型及其特征
	XVII. 浮叶草丛	7. 欧菱群系（Form. *Trapa natans*）	⑤、⑥、c、e、f
		8. 欧菱+浮萍群系（Form. *Trapa natans+Lemna minor*）	⑥、e
		9. 金银莲花群系（Form. *Nymphoides indica*）	⑥、e
		10. 荇菜群系（Form. *Nymphoides peltata*）	⑥、e
		11. 茶菱群系（Form. *Trapella sinensis*）	⑥、⑦、e
		12. 水鳖群系（Form. *Hydrocharis dubia*）	⑥、e
		13. 眼子菜群系（Form. *Potamogeton distinctus*）	⑧、p、r
		14. 浮叶眼子菜群系（Form. *Potamogeton natans*）	⑥、⑧、e、p、r
水生草丛	XVIII. 漂浮草丛	1. 浮苔群系（Form. *Riccocarpus natans*）	⑥、⑦、⑧、e、p、r
		2. 浮苔+紫萍群系（Form. *Riccocarpus natans+Spirodela polyrhiza*）	⑥、e
		3. 槐叶蘋群系（Form. *Salvinia natans*）	⑥、⑧、e、p、r
		4. 满江红群系（Form. *Azolla pinnata* subsp. *asiatica*）	⑥、⑦、e、p、r
		5. 水龙群系（Form. *Ludwigia adscendens*）	②、③、⑤、⑥、⑦、c、e、f
		6. 台湾水龙群系（Form. *Ludwigia×taiwanensis*）	⑥、e
		7. 凤眼蓝群系（Form. *Eichhornia crassipes*）	②、③、⑤、⑥、⑦、c、e
		8. 凤眼蓝+大薸群系（Form. *Eichhornia crassipes+Pistia stratiotes*）	②、⑤、c、e
		9. 大薸群系（Form. *Pistia stratiotes*）	②、③、⑤、⑥、⑦、c、e
		10. 少根萍群系（Form. *Landoltia punctata*）	⑥、⑦、e
		11. 少根萍+无根萍群系（Form. *Landoltia punctata+Wolffia globosa*）	⑥、e
		12. 浮萍群系（Form. *Lemna minor*）	②、③、⑤、⑥、⑦、⑧、c、e、p、r
		13. 浮萍+无根萍群系（Form. *Lemna minor+Wolffia globosa*）	⑥、e
		14. 紫萍群系（Form. *Spirodela polyrhiza*）	⑥、⑦、⑧、e、p、r
		15. 紫萍+无根萍群系（Form. *Spirodela polyrhiza+Wolffia globosa*）	⑥、e

续表

植被型组	植被型	群系	生境类型及其特征
	XVIII. 漂浮草丛	16. 无根萍群系 (Form. Wolffia globosa)	⑥、e
		17. 水禾群系 (Form. Hygroryza aristata)	②、⑥、e
水生草丛	XIX. 挺水草丛	1. 中华水韭群系 (Form. Isoetes sinensis) *	⑨、e
		2. 石龙芮群系 (Form. Ranunculus sceleratus)	⑧、p、r
		3. 莲群系 (Form. Nelumbo mucifera) *	②、③、⑤、⑥、⑦、⑧、c、e、q
		4. 三白草群系 (Form. Saururus chinensis)	②、③、④、⑤、c、e、f、g、h
		5. 豆瓣菜群系 (Form. Nasturtium officinale) *	②、⑦、⑧、c、e、q
		6. 毛蓼群系 (Form. Polygonum barbatum)	④、⑦、e、g、h
		7. 光蓼群系 (Form. Polygonum glabrum)	②、③、⑤、c、e、f
		8. 水蓼群系 (Form. Polygonum hydropiper)	②、③、④、⑤、⑥、⑦、⑧、⑨、a、c、e、f、g、h、r
		9. 圆基长鬃蓼群系 (Form. Polygonum longisetum var. rotundatum)	②、④、⑥、⑦、a、c、e、g、h
		10. 喜旱莲子草群系 (Form. Alternanthera philoxeroides)	②、③、④、⑤、⑥、⑦、a、c、e、f、g、h
		11. 喜旱莲子草+水芹群系 (Form. Alternanthera philoxeroides+Oenanthe javanica)	④、g、h
		12. 喜旱莲子草+凤眼蓝群系 (Form. Alternanthera philoxeroides+Eichhornia crassipes)	②、e
		13. 喜旱莲子草+双穗雀稗群系 (Form. Alternanthera philoxeroides+Paspalum distichum)	②、④、⑥、⑦、a、c、e、g、h
		14. 圆叶节节菜群系 (Form. Rotala rotundifolia)	④、⑤、⑧、c、f、g、h、p、r
		15. 圆叶节节菜+双穗雀稗群系 (Form. Rotala rotundifolia+Paspalum distichum)	④、g、h
		16. 粉绿狐尾藻群系 (Form. Myriophyllum aquaticum)	②、e
		17. 水芹群系 (Form. Oenanthe javanica)	②、③、④、⑤、⑥、⑦、a、c、e、f、g、h
		18. 蕹菜群系 (Form. Ipomoea aquatica) *	⑥、⑧、e、q
		19. 大花水蓑衣群系 (Form. Hygrophila megalantha)	①、②、e、j
		20. 水蓑衣群系 (Form. Hygrophila ringens)	②、③、④、⑤、⑦、a、c、e、f、g、h
		21. 水香薷群系 (Form. Elsholtzia kachinensis)	②、④、⑦、a、c、e、f、g、h

续表

植被型组	植被型	群系	生境类型及其特征
		22. 水香薷+双穗雀稗群系 (Form. Elsholtzia kachinensis+Paspalum distichum)	②、④、⑦、a、c、e、g、h
		23. 东方泽泻群系 (Form. Alisma orientale) *	⑧、q
		24. 大叶皇冠草群系 (Form. Echinodorus macrophyllus)	⑥、e
		25. 野慈姑群系 (Form. Sagittaria trifolia)	④、⑧、g、h、p、r
		26. 野慈姑+水虱草群系 (Form. Sagittaria trifolia+Fimbristylis littoralis)	④、⑧、g、h、p、r
		27. 野慈姑+李氏禾群系 (Form. Sagittaria trifolia+Leersia hexandra)	④、g、h
		28. 华夏慈姑群系 (Form. Sagittaria trifolia subsp. leucopetala) *	⑥、⑧、e、q
		29. 聚花草群系 (Form. Floscopa scandens)	②、④、⑦、a、c、e、h
		30. 水竹叶群系 (Form. Murdannia triquetra)	④、⑤、⑧、c、f、g、h、p、r
		31. 水生美人蕉群系 (Form. Canna glauca)	③、⑥、e
		32. 再力花群系 (Form. Thalia dealbata) *	③、⑥、e
水生草丛	XIX. 挺水草丛	33. 鸭舌草群系 (Form. Monochoria vaginalis)	④、⑥、⑧、e、h、p、r
		34. 梭鱼草群系 (Form. Pontederia cordata) *	③、⑥、e
		35. 菖蒲群系 (Form. Acorus calamus)	⑤、⑥、⑦、c、e、f
		36. 野芋群系 (Form. Colocasia esculentum var. antiquorum)	②、④、⑤、⑥、⑦、c、e、f、g、h
		37. 水烛群系 (Form. Typha angustifolia)	②、③、④、⑤、⑥、⑦、c、e、f、g、h
		38. 香蒲群系 (Form. Typha orientalis)	②、④、⑤、⑥、⑦、c、e、f、g、h
		39. 大藨草群系 (Form. Actinoscirpus grossus)	②、④、c、e、f、g、h
		40. 条穗薹草群系 (Form. Carex nemostachys)	②、③、⑤、⑦、c、e、f
		41. 华克拉莎群系 (Form. Cladium chinense)	③、④、c、e、g、h
		42. 迭穗莎草群系 (Form. Cyperus imbricatus)	④、⑤、c、f、g、h
		43. 茳芏群系 (Form. Cyperus malaccensis)	①、j、l
		44. 短叶茳芏群系 (Form. Cyperus malaccensis subsp. monophyllus)	①、⑧、j、l、q

续表

植被型组	植被型	群系	生境类型及其特征
		45. 毛轴莎草群系 (Form. *Cyperus pilosus*)	④、g、h
		46. 水莎草群系 (Form. *Cyperus serotinus*)	④、⑤、⑦、⑧、b、e、f、g、h、p、r
		47. 荸荠群系 (Form. *Eleocharis dulcis*)*	⑧、q
		48. 木贼状水蕨群系 (Form. *Eleocharis equisetina*)	①、④、⑦、e、g、h、j
		49. 野荸荠群系 (Form. *Eleocharis plantagineiformis*)	③、④、⑦、b、e、g、h
		50. 龙师草群系 (Form. *Eleocharis tetraquetra*)	③、④、⑧、b、h、p、r
		51. 萤蔺群系 (Form. *Schoenoplectus juncoides*)	④、⑧、e、g、h、p、r
		52. 水毛花群系 (Form. *Schoenoplectus mucronatus* subsp. *robustus*)	②、③、④、⑤、⑥、c、e、f、g、h
		53. 钻苞水葱群系 (Form. *Schoenoplectus subulatus*)	①、f、j、l
		54. 水葱群系 (Form. *Schoenoplectus tabernaemontani*)	③、④、⑥、c、e、g、h
		55. 三棱水葱群系 (Form. *Schoenoplectus triqueter*)	②、③、④、c、e、g、h
水生草丛	XIX. 挺水草丛	56. 猪毛草群系 (Form. *Schoenoplectus wallichii*)	④、e、g、h、p、r
		57. 水生薏苡群系 (Form. *Coix aquatica*)	②、c、e
		58. 李氏禾群系 (Form. *Leersia hexandra*)	②、③、④、⑤、⑥、⑦、⑧、a、b、c、e、f、g、h、p、r
		59. 李氏禾+水芹群系 (Form. *Leersia hexandra*+*Oenanthe javanica*)	④、⑦、e、g、h
		60. 假稻群系 (Form. *Leersia japonica*)	④、⑦、⑧、a、e、g、h、p、r
		61. 野生稻群系 (Form. *Oryza rufipogon*)	②、④、⑦、a、e、g、h
		62. 稻群系 (Form. *Oryza sativa*)*	⑧、q
		63. 双穗雀稗群系 (Form. *Paspalum distichum*)	①、②、③、④、⑤、⑥、⑦、⑧、a、b、c、e、f、g、h、j、p、r
		64. 芦苇群系 (Form. *Phragmites australis*)	①、③、④、⑤、c、e、g、h、j、l
		65. 卡开芦群系 (Form. *Phragmites karka*)	②、③、④、⑤、⑦、a、b、c、e、f、g、h
		66. 长芒棒头草群系 (Form. *Polypogon monspeliensis*)	④、h

续表

植被型组	植被型	群系	生境类型及其特征
	XIX. 挺水草丛	67. 互花米草群系 (Form. Spartina alterniflora)	①、l
		68. 菰群系 (Form. Zizania latifolia) *	②、③、④、⑥、⑦、⑧、⑧、c、e、g、h、q
水生草丛	XX. 海草床	1. 贝克喜盐草群系 (Form. Halophila beccarii)	①、l、m
		2. 喜盐草群系 (Form. Halophila ovalis)	①、l、m
		3. 矮大叶藻群系 (Form. Zostera japonica)	①、l、m
		4. 川蔓藻群系 (Form. Ruppia maritima)	①、l、m
	XXI. 苔丛	1. 毛地钱群系 (Form. Dumortiera spp.)	②、a、b
		2. 地钱群系 (Form. Marchantia spp.)	②、③、⑤、⑥、⑦、⑧、⑨、a、b、p、q、r
苔藓丛	XXII. 藓丛	1. 小金发藓群系 (Form. Pogonatum spp.)	④、g、h
		2. 泥炭藓群系 (Form. Sphagnum spp.)	④、g、h

注: *为人工种植或是以人工种植为主的群落类型; ①为滨海湿地, ②为河流湿地, ③为河流湿地, ④为沼泽及沼泽化湿地, ⑤为水库湿地, ⑥为池塘湿地, ⑦为沟渠湿地, ⑧为水田湿地, ⑨为其他湿地; a为河流, 湖泊、池塘或沟渠的岸坡, b为河漫滩, c为河流漫滩, d为河心洲, e为淹水区, f为河流、湖泊或水库的河口, g为沼泽, h为沼泽化湿地, i为枯水期池塘, j为堤内湿地, k为高潮线附近, l为潮间带, m为潮下带, n为潮上带, o为盐田, p为待耕种水田, q为耕种水田, r为撂荒水田, s为岩壁

因受环境条件的限制和人为干扰的影响，一些珍稀濒危水生植物连续分布面积不大，通常形成小群落状态。例如，水蕨（*Ceratopteris thalictroides*）为国家Ⅱ级重点保护野生植物，在防城港市茅岭镇滨海地区一些废弃的养殖塘内有小斑块状或沿着边缘呈宽 2～4m 狭带状分布；中华水韭为国家Ⅰ级重点保护野生植物，1933 年首次报道广西在桂林有分布，然而一直难觅其踪迹，直到 2002 年 4 月再次在桂林市郊一条浅沟渠中被发现（薛跃规和黄云峰，2002），2008 年 7 月在当地找到 1 株小苗，将其移植至实验基地进行保种扩繁，获得成功。

第四章 广西湿地植被主要类型的群落学特征

第一节 落叶针叶林

落叶针叶林是指以落叶针叶乔木为建群种的各种湿地森林群落的总称。广西湿地中的落叶针叶乔木主要有水松（*Glyptostrobus pensilis*）、水杉（*Metasequoia glyptostroboides*）、落羽杉（*Taxodium distichum*）、池杉（*Taxodium distichum* var. *imbricatum*）等。

一、水松群系

水松为杉科（Taxodiaceae）水松属（*Glyptostrobus*）的水陆生乔木，株高 8～40m，主要生长在沼泽及河流、湖泊或水田边缘，树干基部常膨大呈柱槽状，呼吸根露出地表或水面。水松在我国的广东、广西、福建、江西、湖南、云南、四川、江苏、浙江、安徽、河南、山东、香港、台湾等地广泛种植（李发根和夏念和，2004）。广西的水松在桂林、梧州、合浦、防城、浦北、陆川、天等、富川等地有零星分布，无自然林存在（吴名川，1981；覃海宁和刘演，2010）。广西的水松群系为人工种植，见于河流、湖泊、水库等，为单种或单优种群落。

二、水杉群系

水杉为杉科水杉属（*Metasequoia*）的水陆生乔木，是我国特有珍稀濒危孑遗植物。水杉自然分布于湖北利川、湖南龙山及重庆石柱，目前已被引种到亚洲、欧洲、非洲、美洲、大洋洲 50 多个国家和地区，最北到达斯堪的纳维亚地区，最南到达新西兰（Satoh，1999；马履一等，2006）。广西的水杉群系为人工种植，见于河流、湖泊等，为单种或单优种群落。

第二节 常绿针叶林

常绿针叶林是指以常绿针叶乔木为建群种的各种湿地森林群落的总称。广西湿地中的常绿针叶林仅有以铁杉（*Tsuga chinensis*）为标志的群落类型，是广西森林沼泽的主要植被类型之一。铁杉为松科铁杉属半湿生乔木。广西的铁杉群系见于桂北猫儿山海拔1950m 左右的八角田沼泽湿地，其层次结构和组成种类较为复杂。例如，铁杉-华西箭竹-山麦冬群丛的乔木层高度 10～15m，盖度 60%～90%，可划分为两个亚层，第一亚层以铁杉为主，第二亚层主要种类有褐叶青冈（*Cyclobalanopsis stewardiana*）、灯笼吊钟花（*Enkianthus chinensis*）、山桂花（*Bennettiodendron leprosipes*）、四川冬青（*Ilex szechwanensis*）、吴茱萸五加（*Gamblea ciliata* var. *evodiifolia*）、长梗冬青（*Ilex macrocarpa* var. *longipedunculata*）等（表 4-1）；灌木层高度 1.2～1.8m，盖度 50%～90%，组成种类以华西箭竹（*Fargesia nitida*）为主，其他种类有厚叶杜鹃（*Rhododendron pachyphyllum*）幼树等；草本层高度 0.2～0.5m，盖度 30%～70%，主要种类有山麦冬（*Liriope spicata*）、条穗薹草（*Carex nemostachys*）等。

表 4-1　铁杉-华西箭竹-山麦冬群丛乔木层的数量特征

层次结构	种类	株数	株高/m	胸径/cm	冠幅/m²	物候期
第一亚层	铁杉 *Tsuga chinensis*	4	12.1	41.2	48.1	营养期
第二亚层	褐叶青冈 *Cyclobalanopsis stewardiana*	57	7.6	17.9	8.3	果期
	灯笼吊钟花 *Enkianthus chinensis*	15	5.0	6.6	1.9	果期
	红果树 *Stranvaesia davidiana*	1	11.0	44.6	24.0	营养期
	假地枫皮 *Illicium jiadifengpi*	1	6.0	10.5	6.0	营养期
	山桂花 *Bennettiodendron leprosipes*	22	5.6	8.4	3.3	果期
	四川冬青 *Ilex szechwanensis*	4	4.5	5.5	1.8	营养期
	吴茱萸五加 *Gamblea ciliata* var. *evodiifolia*	5	8.0	21.1	9.6	果期
	稀果杜鹃 *Rhododendron oligocarpum*	1	5.0	4.5	1.5	营养期
	硬斗柯 *Lithocarpus hancei*	1	5.0	4.8	1.0	果期
	长梗冬青 *Ilex macrocarpa* var. *longipedunculata*	8	5.9	9.2	4.1	果期
	中华枫 *Acer sinense*	1	7.0	6.4	3.0	营养期
	红皮木姜子 *Litsea pedunculata*	3	6.6	11	7.2	营养期
	山矾 *Symplocos sumuntia*	4	6.3	16.2	5.5	营养期

注：取样地点为兴安县猫儿山八角田；样方面积为 400m²；取样时间为 2011 年 10 月 1 日；株高、胸径、冠幅均为平均值，本章表同

第三节　落叶阔叶林

落叶阔叶林是指以落叶阔叶乔木为建群种的各种湿地森林群落的总称。广西湿地中的落叶阔叶乔木常见的有乌桕（*Triadica sebifera*）、垂柳（*Salix babylonica*）、腺柳（*Salix chaenomeloides*）、枫杨（*Pterocarya stenoptera*）等。

一、乌桕群系

乌桕为大戟科乌桕属（*Triadica*）水陆生乔木。广西的乌桕群系分布普遍，见于河流、湖泊、池塘、田间、沟谷等，主要类型有乌桕-竹节草（*Chrysopogon aciculatus*）群丛、乌桕-镜子薹草（*Carex phacota*）群丛等。

（一）乌桕-竹节草群丛

该群丛乔木层高度 4～15m，盖度 40%～90%，仅由乌桕组成或以乌桕为主，其他种类有白饭树（*Flueggea virosa*）、樟（*Cinnamomum camphora*）等（表 4-2a）；草本层高度 0.05～0.20m，盖度 80%～100%，组成种类以竹节草为主，其他种类有苍耳（*Xanthium strumarium*）、黄花草（*Arivela viscosa*）、结缕草（*Zoysia japonica*）、香附子（*Cyperus rotundus*）、短叶水蜈蚣（*Kyllinga brevifolia*）等（表 4-2b）。

表 4-2a　乌桕-竹节草群丛乔木层的数量特征

层盖度/%	种类	株数	株高/m			胸径/cm			冠幅直径/m		
			最大	最小	平均	最大	最小	平均	最大	最小	平均
75	乌桕 *Triadica sebifera*	13	7.0	4.0	5.8	15.0	6.1	9.5	6.0	2.0	3.5

注：取样地点为桂林市漓江竹江村河段；样方面积为 400m²；取样时间为 2017 年 7 月 27 日

表 4-2b　乌桕-竹节草群丛草本层的数量特征

层盖度/%	种类	株高/m	盖度/%	多度等级	物候期	生长状态
	竹节草 *Chrysopogon aciculatus*	0.07	60	Cop³	营养期	湿生
	苍耳 *Xanthium strumarium*	0.25	20	Cop¹	营养期	湿生
	黄花草 *Arivela viscosa*	0.32	5	Sp	营养期	湿生
85	乌桕幼苗 *Triadica sebifera*	0.08	1	Sp	营养期	湿生
	短叶水蜈蚣 *Kyllinga brevifolia*	0.09	2	Sp	营养期	湿生
	香附子 *Cyperus rotundus*	0.14	30	Cop²	花期	湿生
	喜旱莲子草 *Alternanthera philoxeroides*	0.06	1	Sp	营养期	湿生

注：取样地点为桂林市漓江竹江村河段；样方面积为 400m²；取样时间为 2017 年 7 月 27 日；多度等级为 Soc 极多、Cop³ 很多、Cop² 多、Cop¹ 尚多、Sp 尚少、Sol 少、Un 个别，本章表同

（二）乌桕-镜子薹草群丛

该群丛乔木层高度 7～15m，盖度 50%～90%，通常仅由乌桕组成（表 4-3a）；草本层高度 0.5～0.8m，盖度 60%～100%，组成种类以镜子薹草为主，其他种类有圆基长鬃蓼（*Polygonum longisetum* var. *rotundatum*）、羊蹄（*Rumex japonicus*）、喜旱莲子草、柳叶箬（*Isachne globosa*）、条穗薹草、李氏禾（*Leersia hexandra*）、铺地黍（*Panicum repens*）、双穗雀稗（*Paspalum distichum*）等（表 4-3b）。

表 4-3a　乌桕-镜子薹草群丛乔木层的数量特征

层高度/m	层盖度/%	种类	株数	株高/m			胸径/cm			冠幅直径/m		
				最大	最小	平均	最大	最小	平均	最大	最小	平均
12	80	乌桕 *Triadica sebifera*	18	15.0	7.5	12.3	17.6	11.5	13.7	6.8	2.6	4.7

注：取样地点为桂林市会仙镇睦洞村；样方面积为 100m²；取样时间为 2017 年 5 月 20 日

表 4-3b　乌桕-镜子薹草群丛草本层的数量特征

层高度/m	层盖度/%	种类	株高/m	盖度/%	多度等级	物候期	生长状态
		镜子薹草 *Carex phacota*	0.67	60	Cop³	花期	湿生
		圆基长鬃蓼 *Polygonum longisetum* var. *rotundatum*	0.35	2	Sp	花期	湿生
		羊蹄 *Rumex japonicus*	0.42	3	Sp	花期	湿生
		条穗薹草 *Carex nemostachys*	0.53	10	Cop¹	营养期	湿生
0.67	95	铺地黍 *Panicum repens*	0.35	1	Sp	营养期	湿生
		柳叶箬 *Isachne globosa*	0.32	2	Sp	营养期	湿生
		李氏禾 *Leersia hexandra*	0.25	20	Cop²	营养期	湿生
		喜旱莲子草 *Alternanthera philoxeroides*	0.26	1	Sp	花期	湿生
		双穗雀稗 *Paspalum distichum*	0.25	2	Sp	花期	湿生

注：取样地点为桂林市会仙镇睦洞村；样方面积为 100m²；取样时间为 2017 年 5 月 20 日

二、垂柳群系

垂柳为杨柳科柳属水陆生乔木。广西的垂柳群系分布普遍，多为人工种植，见于河流、湖泊、池塘、沟渠、田间等，主要类型有垂柳群丛、垂柳-铺地黍群丛等。

（一）垂柳群丛

该群丛林冠层高度 2.5～15.0m，盖度 40%～90%，仅由垂柳组成或以垂柳为主，其他种类有乌桕等（表 4-4）。林下有少量的喜旱莲子草、酸模叶蓼（*Polygonum lapathifolium*）、铺地黍、砖子苗（*Cyperus cyperoides*）等。

表 4-4　垂柳群丛乔木层的数量特征

样地编号	层盖度/%	种类	株数	株高/m			胸径/cm			冠幅直径/m		
				最大	最小	平均	最大	最小	平均	最大	最小	平均
Q1	40	垂柳 *Salix babylonica*	73	4.6	2.6	3.2	15.7	9.6	12.5	4.8	2.3	3.6
		乌桕 *Triadica sebifera*	8	4.8	2.5	3.6	13.8	10.3	11.6	4.5	3.5	3.8
Q2	90	垂柳 *Salix babylonica*	47	4.2	2.3	2.6	7.5	3.7	5.3	2.5	0.8	1.2

注：取样地点 Q1 为桂林市六塘镇竹园里村，Q2 为兴安县蒋家塘；样方面积 Q1 为 800m²，Q2 为 100m²；取样时间 Q1 为 2007 年 9 月 20 日，Q2 为 2012 年 8 月 13 日

（二）垂柳-铺地黍群丛

该群丛乔木层高度 4～15m，盖度 50%～90%，仅由垂柳组成（表 4-5a）；草本层高度 0.3～0.5m，盖度 40%～95%，组成种类以铺地黍为主，其他种类有糯米团（*Gonostegia hirta*）、禺毛茛（*Ranunculus cantoniensis*）、水蔗草（*Apluda mutica*）、碎米莎草（*Cyperus iria*）、异型莎草（*Cyperus difformis*）、单穗水蜈蚣（*Kyllinga nemoralis*）等（表 4-5b）。

表 4-5a　垂柳-铺地黍群丛乔木层的数量特征

样地编号	层盖度/%	种类	株数	株高/m			胸径/cm			冠幅直径/m		
				最大	最小	平均	最大	最小	平均	最大	最小	平均
Q1	90	垂柳 *Salix babylonica*	42	4.5	2.1	2.7	6.8	3.5	5.5	3.1	1.2	1.5
Q2	60	垂柳 *Salix babylonica*	65	5.6	2.8	4.3	23.6	10.6	17.5	5.3	3.2	3.8

注：取样地点 Q1 为兴安县蒋家塘，Q2 为恭城县莲花镇；样方面积 Q1 为 100m²，Q2 为 200m²；取样时间 Q1 为 2012 年 8 月 13 日，Q2 为 2012 年 9 月 10 日

表 4-5b　垂柳-铺地黍群丛草本层的数量特征

样地编号	层高度/m	层盖度/%	种类	株高/cm	多度等级	物候期	生长状态
Q1	0.46	85	铺地黍 *Panicum repens*	46	Soc	花期	湿生
			糯米团 *Gonostegia hirta*	35	Sp	花期	湿生
			禺毛茛 *Ranunculus cantoniensis*	53	Sol	果期	湿生
			碎米莎草 *Cyperus iria*	56	Sol	花期	湿生
			异型莎草 *Cyperus difformis*	47	Un	花期	湿生
			喜旱莲子草 *Alternanthera philoxeroides*	36	Sol	花期	湿生

续表

样地编号	层高度/m	层盖度/%	种类	株高/cm	多度等级	物候期	生长状态
			铺地黍 *Panicum repens*	50	Soc	果期	湿生
			双穗雀稗 *Paspalum distichum*	25	Sp	果期	湿生
			喜旱莲子草 *Alternanthera philoxeroides*	20	Sol	花期	湿生
Q2	0.50	95	香附子 *Cyperus rotundus*	43	Sol	果期	湿生
			水蔗草 *Apluda mutica*	57	Sol	花期	湿生
			鸭跖草 *Commelina communis*	25	Sol	营养期	湿生
			野芋 *Colocasia esculentum* var. *antiquorum*	47	Un	营养期	湿生
			火炭母 *Polygonum chinense*	12	Sol	营养期	湿生

注：取样地点 Q1 为兴安县蒋家塘，Q2 为恭城县莲花镇；样方面积 Q1 为 100m²，Q2 为 200m²；取样时间 Q1 为 2012 年 8 月 13 日，Q2 为 2012 年 9 月 10 日

三、腺柳群系

腺柳为杨柳科柳属水湿生小乔木，有时呈灌木状。广西的腺柳群系在桂北等地区有分布，见于河流、沟渠等，主要类型有腺柳群丛、腺柳-条穗薹草群丛等。

（一）腺柳群丛

该群丛高度 2.0～3.5m，盖度 60%～95%，仅由腺柳组成或以腺柳为主，其他种类有枫杨、石榕树（*Ficus abelii*）等（表 4-6）。林下有少量的水蓼（*Polygonum hydropiper*）、青葙（*Celosia argentea*）、条穗薹草等。

表 4-6 腺柳群丛的数量特征

样地编号	种类	株高/m	盖度/%	多度等级	物候期	重要值	生长状态
	腺柳 *Salix chaenomeloides*	2.5	80	Soc	花期	0.542	挺水
Q1	枫杨 *Pterocarya stenoptera*	1.2	10	Cop¹	营养期	0.228	挺水
	石榕树 *Ficus abelii*	1.0	15	Cop¹	营养期	0.230	挺水
Q2	腺柳 *Salix chaenomeloides*	2.1	70	Cop³	花期	1.000	挺水
	腺柳 *Salix chaenomeloides*	2.3	60	Cop³	花期	0.854	挺水
Q3	枫杨 *Pterocarya stenoptera*	2.8	5	Sp	果期	0.095	挺水
	石榕树 *Ficus abelii*	1.2	2	Sp	花期	0.051	挺水

注：取样地点 Q1 为桂林市漓江盐铺村河段，Q2 为桂林市漓江刘家埠河段，Q3 为恭城县栗木镇竹凤村；样方面积为 100m²；取样时间 Q1 为 2013 年 7 月 17 日，Q2 为 2013 年 7 月 22 日，Q3 为 2008 年 7 月 29 日

（二）腺柳-条穗薹草群丛

该群丛乔木层高度 1.8～3.0m，盖度 50%～90%，组成种类以腺柳为主，其他种类有石榕树、枫杨、细叶水团花（*Adina rubella*）等；草本层高度 0.2～0.5m，盖度 50%～80%，组成种类以条穗薹草为主，枯水期会出现藿香蓟（*Ageratum conyzoides*）、马兰（*Aster indica*）等半湿生植物或者耐水湿的中生植物（表 4-7）。

表 4-7 腺柳-条穗薹草群丛的数量特征

层次结构	种类	株高/m	盖度/%	多度等级	重要值	物候期	生长状态
乔木层	腺柳 Salix chaenomeloides	2.83	53	Cop³	0.562	营养期	湿生
	石榕树 Ficus abelii	0.82	2	Sp	0.190	营养期	湿生
	枫杨 Pterocarya stenoptera	3.00	13	Cop¹	0.170	营养期	湿生
	细叶水团花 Adina rubella	1.30	2	Sp	0.078	营养期	湿生
草本层	条穗薹草 Carex nemostachys	0.45	19	Cop¹	0.232	营养期	湿生
	马兰 Aster indica	0.44	13	Cop¹	0.207	营养期	湿生
	藿香蓟 Ageratum conyzoides	0.37	2	Sp	0.143	花期	湿生
	尼泊尔蓼 Polygonum nepalense	0.16	18	Cop¹	0.109	营养期	湿生
	早熟禾 Poa annua	0.10	18	Cop¹	0.105	营养期	湿生
	狗牙根 Cynodon dactylon	0.19	4	Sp	0.085	营养期	湿生
	水蓑衣 Hygrophila ringens	0.30	2	Sp	0.049	盛果期	湿生
	鸭跖草 Commelina communis	0.25	1	Sp	0.042	营养期	湿生
	蓼子草 Polygonum criopolitanum	0.10	1	Sp	0.028	营养期	湿生

注：取样地点为灵川县三街镇军营村；样方面积为 300m²；取样时间为 2013 年 12 月 10 日

四、枫杨群系

枫杨为胡桃科枫杨属水陆生乔木，是河流两岸常见树种。广西的枫杨群系分布普遍，见于河流、田间等，主要类型有枫杨群丛、枫杨-愉悦蓼群丛、枫杨-竹节草群丛、枫杨-荩草（Arthraxon hispidus）+淡竹叶（Lophatherum gracile）群丛、枫杨-苎麻（Boehmeria nivea）群丛、枫杨-鸭跖草（Commelina communis）群丛、枫杨-八角枫（Alangium chinense）-鸭跖草群丛、枫杨-石榕树-刺蓼（Polygonum senticosum）+如意草（Viola arcuata）群丛、枫杨-牡荆（Vitex negundo var. cannabifolia）-荩草群丛、枫杨-牡荆-柳叶箬+丛枝蓼（Polygonum posumbu）群丛等。

（一）枫杨群丛

受土壤基质、水流速度等生境条件的影响，该群丛可划分为乔木林型和灌木林型两种类型。

1. 乔木林型：乔木层高度 5~20m，盖度 50%~95%，组成种类以枫杨为主，其他种类有乌桕、樟、朴树（Celtis sinensis）等。林下有少量的白饭树、牡荆、鬼针草（Bidens pilosa）、柳叶箬、荩草等（表 4-8）。

表 4-8 枫杨群丛乔木层的数量特征（乔木林型）

样地编号	层盖度/%	种类	株数	株高/m			胸径/cm			冠幅直径/m		
				最大	最小	平均	最大	最小	平均	最大	最小	平均
Q1	80	枫杨 Pterocarya stenoptera	40	18.0	4.0	10.5	45.2	10.5	28.2	7.0	2.0	4.8
		乌桕 Triadica sebifera	2	10.0	5.0	7.5	16.3	9.2	12.8	4.6	2.8	3.7

续表

样地编号	层盖度/%	种类	株数	株高/m			胸径/cm			冠幅直径/m		
				最大	最小	平均	最大	最小	平均	最大	最小	平均
Q2	65	枫杨 Pterocarya stenoptera	27	15.0	6.0	7.3	39.3	9.6	25.7	6.3	2.5	4.3
		樟 Cinnamomum camphora	3	12.0	5.0	6.8	28.6	12.7	22.3	5.5	3.0	3.6
		朴树 Celtis sinensis	2	7.5	3.2	5.4	15.8	13.2	14.5	3.7	3.3	3.5

注：取样地点 Q1 为桂林市漓江竹江村河段，Q2 为恭城县恭城河嘉会镇河段；样方面积为 400m²；取样时间 Q1 为 2012 年 8 月 5 日，Q2 为 2013 年 3 月 25 日

2. 灌木林型：灌木层高度通常在 2.5m 以下，盖度 40%～60%，组成种类以枫杨为主，其他种类有石榕树、马甲子（*Paliurus ramosissimus*）等（表 4-9）。

表 4-9 枫杨群丛的数量特征（灌木林型）

种类	株高/m	盖度/%	多度等级	物候期	重要值	生长状态
枫杨 Pterocarya stenoptera	2.2	45	Cop²	营养期	0.591	湿生
石榕树 Ficus abelii	2.0	15	Cop¹	营养期	0.245	湿生
马甲子 Paliurus ramosissimus	1.0	5	Sp	营养期	0.165	湿生

注：取样地点为桂林市漓江伏荔村河段；样方面积为 100m²；取样时间为 2013 年 3 月 21 日

（二）枫杨-愉悦蓼群丛

该群丛乔木层高度 8～15m，盖度 60%～90%，组成种类以枫杨为主，其他种类有水杉、乌桕、朴树、枫香树（*Liquidambar formosana*）等（表 4-10a）；草本层高度 0.15～0.60m，盖度 40%～90%，组成种类以愉悦蓼为主，其他种类有活血丹（*Glechoma longituba*）、狗肝菜（*Dicliptera chinensis*）、土牛膝（*Achyranthes aspera*）、鸭跖草、紫花地丁（*Viola philippica*）等（表 4-10b）。

表 4-10a 枫杨-愉悦蓼群丛乔木层的数量特征

层盖度/%	种类	株数	株高/m			胸径/cm			冠幅直径/m		
			最大	最小	平均	最大	最小	平均	最大	最小	平均
80	枫杨 Pterocarya stenoptera	90	15.0	6.0	10.4	40.1	5.4	23.9	9.0	2.0	4.9
	水杉 Metasequoia glyptostroboides	15	6.0	4.0	5.5	3.8	9.2	6.2	2.0	1.0	1.7
	乌桕 Triadica sebifera	4	10.0	7.0	8.8	25.2	17.2	21.2	5.0	3.0	3.8

注：取样地点为桂林市漓江伏荔村河段；样方面积为 800m²；取样时间为 2013 年 7 月 14 日

表 4-10b 枫杨-愉悦蓼群丛草本层的数量特征

层盖度/%	种类	株高/m	盖度/%	多度等级	物候期	重要值	生长状态
90	愉悦蓼 Polygonum jucundum	0.18	47	Cop²	营养期	0.261	湿生
	活血丹 Glechoma longituba	0.04	27	Cop²	营养期	0.103	湿生
	狗肝菜 Dicliptera chinensis	0.18	5	Sp	营养期	0.093	湿生
	葎草 Humulus scandens	0.10	8	Cop¹	营养期	0.084	湿生
	海岛苎麻 Boehmeria formosana	0.45	3	Sp	花期	0.081	湿生
	荩草 Arthraxon hispidus	0.08	4	Sp	营养期	0.068	湿生

续表

层盖度/%	种类	株高/m	盖度/%	多度等级	物候期	重要值	生长状态
	鹅观草 Elymus kamoji	0.30	3	Sp	花果期	0.064	湿生
	苍耳 Xanthium sibiricum	0.25	3	Sp	花果期	0.058	湿生
	藿香蓟 Ageratum conyzoides	0.20	2	Sp	花果期	0.046	湿生
90	海岛棉 Gossypium barbadense	0.20	<1	Sol	营养期	0.043	湿生
	鸭跖草 Commelina communis	0.10	7	Cop¹	营养期	0.040	湿生
	紫花地丁 Viola philippica	0.10	<1	Sol	花期	0.032	湿生
	土牛膝 Achyranthes aspera	0.04	2	Sp	花期	0.028	湿生

注：取样地点为桂林市漓江伏荔村河段；样方面积为 800m²；取样时间为 2013 年 7 月 14 日

（三）枫杨-竹节草群丛

该群丛乔木层高度 6～15m，盖度 60%～90%，通常仅由枫杨组成（表 4-11a）；草本层高度 0.1～0.2m，盖度 80%～100%，组成种类以竹节草为主，其他种类有狗牙根（*Cynodon dactylon*）、白茅（*Imperata cylindrica*）、小鱼仙草（*Mosla dianthera*）、求米草（*Oplismenus undulatifolius*）等（表 4-11b）。

表 4-11a 枫杨-竹节草群丛乔木层的数量特征

层盖度/%	种类	株数	株高/m			胸径/cm			冠幅直径/m		
			最大	最小	平均	最大	最小	平均	最大	最小	平均
85	枫杨 Pterocarya stenoptera	43	12.0	4.5	7.6	18.7	9.4	14.5	5.6	2.5	3.6

注：取样地点为恭城县栗木镇双坝村；样方面积为 400m²；取样时间为 2010 年 7 月 25 日

表 4-11b 枫杨-竹节草群丛草本层的数量特征

层盖度/%	种类	株高/m	多度等级	物候期	生长状态	种类	株高/m	多度等级	物候期	生长状态
	竹节草 Chrysopogon aciculatus	0.15	Soc	花期	湿生	香附子 Cyperus rotundus	0.38	Sol	花期	湿生
	狗牙根 Cynodon dactylon	0.08	Cop²	花期	湿生	马兰 Aster indica	0.25	Sp	营养期	湿生
	白茅 Imperata cylindrica	0.47	Sp	花期	湿生	钻叶紫菀 Aster subulatus	0.35	Un	营养期	湿生
85	荩草 Arthraxon hispidus	0.23	Sp	营养期	湿生	求米草 Oplismenus undulatifolius	0.23	Sol	花期	湿生
	小鱼仙草 Mosla dianthera	0.42	Sp	花期	湿生	鬼针草 Bidens pilosa	0.30	Un	营养期	湿生
	苍耳 Xanthium sibiricum	0.38	Sp	营养期	湿生	星毛蕨 Ampelopteris prolifera	0.37	Sol	营养期	湿生
	短叶水蜈蚣 Kyllinga brevifolia	0.17	Sol	花期	湿生					

注：取样地点为恭城县栗木镇双坝村；样方面积为 400m²；取样时间为 2010 年 7 月 25 日

（四）枫杨-荩草+淡竹叶群丛

该群丛乔木层高度 10～20m，盖度 60%～90%，仅由枫杨组成或以枫杨为主，其他种类有桑（*Morus alba*）、枫香树、乌桕、朴树等（表 4-12a）；草本层高度 0.2～0.5cm，盖度 50%～90%，组成种类以荩草和淡竹叶为主，其他种类有酸模叶蓼、活血丹、鸭儿芹（*Cryptotaenia japonica*）、水蓼等（表 4-12b）。

表 4-12a 枫杨-荩草+淡竹叶群丛乔木层的数量特征

层次	种类	株高/m	胸径/cm	盖度/%	物候期	重要值	生长状态
第一亚层	枫杨 *Pterocarya stenoptera*	10.0~11.0	15.6~28	70	果期	1.000	湿生
第二亚层	枫杨 *Pterocarya stenoptera*	6.0~8.0	16.2~20.7	15	果期	0.600	湿生
	桑 *Morus alba*	6.5~8.5	8.9~9.9	8	营养期	0.401	湿生

注：取样地点为桂林市漓江蚂蟥洲；样方面积为 400m²；取样时间为 2013 年 5 月 21 日

表 4-12b 枫杨-荩草+淡竹叶群丛草本层的数量特征

种类	株高/m	盖度/%	多度等级	物候期	重要值	生长状态
荩草 *Arthraxon hispidus*	0.28	21	Cop¹	营养期	0.249	湿生
淡竹叶 *Lophatherum gracile*	0.19	25	Cop¹	营养期	0.186	湿生
酸模叶蓼 *Polygonum lapathifolium*	0.23	13	Cop¹	花期	0.148	湿生
络石 *Trachelospermum jasminoides*	0.09	14	Cop¹	营养期	0.122	湿生
水蓼 *Polygonum hydropiper*	0.40	4	Sp	花期	0.084	湿生
鸭儿芹 *Cryptotaenia japonica*	0.15	9	Cop¹	花期	0.075	湿生
桑 *Morus alba*	0.43	<1	Sol	营养期	0.074	湿生
活血丹 *Glechoma longituba*	0.05	<1	Sol	营养期	0.031	湿生
如意草 *Viola arcuata*	0.05	<1	Sol	营养期	0.031	湿生

注：取样地点为桂林市漓江蚂蟥洲；样方面积为 400m²；取样时间为 2013 年 5 月 21 日

（五）枫杨-苎麻群丛

该群丛乔木层高度 10~20m，盖度 60%~95%，通常仅由枫杨组成；草本层高度 0.5~0.8m，盖度 40%~90%，组成种类以苎麻为主，其他种类有水苎麻（*Boehmeria macrophylla*）、狗肝菜、鸭跖草、荩草等（表 4-13）。

表 4-13 枫杨-苎麻群丛草本层的数量特征

种类	株高/m	盖度/%	多度等级	物候期	重要值	生长状态
苎麻 *Boehmeria nivea*	0.68	47	Cop²	花期	0.359	湿生
野芋 *Colocasia esculentum* var. *antiquorum*	0.70	5	Sp	营养期	0.194	湿生
狗肝菜 *Dicliptera chinensis*	0.30	22	Cop¹	营养期	0.161	湿生
鸭跖草 *Commelina communis*	0.22	20	Cop¹	营养期	0.148	湿生
如意草 *Viola arcuata*	0.15	24	Cop¹	营养期	0.140	湿生
马兰 *Aster indica*	0.36	5	Sp	花期	0.088	湿生
水苎麻 *Boehmeria macrophylla*	0.55	19	Cop¹	营养期	0.083	湿生
荩草 *Arthraxon hispidus*	0.18	17	Cop¹	营养期	0.082	湿生
美丽复叶耳蕨 *Arachniodes amoena*	0.35	4	Sp	营养期	0.066	湿生
高粱藨 *Rubus lambertianus*	0.42	5	Sp	营养期	0.065	湿生
火炭母 *Polygonum chinense*	0.28	16	Cop¹	营养期	0.064	湿生
艾 *Artemisia argyi*	0.18	5	Sp	营养期	0.061	湿生
鸡矢藤 *Paederia foetida*	0.46	2	Sp	营养期	0.058	湿生
紫苏 *Perilla frutescens* var. *frutescens*	0.21	<1	Sol	营养期	0.055	湿生

续表

种类	株高/m	盖度/%	多度等级	物候期	重要值	生长状态
海岛棉 *Gossypium barbadense*	0.24	<1	Sol	营养期	0.054	湿生
活血丹 *Glechoma longituba*	0.04	10	Cop¹	营养期	0.039	湿生
愉悦蓼 *Polygonum jucundum*	0.35	4	Sp	花期	0.038	湿生
鹅观草 *Elymus kamoji*	0.45	<1	Sol	花果期	0.033	湿生
天胡荽 *Hydrocotyle sibthorpioides*	0.06	<1	Sol	营养期	0.032	湿生
鸭儿芹 *Cryptotaenia japonica*	0.38	1	Sp	花期	0.032	湿生
土牛膝 *Achyranthes aspera*	0.40	<1	Sol	花期	0.031	湿生
络石 *Trachelospermum jasminoides*	0.18	<1	Sol	营养期	0.022	湿生

注：取样地点为桂林市漓江双洲村河段；样方面积为 1200m²；取样时间为 2013 年 7 月 19 日

（六）枫杨-鸭跖草群丛

该群丛乔木层高度 10～20m，盖度 60%～90%，仅由枫杨组成或以枫杨为主，其他种类有阴香（*Cinnamomum burmannii*）、朴树等（表 4-14a）；草本层高度 0.2～0.4m，盖度 30%～60%，组成种类以鸭跖草为主，其他种类有络石（*Trachelospermum jasminoides*）、淡竹叶、海岛苎麻（*Boehmeria formosana*）等（表 4-14b）。

表 4-14a 枫杨-鸭跖草群丛乔木层的数量特征

层次	种类	株高/m	胸径/cm	盖度/%	物候期	重要值	生长状态
第一亚层	枫杨 *Pterocarya stenoptera*	10.0～13.0	10.8～15.6	70	果期	1.000	湿生
第二亚层	枫杨 *Pterocarya stenoptera*	6.0～7.0	8.3～13.3	25	果期	0.580	湿生
	阴香 *Cinnamomum burmannii*	7.0	9.2	8	营养期	0.165	湿生
	朴树 *Celtis sinensis*	6.0	17.8	5	营养期	0.255	湿生

注：取样地点为桂林市漓江净瓶山大桥河段；样方面积为 100m²；取样时间为 2013 年 8 月 28 日

表 4-14b 枫杨-鸭跖草群丛草本层的数量特征

种类	株高/m	盖度/%	多度等级	物候期	重要值	生长状态
鸭跖草 *Commelina communis*	0.20	30	Cop²	营养期	0.387	湿生
海岛苎麻 *Boehmeria formosana*	0.30	5	Sp	营养期	0.261	湿生
络石 *Trachelospermum jasminoides*	0.08	10	Cop¹	营养期	0.191	湿生
淡竹叶 *Lophatherum gracile*	0.12	3	Sp	营养期	0.161	湿生

注：取样地点为桂林市漓江净瓶山大桥河段；样方面积为 100m²；取样时间为 2013 年 8 月 28 日

（七）枫杨-八角枫-鸭跖草群丛

该群丛乔木层高度 10～20m，盖度 60%～90%，仅由枫杨组成或以枫杨为主，其他种类有桑等（表 4-15a）；灌木层高度 1.2～1.8m，盖度 25%～60%，组成种类以八角枫为主，其他种类有赪桐（*Clerodendrum japonicum*）、牡荆等；草本层高度 0.15～0.50cm，盖度 40%～80%，组成种类以鸭跖草为主，其他种类有鬼针草、土牛膝、红花酢浆草（*Oxalis corymbosa*）、葎草（*Humulus scandens*）等（表 4-15b）。

表 4-15a　枫杨-八角枫-鸭跖草群丛乔木层的数量特征

层次	种类	株高/m	胸径/cm	盖度/%	物候期	重要值	生长状态
第一亚层	枫杨 Pterocarya stenoptera	11.0～16.0	22.3～41.4	65	果期	1.000	湿生
第二亚层	枫杨 Pterocarya stenoptera	6.0	19.1	25	果期	0.486	湿生
	桑 Morus alba	8.0	17.5	8	营养期	0.515	湿生

注：取样地点为桂林市漓江泗洲湾河段；样方面积为 1200m²；取样时间为 2013 年 5 月 21 日

表 4-15b　枫杨-八角枫-鸭跖草群丛灌木层和草本层的数量特征

层次	种类	株高/m	盖度/%	多度等级	物候期	重要值	生长状态
灌木层	八角枫 Alangium chinense	1.77	20	Cop¹	营养期	0.661	湿生
	赪桐 Clerodendrum japonicum	1.00	10	Cop¹	花期	0.339	湿生
草本层	鸭跖草 Commelina communis	0.15	35	Cop²	营养期	0.241	湿生
	鬼针草 Bidens pilosa	0.80	18	Cop¹	营养期	0.162	湿生
	红花酢浆草 Oxalis corymbosa	0.18	13	Cop¹	花期	0.128	湿生
	葎草 Humulus scandens	0.30	13	Cop¹	营养期	0.098	湿生
	火炭母 Polygonum chinense	0.40	5	Sp	营养期	0.081	湿生
	鹅观草 Elymus kamoji	0.50	1	Sp	花果期	0.078	湿生
	土牛膝 Achyranthes aspera	0.30	15	Cop¹	花果期	0.067	湿生
	淡竹叶 Lophatherum gracile	0.20	3	Sp	营养期	0.053	湿生
	毛花点草 Nanocnide lobate	0.05	5	Sp	花期	0.048	湿生
	络石 Trachelospermum jasminoides	0.15	1	Sp	营养期	0.044	湿生

注：取样地点为桂林市漓江泗洲湾河段；样方面积为 1200m²；取样时间为 2013 年 5 月 21 日

（八）枫杨-石榕树-刺蓼+如意草群丛

该群丛乔木层高度 7～15m，盖度 50%～90%，仅由枫杨组成或以枫杨为主，其他种类有阴香、樟、乌桕、桑等；灌木层高度 1.5～2.5m，盖度 20%～50%，组成种类以石榕树为主，其他种类主要是上层乔木幼树（表 4-16a）；草本层高度 0.3～0.6m，盖度 50%～90%，组成种类以刺蓼和如意草为主，其他种类有美丽复叶耳蕨（Arachniodes amoena）、土牛膝、鹅观草（Elymus kamoji）等（表 4-16b）。

表 4-16a　枫杨-石榕树-刺蓼+如意草群丛灌木层的数量特征

种类	株高/m	盖度/%	多度等级	物候期	重要值	生长状态
石榕树 Ficus abelii	2.03	23	Cop¹	果期	0.401	湿生
阴香 Cinnamomum burmannii	2.25	5	Sp	营养期	0.147	湿生
樟 Cinnamomum camphora	2.60	1	Sp	营养期	0.122	湿生
女贞 Ligustrum lucidum	1.50	4	Sp	营养期	0.122	湿生
乌桕 Triadica sebifera	1.00	2	Sp	营养期	0.083	湿生
冬青 Ilex chinensis	1.15	<1	Sol	营养期	0.077	湿生
桑 Morus alba	1.50	<1	Sol	营养期	0.048	湿生

注：取样地点为桂林市漓江盐铺村河段；样方面积为 1200m²；取样时间为 2013 年 7 月 17 日

表 4-16b 枫杨-石榕树-刺蓼+如意草群丛草本层的数量特征

种类	株高/m	盖度/%	多度等级	物候期	重要值	生长状态
刺蓼 *Polygonum senticosum*	0.68	25	Cop¹	花期	0.177	湿生
如意草 *Viola arcuata*	0.46	20	Cop¹	营养期	0.168	湿生
美丽复叶耳蕨 *Arachniodes amoena*	0.66	18	Cop¹	营养期	0.121	湿生
土牛膝 *Achyranthes aspera*	0.76	13	Cop¹	营养期	0.089	湿生
马兰 *Aster indica*	0.47	10	Cop¹	营养期	0.087	湿生
愉悦蓼 *Polygonum jucundum*	0.40	8	Cop¹	营养期	0.086	湿生
鹅观草 *Elymus kamoji*	0.54	11	Cop¹	营养期	0.082	湿生
条穗薹草 *Carex nemostachys*	0.56	3	Sp	营养期	0.071	湿生
葎草 *Humulus scandens*	0.49	8	Cop¹	营养期	0.070	湿生
野芋 *Colocasia esculentum* var. *antiquorum*	0.59	4	Sp	营养期	0.063	湿生
络石 *Trachelospermum jasminoides*	0.21	3	Sp	营养期	0.057	湿生
鸭跖草 *Commelina communis*	0.34	4	Sp	营养期	0.054	湿生
白茅 *Imperata cylindrica*	0.62	4	Sp	营养期	0.051	湿生
佩兰 *Eupatorium fortunei*	0.66	2	Sp	营养期	0.049	湿生
淡竹叶 *Lophatherum gracile*	0.58	1	Sp	营养期	0.048	湿生
艾 *Artemisia argyi*	0.22	2	Sp	营养期	0.043	湿生
条穗薹草 *Carex nemostachys*	0.28	<1	Sol	营养期	0.030	湿生

注：取样地点为桂林市漓江盐铺村河段；样方面积为1200m²；取样时间为2013年7月17日

（九）枫杨-牡荆-苎草群丛

该群丛乔木层高度10~20m，盖度60%~90%，组成种类以枫杨为主，其他种类有樟等（表4-17a）；灌木层高度1.3~2.0m，盖度30%~70%，组成种类以牡荆为主，其他种类有上层乔木幼树、海岛棉（*Gossypium barbadense*）、女贞（*Ligustrum lucidum*）、细叶水团花等；草本层高度0.3~0.6m，盖度60%~90%，组成种类以苎草为主，其他种类有鬼针草、葎草、美丽复叶耳蕨等（表4-17b）。

表 4-17a 枫杨-牡荆-苎草群丛乔木层的数量特征

种类	株高/m	胸径/cm	盖度/%	物候期	重要值	生长状态
枫杨 *Pterocarya stenoptera*	10.0~13.0	22.3~39.2	75	果期	0.823	湿生
樟 *Cinnamomum camphora*	8.0	27.1	5	营养期	0.177	湿生

注：取样地点为桂林市漓江董家洲河段；样方面积为400m²；取样时间为2013年7月1日

表 4-17b 枫杨-牡荆-苎草群丛灌木层和草本层的数量特征

层次	种类	株高/m	盖度/%	多度等级	物候期	重要值	生长状态
灌木层	牡荆 *Vitex negundo* var. *cannabifolia*	1.5	40	Cop²	营养期	0.321	湿生
	女贞 *Ligustrum lucidum*	2.0	5	Sp	营养期	0.199	湿生
	枫杨 *Pterocarya stenoptera*	2.5	10	Cop¹	营养期	0.244	湿生
	海岛棉 *Gossypium barbadense*	1.0	25	Cop¹	花期	0.235	湿生

续表

层次	种类	株高/m	盖度/%	多度等级	物候期	重要值	生长状态
	荩草 *Arthraxon hispidus*	0.4	50	Cop²	营养期	0.173	湿生
	鬼针草 *Bidens pilosa*	0.7	15	Cop¹	花期	0.122	湿生
	葎草 *Humulus scandens*	0.2	30	Cop²	营养期	0.118	湿生
	美丽复叶耳蕨 *Arachniodes amoena*	0.5	20	Cop¹	营养期	0.116	湿生
草本层	白背黄花稔 *Sida rhombifolia*	0.7	10	Cop¹	营养期	0.115	湿生
	酸模叶蓼 *Polygonum lapathifolium*	0.6	10	Cop¹	花期	0.107	湿生
	紫苏 *Perilla frutescens* var. *frutescens*	0.5	10	Cop¹	营养期	0.099	湿生
	藿香蓟 *Ageratum conyzoides*	0.5	5	Sp	营养期	0.088	湿生
	艾 *Artemisia argyi*	0.2	5	Sp	营养期	0.064	湿生

注：取样地点为桂林市漓江董家洲河段；样方面积为 400m²；取样时间为 2013 年 7 月 1 日

（十）枫杨-牡荆-柳叶箬+丛枝蓼群丛

该群丛乔木层高度 10～20m，盖度 50%～95%，组成种类以枫杨为主，其他种类有乌桕、槐（*Sophora japonica*）、朴树等（表 4-18a）；灌木层高度 1.5～2.0m，盖度 30%～60%，组成种类以牡荆为主，其他种类有上层乔木幼树、白饭树、细叶水团花、女贞等；草本层高度 0.15～0.50m，盖度 40%～80%，组成种类以柳叶箬和丛枝蓼为主，其他种类有水蓼、如意草、荩草等（表 4-18b）。

表 4-18a　枫杨-牡荆-柳叶箬+丛枝蓼群丛乔木层的数量特征

层次	种类	株高/m	胸径/cm	盖度/%	物候期	重要值	生长状态
	枫杨 *Pterocarya stenoptera*	10.5～13.0	28.7～63.7	45	营养期	0.709	湿生
第一亚层	乌桕 *Triadica sebifera*	14.0～15.0	16.6～34.7	15	营养期	0.174	湿生
	朴树 *Celtis sinensis*	10.0	46.2	5	营养期	0.118	湿生
	枫杨 *Pterocarya stenoptera*	6.0～8.5	19.1～30.2	25	营养期	0.443	湿生
第二亚层	乌桕 *Triadica sebifera*	6.0～7.0	6.4～7.3	10	营养期	0.232	湿生
	槐 *Sophora japonica*	6.5	8.6	3	营养期	0.226	湿生
	朴树 *Celtis sinensis*	9.0	22.3	8	营养期	0.099	湿生

注：取样地点为桂林市漓江冷水渡河段；样方面积为 1200m²；取样时间为 2013 年 11 月 19 日

表 4-18b　枫杨-牡荆-柳叶箬+丛枝蓼群丛灌木层和草本层的数量特征

层次	种类	株高/m	盖度/%	多度等级	物候期	重要值	生长状态
	牡荆 *Vitex negundo* var. *cannabifolia*	1.80	20	Cop¹	果期	0.243	湿生
	朴树 *Celtis sinensis*	1.80	10	Cop¹	营养期	0.172	湿生
	苍耳 *Xanthium sibiricum*	0.50	10	Cop¹	果期	0.123	湿生
	白饭树 *Flueggea virosa*	1.00	1	Sp	果期	0.078	湿生
灌木层	马甲子 *Paliurus ramosissimus*	0.80	1	Sp	营养期	0.071	湿生
	细叶水团花 *Adina rubella*	0.50	1	Sp	花期	0.059	湿生
	白背黄花稔 *Sida rhombifolia*	0.50	1	Sp	营养期	0.059	湿生
	女贞 *Ligustrum lucidum*	1.20	1	Sp	营养期	0.086	湿生
	桑 *Morus alba*	0.40	1	Sp	营养期	0.056	湿生
	乌桕 *Triadica sebifera*	0.30	1	Sp	营养期	0.052	湿生

续表

层次	种类	株高/m	盖度/%	多度等级	物候期	重要值	生长状态
	柳叶箬 *Isachne globose*	0.18	33	Cop²	花期	0.268	湿生
	丛枝蓼 *Polygonum posumbu*	0.32	28	Cop²	花期	0.202	湿生
	水蓼 *Polygonum hydropiper*	0.30	15	Cop¹	花期	0.157	湿生
	狗肝菜 *Dicliptera chinensis*	0.16	2	Sp	营养期	0.081	湿生
草本层	如意草 *Viola arcuate*	0.06	6	Cop¹	营养期	0.074	湿生
	短叶水蜈蚣 *Kyllinga brevifolia*	0.11	<1	Sol	营养期	0.066	湿生
	翠云草 *Selaginella uncinata*	0.08	10	Cop¹	营养期	0.062	湿生
	荩草 *Arthraxon hispidus*	0.08	8	Cop¹	营养期	0.053	湿生
	地桃花 *Urena lobata*	0.15	<1	Sol	营养期	0.038	湿生

注：取样地点为桂林市漓江冷水渡河段；样方面积为 1200m²；取样时间为 2013 年 11 月 19 日

第四节　常绿阔叶林

常绿阔叶林是指以常绿阔叶乔木为建群种的各种湿地森林群落的总称。广西湿地中的常绿阔叶乔木主要有樟、水翁蒲桃（*Syzygium nervosum*）、褐叶青冈等。

一、樟群系

樟为樟科樟属（*Cinnamomum*）半湿生乔木，其野生类群属国家 II 级重点保护植物。广西的樟群系分布普遍，见于河流等，主要类型有樟-愉悦蓼群丛、樟-牡荆群丛、樟-荩草群丛等。

（一）樟-愉悦蓼群丛

该群丛乔木层高度 10～15m，盖度 80%～95%，组成种类以樟为主，其他种类有乌桕、楝（*Melia azedarach*）等（表 4-19a）；草本层高度 0.3～0.6m，盖度 60%～100%，组成种类以愉悦蓼为主，其他种类有海岛棉、荩草等（表 4-19b）。

表 4-19a　樟-愉悦蓼群丛乔木层的数量特征

种类	株高/m	胸径/cm	盖度/%	物候期	重要值	生长状态
樟 *Cinnamomum camphora*	10.0～14.0	21.7～48.7	85	营养期	0.642	半湿生
乌桕 *Triadica sebifera*	14.0～15.0	28.7	12	营养期	0.201	半湿生
楝 *Melia azedarach*	14.0	36.6	10	营养期	0.158	半湿生

注：取样地点为桂林市漓江六坊洲河段；样方面积为 400m²；取样时间为 2013 年 7 月 16 日

表 4-19b　樟-愉悦蓼群丛草本层的数量特征

种类	株高/m	盖度/%	多度等级	物候期	重要值	生长状态
愉悦蓼 *Polygonum jucundum*	0.4	95	Soc	营养期	0.502	半湿生
海岛棉 *Gossypium barbadense*	0.6	10	Cop¹	营养期	0.295	半湿生
荩草 *Arthraxon hispidus*	0.3	5	Sp	营养期	0.203	半湿生

注：取样地点为桂林市漓江六坊洲河段；样方面积为 400m²；取样时间为 2013 年 7 月 16 日

（二）樟-牡荆群丛

该群丛乔木层高度 10～20m，盖度 60%～90%，通常仅由樟组成（表 4-20a）；灌木层高度 1.2～1.5m，盖度 30%～60%，组成种类以牡荆为主，其他种类有上层乔木幼树、荚蒾（*Viburnum dilatatum*）、长叶胡颓子（*Elaeagnus bockii*）、苎麻等（表 4-20b）。

表 4-20a　樟-牡荆群丛乔木层的数量特征

种类	株高/m	胸径/cm	盖度/%	物候期	重要值	生长状态
樟 *Cinnamomum camphora*	9.0～17.0	17.8～38.5	85	营养期	1.000	半湿生

注：取样地点为桂林市漓江月光岛；样方面积为 800m²；取样时间为 2013 年 8 月 29 日

表 4-20b　樟-牡荆群丛灌木层的数量特征

种类	株高/m	盖度/%	多度等级	物候期	重要值	生长状态
牡荆 *Vitex negundo* var. *cannabifolia*	1.4	50	Cop²	果期	0.425	半湿生
荚蒾 *Viburnum dilatatum*	1.9	5	Sp	果期	0.208	半湿生
长叶胡颓子 *Elaeagnus bockii*	1.0	2	Sp	果期	0.138	半湿生
樟 *Cinnamomum camphora*	0.7	5	Sp	营养期	0.133	半湿生
苎麻 *Boehmeria nivea*	0.4	1	Sp	营养期	0.096	半湿生

注：取样地点为桂林市漓江月光岛；样方面积为 800m²；取样时间为 2013 年 8 月 29 日

（三）樟-苔草群丛

该群丛乔木层高度 10～20m，盖度 80%～95%，仅由樟组成或以樟为主，其他种类有枫香树等（表 4-21）；草本层高度 0.2～0.4m，盖度 50%～80%，组成种类以苔草为主，其他种类有酢浆草（*Oxalis corniculata*）、马兰、薹草（*Carex* sp.）、络石幼苗等。此外，还有朴树、牡荆、小叶女贞（*Ligustrum quihoui*）、醉鱼草（*Buddleja lindleyana*）等乔木幼树或灌木，但个体数量较少，且分布零星。

表 4-21　樟-苔草群丛乔木层的数量特征

样地编号	种类	株数	株高/m			胸径/cm			物候期	生长状态
			最大	最小	平均	最大	最小	平均		
Q1	樟 *Cinnamomum camphora*	8	16.0	8.0	13.1	55.0	18.0	29.1	果期	半湿生
	枫香树 *Liquidambar formosana*	1	—	—	7.8	—	—	22.0	营养期	半湿生
Q2	樟 *Cinnamomum camphora*	13	14.0	6.0	11.5	45.0	15.0	25.7	果期	湿生
Q3	樟 *Cinnamomum camphora*	9	15.0	12.2	13.4	62.0	36.0	45.6	果期	湿生
Q4	樟 *Cinnamomum camphora*	10	12.0	6.7	8.4	33.0	7.0	22.4	果期	湿生

注：取样地点为恭城县恭城镇牛厄村；样方面积为 100m²；取样时间为 2013 年 8 月 29 日；"—"表示该项测定无实质性意义，本章表同

二、水翁蒲桃群系

水翁蒲桃为桃金娘科蒲桃属水陆生乔木。广西的水翁蒲桃群系在武鸣县、上林县、

防城港市、凭祥市等地区有分布，见于河流等，主要类型有水翁蒲桃群丛、水翁蒲桃-刚莠竹（*Microstegium ciliatum*）群丛等。

（一）水翁蒲桃群丛

该群丛高度在 10m 以下，盖度 60%～80%，仅由水翁蒲桃组成或以水翁蒲桃为主，其他种类有水团花（*Adina pilulifera*）、对叶榕（*Ficus hispida*）等，因水翁蒲桃根萌能力强而有时呈高灌丛状，受底质、水淹、水流冲击等影响，通常缺乏林下结构（表 4-22）。

表 4-22　水翁蒲桃群丛的数量特征

样地编号	群落盖度/%	种类	株/丛数	株高/m	基径/cm	冠幅直径/m	物候期	生长状态
Q1	70	水翁蒲桃 *Syzygium nervosum*	15	6.5	24.6	4.7	果期	挺水
Q2	60	水翁蒲桃 *Syzygium nervosum*	18	2.3	12.3	3.7	果期	湿生
		水团花 *Adina pilulifera*	4	2.5	6.3	2.1	营养期	湿生
		对叶榕 *Ficus hispida*	3	1.8	5.6	2.5	营养期	湿生

注：取样地点 Q1 为凭祥市夏石镇夏石村，Q2 为上林县橄榄河；样方面积为 100m²；取样时间 Q1 为 2011 年 9 月 17 日，Q2 为 2012 年 8 月 22 日

（二）水翁蒲桃-刚莠竹群丛

该群丛乔木层高度 3～7m，盖度 50%～80%，组成种类以水翁蒲桃为主，其他种类有对叶榕、蒲桃（*Syzygium jambos*）等（表 4-23）；草本层高度 0.8～1.5m，盖度 60%～90%，组成种类上层为刚莠竹，下层以竹节草为主。此外，还有笔管草（*Equisetum ramosissimum* subsp. *debile*）、文殊兰（*Crinum asiaticum* var. *sinicum*）等。

表 4-23　水翁蒲桃-刚莠竹群丛乔木层的数量特征

群落盖度/%	种类	株/丛数	株高/m			胸径/cm			冠幅直径/m		
			最大	最小	平均	最大	最小	平均	最大	最小	平均
60	水翁蒲桃 *Syzygium nervosum*	37	6.5	1.7	2.8	13.5	2.9	9.5	4.7	1.6	3.2
	对叶榕 *Ficus hispida*	5	3.2	1.8	2.8	8.7	5.3	6.5	3.3	1.3	1.8
	蒲桃 *Syzygium jambos*	4	2.5	1.6	1.8	6.4	4.7	5.2	2.4	1.5	1.6

注：取样地点为防城港市防城江；样方面积为 200m²；取样时间为 2009 年 5 月 3 日

三、褐叶青冈群系

褐叶青冈为壳斗科青冈属半湿生乔木。广西的褐叶青冈群系见于桂北猫儿山海拔 1950m 左右的八角田沼泽湿地，是广西森林沼泽的主要植被类型之一，其层次结构和组成种类较为复杂。例如，褐叶青冈-华西箭竹群丛的乔木层高度 4～10m，盖度 80%～95%，组成种类以褐叶青冈为主，其他种类有四川冬青、长梗冬青、树参（*Dendropanax dentiger*）、山桂花、灯笼吊钟花等（表 4-24）；灌木层高度 2.5～3.2m，盖度 30%～70%，主要由华西箭竹组成，其他种类有上层乔木幼树、尖叶毛枝（*Eurya acuminatissima*）、

野茉莉（*Styrax japonicus*）、茵芋（*Skimmia reevesiana*）等。草本种类有山麦冬、条穗薹草、长穗兔儿风（*Ainsliaea henryi*）、匙叶草（*Latouchea fokiensis*）、深圆齿堇菜（*Viola davidii*）等，但个体数量较少，且分布零星。

表 4-24　褐叶青冈-华西箭竹群丛乔木层的数量特征

种类	株数	株高/m	胸径/cm	冠幅直径/m
褐叶青冈 *Cyclobalanopsis stewardiana*	67	4.7	11.3	5.9
包槲柯 *Lithocarpus cleistocarpus*	2	5.2	8.6	1.5
齿叶冬青 *Ilex crenata*	1	4.5	5.7	1.5
灯笼吊钟花 *Enkianthus chinensis*	9	3.7	6.7	4.4
黄杨 *Buxus sinica*	1	3.2	5.4	1.0
假地枫皮 *Illicium jiadifengpi*	6	3.4	4.3	3.2
猫儿山杜鹃 *Rhododendron maoerense*	2	4.0	6.4	2.8
山桂花 *Bennettiodendron leprosipes*	6	3.5	5.7	2.5
树参 *Dendropanax dentiger*	10	4.2	10.5	5.7
四川冬青 *Ilex szechwanensis*	21	4.0	6.6	1.8
铁杉 *Tsuga chinensis*	1	6.8	28.0	42.0
吴茱萸五加 *Gamblea ciliata* var. *evodiifolia*	3	4.9	10.7	7.5
西南山茶 *Camellia pitardii*	1	5.0	2.9	0.5
稀果杜鹃 *Rhododendron oligocarpum*	6	3.4	5.3	3.2
野漆 *Toxicodendron succedaneum*	1	5.0	9.6	12.0
硬斗柯 *Lithocarpus hancei*	9	3.9	4.8	1.2
长梗冬青 *Ilex macrocarpa* var. *longipedunculata*	16	4.1	8.2	3.7

注：取样地点为兴安县猫儿山；样方面积为 400m²；取样时间为 2011 年 9 月 28 日

第五节　红　树　林

红树林是一类生长在热带亚热带海岸潮间带、受海水周期性浸淹、以红树植物为建群种的木本植物群落。红树林在涨潮时部分或全部被海水淹没，在退潮时则完全露出地表或部分仍然被海水浸泡。广西红树林见于北海市、钦州市和防城港市的海岸潮间带，组成种类有无瓣海桑（*Sonneratia apetala*）、拉关木（*Laguncularia racemosa*）、木榄（*Bruguiera gymnorhiza*）、秋茄树（*Kandelia obovata*）、红海榄（*Rhizophora stylosa*）、海漆（*Excoecaria agallocha*）、蜡烛果（*Aegiceras corniculatum*）、老鼠簕（*Acanthus ilicifolius*）、海榄雌（*Avicennia marina*）等（梁士楚，2018）。

一、无瓣海桑群系

无瓣海桑为海桑科（Sonneratiaceae）海桑属（*Sonneratia*）的常绿乔木，自然分布于印度、孟加拉国、马来西亚、斯里兰卡等国（王淑元和郑德璋，1992）。我国于 1985 年从孟加拉国首次引种无瓣海桑至海南东寨港（陈玉军等，2003）。广西的无瓣海桑首先是广西红树林研究中心于 1994 年从海南引种 1 株至合浦县山口镇英罗湾红树林区，其次是钦州市林业局于 2002 年从广东雷州市较大规模地引种至康熙岭镇滩涂上，面积 26.7hm²，成活率85%以上（蒋礼珍和黄汝红，2008），至2007年钦州市的无瓣海桑面积已达193.3hm²（黄李丛等，2013）。广西的无瓣海桑群系有无瓣海桑群丛、无瓣海桑-蜡烛果群丛等群落类型。

（一）无瓣海桑群丛

该群丛高度 5～15m，盖度 60%～100%，仅由无瓣海桑组成或以无瓣海桑为主，其他种类有蜡烛果、秋茄树等（表 4-25）。

表 4-25　无瓣海桑群丛的数量特征

种类	群落盖度/%	株数	株高/m			胸径/cm			物候期
			最大	最小	平均	最大	最小	平均	
无瓣海桑 Sonneratia apetala	90	14	10.0	2.8	5.3	20.7	6.7	13.4	果期

注：取样地点为钦州市康熙岭镇；样方面积为 100m²；取样时间为 2016 年 8 月 18 日

（二）无瓣海桑-蜡烛果群丛

该群丛乔木层高 6～15m，盖度 60%～85%，仅由无瓣海桑组成；灌木层盖度 30%～80%，通常仅由蜡烛果组成，一些地段有秋茄树、海榄雌等（表 4-26）。

表 4-26　无瓣海桑-蜡烛果群丛的数量特征

样地编号	层次结构	种类	层盖度/%	株数	株高/m			胸径/基径/cm			物候期
					最大	最小	平均	最大	最小	平均	
Q1	乔木层	无瓣海桑 Sonneratia apetala	65	5	10.5	6.3	7.7	20.7	6.7	13.4	果期
	灌木层	蜡烛果 Aegiceras corniculatum	30	118（118）	＝	＝	1.2	＝	＝	9.6	果期
Q2	乔木层	无瓣海桑 Sonneratia apetala	70	14	7.5	3.5	6.5	27.4	19.4	22.3	果期
	灌木层	蜡烛果 Aegiceras corniculatum	65	76（380）	＝	＝	1.5	＝	＝	12.7	果期

注：取样地点为钦州市康熙岭镇；样方面积为 100m²；取样时间为 2016 年 8 月 18 日；括号中的数字为构件个体数；"＝"表示未进行该项测定，"胸径/基径"表示乔木胸径/灌木基径，本章表同

二、拉关木群系

拉关木为使君子科（Combretaceae）对叶榄李属（*Laguncularia*）的常绿乔木，分布于南美洲、西印度群岛、百慕大群岛、西非和佛罗里达沿岸。我国首先于 1999 年从墨西哥拉巴斯市引种拉关木至海南东寨港红树林区，此后该种被引种到广东、福建等地（王秀丽等，2017）。广西最早在北海市冯家江口引种拉关木，2009 年在大冠沙潮间带进行试验造林，4 年后试验林平均基径 18.11cm，平均树高 5.86 m（潘良浩等，2018）。

三、木榄群系

木榄为红树科木榄属常绿乔木。广西的木榄群系见于北海市、防城港市等地，土

壤为淤泥质或半硬化淤泥质，主要类型有木榄群丛、木榄-蜡烛果群丛、木榄-秋茄树群丛等。

（一）木榄群丛

该群丛乔木层高度 3～6m，盖度 45%～95%，组成种类以木榄为主，其他种类有红海榄、秋茄树等（表 4-27）。林下主要是上层林木幼树或幼苗，一些地段有蜡烛果、海榄雌等少量伴生。

表 4-27　木榄群丛的数量特征

种类	株数	株高/m			胸径/基径/cm			重要值
		最大	最小	平均	最大	最小	平均	
木榄 Bruguiera gymnorhiza	52	4.7	2.5	3.6	29.6	10.7	16.2	265.45
红海榄 Rhizophora stylosa	2	3.2	2.6	2.8	10.1	9.1	9.6	23.08
秋茄树 Kandelia obovata	1	2.3	2.3	2.3	9.1	9.1	9.1	11.47

注：取样地点为合浦县英罗湾；样方面积为 800m²；取样时间为 2001 年 3 月 20 日

（二）木榄-蜡烛果群丛

该群丛乔木层高度 2.5～5.0m，盖度为 50%～85%，组成种类以木榄为主，其他种类有红海榄等；灌木层高度 1.0～1.5m，盖度为 40%～60%，组成种类以蜡烛果为主，其他种类有上层乔木幼树、海榄雌、秋茄树等（表 4-28）。

表 4-28　木榄-蜡烛果群丛的数量特征

层次结构	种类	盖度/%	株数	株高/m			胸径/基径/cm			物候期
				最大	最小	平均	最大	最小	平均	
乔木层	木榄 Bruguiera gymnorhiza	80	16	4.7	3.3	4.0	21.5	10.5	16.0	胚轴期
	红海榄 Rhizophora stylosa	20	5	4.2	2.7	3.5	16.3	7.5	11.9	花期
灌木层	蜡烛果 Aegiceras corniculatum	45	13	1.6	0.8	1.2	8.6	3.2	5.9	花蕾期
	海榄雌 Avicennia marina	2	3	1.3	0.7	1.0	5.6	3.5	4.6	营养期
	秋茄树 Kandelia obovata	1	2	1.1	0.6	0.9	7.5	4.3	5.9	营养期

注：取样地点为合浦县英罗湾；样方面积为 100m²；取样时间为 1995 年 3 月 13 日

（三）木榄-秋茄树群丛

该群丛乔木层高度 3.0～4.5m，盖度 50%～70%，组成种类以木榄为主，其他种类有秋茄树等；灌木层高度 1.4～1.8m，盖度 40%～60%，仅由秋茄树组成或以秋茄树为主，其他种类有蜡烛果、海榄雌等（表 4-29）。

表 4-29　木榄-秋茄树群丛的数量特征

层次结构	种类	盖度/%	株数	株高/m			胸径/基径/cm			生活型	物候期
				最大	最小	平均	最大	最小	平均		
乔木层	木榄 Bruguiera gymnorhiza	50	12	4.2	2.1	3.1	26.4	7.6	14.9	乔木型	花期
	秋茄树 Kandelia obovata	5	3	2.8	2.0	2.3	9.6	6.4	8.3	乔木型	营养期
灌木层	秋茄树 Kandelia obovata	50	9	1.8	0.8	1.5	13.4	3.0	7.6	灌木型	花期

注：取样地点为防城港市珍珠湾；样方面积为 100m²；取样时间为 1997 年 7 月 11 日

四、木榄+红海榄群系

木榄+红海榄群系是广西的红海榄群系向木榄群系进展演替的一种过渡性群落类型,见于北海市,主要类型为木榄+红海榄群丛。该群丛群落呈乔灌林型,高度2.5～4.5m,盖度60%～85%,组成种类以木榄和红海榄为主,其他种类有秋茄树、蜡烛果等(表4-30)。

表 4-30   木榄+红海榄群丛的数量特征

样地编号	种类	盖度/%	株数	株高/m			胸径/基径/cm			生活型	物候期
				最大	最小	平均	最大	最小	平均		
Q1	木榄 Bruguiera gymnorhiza	40	10	4.2	2.3	3.2	11.4	5.0	7.3	乔木型	胚轴期
	红海榄 Rhizophora stylosa	60	11	4.5	2.3	3.6	11.6	5.7	8.8	灌木型	花期
	秋茄树 Kandelia obovata	8	3	3.0	2.0	2.5	8.2	4.6	6.5	乔木型	胚轴期
Q2	木榄 Bruguiera gymnorhiza	60	20	3.5	2.0	2.8	18.9	4.5	8.7	乔木型	胚轴期
	红海榄 Rhizophora stylosa	40	10	3.8	1.8	3.2	8.2	3.8	5.9	乔木型	胚轴期
	秋茄树 Kandelia obovata	6	2	2.5	2.0	2.3	8.2	7.1	7.7	乔木型	胚轴期
	蜡烛果 Aegiceras corniculatum	<1	5	1.3	1.0	1.1	3.6	2.4	2.8	灌木型	花蕾期

注: 取样地点为合浦县英罗湾;样方面积为100m²;取样时间Q1为1997年7月11日,Q2为1995年3月11日

五、秋茄树群系

秋茄树为红树科秋茄树属常绿乔木或灌木。广西的秋茄树群系分布普遍,见于内滩、中滩或潮沟两侧区域,主要类型有秋茄树群丛、秋茄树-蜡烛果群丛等。

(一)秋茄树群丛

该群丛呈乔木林型(表4-31a)或灌木林型(表4-31b),高度1.5～4m,盖度为40%～90%,仅由秋茄树组成或以秋茄树为主,其他种类有海榄雌、蜡烛果、红海榄等。

表 4-31a   秋茄树群丛的数量特征(乔木林型)

种类	盖度/%	株数	株高/m			胸径/基径/cm			生活型	物候期
			最大	最小	平均	最大	最小	平均		
秋茄树 Kandelia obovata	50	12	3.5	1.8	2.5	13.5	4.6	7.3	乔木型	胚轴期
海榄雌 Avicennia marina	5	3	2.0	1.2	1.4	5.6	2.2	3.4	灌木型	营养期

注: 取样地点为合浦县英罗湾;样方面积为100m²;取样时间为1994年4月3日

表 4-31b   秋茄树群丛的数量特征(灌木林型)

种类	盖度/%	株数	株高/m			基径/cm			生活型	物候期
			最大	最小	平均	最大	最小	平均		
秋茄树 Kandelia obovata	60	10	1.8	1.1	1.4	20.4	3.8	8.3	灌木型	花期

注: 取样地点为防城港市珍珠湾;样方面积为25m²;取样时间为1997年7月11日

（二）秋茄树-蜡烛果群丛

该群丛呈乔木林型或灌木林型。乔木林型乔木层高度 3.0～3.8m，盖度 50%～90%，组成种类以秋茄树为主，其他种类有木榄、红海榄、海榄雌等；灌木层高度 1.0～1.5m，盖度 30%～50%，通常仅由蜡烛果组成（表 4-32a）。灌木林型上层高度 1.0～1.9m，盖度 60%～85%，组成种类以秋茄树为主，其他种类有红海榄、海榄雌等；下层高度 0.5～0.8m，盖度 30%～70%，通常仅由蜡烛果组成（表 4-32b）。

表 4-32a　秋茄树-蜡烛果群丛的数量特征（乔木林型）

| 层次结构 | 种类 | 盖度/% | 株数 | 株高/m | | | 胸径/基径/cm | | | 生活型 | 物候期 |
				最大	最小	平均	最大	最小	平均		
乔木层	秋茄树 *Kandelia obovata*	70	20	3.8	2.0	3.3	12.0	3.7	7.3	乔木型	胚轴期
	海榄雌 *Avicennia marina*	3	1	3.7	3.7	3.7	10.0	10.0	10.0	灌木型	营养期
灌木层	蜡烛果 *Aegiceras corniculatum*	30	9（42）	1.5	1.0	1.3	6.2	3.7	5.0	灌木型	花蕾期

注：取样地点为合浦县英罗湾；样方面积为 100m²；取样时间为 1994 年 3 月 22 日

表 4-32b　秋茄树-蜡烛果群丛的数量特征（灌木林型）

| 层次结构 | 种类 | 盖度/% | 株数 | 株高/m | | | 基径/cm | | | 物候期 |
				最大	最小	平均	最大	最小	平均	
上层	秋茄树 *Kandelia obovata*	60	25	1.6	0.9	1.4	11.4	2.7	5.8	胚轴期
	海榄雌 *Avicennia marina*	2	4	1.4	1.2	1.3	7.5	6.2	6.8	营养期
下层	蜡烛果 *Aegiceras corniculatum*	70	63（228）	1.0	0.5	0.7	6.2	3.7	5.0	花蕾期

注：取样地点为合浦县英罗湾；样方面积为 100m²；取样时间为 1995 年 3 月 10 日

六、秋茄树+蜡烛果群系

秋茄树+蜡烛果群系是广西的蜡烛果群系向秋茄树群系进展演替的一种过渡性群落类型，分布普遍，见于内滩、中滩或潮沟两侧区域，主要类型为秋茄树+蜡烛果群丛。该群丛呈乔灌林型或灌木林型。乔灌林型高度 2.5～3.5m，盖度 70%～90%，由秋茄树和蜡烛果组成（表 4-33a）；灌木林型高度 1.0～1.8m，盖度 60%～90%，组成种类以秋茄树和蜡烛果为主，其他种类有海榄雌等（表 4-33b）。

表 4-33a　秋茄树+蜡烛果群丛的数量特征（乔灌林型）

| 种类 | 盖度/% | 株数 | 株高/m | | | 胸径/基径/cm | | | 生活型 | 物候期 |
			最大	最小	平均	最大	最小	平均		
秋茄树 *Kandelia obovata*	70	27	3.5	1.7	2.8	11.7	4.1	6.6	乔木型	胚轴期
蜡烛果 *Aegiceras corniculatum*	30	66（640）	3.3	2.2	2.7	9	3.7	5.3	灌木型	花蕾期

注：取样地点为合浦县英罗湾；样方面积为 100m²；取样时间为 1994 年 4 月 4 日

表 4-33b　秋茄树+蜡烛果群丛的数量特征（灌木林型）

种类	盖度/%	株数	株高/m			基径/cm			物候期
			最大	最小	平均	最大	最小	平均	
秋茄树 *Kandelia obovata*	40	14	1.6	0.9	1.4	11.4	2.7	5.8	花期
蜡烛果 *Aegiceras corniculatum*	50	22（533）	1.3	1.0	1.3	5.8	1.2	3.9	胚轴期

注：取样地点为防城港市珍珠湾；样方面积为 25m²；取样时间为 1997 年 7 月 11 日

七、秋茄树+海榄雌群系

秋茄树+海榄雌群系是广西的海榄雌群系向秋茄树群系进展演替的一种过渡性群落类型，分布普遍，见于内滩至外滩及潮沟两侧区域，主要类型为秋茄树+海榄雌群丛。该群丛呈矮乔木林型，高度 1.8～2.6m，盖度 40%～90%，组成种类以秋茄树和海榄雌为主，其他种类有蜡烛果等（表 4-34）。

表 4-34　秋茄树+海榄雌群丛的数量特征

种类	盖度/%	株数	株高/m			基径/cm			生活型	物候期
			最大	最小	平均	最大	最小	平均		
秋茄树 *Kandelia obovata*	50	13	2.6	2.2	2.4	13.9	6.0	8.8	乔木型	胚轴期
海榄雌 *Avicennia marina*	40	15	2.5	1.2	1.9	15.8	3.2	6.1	乔木型	营养期
蜡烛果 *Aegiceras corniculatum*	10	5（21）	1.6	1.1	1.5	5.6	4.2	5.2	灌木型	花蕾期

注：取样地点为合浦县英罗湾；样方面积为 100m²；取样时间为 1995 年 3 月 11 日

八、红海榄群系

红海榄为红树科红树属常绿乔木或灌木。广西的红海榄群系是红树林演替中后期的群落类型，见于北海市等地，主要类型有红海榄群丛、红海榄-蜡烛果群丛、红海榄-海榄雌群丛等。

（一）红海榄群丛

该群丛呈乔木林型或具有发达支柱根系的高灌木林型，高度 2.5～6.5m，盖度 80%～95%，组成种类以红海榄为主，其他种类有木榄、蜡烛果、海榄雌等（表 4-35）。

表 4-35　红海榄群丛的数量特征

种类	盖度/%	株数	株高/m			胸径/基径/cm			生活型	物候期
			最大	最小	平均	最大	最小	平均		
红海榄 *Rhizophora stylosa*	95	33	4.5	2.0	3.3	13.5	3.8	7.4	灌木型	花果期
木榄 *Bruguiera gymnorhiza*	3	6	3.0	2.2	2.6	8.0	6.1	6.6	乔木型	花期
蜡烛果 *Aegiceras corniculatum*	<1	3	1.1	0.7	0.9	3.2	2.1	2.7	灌木型	营养期
海榄雌 *Avicennia marina*	<1	2	1.2	1.0	1.1	2.5	2.2	2.4	灌木型	营养期

注：取样地点为合浦县英罗湾；样方面积为 100m²；取样时间为 1995 年 1 月 17 日

（二）红海榄-蜡烛果群丛

该群丛呈高灌木林型，上层高度 2.0～3.5m，盖度 50%～90%，组成种类以红海榄为主，其他种类有木榄、秋茄树等；下层高度 1.0～1.6m，盖度 50%～80%，组成种类以蜡烛果为主，一些地段还有少量的海榄雌等（表 4-36）。

表 4-36 红海榄-蜡烛果群丛的数量特征

层次结构	种类	盖度/%	株数	株高/m			胸径/基径/cm			生活型	物候期
				最大	最小	平均	最大	最小	平均		
上层	红海榄 Rhizophora stylosa	50	15	3.6	1.9	2.8	10.7	3.5	6.5	灌木型	花果期
	木榄 Bruguiera gymnorhiza	5	5	3.1	1.8	2.3	8.3	5.3	6.5	乔木型	花期
	秋茄树 Kandelia obovata	5	4	2.4	1.7	2.2	9.7	5.7	7.2	乔木型	营养期
下层	蜡烛果 Aegiceras corniculatum	65	27（513）	1.3	0.8	1.1	5.2	1.8	4.1	灌木型	营养期
	海榄雌 Avicennia marina	<1	3	1.2	0.8	1.0	4.5	2.2	3.4	灌木型	营养期

注：取样地点为合浦县英罗湾；样方面积为 100m²；取样时间为 1995 年 1 月 18 日

（三）红海榄-海榄雌群丛

该群丛呈高灌木林型，上层高度 1.8～2.6m，盖度 40%～80%，组成种类以红海榄为主，其他种类有秋茄树等；下层高度 0.8～1.3m，盖度 40%～70%，组成种类以海榄雌为主，一些地段还有少量的蜡烛果等（表 4-37）。

表 4-37 红海榄-海榄雌群丛的数量特征

层次结构	种类	盖度/%	株数	株高/m			胸径/基径/cm			生活型	物候期
				最大	最小	平均	最大	最小	平均		
上层	红海榄 Rhizophora stylosa	45	11	2.6	1.6	2.3	8.6	4.2	6.3	灌木型	花果期
	秋茄树 Kandelia obovata	<1	3	2.1	1.5	1.8	9.3	5.5	7.6	乔木型	营养期
下层	海榄雌 Avicennia marina	70	36	1.1	0.5	0.8	7.6	2.7	5.3	灌木型	营养期
	蜡烛果 Avicennia marina	5	12	1.2	0.6	0.7	4.8	2.5	3.2	灌木型	营养期

注：取样地点为合浦县丹兜湾；样方面积为 100m²；取样时间为 1995 年 1 月 16 日

九、红海榄+秋茄树群系

红海榄+秋茄树群系是广西的秋茄树群系向红海榄群系进展演替的一种过渡性群落类型，见于北海市，生长在内滩、中滩或潮沟两侧区域，主要类型有红海榄+秋茄树群丛、红海榄+秋茄树-蜡烛果群丛等。

（一）红海榄+秋茄树群丛

该群丛呈乔灌林型，高度 3.0～4.5m，盖度 85%～95%，组成种类是以红海榄和秋茄树为主，其他种类有海榄雌等（表 4-38）。

表 4-38　红海榄+秋茄树群丛的数量特征

种类	盖度/%	株数	株高/m			胸径/基径/cm			不定根平均高/m	生活型	物候期
			最大	最小	平均	最大	最小	平均			
红海榄 *Rhizophora stylosa*	75	14	4.5	2.0	4.1	12.9	4.1	8.5	1.7	灌木型	花果期
秋茄树 *Kandelia obovata*	40	9	4.5	3.0	3.9	11.9	8.0	9.8	0.5	乔木型	胚轴期

注：取样地点为合浦县英罗湾；样方面积为 100m²；取样时间为 1995 年 3 月 11 日

（二）红海榄+秋茄树-蜡烛果群丛

该群丛呈乔灌林型，上层高度 2.0～4.5m，盖度 50%～90%，组成种类是以红海榄和秋茄树为主，其他种类有海榄雌等；下层高度 1.0～1.5m，盖度 40%～60%，组成种类以蜡烛果为主（表 4-39）。

表 4-39　红海榄+秋茄树-蜡烛果群丛的数量特征

层次结构	种类	盖度/%	株数	株高/m			胸径/基径/cm			不定根平均高/m	生活型	物候期
				最大	最小	平均	最大	最小	平均			
上层	红海榄 *Rhizophora stylosa*	70	18	4.8	1.8	3.6	12.1	3.8	8.4	1.8	灌木型	花果期
	秋茄树 *Kandelia obovata*	40	7	3.2	2.2	2.8	8.4	4.7	6.3	0.3	乔木型	胚轴期
下层	蜡烛果 *Aegiceras corniculatum*	25	7(185)	1.7	1.3	1.5	6.3	2.8	4.2	=	灌木型	花蕾期

注：取样地点为合浦县英罗湾；样方面积为 100m²；取样时间为 1994 年 3 月 22 日

十、海漆群系

海漆为大戟科海漆属半常绿乔木或灌木。广西的海漆群系分布普遍，见于高潮线附近及河口区域，主要类型有海漆群丛、海漆-蜡烛果群丛等。

（一）海漆群丛

该群丛呈乔木林型或灌木林型。乔木林型高度 3～6m，盖度 50%～85%，组成种类以海漆为主，其他种类有木榄、蜡烛果、榄李（*Lumnitzera racemosa*）等（表 4-40）。灌木林型高度 1.5～2.5m，盖度 40%～80%，组成种类以海漆为主，其他种类有卤蕨（*Acrostichum aureum*）、蜡烛果等。

表 4-40　海漆群丛的数量特征

种类	盖度/%	株数	株高/m			基径/cm			物候期
			最大	最小	平均	最大	最小	平均	
海漆 *Excoecaria agallocha*	85	20（125）	4.8	2.0	3.3	25.7	3.8	12.3	营养期
木榄 *Bruguiera gymnorhiza*	8	3	2.5	1.8	2.1	7.1	4.1	5.8	花期
蜡烛果 *Aegiceras corniculatum*	3	3（13）	2.2	1.3	1.7	6.4	3.1	4.7	花蕾期

注：取样地点为合浦县英罗湾；样方面积为 100m²；取样时间为 1995 年 3 月 10 日

（二）海漆-蜡烛果群丛

该群丛呈小乔木林型。乔木层高度 2.5～4.5m，盖度 50%～80%，组成种类以海漆为主，其他种类有木榄、水黄皮（*Pongamia pinnata*）、黄槿（*Hibiscus tiliaceus*）等；灌木层高度 0.8～1.7m，盖度 30%～50%，组成种类以蜡烛果为主，其他种类有苦郎树（*Clerodendrum inerme*）、桐棉（*Thespesia populnea*）、箣柊（*Scolopia chinensis*）、酒饼簕（*Atalantia buxifolia*）等（表 4-41）。

表 4-41　海漆-蜡烛果群丛的数量特征

层次结构	种类	盖度/%	株数	株高/m			基径/cm			物候期
				最大	最小	平均	最大	最小	平均	
乔木层	海漆 *Excoecaria agallocha*	60	21	3.8	1.6	2.7	21.6	5.2	15.3	营养期
	木榄 *Bruguiera gymnorhiza*	1	2	2.3	1.8	2.1	11.6	8.5	10.1	花期
灌木层	蜡烛果 *Aegiceras corniculatum*	30	13	1.3	0.7	0.8	9.6	3.3	4.7	花蕾期
	苦郎树 *Clerodendrum inerme*	1	5	1.2	0.7	0.9	2.3	1.5	1.7	营养期
	桐棉 *Thespesia populnea*	1	4	1.5	1.1	1.3	5.6	3.1	4.8	营养期

注：取样地点为合浦县英罗湾；样方面积为 100m²；取样时间为 1995 年 3 月 10 日

十一、海漆+蜡烛果群系

广西的海漆+蜡烛果群系分布普遍，见于内滩和河口区，主要类型为海漆+蜡烛果群丛。该群丛呈小乔木林型或灌木林型，高度 1.5～2.5m，盖度 40%～80%，组成种类以海漆和蜡烛果为主，其他种类有海榄雌、秋茄树、苦郎树、卤蕨等（表 4-42）。

表 4-42　海漆+蜡烛果群丛的数量特征

种类	盖度/%	株数	株高/m			基径/cm			物候期
			最大	最小	平均	最大	最小	平均	
海漆 *Excoecaria agallocha*	30	18	1.8	1.2	1.6	15.7	4.8	12.5	花蕾期
蜡烛果 *Aegiceras corniculatum*	30	21	1.6	0.9	1.4	10.3	3.2	5.6	花蕾期
海榄雌 *Avicennia marina*	3	5	1.2	0.7	0.9	9.6	4.5	8.3	花期
卤蕨 *Acrostichum aureum*	1	4	0.8	0.5	0.7	—	—	—	孢子期

注：取样地点为防城港市黄竹江口；样方面积为 100m²；取样时间为 2016 年 6 月 15 日

十二、蜡烛果群系

蜡烛果为紫金牛科蜡烛果属常绿灌木或小乔木，为红树林主要先锋树种之一。广西的蜡烛果群系分布普遍，见于内滩至外滩、河口、堤内海水能至之处，主要类型为蜡烛果群丛。该群丛呈高或矮灌木林型。高灌木林型高度 1.8～2.5m，盖度 70%～95%，组成种类以蜡烛果为主，其他种类有秋茄树、红海榄、木榄、海榄雌等（表 4-43a）；矮灌木林型高度 0.8～1.5m，盖度 50%～95%，仅由蜡烛果组成或以蜡烛果为主，其他种类有秋茄树、海榄雌等（表 4-43b）。

表 4-43a 高灌木林型蜡烛果群丛的数量特征

种类	盖度/%	株数	株高/m			基径/cm			物候期
			最大	最小	平均	最大	最小	平均	
蜡烛果 *Aegiceras corniculatum*	90	126（868）	2.2	1.6	2.0	8.3	1.9	5.4	花蕾期
秋茄树 *Kandelia obovata*	3	2	2.8	2.6	2.7	11.2	9.1	10.1	营养期
海榄雌 *Avicennia marina*	<1	2	2.9	2.5	2.7	12.5	10.4	11.5	营养期

注：取样地点为合浦县英罗湾；样方面积为 100m²；取样时间为 1995 年 3 月 10 日

表 4-43b 矮灌木林型蜡烛果群丛的数量特征

种类	盖度/%	株数	株高/m			基径/cm			物候期
			最大	最小	平均	最大	最小	平均	
蜡烛果 *Aegiceras corniculatum*	85	27（132）	1.6	0.6	1.1	5.6	1.1	2.9	胚轴期

注：取样地点为防城港市珍珠湾；样方面积为 16m²；取样时间为 1997 年 7 月 11 日

十三、蜡烛果+老鼠簕群系

广西的蜡烛果+老鼠簕群系分布普遍，见于内滩和河口区，主要类型为蜡烛果+老鼠簕群丛。该群丛呈矮灌木林型，高度 0.7～1.7m，盖度 40%～80%，组成种类以蜡烛果和老鼠簕为主，其他种类有苦郎树等（表 4-44）。

表 4-44 蜡烛果+老鼠簕群丛的数量特征

样地编号	种类	盖度/%	株数	株高/m			基径/cm			物候期
				最大	最小	平均	最大	最小	平均	
Q1	蜡烛果 *Aegiceras corniculatum*	40	11	1.5	0.5	0.9	6.7	2.7	4.9	营养期
	老鼠簕 *Acanthus ilicifolius*	20	237	1.3	0.4	0.7	2.5	1.2	1.8	营养期
	苦郎树 *Clerodendrum inerme*	1	2	1.3	1.1	1.2	3.4	2.3	2.9	营养期
Q2	蜡烛果 *Aegiceras corniculatum*	30	9	1.6	0.9	1.2	6.7	4.3	4.9	营养期
	老鼠簕 *Acanthus ilicifolius*	50	460	1.1	0.6	0.9	2.5	1.3	1.7	营养期

注：取样地点 Q1 为合浦县党江镇南流江口，Q2 为钦州湾茅尾海；样方面积为 100m²；取样时间 Q1 为 2016 年 12 月 27 日，Q2 为 2012 年 1 月 29 日

十四、老鼠簕群系

老鼠簕为爵床科老鼠簕属常绿灌木。广西的老鼠簕群系分布普遍，见于高潮带、河口、堤内海水能至之处，主要类型为老鼠簕群丛。该群丛高度 1.0～1.8m，盖度 50%～90%，仅由老鼠簕组成或以老鼠簕为主，其他种类有卤蕨、蜡烛果、秋茄树、海榄雌等（表 4-45）。

表 4-45　老鼠簕群丛的数量特征

取样地点	丛数	每丛分株数		株高/m		基径/cm		冠幅直径/m	
		平均	最多	平均	最大	平均	最大	平均	最大
北仑河口独墩岛	49	81	172	1.75	2.3	0.3	0.8	0.52	0.65
江平江口	39	6	12	0.70	1.7	0.5	0.9	0.53	0.62
黄竹江口新基	28	7	11	1.00	1.8	1.0	1.6	0.55	0.61

注：数据资料来源于刘镜法（2005）

十五、老鼠簕+卤蕨群系

　　老鼠簕+卤蕨群系是指以老鼠簕和卤蕨为共同建群种的红树植物群落。广西的老鼠簕+卤蕨群系在防城港市等地区有分布，见于河口、堤内海水能至之处，主要类型为老鼠簕+卤蕨群丛。该群丛高度 1.2～1.7m，盖度 80%～100%，组成种类以老鼠簕和卤蕨为主，其他种类有蜡烛果、海漆等（表 4-46）。

表 4-46　老鼠簕+卤蕨群丛的数量特征

种类	盖度/%	株数	株高/m			基径/cm			物候期
			最大	最小	平均	最大	最小	平均	
老鼠簕 Acanthus ilicifolius	40	47	1.7	1.0	1.5	2.5	1.2	1.8	营养期
卤蕨 Acrostichum aureum	60	11	1.6	1.2	1.3	—	—	—	孢子期

注：取样地点为东兴市北仑河口独墩岛；样方面积为 25m²；取样时间为 2004 年 1 月 5 日

十六、海榄雌群系

　　海榄雌为马鞭草科海榄雌属常绿灌木或小乔木，是红树林主要先锋树种之一。广西的海榄雌群系分布普遍，见于内滩至外滩，主要类型有海榄雌群丛、海榄雌-蜡烛果群丛等。

（一）海榄雌群丛

　　该群丛多呈灌木林型，一些地段呈小乔木林型，高度 0.8～1.8m，盖度 40%～90%，仅由海榄雌组成或以海榄雌为主，其他种类有秋茄树、蜡烛果等（表 4-47）。

表 4-47　海榄雌群丛的数量特征

种类	盖度/%	株数	株高/m			基径/cm			物候期
			最大	最小	平均	最大	最小	平均	
海榄雌 Avicennia marina	85	33	1.9	1.0	1.5	9.4	2.2	5.0	花期
蜡烛果 Aegiceras corniculatum	8	5	1.0	0.7	0.8	4.8	3.1	3.9	营养期

注：取样地点为防城港市珍珠湾；样方面积为 100m²；取样时间为 1997 年 7 月 11 日

（二）海榄雌-蜡烛果群丛

　　该群丛呈小乔木林型，乔木层高度 2.0～3.5m，盖度 40%～80%，组成种类以海榄雌为主，其他种类有秋茄树等；灌木层高度 1.2～1.7m，盖度 30%～60%，通常仅由蜡烛果组成。

十七、海榄雌+蜡烛果群系

广西的海榄雌+蜡烛果群系分布普遍，见于内滩至外滩，主要类型为海榄雌+蜡烛果群丛。该群丛呈灌木林型，高度 1.0～2.3m，盖度 40%～90%，组成种类以海榄雌和蜡烛果为主，其他种类有秋茄树等（表 4-48）。

表 4-48　海榄雌+蜡烛果群丛的数量特征

种类	盖度/%	株数	株高/m			基径/cm			物候期
			最大	最小	平均	最大	最小	平均	
海榄雌 *Avicennia marina*	40	18	1.5	0.8	1.1	11.3	2.7	4.9	营养期
蜡烛果 *Aegiceras corniculatum*	20	15（50）	1.4	0.4	1.0	5.7	2.7	4.1	花蕾期

注：取样地点为合浦县英罗湾；样方面积为100m²；取样时间为1994年4月5日

第六节　半红树林

半红树林是一类生长在高潮带上部和潮上带、被海水淹没的时间较短或只有在特大潮时才被海水淹没、以半红树植物为建群种的木本植物群落。广西半红树林的组成种类除了银叶树（*Heritiera littoralis*）、黄槿、桐棉、水黄皮、海杧果（*Cerbera manghas*）、苦郎树、伞序臭黄荆（*Premna serratifolia*）、阔苞菊（*Pluchea indica*）等半红树植物之外，在高潮带上部还有蜡烛果、秋茄树、海漆、海榄雌等红树植物及卤蕨、尖叶卤蕨（*Acrostichum speciosum*）、小草海桐（*Scaevola hainanensis*）、草海桐（*Scaevola taccada*）、厚藤（*Ipomoea pes-caprae*）、盐地鼠尾粟（*Sporobolus virginicus*）等盐生植物，在潮上带主要是一些喜盐、耐盐或拒盐的植物，如木麻黄（*Casuarina equisetifolia*）、箣柊、酒饼簕、变叶裸实（*Gymnosporia diversifolia*）、苦槛蓝（*Myoporum bontioides*）、露兜树（*Pandanus tectorius*）等。受围垦用地、海堤建设、围塘养殖等人为干扰影响，广西半红树林遭受较为严重的破坏，分布面积不大。一些半红树林，如桐棉林、海杧果林、水黄皮林等，目前仅存面积很小的群落片段（梁士楚，2018）。

一、银叶树群系

银叶树为梧桐科银叶树属常绿乔木。广西的银叶树群系在防城港市有分布，见于高潮线附近、潮上带和河口区，主要类型有银叶树群丛、银叶树-蜡烛果群丛等。

（一）银叶树群丛

该群丛高度 5～10m，盖度 50%～80%，组成种类以银叶树为主，其他种类有蜡烛果、榄李、海漆、海杧果、水黄皮、黄槿、露兜树等（表 4-49）。

表 4-49　银叶树群丛的数量特征

| 种类 | 株数 | 株高/m | | 胸径/cm | | 冠幅直径/m | | 生长状态 |
		平均	最大	平均	最大	平均	最大	
银叶树 *Heritiera littoralis*	12	2.1	6.1	4.5	9.0	3.0	4.0	干淹交替
蜡烛果 *Aegiceras corniculatum*	1	1.8	1.8	2.5	2.5	2.0	2.0	干淹交替
榄李 *Lumnitzera racemosa*	1	2.0	2.0	3.5	3.5	1.5	1.5	干淹交替
海漆 *Excoecaria agallocha*	5	2.8	4.4	5.4	9.0	2.6	3.2	干淹交替
海杧果 *Cerbera manghas*	2	5.9	5.9	15.0	15.0	4.5	4.5	干淹交替
水黄皮 *Pongamia pinnata*	2	4.9	5.4	11.0	15.0	4.2	4.5	干淹交替
黄槿 *Hibiscus tiliaceus*	6	3.5	4.9	4.0	7.0	3.0	4.0	干淹交替
露兜树 *Pandanus tectorius*	4	2.5	4.0	8.5	10.0	4.0	4.5	干淹交替

注：取样地点为防城港市黄竹江口；样方面积为 300m²；资料来源于刘镜法（2002）

（二）银叶树-蜡烛果群丛

该群丛乔木层高度 8～15m，盖度 50%～80%，组成种类以银叶树为主，其他种类有海漆、水黄皮、黄槿等；灌木层高度 2～4m，盖度 40%～60%，组成种类以蜡烛果为主，其他种类有秋茄树、海榄雌等（表 4-50）。

表 4-50　银叶树-蜡烛果群丛的数量特征

| 层次结构 | 种类 | 株数 | 株高/m | | 胸径/cm | | 冠幅直径/m | | 生长状态 |
			平均	最大	平均	最大	平均	最大	
乔木层	银叶树 *Heritiera littoralis*	12	10.2	12.5	36.1	66.9	7.3	12.8	干淹交替
	海漆 *Excoecaria agallocha*	7	7.4	9.1	25.3	33.0	6.7	11.0	干淹交替
	水黄皮 *Pongamia pinnata*	2	7.9	11.7	17.0	30.0	4.8	7.6	干淹交替
	黄槿 *Hibiscus tiliaceus*	2	7.3	9.0	7.5	9.0	3.3	3.5	干淹交替
灌木层	蜡烛果 *Aegiceras corniculatum*	24	3.0	3.6	3.0	6.8	1.0	1.6	干淹交替
	秋茄树 *Kandelia obovata*	12	2.5	4.0	4.6	8.0	1.2	1.7	干淹交替
	海榄雌 *Avicennia marina*	1	3.5	3.5	7.0	7.0	1.5	1.5	干淹交替

注：取样地点为防城港市渔沥岛；样方面积为 300m²；引自刘镜法（2002）

二、黄槿群系

黄槿为锦葵科木槿属常绿灌木或小乔木。广西的黄槿群系分布普遍，见于高潮线附近及潮上带，主要类型为黄槿群丛。该群丛高度通常在 5m 以下，盖度 50%～80%，仅由黄槿组成或以黄槿为主，其他种类有木麻黄、水黄皮、苦郎树、海漆、卤蕨、苦槛蓝、桐棉等（表 4-51）。

表 4-51　黄槿群丛的数量特征

| 种类 | 盖度/% | 株数 | 株高/m | | | 胸径/cm | | | 物候期 | 生长状态 |
			最大	最小	平均	最大	最小	平均		
黄槿 *Hibiscus tiliaceus*	95	27	5.5	1.6	3.2	25.6	6.7	15.7	营养期	湿生

注：取样地点为钦州市三娘湾；样方面积为 100m²；取样时间为 2016 年 10 月 8 日

三、阔苞菊群系

阔苞菊为菊科阔苞菊属常绿灌木。广西的阔苞菊群系分布普遍，见于潮上带和堤内湿地，主要类型有阔苞菊群丛、阔苞菊-锈鳞飘拂草（*Fimbristylis sieboldii*）群丛等。

（一）阔苞菊群丛

该群丛高度多在 2m 以下，盖度 50%～95%，组成种类以阔苞菊为主，其他种类有苦郎树、海漆、苦槛蓝、卤蕨、鬼针草、厚藤等（表 4-52）。

表 4-52　阔苞菊群丛的数量特征

样地编号	群落盖度/%	种类	株高/m	多度等级	物候期	生长状态
Q1	90	阔苞菊 *Pluchea indica*	1.42	Soc	花果期	湿生
		苦郎树 *Clerodendrum inerme*	1.10	Sol	营养期	湿生
		海漆 *Excoecaria agallocha*	1.45	Un	营养期	湿生
		苦槛蓝 *Myoporum bontioides*	1.23	Un	营养期	湿生
		鬼针草 *Bidens pilosa*	0.85	Cop[1]	花期	湿生
		厚藤 *Ipomoea pes-caprae*	—	Sp	花期	湿生
Q2	95	阔苞菊 *Pluchea indica*	1.32	Soc	花果期	湿生
		卤蕨 *Acrostichum aureum*	1.38	Sol	孢子期	湿生
		鬼针草 *Bidens pilosa*	1.10	Sp	花期	湿生

注：取样地点为合浦县山口镇高坡村；样方面积为 40m²；取样时间 Q1 为 2013 年 11 月 9 日，Q2 为 2019 年 6 月 18 日

（二）阔苞菊-锈鳞飘拂草群丛

该群丛灌木层高度 0.8～1.5m，盖度 60%～90%，通常仅由阔苞菊组成；草本层高度 0.3～0.6m，盖度 70%～95%，主要种类为锈鳞飘拂草，其他种类有多枝扁莎（*Pycreus polystachyos*）、粗根茎莎草（*Cyperus stoloniferus*）、艾堇（*Sauropus bacciformis*）等（表 4-53）。

表 4-53　阔苞菊-锈鳞飘拂草群丛的数量特征

层次结构	层高度/m	层盖度/%	种类	株高/m	多度等级	物候期	生长状态
灌木层	0.9	80	阔苞菊 *Pluchea indica*	1.35	Soc	花果期	湿生
草本层	0.3	90	锈鳞飘拂草 *Fimbristylis ferrugineae*	0.53	Soc	花果期	湿生
			多枝扁莎 *Pycreus polystachyus*	0.25	Sp	花果期	湿生
			粗根茎莎草 *Cyperus stoloniferus*	0.18	Sp	花果期	湿生
			艾堇 *Sauropus bacciformis*	0.38	Cop[1]	花期	湿生
			海金沙 *Lygodium japonicum*	—	Sol	营养期	湿生

注：取样地点为合浦县山口镇高坡村；样方面积为 100m²；取样时间为 2019 年 6 月 18 日

四、阔苞菊+卤蕨群系

广西的阔苞菊+卤蕨群系在北海市、防城港市等地区有分布，见于堤内湿地，主要

类型有阔苞菊+卤蕨群丛。该群丛高度 1.2～1.7m，盖度 80%～100%，组成种类以阔苞菊和卤蕨为主，其他种类有海漆、苦郎树、鬼针草、铺地黍等。此外，一些地段还有海金沙（*Lygodium japonicum*）、海刀豆（*Canavalia rosea*）等攀援生长（表 4-54）。

表 4-54　阔苞菊+卤蕨群丛的数量特征

样地编号	群落盖度/%	种类	株高/m	多度等级	物候期	生长状态
Q1	100	阔苞菊 *Pluchea indica*	1.5	Cop³	营养期	湿生
		卤蕨 *Acrostichum aureum*	1.4	Cop³	孢子期	湿生
		海漆 *Excoecaria agallocha*	1.3	Un	营养期	湿生
		苦郎树 *Clerodendrum inerme*	0.9	Sol	花期	湿生
		海金沙 *Lygodium japonicum*	—	Sol	营养期	攀援
Q2	95	阔苞菊 *Pluchea indica*	1.3	Cop³	花果期	湿生
		卤蕨 *Acrostichum aureum*	1.2	Cop³	孢子期	湿生
		鬼针草 *Bidens pilosa*	0.9	Sp	花期	湿生
		铺地黍 *Panicum repens*	0.4	Sol	营养期	湿生
		海刀豆 *Canavalia rosea*	—	Un	营养期	攀援
Q3	90	阔苞菊 *Pluchea indica*	1.3	Cop³	花果期	湿生
		卤蕨 *Acrostichum aureum*	1.2	Cop³	孢子期	湿生
		鬼针草 *Bidens pilosa*	0.9	Sp	花期	湿生

注：取样地点 Q1 为东兴市北仑河口，Q2 为合浦县山口镇高坡村，Q3 为合浦县山口镇永安村；样方面积为 40m²；取样时间 Q1 为 2016 年 12 月 28 日，Q2 和 Q3 为 2019 年 6 月 19 日

五、苦郎树群系

苦郎树为马鞭草科大青属常绿攀援状灌木。广西的苦郎树群系分布普遍，见于海堤内外两侧和河口区，主要类型为苦郎树群丛。该群丛高度 0.5～2.0m，盖度 50%～90%，组成种类以苦郎树为主，其他种类有阔苞菊、海漆、苦槛蓝、桐棉、变叶裸实、酒饼簕、卤蕨、盐地鼠尾粟等（表 4-55）。

表 4-55　苦郎树群丛的数量特征

样地编号	群落高度/m	群落盖度/%	种类	株高/m	多度等级	物候期	生长状态
Q1	0.95	90	苦郎树 *Clerodendrum inerme*	0.95	Soc	花果期	湿生
			阔苞菊 *Pluchea indica*	1.23	Sol	花果期	湿生
			苦槛蓝 *Myoporum bontioides*	1.37	Un	营养期	湿生
			桐棉 *Thespesia populnea*	1.45	Un	营养期	湿生
			盐地鼠尾粟 *Sporobolus virginicus*	0.23	Sol	营养期	湿生
Q2	1.20	85	苦郎树 *Clerodendrum inerme*	0.85	Soc	营养期	半湿生
			变叶裸实 *Gymnosporia diversifolia*	1.12	Sol	营养期	半湿生
			酒饼簕 *Atalantia buxifolia*	1.25	Sol	营养期	半湿生
			海漆 *Excoecaria agallocha*	0.65	Un	营养期	半湿生
			卤蕨 *Acrostichum aureum*	1.10	Un	孢子期	半湿生

注：取样地点 Q1 为钦州湾茅尾海，Q2 为合浦县山口镇永安村；样方面积为 100m²；取样时间 Q1 为 2009 年 9 月 12 日，Q2 为 2019 年 6 月 19 日

第七节　竹　林

竹林是指以竹亚科种类为建群种的各种湿地竹类群落的总称。广西竹林湿地中，华西箭竹群系是最主要的群落类型。华西箭竹为禾本科箭竹属多年生水陆生植物，在资源县河口瑶族乡十万古田海拔 1600m 左右的山间沼泽中有较大面积分布，约 122.1hm² (国家林业局，2015)，为单优种群落，主要类型为华西箭竹群丛。该群丛高度 1.5～2.5m，盖度 90%～100% (表 4-56)。

表 4-56　华西箭竹群丛的数量特征

群落高度/m	群落盖度/%	种类	株数	株高/m	基径/cm	物候期	生长状态
1.7	100	华西箭竹 Fargesia nitida	135	1.7	1.6	营养期	湿生

注：取样地点为资源县河口乡十万古田；样方面积为 4m²；取样时间为 2009 年 5 月 12 日

第八节　常绿鳞叶林

常绿鳞叶林是指以叶特化或退化成鳞片状的常绿乔木为建群种的各种湿地森林群落的总称。广西湿地中，常绿鳞叶树种仅有木麻黄，其隶属木麻黄科 (Casuarinaceae) 木麻黄属 (Casuarina)，原产澳大利亚和太平洋岛屿，我国广东、广西、福建、台湾、南海诸岛等有种植，为防风固沙的优良树种之一。广西的木麻黄群系见于海岸高潮线附近和潮上带，主要类型有木麻黄群丛、木麻黄-沟叶结缕草群丛、木麻黄-苦郎树群丛等。

（一）木麻黄群丛

该群丛乔木层高度 4～15m，盖度 50%～90%，仅由木麻黄组成。林下灌木和草本是以耐湿、耐盐或喜盐的种类为主，有露兜树、苦郎树、黄细心 (Boerhavia diffusa)、厚藤、羽芒菊 (Tridax procumbens)、老鼠芳 (Spinifex littoreus)、二型马唐 (Digitaria heterantha) 等，但个体数量较少，且分布零星 (表 4-57)。

表 4-57　木麻黄群丛乔木层的数量特征

样地编号	层盖度/%	种类	株数	株高/m			胸径/cm			冠幅直径/m		
				最大	最小	平均	最大	最小	平均	最大	最小	平均
Q1	80	木麻黄 Casuarina equisetifolia	36	12.5	6.5	9.5	25.3	14.5	19.7	3.5	2.7	3.2
Q2	70	木麻黄 Casuarina equisetifolia	53	10.5	5.3	7.6	15.8	7.7	11.5	3.2	1.2	2.3

注：取样地点 Q1 为北海市龙潭下村，Q2 为北海市西村；样方面积为 400m²；取样时间 Q1 为 2011 年 5 月 28 日，Q2 为 2011 年 7 月 20 日

（二）木麻黄-沟叶结缕草群丛

该群丛乔木层高度 2.5～12.0m，盖度 50%～80%，仅由木麻黄组成 (表 4-58a)；草本层高度 0.1～0.3m，盖度 60%～90%，以沟叶结缕草 (Zoysia matrella) 为主，其他种

类有铺地黍、糙叶丰花草（*Spermacoce hispida*）、结状飘拂草（*Fimbristylis rigidula*）、假俭草（*Eremochloa ophiuroides*）等（表 4-58b）。灌木种类有苦郎树、单叶蔓荆（*Vitex rotundifolia*）、鸦胆子（*Brucea javanica*）等，但个体数量较少，且分布零星。

表 4-58a　木麻黄-沟叶结缕草群丛乔木层的数量特征

样地编号	层盖度/%	种类	株数	株高/m			胸径/cm			冠幅直径/m		
				最大	最小	平均	最大	最小	平均	最大	最小	平均
Q1	50	木麻黄 *Casuarina equisetifolia*	63	7.5	2.7	5.3	14.6	5.5	10.3	4.7	1.5	2.8
Q2	80	木麻黄 *Casuarina equisetifolia*	45	6.5	2.3	4.8	13.5	4.8	11.6	4.3	1.5	2.6

注：取样地点 Q1 为北海市铁山港，Q2 为钦州市钦州港；样方面积为 400m²；取样时间 Q1 为 2011 年 5 月 28 日，Q2 为 2016 年 9 月 13 日

表 4-58b　木麻黄-沟叶结缕草群丛草本层的数量特征

样地编号	层盖度/%	种类	株高/m	多度等级	物候期	生长状态
Q1	85	沟叶结缕草 *Zoysia matrella*	0.25	Soc	营养期	半湿生
		铺地黍 *Panicum repens*	0.32	Un	营养期	半湿生
		香附子 *Cyperus rotundus*	0.37	Sol	花果期	半湿生
		糙叶丰花草 *Spermacoce hispida*	0.18	Un	花果期	半湿生
		结壮飘拂草 *Fimbristylis rigidula*	0.18	Sp	花果期	半湿生
Q2	60	沟叶结缕草 *Zoysia matrella*	0.21	Soc	营养期	半湿生
		鬼针草 *Bidens pilosa*	0.47	Sol	花果期	半湿生
		沙苦荬菜 *Ixeris repens*	0.17	Un	营养期	半湿生
		南美蟛蜞菊 *Sphagneticola trilobata*	0.25	Sp	花期	半湿生
		蒺藜草 *Cenchrus echinatus*	0.43	Un	营养期	半湿生
		假俭草 *Eremochloa ophiuroides*	0.13	Sol	营养期	半湿生
		龙爪茅 *Dactyloctenium aegyptium*	0.35	Un	花果期	半湿生
		厚藤 *Ipomoea pes-caprae*	0.13	Sol	营养期	半湿生

注：取样地点 Q1 为北海市铁山港，Q2 为钦州市钦州港；样方面积为 400m²；取样时间 Q1 为 2011 年 5 月 28 日，Q2 为 2016 年 9 月 13 日

（三）木麻黄-苦郎树群丛

该群丛乔木层高度 5～15m，盖度 50%～90%，仅由木麻黄组成（表 4-59a）；灌木层高度 0.8～1.6m，盖度 40%～90%，组成种类以苦郎树为主，其他种类有单叶蔓荆、仙人掌（*Opuntia dillenii*）、露兜树、阔苞菊等（表 4-59b）。草本种类有鬼针草、盐地鼠尾粟、狗牙根、铺地黍、厚藤、老鼠芳、绢毛飘拂草（*Fimbristylis sericea*）等，但个体数量较少，且分布零星。

表 4-59a　木麻黄-苦郎树群丛乔木层的数量特征

层盖度/%	种类	株数	株高/m			胸径/cm			冠幅直径/m		
			最大	最小	平均	最大	最小	平均	最大	最小	平均
80	木麻黄 *Casuarina equisetifolia*	43	15.0	6.5	10.3	19.6	7.5	15.3	4.5	1.8	3.2

注：取样地点为合浦县英罗湾；样方面积为 400m²；取样时间为 2011 年 5 月 27 日

表 4-59b　木麻黄-苦郎树群丛灌木层的数量特征

层盖度/%	种类	株高/m	多度等级	物候期	生长状态
	苦郎树 *Clerodendrum inerme*	1.2	Soc	花期	湿生
	单叶蔓荆 *Vitex rotundifolia*	0.3	Sp	营养期	湿生
85	仙人掌 *Opuntia dillenii*	1.1	Un	营养期	湿生
	露兜树 *Pandanus tectorius*	1.5	Un	花期	湿生
	阔苞菊 *Pluchea indica*	1.3	Sol	花期	湿生

注：取样地点为合浦县英罗湾；样方面积为 400m²；取样时间为 2011 年 5 月 27 日

第九节　落叶阔叶灌丛

落叶阔叶灌丛是指以落叶的阔叶灌木为建群种的各种湿地灌木群落的总称。广西湿地中的落叶阔叶灌木主要有白饭树、光荚含羞草（*Mimosa bimucronata*）、细叶水团花、牡荆等。

一、白饭树群系

白饭树为大戟科白饭树属半湿生灌木。广西的白饭树群系分布普遍，见于河流、湖泊、沟渠、田间等，主要类型有白饭树群丛、白饭树-双穗雀稗群丛等。

（一）白饭树群丛

该群丛灌木层高度 1.5～1.8m，盖度 60%～90%，组成种类以白饭树为主，其他种类有细叶水团花、石榕树、竹叶榕（*Ficus stenophylla*）、苎麻等。草本种类有条穗薹草、扯根菜（*Penthorum chinense*）、糯米团、三白草（*Saururus chinensis*）、喜旱莲子草等，但个体数量较少，且分布零星（表 4-60）。

表 4-60　白饭树群丛的数量特征

样地编号	群落盖度/%	种类	株高/m	多度等级	物候期	生长状态
		白饭树 *Flueggea virosa*	1.8	Soc	果期	湿生
		竹叶榕 *Ficus stenophylla*	1.1	SP	营养期	湿生
Q1	60	牡荆 *Vitex negundo* var. *cannabifolia*	1.4	Sol	果期	湿生
		苎麻 *Boehmeria nivea*	1.1	Un	果期	湿生
		条穗薹草 *Carex nemostachys*	0.6	Sp	花果期	湿生
		扯根菜 *Penthorum chinense*	0.8	Un	花果期	湿生
		白饭树 *Flueggea virosa*	1.7	Soc	果期	湿生
		细叶水团花 *Adina rubella*	1.1	Sol	花果期	湿生
		石榕树 *Ficus abelii*	1.3	Sp	果期	湿生
Q2	85	枫杨 *Pterocarya stenoptera*	1.5	Un	果期	湿生
		糯米团 *Gonostegia hirta*	0.3	Sol	花期	湿生
		三白草 *Saururus chinensis*	0.8	Un	营养期	湿生
		喜旱莲子草 *Alternanthera philoxeroides*	0.4	Sol	花期	湿生

注：取样地点 Q1 为灌阳县灌江新街河段，Q2 为凤山县凤城镇仁里村；样方面积为 200m²；取样时间 Q1 为 2013 年 10 月 25 日，Q2 为 2017 年 9 月 29 日

（二）白饭树-双穗雀稗群丛

该群丛灌木层高度 1.5～2.5m，盖度 50%～85%，组成种类以白饭树为主，其他种类有牡荆、石榕树等；草本层高度 0.2～0.4m，盖度 50%～90%，组成种类以双穗雀稗为主，其他种类有短叶水蜈蚣、香附子、碎米莎草等（表 4-61）。

表 4-61　白饭树-双穗雀稗群丛的数量特征

层次结构	群落高度/m	层盖度/%	种类	株高/m	多度等级	物候期	生长状态
灌木层	1.8	60	白饭树 Flueggea virosa	1.80	Soc	果期	湿生
			石榕树 Ficus abelii	1.10	Sol	花果期	湿生
			牡荆 Vitex negundo var. cannabifolia	1.40	Un	果期	湿生
草本层	0.25	80	双穗雀稗 Paspalum distichum	0.25	Soc	花果期	湿生
			香附子 Cyperus rotundus	0.32	Sol	花果期	湿生
			短叶水蜈蚣 Kyllinga brevifolia	0.08	Un	花果期	湿生
			碎米莎草 Cyperus iria	0.45	Un	花果期	湿生

注：取样地点为阳朔县兴坪镇江村；样方面积为 25m²；取样时间为 2015 年 8 月 26 日

二、光荚含羞草群系

光荚含羞草为豆科含羞草属（Mimosa）半湿生灌木，原产热带美洲。广西的光荚含羞草群系分布普遍，见于河流、池塘、沟渠、田间等，主要类型有光荚含羞草群丛、光荚含羞草-铺地黍群丛等。

（一）光荚含羞草群丛

该群丛灌木层高度 1.8～3.5m，盖度 70%～100%，组成种类以光荚含羞草为主，其他种类有芦竹（Arundo donax）、苎麻、高粱藨（Rubus lambertianus）等。草本种类有斑茅（Saccharum arundinaceum）、穹隆薹草（Carex gibba）、喜旱莲子草、长叶雀稗（Paspalum longifoliu）、鬼针草等，但个体数量较少，且分布零星（表 4-62）。

表 4-62　光荚含羞草群丛的数量特征

群落高度/m	群落盖度/%	种类	株高/m	多度等级	物候期	生长状态
		光荚含羞草 Mimosa bimucronata	1.85	Soc	花期	湿生
		芦竹 Arundo donax	2.10	Un	营养期	湿生
		苎麻 Boehmeria nivea	1.68	Sp	花期	湿生
		斑茅 Saccharum arundinaceum	1.50	Un	营养期	湿生
		高粱藨 Rubus lambertianus	1.35	Un	营养期	湿生
1.85	85	穹隆薹草 Carex gibba	0.32	Sol	营养期	湿生
		止血马唐 Digitaria ischaemum	0.30	Sp	花期	湿生
		水蔗草 Apluda mutica	0.93	Un	营养期	湿生
		长叶雀稗 Paspalum longifoliu	0.47	Sol	花期	湿生
		喜旱莲子草 Alternanthera philoxeroides	0.35	Un	营养期	湿生
		鬼针草 Bidens pilosa	0.70	Sol	花期	湿生

注：取样地点为桂林市茶洞镇登云村；样方面积为 80m²；取样时间为 2010 年 7 月 20 日

（二）光荚含羞草-铺地黍群丛

该群丛灌木层高度 1.5~3.0m，盖度 80%~95%，组成种类以光荚含羞草为主，其他种类有白饭树、牡荆、八角枫等；草本层高度 0.3~0.6m，盖度 50%~80%，组成种类以铺地黍为主，其他种类有扁穗牛鞭草（*Hemarthria compressa*）、两歧飘拂草（*Fimbristylis dichotoma*）、笔管草等（表 4-63）。

表 4-63　光荚含羞草-铺地黍群丛的数量特征

层高度/m	层次结构	层盖度/%	种类	株高/m	多度等级	物候期	生长状态
1.60	灌木层	80	光荚含羞草 *Mimosa bimucronata*	1.60	Soc	花期	湿生
			白饭树 *Flueggea virosa*	1.38	Sol	花果期	湿生
			牡荆 *Vitex negundo* var. *cannabifolia*	1.10	Un	营养期	湿生
			八角枫 *Alangium chinense*	1.25	Sp	果期	湿生
0.35	草本层	60	铺地黍 *Panicum repens*	0.35	Cop^3	花期	湿生
			扁穗牛鞭草 *Hemarthria compressa*	0.40	Sol	营养期	湿生
			两歧飘拂草 *Fimbristylis dichotoma*	0.28	Un	果期	湿生
			笔管草 *Equisetum ramosissimum* subsp. *debile*	0.70	Un	营养期	湿生

注：取样地点为桂林市两江镇丹桥村；样方面积为 80m²；取样时间为 2010 年 7 月 20 日

三、细叶水团花群系

细叶水团花为茜草科水团花属水陆生灌木。广西的细叶水团花群系分布普遍，见于河流、水库、池塘、沟谷等，主要类型有细叶水团花群丛、细叶水团花-水蓼群丛、细叶水团花-水蓼+狗牙根群丛、细叶水团花-狗牙根群丛等。

（一）细叶水团花群丛

该群丛灌木层高度 0.8~1.5m，盖度 30%~90%，通常仅由细叶水团花组成。草本种类有狗牙根、碎米莎草、铺地黍、青葙、香附子、水蓼等，但个体数量较少，且分布零星（表 4-64）。

表 4-64　细叶水团花群丛的数量特征

样地编号	群落高度/m	群落盖度/%	种类	株高/m	多度等级	物候期	生长状态
Q1	1.40	70	细叶水团花 *Adina rubella*	1.43	Soc	花期	湿生
			铺地黍 *Panicum repens*	0.45	Sp	营养期	湿生
			碎米莎草 *Cyperus iria*	0.38	Cop^1	花果期	湿生
Q2	1.20	60	细叶水团花 *Adina rubella*	1.25	Cop^3	花期	湿生
			狗牙根 *Cynodon dactylon*	0.28	Sp	营养期	湿生
			酸模叶蓼 *Polygonum lapathifolium*	0.83	Un	营养期	湿生
			火炭母 *Polygonum chinense*	—	Sol	营养期	湿生
			香附子 *Cyperus rotundus*	0.32	Sol	花果期	湿生

续表

样地编号	群落高度/m	群落盖度/%	种类	株高/m	多度等级	物候期	生长状态
Q3	1.30	85	细叶水团花 Adina rubella	1.30	Soc	花期	湿生
			青葙 Celosia argentea	0.68	Un	花期	湿生
			黄花草 Arivela viscosa	0.73	Un	营养期	湿生
			香附子 Cyperus rotundus	0.35	Sol	花果期	湿生
			水蓼 Polygonum hydropiper	0.87	Un	营养期	湿生
			竹叶草 Oplismenus compositus	0.08	Sol	营养期	湿生
			狗牙根 Cynodon dactylon	0.13	Sp	营养期	湿生

注：取样地点 Q1 为环江县小环江长美乡河段，Q2 为河池市刁江岜岳河段，Q3 为桂林市漓江刘家埠河段；样方面积为 100m²；取样时间 Q1 为 2009 年 2 月 5 日，Q2 为 2011 年 9 月 16 日，Q3 为 2013 年 7 月 22 日

（二）细叶水团花-水蓼群丛

该群丛灌木层高度 1.0～1.8m，盖度 50%～90%，组成种类以细叶水团花为主，其他种类有石榕树、腺柳、枫杨幼树等；草本层高度 0.4～0.8m，盖度 40%～90%，组成种类以水蓼为主，其他种类有苍耳（*Xanthium sibiricum*）、短叶水蜈蚣、马兰、青葙等（表 4-65）。

表 4-65　细叶水团花-水蓼群丛的数量特征

层次	种类	株高/m	盖度/%	多度等级	物候期	重要值	生长状态
灌木层	细叶水团花 Adina rubella	1.5	78	Soc	花果期	0.849	湿生
	枫杨 Pterocarya stenoptera	1.0	2	Sp	营养期	0.151	湿生
草本层	水蓼 Polygonum hydropiper	0.4	33	Cop²	花期	0.417	湿生
	苍耳 Xanthium sibiricum	0.3	4	Sp	营养期	0.228	湿生
	短叶水蜈蚣 Kyllinga brevifolia	0.1	18	Cop¹	花果期	0.192	湿生
	马兰 Aster indica	0.3	3	Sp	花期	0.084	湿生
	青葙 Celosia argentea	0.4	—	Un	营养期	0.078	湿生

注：取样地点桂林市漓江刘家埠河段；样方面积为 300m²；取样时间为 2013 年 7 月 21 日

（三）细叶水团花-水蓼+狗牙根群丛

该群丛灌木层高度 1.2～1.6m，盖度 50%～80%，通常仅由细叶水团花组成；草本层高度 0.4～0.8m，盖度 50%～90%，组成种类以水蓼和狗牙根为主，其他种类有截叶铁扫帚（*Lespedeza cuneata*）、马兰、铁苋菜（*Acalypha australis*）、沟叶结缕草等（表 4-66）。

表 4-66　细叶水团花-水蓼+狗牙根群丛草本层的数量特征

种类	株高/m	盖度/%	多度等级	物候期	重要值	生长状态
水蓼 Polygonum hydropiper	0.40	40	Cop²	花期	0.465	湿生
截叶铁扫帚 Lespedeza cuneata	0.45	10	Cop¹	营养期	0.297	湿生
马兰 Aster indica	0.35	5	Sp	花期	0.239	湿生
狗牙根 Cynodon dactylon	0.15	60	Cop³	营养期	0.422	湿生
铁苋菜 Acalypha australis	0.20	20	Cop¹	营养期	0.326	湿生
沟叶结缕草 Zoysia matrella	0.10	20	Cop¹	营养期	0.252	湿生

注：取样地点为桂林市漓江伏荔村河段；样方面积为 200m²；取样时间为 2013 年 7 月 14 日

（四）细叶水团花-狗牙根群丛

该群丛灌木层高度 0.8~1.5m，盖度 40%~80%，组成种类以细叶水团花为主，其他种类有牡荆、白饭树、石榕树等（表 4-67a）；草本层高度 0.07~0.40m，盖度 50%~90%，组成种类以狗牙根为主，其他种类有青葙、苍耳、短叶水蜈蚣、香附子、破铜钱等（表 4-67b）。

表 4-67a 细叶水团花-狗牙根群丛灌木层的数量特征

样地编号	层盖度/%	种类	株高/m	多度等级	物候期	生长状态
Q1	53	细叶水团花 Adina rubella	0.95	Cop³	花果期	湿生
Q2	50	细叶水团花 Adina rubella	1.2	Cop2	花果期	湿生
		牡荆 Vitex negundo var. cannabifolia	1.1	Sol	果期	湿生
		白饭树 Flueggea virosa	1.5	Un	果期	湿生
Q3	70	细叶水团花 Adina rubella	1.4	Cop3	花果期	湿生
		牡荆 Vitex negundo var. cannabifolia	1.3	Un	果期	湿生
		石榕树 Ficus abelii	0.8	Un	花果期	湿生

注：取样地点 Q1 为桂林市漓江木山榨河段，Q2 为灌阳县灌江新街河段，Q3 为桂林市漓江伏荔村河段；样方面积 Q1 为 300m²，Q2 和 Q3 为 400m²；取样时间 Q1 为 2013 年 8 月 26 日，Q2 为 2013 年 10 月 25 日，Q3 为 2017 年 7 月 28 日

表 4-67b 细叶水团花-狗牙根群丛草本层的数量特征

样地编号	层盖度/%	种类	株高/m	盖度/%	多度等级	物候期	重要值	生长状态
Q1	50	狗牙根 Cynodon dactylon	0.07	35	Cop²	营养期	0.300	湿生
		苍耳 Xanthium sibiricum	0.50	3	Sp	营养期	0.168	湿生
		铁苋菜 Acalypha australis	0.07	10	Cop¹	营养期	0.153	湿生
		扁担杆 Grewia biloba	0.60	5	Sp	营养期	0.099	湿生
		水蓼 Polygonum hydropiper	0.38	8	Cop¹	营养期	0.081	湿生
		鬼针草 Bidens pilosa	0.40	2	Sp	花期	0.071	湿生
		沟叶结缕草 Zoysia matrella	0.08	8	Cop¹	营养期	0.048	湿生
		铺地黍 Panicum repens	0.11	5	Sp	营养期	0.046	湿生
		叶下珠 Phyllanthus urinaria	0.06	2	Sp	盛果期	0.034	湿生
Q2	70	狗牙根 Cynodon dactylon	0.12	70	Cop³	花果期	=	湿生
		苍耳 Xanthium sibiricum	0.43	—	Un	花期	=	湿生
		短叶水蜈蚣 Kyllinga brevifolia	0.23	—	Un	花果期	=	湿生
		香附子 Cyperus rotundus	0.35	1	Sp	花果期	=	湿生
		青葙 Celosia argentea	0.47	—	Un	花果期	=	湿生
		铺地黍 Panicum repens	0.36	<1	Sol	花果期	=	湿生
Q3	90	狗牙根 Cynodon dactylon	0.15	80	Soc	花果期	=	湿生
		破铜钱 Hydrocotyle sibthorpioides var. batrachium	0.05	<1	Sol	果期	=	湿生
		匍茎通泉草 Mazus miquelii	0.13	<1	Sol	果期	=	湿生
		香附子 Cyperus rotundus	0.48	3	Sp	花果期	=	湿生
		短叶水蜈蚣 Kyllinga brevifolia	0.32	<1	Sol	花果期	=	湿生
		碎米莎草 Cyperus iria	0.45	—	Un	花果期	=	湿生

注：取样地点 Q1 为桂林市漓江木山榨河段，Q2 为灌阳县灌江新街河段，Q3 为桂林市漓江伏荔村河段；样方面积 Q1 为 300m²，Q2 和 Q3 为 400m²；取样时间 Q1 为 2013 年 8 月 26 日，Q2 为 2013 年 10 月 25 日，Q3 为 2017 年 7 月 28 日

四、牡荆群系

牡荆为马鞭草科牡荆属半湿生灌木或小乔木。广西的牡荆群系分布普遍，见于河流、水库、池塘、沟谷等，主要类型有牡荆群丛、牡荆-狗牙根群丛、牡荆-小狮子草+香附子群丛、牡荆-沟叶结缕草群丛等。

（一）牡荆群丛

该群丛灌木层高度 1.2～1.8m，盖度 50%～90%，组成种类以牡荆为主，其他种类有细叶水团花、石榕树、白饭树、枫杨等。草本种类有竹节草、狗牙根、荩草、苍耳、火炭母（*Polygonum chinense*）、香附子、杠板归（*Polygonum perfoliatum*）等，但个体数量较少，且分布零星（表 4-68）。

表 4-68　牡荆群丛的数量特征

样地编号	群落盖度/%	种类	株高/m	多度等级	物候期	生长状态
Q1	70	牡荆 *Vitex negundo* var. *cannabifolia*	1.52	Soc	果期	湿生
		细叶水团花 *Adina rubella*	0.83	Sol	花果期	湿生
		白饭树 *Flueggea virosa*	1.30	Sol	果期	湿生
		竹节草 *Chrysopogon aciculatus*	0.06	Sol	营养期	湿生
		狗牙根 *Cynodon dactylon*	0.08	Sp	花果期	湿生
		荩草 *Arthraxon hispidus*	0.15	Sol	营养期	湿生
		苍耳 *Xanthium sibiricum*	0.35	Un	花期	湿生
		杠板归 *Polygonum perfoliatum*	0.76	Un	营养期	湿生
Q2	85	牡荆 *Vitex negundo* var. *cannabifolia*	1.65	Soc	果期	湿生
		细叶水团花 *Adina rubella*	0.75	Sol	花果期	湿生
		石榕树 *Ficus abelii*	0.83	Sp	果期	湿生
		枫杨 *Pterocarya stenoptera*	1.63	Un	果期	湿生
		狗牙根 *Cynodon dactylon*	0.07	Sol	花果期	湿生
		火炭母 *Polygonum chinense*	0.13	Un	营养期	湿生
		苍耳 *Xanthium sibiricum*	0.46	Sol	果期	湿生
		香附子 *Cyperus rotundus*	0.37	Un	营养期	湿生

注：取样地点 Q1 为桂林市漓江留公村河段，Q2 为灌阳县灌江新街河段；样方面积为 100m²；取样时间 Q1 为 2013 年 10 月 25 日，Q2 为 2017 年 7 月 26 日

（二）牡荆-狗牙根群丛

该群丛灌木层高度 0.9～1.8m，盖度 50%～90%，组成种类以牡荆为主，其他种类有细叶水团花、黄槐决明（*Senna surattensis*）、枫杨幼树等；草本层高度 0.1～0.3m，盖度 30%～90%，组成以狗牙根为主，其他种类有短叶水蜈蚣、草木犀（*Melilotus officinalis*）、酢浆草、马兰、求米草、水蓼、铁苋菜等（表 4-69）

表 4-69　牡荆-狗牙根群丛的数量特征

层次结构	层盖度/%	种类	株/丛数	株高/m	种盖度/%	多度等级	物候期	生长状态
灌木层	85	牡荆 Vitex negundo var. cannabifolia	356	1.40	85	Soc	花期	湿生
		细叶水团花 Adina rubella	16	0.65	2	Sp	营养期	湿生
		黄槐决明 Senna surattensis	1	1.78	<1	Sol	营养期	湿生
草本层	50	短叶水蜈蚣 Kyllinga brevifolia	=	0.09	5	Sp	花果期	湿生
		狗牙根 Cynodon dactylon	=	0.15	50	Cop²	营养期	湿生
		草木犀 Melilotus officinalis	=	0.06	<1	Sol	营养期	湿生
		酢浆草 Oxalis corniculata	=	0.05	2	Sp	花果期	湿生
		水蓼 Polygonum hydropiper	=	0.12	<1	Sol	营养期	湿生
		马兰 Aster indicus	=	0.05	<1	Sol	营养期	湿生
		猫爪草 Ranunculus ternatus	=	0.03	<1	Sol	营养期	湿生
		双穗雀稗 Paspalum distichum	=	0.03	3	Sp	营养期	湿生
		求米草 Oplismenus undulatifolius	=	0.04	4	Sp	营养期	湿生
		铁苋菜 Acalypha australis	=	0.05	5	Sp	营养期	湿生
		地桃花 Urena lobata	=	0.03	<1	Sol	营养期	湿生

注：取样地点为桂林市漓江竹江村河段；样方面积为 300m²；取样时间为 2017 年 7 月 26 日

（三）牡荆-小狮子草+香附子群丛

该群丛灌木层高度 0.8～1.5m，盖度 40%～80%，通常仅由牡荆组成；草本层高度 0.2～0.4m，盖度 30%～90%，组成种类以小狮子草（Hygrophila polysperma）和香附子为主，其他种类有水蓼、苍耳等（表 4-70）。

表 4-70　牡荆-小狮子草+香附子群丛的数量特征

层次结构	层盖度/%	种类	株高/m	种盖度/%	多度等级	物候期	生长状态
灌木层	75	牡荆 Vitex negundo var. cannabifolia	1.30	75	Cop³	果期	湿生
草本层	70	香附子 Cyperus rotundus	0.25	40	Cop²	花果期	湿生
		小狮子草 Hygrophila polysperma	0.20	30	Cop²	营养期	湿生
		水蓼 Polygonum hydropiper	0.23	5	Sp	花期	湿生
		苍耳 Xanthium sibiricum	0.13	<1	Sol	花期	湿生

注：取样地点为桂林市漓江竹江村河段；样方面积为 25m²；取样时间为 2017 年 7 月 14 日

（四）牡荆-沟叶结缕草群丛

该群丛灌木层高度 0.8～2.5m，盖度 40%～90%，组成种类以牡荆为主，其他种类有枫杨、细叶水团花、白饭树等；草本层高度 0.05～0.40m，盖度 40%～90%，组成种类以沟叶结缕草为主，其他种类有求米草、苍耳、水蓼等（表 4-71）。

表 4-71 牡荆-沟叶结缕草群丛的数量特征

层次结构	层盖度/%	种类	株高/m	多度等级	物候期	生长状态
灌木层	75	牡荆 *Vitex negundo* var. *cannabifolia*	1.30	Cop³	果期	湿生
		细叶水团花 *Adina rubella*	0.83	Sol	花果期	湿生
		白饭树 *Flueggea virosa*	1.30	Sol	果期	湿生
		枫杨 *Pterocarya stenoptera*	1.56	Un	果期	湿生
草本层	80	沟叶结缕草 *Zoysia matrella*	0.12	Soc	花果期	湿生
		香附子 *Cyperus rotundus*	0.27	Sp	营养期	湿生
		求米草 *Oplismenus undulatifolius*	0.23	Sp	花果期	湿生
		水蓼 *Polygonum hydropiper*	0.35	Sol	营养期	湿生
		苍耳 *Xanthium sibiricum*	0.28	Un	花期	湿生

注：取样地点为桂林市漓江留公村河段；样方面积为 100m²；取样时间为 2017 年 7 月 26 日

第十节 常绿阔叶灌丛

常绿阔叶灌丛是指以常绿阔叶灌木为建群种的各种湿地灌木群落的总称。广西湿地中的常绿阔叶灌木主要有柳叶润楠（*Machilus salicina*）、建润楠（*Machilus oreophila*）、星毛金锦香（*Osbeckia stellata*）、水柳（*Homonoia riparia*）、石榕树、竹叶榕、风箱树（*Cephalanthus tetrandrus*）等。

一、柳叶润楠群系

柳叶润楠为樟科润楠属湿生灌木至小乔木。广西的柳叶润楠群系在桂北等地区有分布，见于河流等，主要类型为柳叶润楠-条穗薹草群丛。该群丛呈灌木林型，灌木层高度 1.5～2.5m，盖度 50%～90%，仅由柳叶润楠组成或以柳叶润楠为主，其他种类有石榕树、水团花、枫杨等；草本层高度 0.3～0.6m，盖度 30%～60%，组成种类以条穗薹草为主，其他种类有金钱蒲（*Acorus gramineus*）、火炭母等（表 4-72）。

表 4-72 柳叶润楠-条穗薹草群丛的数量特征

层次结构	层盖度/%	种类	株高/m	种盖度/%	多度等级	物候期	生长状态
灌木层	90	柳叶润楠 *Machilus salicina*	2.20	85	Soc	果期	湿生
		石榕树 *Ficus abelii*	1.30	5	Sp	果期	湿生
		枫杨 *Pterocarya stenoptera*	2.50	2	Sp	果期	湿生
草本层	40	条穗薹草 *Carex nemostachys*	0.42	40	Cop²	花期	湿生
		金钱蒲 *Acorus gramineus*	0.18	<1	Sol	营养期	湿生
		火炭母 *Polygonum chinense*	0.12	<1	Sol	果期	湿生

注：取样地点为兴安县华江乡龙塘江同仁村河段；样方面积为 100m²；取样时间为 2016 年 8 月 25 日

二、星毛金锦香群系

星毛金锦香为野牡丹科金锦香属湿生灌木。广西的星毛金锦香群系分布普遍，见于河流、沼泽及沼泽化湿地、水库、田间、沟谷等。灌木层高度 0.8～1.5m，盖度 40%～80%，通常仅由星毛金锦香组成，但草本种类较为复杂，不同生境变化较大。例如，星毛金锦香-柔枝莠竹（*Microstegium vimineum*）+灯心草（*Juncus effusus*）群丛中的草本种类以柔枝莠竹和灯心草为主，其他种类有野芋（*Colocasia esculentum* var. *antiquorum*）、球穗扁莎（*Pycreus flavidus*）、两歧飘拂草、接骨草（*Sambucus javanica*）、柳叶箬、糯米团等（表 4-73）。

表 4-73 星毛金锦香-柔枝莠竹+灯心草群丛的数量特征

层次结构	层盖度/%	种类	株高/m	多度等级	物候期	生长状态
灌木层	50	星毛金锦香 *Osbeckia stellata*	1.20	Cop²	花期	湿生
草本层	90	柔枝莠竹 *Microstegium vimineum*	0.43	Cop²	花期	湿生
		灯心草 *Juncus effusus*	0.48	Cop²	果期	湿生
		斑茅 *Saccharum arundinaceum*	1.10	Sol	营养期	湿生
		野芋 *Colocasia esculentum* var. *antiquorum*	0.53	Sol	营养期	湿生
		笔管草 *Equisetum ramosissimum* subsp. *debile*	0.63	Un	营养期	湿生
		两歧飘拂草 *Fimbristylis dichotoma*	0.36	Sol	花期	湿生
		球穗扁莎 *Pycreus flavidus*	0.38	Sp	花期	湿生
		柳叶箬 *Isachne globosa*	0.27	Sol	营养期	湿生
		接骨草 *Sambucus javanica*	0.58	Un	营养期	湿生
		糯米团 *Gonostegia hirta*	0.25	Sol	营养期	湿生

注：取样地点为兴安县华江乡同仁村；样方面积为 100m²；取样时间为 2016 年 8 月 26 日

三、水柳群系

水柳为大戟科水柳属半湿生灌木。广西的水柳群系在桂西、桂南等地区有分布，见于河流、水库等，主要类型有水柳群丛、水柳-狗牙根群丛等。

（一）水柳群丛

该群丛灌木层高度 0.8～2.0m，盖度 60%～90%，仅由水柳组成或以水柳为主，其他种类有白饭树、牡荆等。草本种类有碎米莎草、狗牙根、莲子草（*Alternanthera sessilis*）、藿香蓟、火炭母、牛筋草（*Eleusine indica*）、香附子、马唐（*Digitaria sanguinalis*）等，但个体数量较少，且分布零星（表 4-74）。

表 4-74 水柳群丛的数量特征

样地编号	群落盖度/%	种类	株高/m	多度等级	物候期	生长状态
Q1	70	水柳 *Homonoia riparia*	1.30	Soc	果期	湿生
		白饭树 *Flueggea virosa*	1.57	Un	营养期	湿生
		碎米莎草 *Cyperus iria*	0.35	Sol	果期	湿生
		狗牙根 *Cynodon dactylon*	0.08	cop¹	营养期	湿生
		莲子草 *Alternanthera sessillis*	0.05	sp	果期	湿生
		藿香蓟 *Ageratum conyzoides*	0.57	sp	花期	湿生

样地编号	群落盖度/%	种类	株高/m	多度等级	物候期	生长状态
		水柳 *Homonoia riparia*	1.75	Soc	营养期	湿生
		牡荆 *Vitex negundo* var. *cannabifolia*	1.43	Un	果期	湿生
		狗牙根 *Cynodon dactylon*	0.16	Sol	营养期	湿生
Q2	85	火炭母 *Polygonum chinense*	0.12	Sol	花期	湿生
		牛筋草 *Eleusine indica*	0.28	Un	花期	湿生
		香附子 *Cyperus rotundus*	0.43	Sol	花期	湿生
		马唐 *Digitaria sanguinalis*	0.25	Sol	果期	湿生

注：取样地点 Q1 为巴马县盘阳河甲篆乡河段，Q2 为田林县乐里河新建村河段；样方面积为 100m²；取样时间 Q1 为 2011 年 9 月 15 日，Q2 为 2018 年 7 月 22 日

（二）水柳-狗牙根群丛

该群丛灌木层高度 0.9～1.8m，盖度 40%～90%，仅由水柳组成或以水柳为主，其他种类有白饭树、枫杨幼树等；草本层高度 0.1～0.4m，盖度 40%～80%，组成种类以狗牙根为主，其他种类有香附子、藿香蓟、酸模叶蓼、千金子（*Leptochloa chinensis*）、藜（*Chenopodium album*）、牛筋草、马唐、喜旱莲子草、饭包草（*Commelina benghalensis*）等（表 4-75）。

表 4-75　水柳-狗牙根群丛的数量特征

样地编号	层次结构	层盖度/%	种类	株高/m	多度等级	物候期	生长状态
	灌木层	60	水柳 *Homonoia riparia*	1.25	Cop3	果期	湿生
			白饭树 *Flueggea virosa*	1.30	Sol	营养期	湿生
			枫杨 *Pterocarya stenoptera*	1.56	Un	营养期	湿生
			狗牙根 *Cynodon dactylon*	0.12	Cop²	营养期	湿生
			香附子 *Cyperus rotundus*	0.34	Sp	果期	湿生
			喜旱莲子草 *Alternanthera philoxeroides*	0.23	Sol	花期	湿生
Q1			莲子草 *Alternanthera sessilis*	0.16	Un	果期	湿生
	草本层	50	火炭母 *Polygonum chinense*	0.15	Sol	营养期	湿生
			水蓼 *Polygonum hydropiper*	0.42	Un	果期	湿生
			饭包草 *Commelina benghalensis*	0.18	Sp	营养期	湿生
			酸模叶蓼 *Polygonum lapathifolium*	0.53	Un	果期	湿生
	灌木层	70	水柳 *Homonoia riparia*	1.45	Cop³	果期	湿生
			狗牙根 *Cynodon dactylon*	0.18	Cop³	营养期	湿生
			藿香蓟 *Ageratum conyzoides*	0.47	Sp	花期	湿生
			酸模叶蓼 *Polygonum lapathifolium*	0.63	Sp	果期	湿生
Q2	草本层	60	千金子 *Leptochloa chinensis*	0.47	Sp	果期	湿生
			藜 *Chenopodium album*	0.56	Un	果期	湿生
			牛筋草 *Eleusine indica*	0.25	Sol	花期	湿生
			马唐 *Digitaria sanguinalis*	0.45	Sp	花期	湿生

续表

样地编号	层次结构	层盖度/%	种类	株高/m	多度等级	物候期	生长状态
Q3	灌木层	50	水柳 *Homonoia riparia*	1.60	Cop³	果期	湿生
			细叶水团花 *Adina rubella*	1.26	Sp	花期	湿生
			石榕树 *Ficus abelii*	1.30	Sol	营养期	湿生
	草本层	60	狗牙根 *Cynodon dactylon*	0.15	Cop³	营养期	湿生
			过江藤 *Phyla nodiflora*	—	Sp	营养期	湿生
			竹节草 *Chrysopogon aciculatus*	0.25	Sol	营养期	湿生
			鳢肠 *Eclipta prostrata*	0.13	Sol	果期	湿生
			藿香蓟 *Ageratum conyzoides*	0.47	Sp	花期	湿生
			鬼针草 *Bidens pilosa*	0.65	Sol	花期	湿生

注：取样地点 Q1 为崇左市左江江州区河段，Q2 为天峨县红水河龙滩河段，Q3 为忻城县古蓬河古蓬镇河段；样方面积 Q1 和 Q3 为 100m²，Q2 为 400m²；取样时间 Q1 为 2011 年 9 月 17 日，Q2 为 2010 年 8 月 23 日，Q3 为 2011 年 9 月 29 日

四、石榕树群系

石榕树为桑科榕属水湿生灌木。广西的石榕树群系分布普遍，见于河流、湖泊、水库、沟渠等，主要类型为石榕树群丛。该群丛灌木层高度 1.1～2.5m，盖度 50%～95%，仅由石榕树组成或以石榕树为主，其他种类有枫杨幼树、细叶水团花等；草本种类有扯根菜、双穗雀稗、条穗薹草、金钱蒲等，但个体数量较少，且分布零星（表 4-76）。

表 4-76　石榕树群丛的数量特征

样地编号	群落高度/m	群落盖度/%	种类	株高/m	多度等级	物候期	生长状态
Q1	1.35	90	石榕树 *Ficus abelii*	1.35	Soc	花期	挺水
			枫杨 *Pterocarya stenoptera*	1.50	Un	营养期	挺水
			细叶水团花 *Adina rubella*	1.12	Sol	营养期	挺水
			扯根菜 *Penthorum chinense*	0.80	Sol	营养期	挺水
			双穗雀稗 *Paspalum distichum*	0.35	Sp	花期	挺水
			条穗薹草 *Carex nemostachys*	0.47	Sp	营养期	挺水
Q2	1.50	90	石榕树 *Ficus abelii*	1.50	Soc	花期	湿生
			条穗薹草 *Carex nemostachys*	0.47	Sp	营养期	湿生
Q3	1.35	70	石榕树 *Ficus abelii*	1.35	Soc	果期	湿生
			枫杨 *Pterocarya stenoptera*	1.85	Un	果期	湿生
			细叶水团花 *Adina rubella*	1.32	Sol	花期	湿生
			柳叶白前 *Cynanchum stauntonii*	0.35	Un	花期	湿生
			条穗薹草 *Carex nemostachys*	0.38	Sp	营养期	湿生
			金钱蒲 *Acorus gramineus*	0.27	Sol	营养期	湿生

注：取样地点 Q1 为桂林市茶洞镇登云村，Q2 为恭城县西岭镇西河村，Q3 为兴安县华江乡龙塘江同仁村河段；样方面积为 100m²；取样时间 Q1 为 2010 年 7 月 20 日，Q2 为 2013 年 7 月 19 日，Q3 为 2016 年 8 月 30 日

五、风箱树群系

风箱树为茜草科风箱树属水湿生灌木至小乔木。广西的风箱树群系在桂北、桂西等地区有分布，见于河流、湖泊、池塘、沟渠、田间等，主要类型有风箱树群丛、风箱树-李氏禾群丛等。

（一）风箱树群丛

该群丛灌木层高度 1.3～2.5m，盖度 40%～90%，仅由风箱树组成或以风箱树为主，其他种类有硬毛马甲子（*Paliurus hirsutus*）、乌桕、垂柳、细叶水团花、白饭树、光荚含羞草、牡荆、小叶女贞等。草本种类有李氏禾、柳叶箬、喜旱莲子草、笔管草、三白草、卡开芦（*Phragmites karka*）、凤眼蓝（*Eichhornia crassipes*）、星毛蕨（*Ampelopteris prolifera*）等，但个体数量较少，且分布零星（表 4-77）

表 4-77 风箱树群丛的数量特征

样地编号	群落盖度/%	种类	株高/m	多度等级	物候期	生长状态
Q1	50	风箱树 *Cephalanthus tetrandrus*	1.70	Soc	花期	湿生
		垂柳 *Salix babylonica*	2.50	Un	果期	湿生
		光荚含羞草 *Mimosa bimucronata*	1.47	Sol	营养期	湿生
		小叶女贞 *Ligustrum quihoui*	1.26	Un	营养期	湿生
		牡荆 *Vitex negundo* var. *cannabifolia*	1.38	Un	花期	湿生
		笔管草 *Equisetum ramosissimum* subsp. *debile*	1.27	Un	营养期	湿生
		三白草 *Saururus chinensis*	0.85	Sol	花期	湿生
		李氏禾 *Leersia hexandra*	0.36	Sp	营养期	湿生
		喜旱莲子草 *Alternanthera philoxeroides*	0.28	Sp	花期	湿生
		柳叶箬 *Isachne globosa*	0.32	Un	营养期	湿生
		星毛蕨 *Ampelopteris prolifera*	0.46	Un	营养期	湿生
Q2	60	风箱树 *Cephalanthus tetrandrus*	2.3	Cop³	营养期	挺水
		细叶水团花 *Adina rubella*	0.65	Un	营养期	挺水
		白饭树 *Flueggea virosa*	1.30	Un	营养期	挺水
		硬毛马甲子 *Paliurus hirsutus*	2.5	Un	营养期	挺水
		乌桕 *Triadica sebifera*	2.60	Un	营养期	挺水
		卡开芦 *Phragmites karka*	1.40	Sol	营养期	挺水
		凤眼蓝 *Eichhornia crassipes*	0.25	Sp	营养期	挺水
		华克拉莎 *Cladium jamaicence* subsp. *chinense*	1.56	Sol	营养期	挺水
		条穗薹草 *Carex nemostachys*	0.67	Sp	营养期	挺水

注：取样地点 Q1 为桂林市会仙镇四益村，Q2 为桂林市会仙湿地；样方面积为 400m²；取样时间 Q1 为 2016 年 5 月 16 日，Q2 为 2017 年 3 月 24 日

（二）风箱树-李氏禾群丛

该群丛灌木层高度 1.5～2.5m，盖度 40%～80%，仅由风箱树组成或以风箱树为主，

其他种类有细叶水团花、白饭树、石榕树等；草本层高度 0.3～0.6m，盖度 50%～80%，组成种类以李氏禾为主，其他种类有双穗雀稗、水莎草（*Cyperus serotinus*）、野芋、柳叶箸等（表 4-78）。

表 4-78　风箱树-李氏禾群丛的数量特征

层次结构	层盖度/%	种类	株高/m	多度等级	物候期	生长状态
灌木层	50	风箱树 *Cephalanthus tetrandrus*	2.40	Cop³	果期	挺水
		细叶水团花 *Adina rubella*	1.23	Sol	花期	挺水
草本层	60	李氏禾 *Leersia hexandra*	0.32	Soc	花期	挺水
		双穗雀稗 *Paspalum distichum*	0.25	Sp	花期	挺水
		水莎草 *Cyperus serotinus*	0.43	Un	花期	挺水
		野芋 *Colocasia esculentum* var. *antiquorum*	0.45	Un	营养期	挺水
		柳叶箸 *Isachne globosa*	018	Sol	营养期	挺水

注：取样地点为凤山县凤城镇仁里村；样方面积为 200m²；取样时间为 2017 年 7 月 26 日

第十一节　盐　生　灌　丛

盐生灌丛是指以喜盐、耐盐等各种盐生灌木为建群种的各种滨海湿地灌木群落的总称，但不包括半红树林中的灌木群落。广西滨海湿地中，盐生灌木种类相对较多，主要有草海桐、小草海桐、苦槛蓝、单叶蔓荆、鱼藤（*Derris trifoliata*）、南方碱蓬（*Suaeda australis*）等。

一、南方碱蓬群系

南方碱蓬是藜科碱蓬属水湿生小灌木或亚灌木植物。广西的南方碱蓬群系分布普遍，见于海岸潮间带及河口区，主要类型为南方碱蓬群丛。该群丛高度 0.2～0.5m，盖度 30%～90%，组成种类以南方碱蓬为主，其他种类有盐角草（*Salicornia europaea*）、盐地鼠尾粟、海马齿（*Sesuvium portulacastrum*）、红树植物幼苗等。一些地段南方碱蓬形成单种群落（表 4-79）。

表 4-79　南方碱蓬群丛的数量特征

样地编号	群落高度/m	群落盖度/%	组成种类	株高/m	多度等级	物候期	生长状态
Q1	0.37	70	南方碱蓬 *Suaeda australis*	0.37	Cop³	营养期	干淹交替
			盐地鼠尾粟 *Sporobolus virginicus*	0.18	Sol	营养期	干淹交替
Q2	0.26	90	南方碱蓬 *Suaeda australis*	0.26	Soc	果期	干淹交替
			海榄雌 *Avicennia marina*	0.19	Sol	营养期	干淹交替
Q3	0.32	95	南方碱蓬 *Suaeda australis*	0.32	Soc	果期	干淹交替
			盐角草 *Salicornia europaea*	0.38	Sol	营养期	干淹交替
Q4	0.20	90	南方碱蓬 *Suaeda australis*	0.20	Soc	营养期	干淹交替
			盐角草 *Salicornia europaea*	0.35	Sol	营养期	干淹交替
			盐地鼠尾粟 *Sporobolus virginicus*	0.27	Sol	营养期	干淹交替

样地编号	群落高度/m	群落盖度/%	组成种类	株高/m	多度等级	物候期	生长状态
Q5	0.47	70	南方碱蓬 *Suaeda australis*	0.47	Soc	果期	干淹交替
			蜡烛果 *Aegiceras corniculatum*	0.15	Un	营养期	干淹交替
Q6	0.45	90	南方碱蓬 *Suaeda australis*	0.45	Soc	果期	干淹交替
Q7	0.27	60	南方碱蓬 *Suaeda australis*	0.27	Soc	果期	干淹交替
			盐地鼠尾粟 *Sporobolus virginicus*	0.18	Sp	营养期	干淹交替
Q8	0.36	80	南方碱蓬 *Suaeda australis*	0.36	Soc	果期	干淹交替

注：取样地点 Q1 为北海市大墩海，Q2、Q3 和 Q4 为北海市大冠沙，Q5 为北海市冯家江口，Q6 为钦州市大风江口，Q7 为防城港市江平镇下佳邦，Q8 为防城港市港口区；样方面积 Q4 和 Q5 为 25m²，其他为 100m²；取样时间 Q1 为 2011 年 5 月 28 日，Q2 和 Q3 为 2016 年 10 月 7 日，Q4 为 2011 年 5 月 28 日，Q5 为 2016 年 10 月 7 日，Q6 为 2016 年 10 月 28 日，Q7 为 2016 年 11 月 1 日，Q8 为 2016 年 11 月 2 日

二、鱼藤群系

鱼藤为豆科鱼藤属多年生水陆生攀援状灌木或木质藤本。广西的鱼藤群系分布普遍，见于潮间带和潮上带。生长在潮间带上的鱼藤群系攀援在红树林林冠上，见于蜡烛果群系，覆盖度 80%～100%，如南流江口攀援在蜡烛果群系上的鱼藤面积约 2.17hm²（梁士楚，2018）。然而，大量的鱼藤覆盖在红树林林冠上，会造成红树植物因光合作用受阻缺乏营养而逐渐枯萎，直至死亡而形成林窗。

三、小草海桐群系

小草海桐为草海桐科草海桐属水湿生蔓性小灌木。广西的小草海桐群系分布普遍，见于内滩及高潮线附近，主要类型为小草海桐-盐地鼠尾粟群丛。该群丛灌木层和草本层之间高度差较小，灌木层高度 0.4～0.6m，盖度 30%～60%，仅由小草海桐组成，偶有少量海榄雌、蜡烛果、秋茄树等幼树或幼苗混生；草本层高度 0.15～0.30m，盖度 60%～95%，通常仅由盐地鼠尾粟组成（表 4-80）。

表 4-80 小草海桐-盐地鼠尾粟群丛的数量特征

层高度/m	层次结构	层盖度/%	种类	株高/m	多度等级	物候期	生长状态
0.32	灌木层	50	小草海桐 *Scaevola hainanensis*	0.32	Cop²	花期	干淹交替
0.25	草本层	95	盐地鼠尾粟 *Sporobolus virginicus*	0.25	Soc	营养期	干淹交替

注：取样地点为防城港市企沙镇山新村；样方面积为 100m²；取样时间为 2016 年 11 月 6 日

第十二节 莎草型草丛

莎草型草丛是指以莎草科植物为建群种的各种湿生草本植物群落的总称。广西湿地莎草型草丛不仅群落类型多，而且组成种类复杂，主要种类有碎米莎草、香附子、牛毛

毡（*Eleocharis yokoscensis*）、水虱草（*Fimbristylis littoralis*）、扁鞘飘拂草（*Fimbristylis complanata*）等。

一、扁穗莎草群系

扁穗莎草（*Cyperus compressus*）为莎草科莎草属一年生半湿生草本植物。广西的扁穗莎草群系分布普遍，见于河流、沼泽及沼泽化湿地、水库、池塘、沟渠、田间等，主要类型为扁穗莎草群丛。该群丛高度 0.2～0.4m，盖度 60%～90%，组成种类以扁穗莎草为主，其他种类有短叶水蜈蚣、鳢肠（*Eclipta prostrata*）、喜旱莲子草、破铜钱、鸭跖草、光头稗（*Echinochloa colona*）、碎米莎草等（表 4-81）。

表 4-81　扁穗莎草群丛的数量特征

样地编号	群落高度/m	群落盖度/%	组成种类	株高/m	多度等级	物候期	生长状态
Q1	0.35	70	扁穗莎草 *Cyperus compressus*	0.35	Cop^3	营养期	湿生
			短叶水蜈蚣 *Kyllinga brevifolia*	0.18	Sp	花期	湿生
			鳢肠 *Eclipta prostrata*	0.15	Sol	营养期	湿生
			喜旱莲子草 *Alternanthera philoxeroides*	0.42	Cop^1	花期	湿生
			破铜钱 *Hydrocotyle sibthorpioides* var. *batrachium*	0.05	Sp	营养期	湿生
			鸭跖草 *Commelina communis*	0.15	Sol	营养期	湿生
			扬子毛茛 *Ranunculus sieboldii*	0.18	Sol	花期	湿生
Q2	0.20	90	扁穗莎草 *Cyperus compressus*	0.20	Soc	果期	湿生
			光头稗 *Echinochloa colona*	0.36	Sp	营养期	湿生
			碎米莎草 *Cyperus iria*	0.45	Sol	果期	湿生
			短叶水蜈蚣 *Kyllinga brevifolia*	0.13	Sp	果期	湿生
			酸模叶蓼 *Polygonum lapathifolium*	0.63	Un	营养期	湿生
			钻叶紫菀 *Aster subulatus*	0.35	Un	营养期	湿生
			两歧飘拂草 *Fimbristylis dichotoma*	0.37	Sol	果期	湿生
			双穗雀稗 *Paspalum distichum*	0.30	Sp	营养期	湿生
			刺酸模 *Rumex maritimus*	0.43	Un	花期	湿生

注：取样地点 Q1 为阳朔县杨堤乡禄迪村，Q2 为富川县龟石水库；样方面积为 25m²；取样时间 Q1 为 2010 年 5 月 4 日，Q2 为 2011 年 10 月 3 日

二、风车草群系

风车草（*Cyperus involucratus*）为莎草科莎草属多年生水湿生草本植物。广西的风车草群系分布普遍，见于河流、沟渠等，主要为人工种植，主要的群落类型为风车草群丛。该群丛高度 1.3～2.0m，盖度 70%～100%，多为单种群落，一些地段有少量的铺地黍、香附子、喜旱莲子草、碎米莎草等。

三、碎米莎草群系

碎米莎草为莎草科莎草属一年生水陆生草本植物。广西的碎米莎草群系分布普遍，见于河流、湖泊、水库、池塘、沟渠、水田、田间等，主要类型为碎米莎草群丛。该群丛高度 0.3～0.6m，盖度 40%～80%，组成种类以碎米莎草为主，其他种类有光头稗、牛筋草、马唐、纤细通泉草（*Mazus gracilis*）、看麦娘（*Alopecurus aequalis*）、拟鼠麴草（*Pseudognaphalium affine*）等（表 4-82）。

表 4-82　碎米莎草群丛的数量特征

样地编号	群落高度/m	群落盖度/%	种类	株高/m	多度等级	物候期	生长状态
Q1	0.43	50	碎米莎草 *Cyperus iria*	0.43	Cop³	果期	湿生
			牛筋草 *Eleusine indica*	0.32	Un	果期	湿生
			马唐 *Digitaria sanguinalis*	0.33	Sol	果期	湿生
			鳢肠 *Eclipta prostrata*	0.10	Un	花期	湿生
			光头稗 *Echinochloa colona*	0.46	Sp	果期	湿生
			纤细通泉草 *Mazus gracilis*	0.10	Sol	果期	湿生
			刺酸模 *Rumex maritimus*	0.53	Un	花期	湿生
			看麦娘 *Alopecurus aequalis*	0.25	Cop¹	营养期	湿生
			拟鼠麴草 *Pseudognaphalium affine*	0.20	Cop¹	花期	湿生
Q2	0.38	70	碎米莎草 *Cyperus iria*	0.38	Cop³	花期	湿生
			千金子 *Leptochloa chinensis*	0.57	Sp	花期	湿生
			异型莎草 *Cyperus difformis*	0.35	Sol	花期	湿生
			短叶水蜈蚣 *Kyllinga brevifolia*	0.18	Sol	花期	湿生
			纤细通泉草 *Mazus gracilis*	0.13	Cop¹	花期	湿生

注：取样地点 Q1 为恭城县恭城镇乐湾村，Q2 为金秀县忠良乡六卜村；样方面积 Q1 为 100m²，Q2 为 20m²；取样时间 Q1 为 2008 年 9 月 15 日，Q2 为 2019 年 7 月 29 日

四、垂穗莎草群系

垂穗莎草（*Cyperus nutans*）为莎草科莎草属多年生水湿生草本植物。广西的垂穗莎草群系在桂北、桂中等地区有分布，见于河流、池塘、田间等，主要类型为垂穗莎草群丛。该群丛高度 0.5～1.0m，盖度 40%～100%，组成种类以垂穗莎草为主，其他种类有丁香蓼（*Ludwigia prostrata*）、酸模叶蓼、水虱草、光头稗、球穗扁莎、华凤仙（*Impatiens chinensis*）、李氏禾、水蓼、两歧飘拂草、铺地黍等（表 4-83）。

表 4-83　垂穗莎草群丛的数量特征

样地编号	群落高度/m	群落盖度/%	种类	株高/m	多度等级	物候期	生长状态
Q1	0.75	80	垂穗莎草 *Cyperus nutans*	0.75	Soc	花期	湿生
			丁香蓼 *Ludwigia prostrata*	0.83	Un	营养期	湿生
			酸模叶蓼 *Polygonum lapathifolium*	0.80	Un	营养期	湿生

续表

样地编号	群落高度/m	群落盖度/%	种类	株高/m	多度等级	物候期	生长状态
			水虱草 *Fimbristylis littoralis*	0.35	Sol	营养期	湿生
Q1	0.75	80	光头稗 *Echinochloa colona*	0.54	Sp	果期	湿生
			球穗扁莎 *Pycreus flavidus*	0.48	Sol	花期	湿生
			垂穗莎草 *Cyperus nutans*	0.56	Cop³	果期	挺水
			华凤仙 *Impatiens chinensis*	0.70	Sp	营养期	挺水
Q2	0.56	60	李氏禾 *Leersia hexandra*	0.32	Un	营养期	挺水
			水蓼 *Polygonum hydropiper*	0.67	Sol	营养期	挺水
			铺地黍 *Panicum repens*	0.15	Un	营养期	挺水
			两歧飘拂草 *Fimbristylis dichotoma*	0.08	Un	果期	挺水

注：取样地点 Q1 为河池市河池镇公华村，Q2 为来宾市五山乡大官河；样方面积为 40m²；取样时间 Q1 为 2010 年 7 月 22 日，Q2 为 2016 年 8 月 1 日

五、香附子群系

　　香附子为莎草科莎草属多年生半湿生草本植物。广西的香附子群系分布普遍，见于河流、水田、田间等，主要类型为香附子群丛。该群丛高度 0.3～0.8m，盖度 40%～100%，仅由香附子组成或以香附子为主，其他种类有狗牙根、牛筋草、青葙、习见蓼（*Polygonum plebeium*）、酸模叶蓼、鸭跖草等（表 4-84）。

表 4-84 香附子群丛的数量特征

样地编号	群落高度/m	群落盖度/%	种类	株高/m	多度等级	物候期	生长状态
			香附子 *Cyperus rotundus*	0.45	Cop³	果期	湿生
			狗牙根 *Cynodon dactylon*	0.15	Sp	营养期	湿生
Q1	0.45	50	牛筋草 *Eleusine indica*	0.23	Sol	果期	湿生
			青葙 *Celosia argentea*	0.58	Un	果期	湿生
			习见蓼 *Polygonum plebeium*	0.08	Un	果期	湿生
			香附子 *Cyperus rotundus*	0.43	Cop³	花期	湿生
			狗牙根 *Cynodon dactylon*	0.17	Sp	营养期	湿生
			酸模叶蓼 *Polygonum lapathifolium*	0.65	Un	营养期	湿生
Q2	0.43	60	苍耳 *Xanthium sibiricum*	0.33	Sol	营养期	湿生
			鸭跖草 *Commelina communis*	0.15	Un	营养期	湿生
			喜旱莲子草 *Alternanthera philoxeroides*	0.22	Sol	营养期	湿生
			紫花地丁 *Viola philippica*	0.08	Un	果期	湿生
Q3	0.75	100	香附子 *Cyperus rotundus*	0.75	Soc	花期	湿生

注：取样地点 Q1 为崇左市左江江州区河段，Q2 为恭城县恭城河嘉会镇河段，Q3 为钟山县清塘镇庙六村；样方面积为 100m²；取样时间 Q1 为 2011 年 9 月 17 日，Q2 为 2016 年 8 月 1 日，Q3 为 2018 年 6 月 24 日

六、牛毛毡群系

　　牛毛毡为莎草科荸荠属多年生水湿生草本植物。广西的牛毛毡群系分布普遍，见于

河流、湖泊、水库、池塘、水田、田间等，主要类型为牛毛毡群丛。该群丛高度 0.05～0.12m，盖度 70%～100%，仅由牛毛毡组成或以牛毛毡为主，其他种类有破铜钱、喜旱莲子草、鸭舌草（*Monochoria vaginalis*）、矮慈姑（*Sagittaria pygmaea*）等（表 4-85）。

表 4-85　牛毛毡群丛的数量特征

样地编号	群落高度/m	群落盖度/%	种类	株高/m	多度等级	物候期	生长状态
Q1	0.06	80	牛毛毡 *Eleocharis yokoscensis*	0.06	Soc	花期	湿生
			破铜钱 *Hydrocotyle sibthorpioides* var. *batrachium*	0.03	Sp	营养期	湿生
			喜旱莲子草 *Alternanthera philoxeroides*	0.13	Sol	花期	湿生
Q2	0.07	100	牛毛毡 *Eleocharis yokoscensis*	0.09	Soc	花期	挺水

注：取样地点 Q1 为桂林市漓江秦岸村河段，Q2 为恭城县洞井乡；样方面积为 25m²；取样时间 Q1 为 2013 年 7 月 1 日，Q2 为 2017 年 8 月 4 日

七、扁鞘飘拂草群系

扁鞘飘拂草为莎草科飘拂草属多年生水湿生草本植物。广西的扁鞘飘拂草群系在桂北、桂西、桂中等地区有分布，见于水库、池塘、沟渠、水田、沼泽及沼泽化湿地、田间、沟谷等，主要类型有扁鞘飘拂草群丛、扁鞘飘拂草-竹节草等。

（一）扁鞘飘拂草群丛

该群丛高度 0.3～0.7m，盖度 60%～95%，组成种类以扁鞘飘拂草为主，其他种类有稗荩（*Sphaerocaryum malaccense*）、薄荷（*Mentha canadensis*）、水虱草、两歧飘拂草、单穗水蜈蚣、旋覆花（*Inula japonica*）、有芒鸭嘴草（*Ischaemum aristatum*）、毛茛（*Ranunculus japonicus*）、铺地黍等（表 4-86）。

表 4-86　扁鞘飘拂草群丛的数量特征

样地编号	群落高度/m	群落盖度/%	种类	株高/m	多度等级	物候期	生长状态
Q1	0.57	85	扁鞘飘拂草 *Fimbristylis complanata*	0.57	Soc	果期	湿生
			稗荩 *Sphaerocaryum malaccense*	0.23	Sp	果期	湿生
			薄荷 *Mentha canadensis*	0.75	Un	营养期	湿生
Q2	0.65	90	扁鞘飘拂草 *Fimbristylis complanata*	0.65	Soc	花期	湿生
			两歧飘拂草 *Fimbristylis dichotoma*	0.57	Un	花期	湿生
			单穗水蜈蚣 *Kyllinga nemoralis*	0.35	Sol	花期	湿生
			荩草 *Arthraxon hispidus*	0.25	Sp	营养期	湿生
			铺地黍 *Panicum repens*	0.32	Sp	营养期	湿生
			有芒鸭嘴草 *Ischaemum aristatum*	0.28	Sol	花期	湿生
Q3	0.63	95	扁鞘飘拂草 *Fimbristylis complanata*	0.63	Soc	花期	湿生
			旋覆花 *Inula japonica*	0.58	Sp	营养期	湿生
			水蜈蚣 *Kyllinga polyphylla*	0.37	Un	花期	湿生
			两歧飘拂草 *Fimbristylis dichotoma*	0.45	Sol	花期	湿生
			毛茛 *Ranunculus japonicus*	0.42	Un	营养期	湿生

续表

样地编号	群落高度/m	群落盖度/%	种类	株高/m	多度等级	物候期	生长状态
Q4	0.35	70	扁鞘飘拂草 Fimbristylis complanata	0.35	Cop^3	花期	湿生
			水虱草 Fimbristylis littoralis	0.32	Sol	花期	湿生
			铺地黍 Panicum repens	0.18	Sp	营养期	湿生
			两歧飘拂草 Fimbristylis dichotoma	0.56	Sp	花期	湿生
			柳叶箬 Isachne globosa	0.43	Cop^1	营养期	湿生
Q5	0.47	90	扁鞘飘拂草 Fimbristylis complanata	0.47	Soc	果期	湿生
			薹草 Carex sp.	0.50	Cop^1	花期	湿生
			有芒鸭嘴草 Ischaemum aristatum	0.58	Sp	花期	湿生
			地菍 Melastoma dodecandrum	0.10	Sol	果期	湿生
			斜果挖耳草 Utricularia minutissima	0.08	Sp	花期	湿生

注：取样地点 Q1 为灵川县大圩镇涧沙村，Q2 为永福县百寿镇，Q3 为融安县泗顶镇，Q4 为武宣县武宣镇利村，Q5 为金秀县忠良乡巴勒村；样方面积为 100m²；取样时间 Q1 为 2011 年 10 月 7 日，Q2 为 2012 年 7 月 28 日，Q3 为 2012 年 7 月 29 日，Q4 为 2012 年 8 月 2 日，Q5 为 2019 年 7 月 29 日

（二）扁鞘飘拂草-竹节草群丛

该群丛上层高度 0.3~0.7m，盖度 50%~80%，仅由扁鞘飘拂草组成或以扁鞘飘拂草为主，其他种类有两歧飘拂草、球穗扁莎、苍耳等；下层高度 0.07~0.20m，盖度 80%~95%，组成种类以竹节草为主，其他种类有破铜钱、短叶水蜈蚣、积雪草（Centella asiatica）、荩草、裸花水竹叶（Murdannia nudiflora）等（表 4-87）。

表 4-87　扁鞘飘拂草-竹节草群丛的数量特征

层次结构	层高度/m	层盖度/%	种类	株高/m	多度等级	物候期	生长状态
上层	0.55	70	扁鞘飘拂草 Fimbristylis complanata	0.55	Cop^3	果期	湿生
			两歧飘拂草 Fimbristylis dichotoma	0.45	Sol	果期	湿生
			球穗扁莎 Pycreus flavidus	0.38	Sol	果期	湿生
			苍耳 Xanthium sibiricum	0.38	Un	营养期	湿生
下层	0.12	90	竹节草 Chrysopogon aciculatus	0.12	Soc	营养期	湿生
			破铜钱 Hydrocotyle sibthorpioides var. batrachium	0.05	Sp	营养期	湿生
			糯米团 Gonostegia hirta	0.25	Sol	果期	湿生
			短叶水蜈蚣 Kyllinga brevifolia	0.18	Sol	果期	湿生
			积雪草 Centella asiatica	0.13	Sol	营养期	湿生
			荩草 Arthraxon hispidus	0.18	Sol	营养期	湿生
			裸花水竹叶 Murdannia nudiflora	0.10	Un	营养期	湿生

注：取样地点为平果市榜圩镇坡曹村；样方面积为 100m²；取样时间为 2011 年 9 月 15 日

八、两歧飘拂草群系

两歧飘拂草为莎草科飘拂草属多年生半湿生草本植物。广西的两歧飘拂草群系分布

普遍，见于水库、池塘、沟渠、水田、沼泽及沼泽化湿地、田间、沟谷等，主要类型有两歧飘拂草群丛、两歧飘拂草-柳叶箬群丛、两歧飘拂草-铺地黍群丛等。

（一）两歧飘拂草群丛

该群丛高度 0.4～0.7m，盖度 70%～100%，组成种类以两歧飘拂草为主，其他种类有铺地黍、有芒鸭嘴草等（表 4-88）。

表 4-88　两歧飘拂草群丛的数量特征

群落高度/m	群落盖度/%	种类	株高/m	多度等级	物候期	生长状态
0.53	100	两歧飘拂草 Fimbristylis dichotoma	0.53	Soc	果期	湿生
		拟二叶飘拂草 Fimbristylis diphylloides	0.45	Sol	果期	湿生
		铺地黍 Panicum repens	0.03	Sp	营养期	湿生
		有芒鸭嘴草 Ischaemum aristatum	0.72	Sol	果期	湿生

注：取样地点为桂林市雁山镇联塘村；样方面积为 100m²；取样时间为 2009 年 9 月 5 日

（二）两歧飘拂草-柳叶箬群丛

该群丛上层高度 0.4～0.7m，盖度 50%～80%，通常仅由两歧飘拂草组成；下层高度 0.2～0.4m，盖度 70%～100%，组成种类以柳叶箬为主，其他种类有李氏禾、水香薷（Elsholtzia kachinensis）、喜旱莲子草等（表 4-89）。

表 4-89　两歧飘拂草-柳叶箬群丛的数量特征

层次结构	层高度/m	层盖度/%	种类	株高/m	多度等级	物候期	生长状态
上层	0.65	70	两歧飘拂草 Fimbristylis dichotoma	0.65	Cop^3	果期	湿生
下层	0.32	100	柳叶箬 Isachne globosa	0.32	Soc	果期	湿生
			李氏禾 Leersia hexandra	0.35	Sp	果期	湿生
			水香薷 Elsholtzia kachinensis	0.26	Un	营养期	湿生
			喜旱莲子草 Alternanthera philoxeroides	0.28	Sol	营养期	湿生

注：取样地点为桂林市两江镇；样方面积为 100m²；取样时间为 2011 年 9 月 15 日

（三）两歧飘拂草-铺地黍群丛

该群丛上层高度 0.4～0.7m，盖度 50%～80%，以两歧飘拂草为主，其他种类有有芒鸭嘴草、长叶雀稗（Paspalum longifoliu）等；下层高度 0.2～0.4m，盖度 80%～100%，组成种类以铺地黍为主，其他种类有圆基长鬃蓼、柳叶箬、李氏禾等（表 4-90）。

表 4-90　两歧飘拂草-铺地黍群丛的数量特征

层次结构	层高度/m	层盖度/%	种类	株高/m	多度等级	物候期	生长状态
上层	0.65	50	两歧飘拂草 Fimbristylis dichotoma	0.65	Cop^3	花期	湿生
			有芒鸭嘴草 Ischaemum aristatum	0.72	Sp	花期	湿生
			长叶雀稗 Paspalum longifoliu	0.68	Sp	花期	湿生

续表

层次结构	层高度/m	层盖度/%	种类	株高/m	多度等级	物候期	生长状态
下层	0.32	100	铺地黍 *Panicum repens*	0.32	Soc	营养期	湿生
			圆基长鬃蓼 *Polygonum longisetum* var. *rotundatum*	0.36	Sol	营养期	湿生
			柳叶箬 *Isachne globosa*	0.32	Soc	花期	湿生
			李氏禾 *Leersia hexandra*	0.35	Sp	果期	湿生

注：取样地点为桂林市会仙镇上渣塘村；样方面积为100m²；取样时间为2009年8月14日

九、水虱草群系

水虱草为莎草科飘拂草属一年生水湿生草本植物。广西的水虱草群系分布普遍，见于河流、湖泊、水库、池塘、沟渠、水田、沼泽及沼泽化湿地、田间、沟谷等，主要类型为水虱草群丛。该群丛高度0.3～0.7m，盖度50%～100%，组成种类以水虱草为主，其他种类有稗、喜旱莲子草、双穗雀稗、泥花草（*Lindernia antipoda*）、丁香蓼、水蓼、鳢肠、莲子草等（表4-91）。

表4-91 水虱草群丛的数量特征

样地编号	群落高度/m	群落盖度/%	种类	株高/m	多度等级	物候期	生长状态
Q1	0.55	90	水虱草 *Fimbristylis littoralis*	0.55	Soc	果期	挺水
			稗 *Echinochloa crusgalli*	0.63	Sol	果期	挺水
			萤蔺 *Scirpus juncoides*	0.36	Sp	果期	挺水
			假柳叶菜 *Ludwigia epilobiloides*	0.83	Un	果期	挺水
			华夏慈姑 *Sagittaria trifolia* subsp. *leucopetala*	0.35	Cop¹	果期	挺水
			圆叶节节菜 *Rotala rotundifolia*	0.18	Sp	营养期	挺水
			水苋菜 *Ammannia baccifera*	0.30	Sol	果期	挺水
			陌上菜 *Lindernia procumbens*	0.22	Sol	营养期	挺水
			鸭舌草 *Monochoria vaginalis*	0.15	Sp	营养期	挺水
			喜旱莲子草 *Alternanthera philoxeroides*	0.25	Sol	营养期	挺水
Q2	0.37	70	水虱草 *Fimbristylis littoralis*	0.37	Cop³	花期	湿生
			稗 *Echinochloa crusgalli*	0.53	Sol	果期	湿生
			双穗雀稗 *Paspalum distichum*	0.25	Sol	营养期	湿生
			泥花草 *Lindernia antipoda*	0.27	Un	花期	湿生
			丁香蓼 *Ludwigia prostrata*	0.45	Un	营养期	湿生
			水蓼 *Polygonum hydropiper*	0.48	Sol	花期	湿生
Q3	0.63	80	水虱草 *Fimbristylis littoralis*	0.63	Soc	花期	湿生
			稗 *Echinochloa crusgalli*	0.58	Sp	果期	湿生
			鳢肠 *Eclipta prostrata*	0.12	Sol	营养期	湿生
			通泉草 *Mazus pumilus*	0.18	Sol	营养期	湿生
			莲子草 *Alternanthera sessilis*	0.08	Sol	花期	湿生

注：取样地点Q1为桂林市两江镇丹桥村，Q2为钟山县两安乡三联村，Q3为融水县洞头镇洞头村；样方面积为100m²；取样时间Q1为2009年10月1日，Q2为2012年7月11日，Q3为2012年7月29日

十、四棱飘拂草群系

四棱飘拂草（*Fimbristylis tetragona*）为莎草科飘拂草属一年生水湿生草本植物。广西的四棱飘拂草群系在桂林市有分布，见于沼泽及沼泽化湿地，主要类型为四棱飘拂草-柳叶箬群丛。该群丛上层高度 0.5～0.7m，盖度 50%～85%，以四棱飘拂草为主，其他种类有三棱水葱（*Schoenoplectus triqueter*）、扁鞘飘拂草等；下层高度 0.2～0.4m，盖度 60%～95%，组成种类以柳叶箬为主，其他种类有李氏禾、两歧飘拂草、萤蔺（*Scirpus juncoides*）、水香薷等（表 4-92）。

表 4-92　四棱飘拂草-柳叶箬群丛的数量特征

层次结构	层高度/m	层盖度/%	种类	株高/m	多度等级	物候期	生长状态
上层	0.62	70	四棱飘拂草 *Fimbristylis tetragona*	0.62	Cop^3	果期	湿生
			三棱水葱 *Schoenoplectus triqueter*	0.75	Sol	果期	湿生
			扁鞘飘拂草 *Fimbristylis complanata*	0.53	Sp	果期	湿生
下层	0.35	100	柳叶箬 *Isachne globosa*	0.32	Soc	果期	湿生
			李氏禾 *Leersia hexandra*	0.30	Sol	营养期	湿生
			两歧飘拂草 *Fimbristylis dichotoma*	0.42	Sol	果期	湿生
			萤蔺 *Scirpus juncoides*	0.26	Un	果期	湿生
			水香薷 *Elsholtzia kachinensis*	0.20	Cop^1	营养期	湿生

注：取样地点为桂林市雁山镇联塘村；样方面积为 100m²；取样时间为 2009 年 9 月 6 日

十一、短叶水蜈蚣群系

短叶水蜈蚣为莎草科水蜈蚣属多年生湿生草本植物。广西的短叶水蜈蚣群系分布普遍，见于河流、湖泊、水库、池塘、沟渠、田间、沟谷等，主要类型为短叶水蜈蚣群丛。该群丛高度 0.07～0.25m，盖度 40%～90%，组成种类以短叶水蜈蚣为主，其他种类有破铜钱、半边莲（*Lobelia chinensis*）、水蓼、黄鹌菜（*Youngia japonica*）、活血丹等（表 4-93）。

表 4-93　短叶水蜈蚣群丛的数量特征

种名	高度/m	盖度/%	多度	物候期	重要值	生长状态
短叶水蜈蚣 *Kyllinga brevifolia*	0.18	37	Cop^2	营养期	0.349	湿生
土牛膝 *Achyranthes aspera*	0.43	3	Sp	营养期	0.116	湿生
水蓼 *Polygonum hydropiper*	0.29	5	Sp	花期	0.105	湿生
葎草 *Humulus scandens*	0.22	7	Cop^1	营养期	0.102	湿生
青葙 *Celosia argentea*	0.35	<1	Un	营养期	0.074	湿生
黄鹌菜 *Youngia japonica*	0.30	1	Sol	营养期	0.067	湿生
马兰 *Aster indica*	0.22	2	Sp	花期	0.058	湿生
活血丹 *Glechoma longituba*	0.12	2	Sp	营养期	0.039	湿生

种名	高度/m	盖度/%	多度	物候期	重要值	生长状态
牛筋草 Eleusine indica	0.16	<1	Un	营养期	0.036	湿生
半边莲 Lobelia chinensis	0.05	1	Sol	花期	0.016	湿生
叶下珠 Phyllanthus urinaria	0.06	<1	Un	营养期	0.015	湿生
铁苋菜 Acalypha australis	0.05	<1	Un	营养期	0.013	湿生
稗草 Echinochloa crusgalli	0.03	1	Sol	花期	0.012	湿生

注：取样地点为阳朔县兴坪镇冷水村；样方面积为 40m²；取样时间为 2013 年 11 月

十二、球穗扁莎群系

球穗扁莎为莎草科扁莎草属一年生水湿生草本植物。广西的球穗扁莎群系在桂北、桂西、桂中等地区有分布，见于河流、湖泊、水库、池塘、沟渠、水田、沼泽及沼泽化湿地等，主要类型有球穗扁莎群丛、球穗扁莎-李氏禾等。

（一）球穗扁莎群丛

该群丛高度 0.3～0.6m，盖度 40%～80%，组成种类以球穗扁莎为主，其他种类有畦畔莎草（Cyperus haspan）、异型莎草、萤蔺、双穗雀稗、长蒴母草（Lindernia anagallis）等（表 4-94）。

表 4-94　球穗扁莎群丛的数量特征

群落高度/m	群落盖度/%	种类	株高/m	多度等级	物候期	生长状态
0.53	40	球穗扁莎 Pycreus flavidus	0.53	Cop²	花期	挺水
		畦畔莎草 Cyperus haspan	0.32	Sp	花期	挺水
		异型莎草 Cyperus difformis	0.43	Sol	果期	挺水
		萤蔺 Schoenoplectus juncoides	0.37	Un	果期	挺水
		双穗雀稗 Paspalum distichum	0.03	Sp	营养期	挺水
		长蒴母草 Lindernia anagallis	0.22	Sol	花期	挺水

注：取样地点为钟山县花山乡板冠村；样方面积为 100m²；取样时间为 2015 年 8 月 25 日

（二）球穗扁莎-李氏禾群丛

该群丛上层高度 0.4～0.6m，盖度 40%～70%，组成种类以球穗扁莎为主，其他种类有菖蒲（Acorus calamus）、三棱水葱、扁鞘飘拂草、石龙芮（Ranunculus sceleratus）、异型莎草、水芹（Oenanthe javanica）、钻叶紫菀（Aster subulatus）、水毛花（Schoenoplectus mucronatus subsp. robustus）等；下层高度 0.2～0.3m，盖度 80%～100%，组成种类以李氏禾为主，其他种类有柳叶箬、水香薷、双穗雀稗、扬子毛茛（Ranunculus sieboldii）、鸭跖草、喜旱莲子草等（表 4-95）。

表 4-95　球穗扁莎-李氏禾群丛的数量特征

样地编号	层次结构	层高度/m	层盖度/%	种类	株高/m	多度等级	物候期	生长状态
Q1	上层	0.53	60	球穗扁莎 *Pycreus flavidus*	0.53	Cop³	花期	湿生
				菖蒲 *Acorus calamus*	0.62	Sol	营养期	湿生
				三棱水葱 *Schoenoplectus triqueter*	0.73	Un	花期	湿生
				扁鞘飘拂草 *Fimbristylis complanata*	0.48	Sol	花期	湿生
				石龙芮 *Ranunculus sceleratus*	0.57	Un	营养期	湿生
	下层	0.30	100	李氏禾 *Leersia hexandra*	0.30	Soc	果期	湿生
				柳叶箬 *Isachne globosa*	0.35	Sp	果期	湿生
				水香薷 *Elsholtzia kachinensis*	0.28	Sp	营养期	湿生
				喜旱莲子草 *Alternanthera philoxeroides*	0.25	Sol	营养期	湿生
				双穗雀稗 *Paspalum distichum*	0.32	Un	营养期	湿生
Q2	上层	0.48	50	球穗扁莎 *Pycreus flavidus*	0.48	Cop²	花期	湿生
				异型莎草 *Cyperus difformis*	0.45	Sol	花期	湿生
				水芹 *Oenanthe javanica*	0.56	Sol	营养期	湿生
				钻叶紫菀 *Aster subulatus*	0.66	Sol	营养期	湿生
				水毛花 *Schoenoplectus mucronatus* subsp. *robustus*	0.72	Un	花期	湿生
	下层	0.25	90	李氏禾 *Leersia hexandra*	0.25	Soc	果期	湿生
				柳叶箬 *Isachne globosa*	0.32	Sp	果期	湿生
				喜旱莲子草 *Alternanthera philoxeroides*	0.16	Un	营养期	湿生
				扬子毛茛 *Ranunculus sieboldii*	0.32	Un	果期	湿生
				鸭跖草 *Commelina communis*	0.18	Sp	营养期	湿生

注：取样地点 Q1 为桂林市朝阳乡欧家村，Q2 为河池市河池镇公华村；样方面积为 100m²；取样时间 Q1 为 2006 年 8 月 23 日，Q2 为 2010 年 7 月 21 日

第十三节　禾草型草丛

禾草型草丛是指以禾本科植物为建群种的各种湿生草本植物群落的总称。广西湿地禾草型草丛不仅群落类型多，而且种类组成复杂，主要种类有狗牙根、竹节草、光头稗、扁穗牛鞭草、柳叶箬、铺地黍等。

一、看麦娘群系

看麦娘为禾本科看麦娘属（*Alopecurus*）一年生水湿生草本植物。广西的看麦娘群系分布普遍，见于水田、田间等，主要类型为看麦娘群丛。该群丛高度 0.2～0.4m，盖度 60%～100%，组成种类以看麦娘为主，其他种类有鹅肠菜（*Myosoton aquaticum*）、习见蓼、匍茎通泉草（*Mazus miquelii*）、拟鼠麴草、芫荽菊（*Cotula anthemoides*）、鹅不食草（*Epaltes australis*）、弯曲碎米荠（*Cardamine flexuosa*）等（表 4-96）。

表 4-96　看麦娘群丛的数量特征

群落高度/m	群落盖度/%	种类	株高/m	多度等级	物候期	生长状态
0.27	90	看麦娘 *Alopecurus aequalis*	0.27	Soc	花期	湿生
		鹅肠菜 *Myosoton aquaticum*	0.25	Sp	花期	湿生
		习见蓼 *Polygonum plebeium*	0.10	Sol	营养期	湿生
		匍茎通泉草 *Mazus miquelii*	0.17	Un	花期	湿生
		拟鼠麴草 *Pseudognaphalium affine*	0.18	Sp	花期	湿生
		芫荽菊 *Cotula anthemoides*	0.12	Sol	花期	湿生
		鹅不食草 *Epaltes australis*	0.11	Un	花期	湿生
		弯曲碎米荠 *Cardamine flexuosa*	0.32	Sol	营养期	湿生

注：取样地点为百色市永乐镇南乐村；样方面积为 100m²；取样时间为 2013 年 3 月 6 日

二、水蔗草群系

水蔗草为禾本科水蔗草属多年生半湿生草本植物。广西的水蔗草群系分布普遍，见于河流、湖泊、水库、池塘、沟渠、田间、沟谷等，主要类型为水蔗草群丛。该群丛高度 0.8～1.5m，盖度 60%～100%，组成种类以水蔗草为主，其他种类有薏苡（*Coix lacryma-jobi*）、闭鞘姜（*Costus speciosus*）、鸭跖草、鬼针草、火炭母、节节草（*Equisetum ramosissimum*）、藿香蓟、积雪草、星毛蕨等（表 4-97）。

表 4-97　水蔗草群丛的数量特征

群落高度/m	群落盖度/%	种类	株高/m	多度等级	物候期	生长状态
1.30	90	水蔗草 *Apluda mutica*	1.30	Soc	果期	湿生
		薏苡 *Coix lacryma-jobi*	1.50	Un	果期	湿生
		闭鞘姜 *Costus speciosus*	1.45	Un	营养期	湿生
		鸭跖草 *Commelina communis*	0.53	Sol	营养期	湿生
		鬼针草 *Bidens pilosa*	0.65	Un	花期	湿生
		火炭母 *Polygonum chinense*	0.48	Sol	营养期	湿生
		节节草 *Equisetum ramosissimum*	0.45	Sp	营养期	湿生
		藿香蓟 *Ageratum conyzoides*	0.42	Un	营养期	湿生
		积雪草 *Centella asiatica*	0.04	Sp	营养期	湿生
		星毛蕨 *Ampelopteris prolifera*	0.75	Sol	营养期	湿生

注：取样地点为百色市永乐镇南乐村；样方面积为 100m²；取样时间为 2012 年 10 月 7 日

三、芦竹群系

芦竹为禾本科芦竹属多年生水陆生草本植物。广西的芦竹群系分布普遍，见于河流、水库、沟渠等，主要类型为芦竹群丛。该群丛高度 1.5～2.5m，盖度 90%～100%，仅由芦竹组成或以芦竹为主，其他种类有闭鞘姜、李氏禾、双穗雀稗、水蔗草、喜旱莲子草、野芋、笔管草、杠板归、葎草等，这些种类多见于群落边缘，双穗雀稗、笔管草、杠板归、喜旱莲子草、葎草等可攀援或匍匐生长至群落内部。

四、竹节草群系

竹节草为禾本科金须茅属多年生半湿生草本植物。广西的竹节草群系分布普遍，见于河流、湖泊、水库、池塘、田间等，主要类型为竹节草群丛。该群丛高度 0.07～0.25m，盖度 80%～100%，组成种类以竹节草为主，其他种类有鸡眼草（*Kummerowia striata*）、狗牙根、沟叶结缕草等（表 4-98）。

表 4-98　竹节草群丛的数量特征

样地编号	群落高度/m	群落盖度/%	种类	株高/m	多度等级	物候期	生长状态
Q1	0.12	80	竹节草 *Chrysopogon aciculatus*	0.12	Soc	果期	湿生
			铺地黍 *Panicum repens*	0.17	Sp	营养期	湿生
Q2	0.07	90	竹节草 *Chrysopogon aciculatus*	0.07	Soc	果期	湿生
			破铜钱 *Hydrocotyle sibthorpioides* var. *batrachium*	0.03	Sp	营养期	湿生
			鸡眼草 *Kummerowia striata*	0.03	Sol	营养期	湿生
			香附子 *Cyperus rotundus*	0.43	Sol	果期	湿生
Q3	0.08	95	竹节草 *Chrysopogon aciculatus*	0.08	Soc	果期	湿生
			沟叶结缕草 *Zoysia matrella*	0.07	Sp	营养期	湿生
			狗牙根 *Cynodon dactylon*	0.10	Sp	营养期	湿生
Q4	0.11	100	竹节草 *Chrysopogon aciculatus*	0.11	Soc	果期	湿生
			破铜钱 *Hydrocotyle sibthorpioides* var. *batrachium*	0.03	Sp	营养期	湿生

注：取样地点 Q1 为合浦县山口镇英罗村，Q2 为桂林市漓江冷水渡河段，Q3 为合浦县沙岗镇，Q4 为钦州湾茅尾海；样方面积为 100m²；取样时间 Q1 为 2010 年 11 月 7 日，Q2 为 2015 年 11 月 28 日，Q3 为 2016 年 10 月 24 日，Q4 为 2016 年 10 月 27 日

五、薏苡群系

薏苡为禾本科薏苡属多年生水陆生草本植物。广西的薏苡群系既有野生的，也有种植的，主产区在桂西北和桂中的部分山区，21 世纪初期的种植面积 1330～2660hm²（陈成斌等，2008）。野生薏苡见于河流、沼泽及沼泽化湿地、水库、沟渠、田间等，主要类型为薏苡群丛。该群丛高度 1.4～2.5m，盖度 80%～100%，组成种类以薏苡为主，其他种类有笔管草、菰、火炭母、水蔗草等（表 4-99）。

表 4-99　薏苡群丛的数量特征

样地编号	群落高度/m	群落盖度/%	种类	株高/m	多度等级	物候期	生长状态
Q1	1.65	90	薏苡 *Coix lacryma-jobi*	1.65	Soc	花期	湿生
			铺地黍 *Panicum repens*	0.47	Cop¹	营养期	湿生
			笔管草 *Equisetum ramosissimum* subsp. *debile*	0.85	Sp	营养期	湿生
Q2	1.50	85	薏苡 *Coix lacryma-jobi*	1.50	Soc	花期	湿生
			火炭母 *Polygonum chinense*	0.83	Sp	营养期	湿生

续表

样地编号	群落高度/m	群落盖度/%	种类	株高/m	多度等级	物候期	生长状态
Q2	1.50	85	棕叶狗尾草 *Setaria palmifolia*	1.15	Sp	营养期	湿生
			星毛金锦香 *Osbeckia stellata*	1.38	Sol	花期	湿生
			藿香蓟 *Ageratum conyzoides*	0.70	Sol	花期	湿生
			节节草 *Equisetum ramosissimum*	0.65	Sp	营养期	湿生
			水蓼 *Polygonum hydropiper*	0.73	Sol	营养期	湿生
Q3	1.40	70	薏苡 *Coix lacryma-jobi*	1.40	Cop^3	果期	湿生
			菰 *Zizania latifolia*	1.25	Cop^1	营养期	湿生
			水蔗草 *Apluda mutica*	1.10	Cop^1	果期	湿生
			鸭跖草 *Commelina communis*	0.35	Cop^1	营养期	湿生
			水蓼 *Polygonum hydropiper*	0.70	Sol	营养期	湿生
			笔管草 *Equisetum ramosissimum* subsp. *debile*	0.95	Sp	营养期	湿生

注：取样地点 Q1 为灵川县海洋乡水头村，Q2 为桂林市华江乡同仁村，Q3 为陆川县九洲江大桥镇河段；样方面积为 20m²；取样时间 Q1 为 2005 年 7 月 3 日，Q2 为 2005 年 7 月 10 日，Q3 为 2005 年 10 月 30 日

六、狗牙根群系

狗牙根为禾本科狗牙根属多年生半湿生草本植物。广西的狗牙根群系分布普遍，见于潮上带、河流、湖泊、水库、池塘、沟渠、田间等，主要类型为狗牙根群丛。该群丛高度 0.08～0.20m，盖度 60%～100%，仅由狗牙根组成或以狗牙根为主，其他种类有水蓼、叶下珠（*Phyllanthus urinaria*）、飞扬草（*Euphorbia hirta*）、短叶水蜈蚣、铁苋菜、铺地黍、莲子草、过江藤（*Phyla nodiflora*）等（表 4-100）。

表 4-100　狗牙根群丛的数量特征

样地编号	群落高度/m	群落盖度/%	种类	株高/m	多度等级	物候期	生长状态
Q1	0.13	80	狗牙根 *Cynodon dactylon*	0.13	Soc	营养期	湿生
			水蓼 *Polygonum hydropiper*	0.13	Cop^1	花期	湿生
			叶下珠 *Phyllanthus urinaria*	0.08	Cop^1	营养期	湿生
			飞扬草 *Euphorbia hirta*	0.13	Cop^1	营养期	湿生
			短叶水蜈蚣 *Kyllinga brevifolia*	0.10	Cop^1	果期	湿生
			铁苋菜 *Acalypha australis*	0.05	Sp	营养期	湿生
Q2	0.15	100	狗牙根 *Cynodon dactylon*	0.15	Soc	营养期	湿生
Q3	0.15	100	狗牙根 *Cynodon dactylon*	0.15	Soc	果期	湿生
Q4	0.11	90	狗牙根 *Cynodon dactylon*	0.15	Soc	果期	湿生
			铺地黍 *Panicum repens*	0.12	Sol	营养期	湿生
			莲子草 *Alternanthera sessilis*	0.08	Sp	营养期	湿生
			过江藤 *Phyla nodiflora*	0.15	Sp	营养期	湿生

注：取样地点 Q1 为桂林市漓江木山榨村河段，Q2 为灵川县青狮潭水库，Q3 为桂林市相思江雁山镇河段，Q4 为百色市澄碧河水库；样方面积 Q1 为 40m²，Q2、Q3 和 Q4 为 100m²；取样时间 Q1 为 2013 年 8 月 26 日，Q2 为 2016 年 10 月 27 日，Q3 为 2016 年 10 月 31 日，Q4 为 2016 年 10 月 27 日

七、光头稗群系

光头稗为禾本科稗属一年生水湿生草本植物。广西的光头稗群系分布普遍，见于沼泽及沼泽化湿地、池塘、沟渠、水田、田间等，主要类型为光头稗群丛。该群丛高度 0.3～0.7m，盖度 60%～100%，仅由光头稗组成或以光头稗为主，其他种类有异型莎草、碎米莎草、扬子毛茛、刺酸模（*Rumex maritimus*）、水苋菜（*Ammannia baccifera*）、毛草龙（*Ludwigia octovalvis*）等（表 4-101）。

表 4-101 光头稗群丛的数量特征

样地编号	群落高度/m	群落盖度/%	种类	株高/m	多度等级	物候期	生长状态
Q1	0.35	70	光头稗 *Echinochloa colona*	0.35	Cop³	花期	湿生
			异型莎草 *Cyperus difformis*	0.43	Sol	花期	湿生
			碎米莎草 *Cyperus iria*	0.48	Sol	花期	湿生
			扬子毛茛 *Ranunculus sieboldii*	0.28	Sol	果期	湿生
			刺酸模 *Rumex maritimus*	0.53	Un	果期	湿生
			水苋菜 *Ammannia baccifera*	0.28	Un	营养期	湿生
			毛草龙 *Ludwigia octovalvis*	0.63	Un	花期	湿生
Q2	0.65	100	光头稗 *Echinochloa colona*	0.65	Soc	花期	挺水

注：取样地点 Q1 为恭城县恭城镇洲塘村，Q2 为桂林市会仙湿地；样方面积为 100m²；取样时间 Q1 为 2008 年 7 月 14 日，Q2 为 2016 年 7 月 23 日

八、鹅观草群系

鹅观草为禾本科披碱草属多年生半湿生草本植物。广西的鹅观草群系在桂北、桂西等地区有分布，见于河流、沼泽及沼泽化湿地、沟渠、田间等，主要类型为鹅观草群丛。该群丛高度 0.3～0.65m，盖度 60%～90%，仅由鹅观草组成或以鹅观草为主，其他种类有狗牙根、碎米莎草、香附子、铺地黍、垂穗莎草、酸模叶蓼、镜子薹草、条穗薹草、扁穗牛鞭草等（表 4-102）。

表 4-102 鹅观草群丛的数量特征

样地编号	群落高度/m	群落盖度/%	种类	株高/m	多度等级	物候期	生长状态
Q1	0.62	70	鹅观草 *Elymus kamoji*	0.62	Cop²	花期	湿生
			狗牙根 *Cynodon dactylon*	0.32	Sp	营养期	湿生
			碎米莎草 *Cyperus iria*	0.65	Sol	营养期	湿生
			香附子 *Cyperus rotundus*	0.38	Sp	营养期	湿生
			铺地黍 *Panicum repens*	0.28	Sol	营养期	湿生
			垂穗莎草 *Cyperus nutans*	0.75	Un	花期	湿生
			酸模叶蓼 *Polygonum lapathifolium*	0.68	Un	营养期	湿生
			羊蹄 *Rumex japonicus*	0.73	Un	花期	湿生

续表

样地编号	群落高度/m	群落盖度/%	种类	株高/m	多度等级	物候期	生长状态
			鹅观草 *Elymus kamoji*	0.55	Cop²	花期	湿生
			羊蹄 *Rumex japonicus*	0.76	Sp	花期	湿生
			镜子薹草 *Carex phacota*	0.38	Sp	营养期	湿生
Q2	0.55	60	条穗薹草 *Carex nemostachys*	0.45	Sp	营养期	湿生
			喜旱莲子草 *Alternanthera philoxeroides*	0.36	Sp	营养期	湿生
			双穗雀稗 *Paspalum distichum*	0.38	Sp	营养期	湿生
			扁穗牛鞭草 *Hemarthria compressa*	0.32	Sp	营养期	湿生

注：取样地点 Q1 为恭城县恭城河恭城镇河段，Q2 为桂林市会仙湿地；样方面积为 100m²；取样时间 Q1 为 2009 年 4 月 13 日，Q2 为 2016 年 4 月 16 日

九、假俭草群系

假俭草为禾本科蜈蚣草属多年生半湿生草本植物。广西的假俭草群系分布普遍，见于潮上带、河流、湖泊、田间、沟谷等，主要类型为假俭草群丛。该群丛高度 0.05～0.20m，盖度 60%～100%，仅由假俭草组成或以假俭草为主，其他种类有狗牙根、竹节草、破铜钱、鸡眼草、短叶水蜈蚣、积雪草、铺地蝙蝠草（*Christia obcordata*）等（表 4-103）。

表 4-103 假俭草群丛的数量特征

样地编号	群落高度/m	群落盖度/%	种类	株高/m	多度等级	物候期	生长状态
			假俭草 *Eremochloa ophiuroides*	0.13	Soc	花期	湿生
			狗牙根 *Cynodon dactylon*	0.15	Cop¹	营养期	湿生
			竹节草 *Chrysopogon aciculatus*	0.08	Sol	营养期	湿生
			香附子 *Cyperus rotundus*	0.28	Sp	花果期	湿生
Q1	0.13	80	破铜钱 *Hydrocotyle sibthorpioides* var. *batrachium*	0.03	Sp	营养期	湿生
			鸡眼草 *Kummerowia striata*	0.06	Sol	营养期	湿生
			短叶水蜈蚣 *Kyllinga brevifolia*	0.18	Sol	花果期	湿生
			积雪草 *Centella asiatica*	0.10	Sol	营养期	湿生
			铺地蝙蝠草 *Christia obcordata*	0.08	Un	营养期	湿生
			酢浆草 *Oxalis corniculata*	0.16	Un	营养期	湿生
Q2	0.15	100	假俭草 *Eremochloa ophiuroides*	0.15	Soc	果期	湿生

注：取样地点 Q1 为桂林市漓江普益乡河段，Q2 为钦州市龙门港镇；样方面积为 100m²；取样时间 Q1 为 2009 年 10 月 25 日，Q2 为 2016 年 11 月 5 日

十、扁穗牛鞭草群系

扁穗牛鞭草为禾本科牛鞭草属多年生湿生草本植物。广西的扁穗牛鞭草群系分布普遍，见于河流、湖泊、沼泽及沼泽化湿地、水库、池塘、沟渠、田间、沟谷等，主要类

型为扁穗牛鞭草群丛。该群丛高度 0.3~0.6m，盖度 60%~100%，仅由扁穗牛鞭草组成或以扁穗牛鞭草为主，其他种类有鸭跖草、喜旱莲子草、狗牙根、酸模叶蓼、香附子、短叶水蜈蚣、铺地黍等（表 4-104）。

表 4-104　扁穗牛鞭草群丛的数量特征

样地编号	群落高度/m	群落盖度/%	种类	株高/m	多度等级	物候期	生长状态
Q1	0.50	100	扁穗牛鞭草 *Hemarthria compressa*	0.50	Soc	果期	湿生
Q2	0.43	90	扁穗牛鞭草 *Hemarthria compressa*	0.43	Soc	花期	湿生
			鸭跖草 *Commelina communis*	0.22	Sp	营养期	湿生
			喜旱莲子草 *Alternanthera philoxeroides*	0.25	Cop[1]	花期	湿生
Q3	0.35	95	扁穗牛鞭草 *Hemarthria compressa*	0.35	Soc	花期	湿生
			狗牙根 *Cynodon dactylon*	0.23	Cop[1]	营养期	湿生
			酸模叶蓼 *Polygonum lapathifolium*	0.75	Sol	花期	湿生
			香附子 *Cyperus rotundus*	0.32	Sp	花期	湿生
			短叶水蜈蚣 *Kyllinga brevifolia*	0.18	Sp	花期	湿生
			铺地黍 *Panicum repens*	0.35	Sol	营养期	湿生

注：取样地点 Q1 为百色市澄碧河水库，Q2 为桂林市会仙湿地，Q3 为桂林市漓江兴坪河段；样方面积为 100m²；取样时间 Q1 为 2011 年 9 月 12 日，Q2 为 2016 年 7 月 13 日，Q3 为 2017 年 7 月 28 日

十一、柳叶箬群系

柳叶箬为禾本科柳叶箬属多年生水湿生草本植物。广西的柳叶箬群系分布普遍，见于河流、湖泊、沼泽及沼泽化湿地、水库、池塘、沟渠等，主要类型为柳叶箬群丛。该群丛高度 0.3~0.6m，盖度 80%~100%，仅由柳叶箬组成或以柳叶箬为主，其他种类有铺地黍、三棱水葱、喜旱莲子草、稗荩、鸭跖草、田间鸭嘴草（*Ischaemum rugosum*）、双穗雀稗、铺地黍等（表 4-105）。

表 4-105　柳叶箬群丛的数量特征

样地编号	群落高度/m	群落盖度/%	种类	株高/m	多度等级	物候期	生长状态
Q1	0.48	100	柳叶箬 *Isachne globosa*	0.48	Soc	果期	湿生
			铺地黍 *Panicum repens*	0.55	Sp	营养期	湿生
			三棱水葱 *Schoenoplectus triqueter*	0.73	Sp	果期	湿生
			喜旱莲子草 *Alternanthera philoxeroides*	0.28	Cop[1]	花期	湿生
Q2	0.37	95	柳叶箬 *Isachne globosa*	0.37	Soc	果期	湿生
			稗荩 *Sphaerocaryum malaccense*	0.28	Sp	果期	湿生
			鸭跖草 *Commelina communis*	0.20	Sp	营养期	湿生
			田间鸭嘴草 *Ischaemum rugosum*	0.63	Un	果期	湿生
Q3	0.45	90	柳叶箬 *Isachne globosa*	0.45	Soc	花期	湿生
			双穗雀稗 *Paspalum distichum*	0.36	Sp	营养期	湿生
			铺地黍 *Panicum repens*	0.25	Sol	营养期	湿生

续表

样地编号	群落高度/m	群落盖度/%	种类	株高/m	多度等级	物候期	生长状态
Q4	0.45	100	柳叶箬 Isachne globosa	0.45	Soc	果期	湿生
Q5	0.40	100	柳叶箬 Isachne globosa	0.40	Soc	果期	湿生
Q6	0.38	100	柳叶箬 Isachne globosa	0.38	Soc	果期	湿生

注：取样地点 Q1 为恭城县嘉会镇水油榨村，Q2 为百色市永乐镇南乐村，Q3 为桂林市会仙镇睦洞湖，Q4 为都安县地苏镇，Q5 为恭城县莲花镇，Q6 为全州县两河镇桂家村；样方面积为 100m²；取样时间 Q1 为 2009 年 9 月 11 日，Q2 为 2010 年 9 月 6 日，Q3 为 2010 年 9 月 30 日，Q4 为 2011 年 9 月 16 日，Q5 为 2012 年 9 月 29 日，Q6 为 2015 年 9 月 13 日

十二、有芒鸭嘴草群系

有芒鸭嘴草为禾本科鸭嘴草属多年生半湿生草本植物。广西的芒鸭嘴草群系在桂北、桂西、桂东等地区有分布，见于河流、湖泊、沼泽及沼泽化湿地等，主要类型为有芒鸭嘴草群丛。该群丛高度 0.4~0.8m，盖度 60%~95%，组成种类以有芒鸭嘴草为主，其他种类有铺地黍、柳叶箬、双穗雀稗、小鱼仙草、笔管草等（表 4-106）。

表 4-106　有芒鸭嘴草群丛的数量特征

样地编号	群落高度/m	群落盖度/%	种类	株高/m	多度等级	物候期	生长状态
Q1	0.53	95	有芒鸭嘴草 Ischaemum aristatum	0.53	Soc	果期	湿生
			铺地黍 Panicum repens	0.32	Cop¹	营养期	湿生
Q2	0.58	90	有芒鸭嘴草 Ischaemum aristatum	0.58	Soc	果期	湿生
			柳叶箬 Isachne globosa	0.33	Cop¹	果期	湿生
			双穗雀稗 Paspalum distichum	0.28	Sp	营养期	湿生
			小鱼仙草 Mosla dianthera	0.63	Sp	营养期	湿生
Q3	0.75	90	有芒鸭嘴草 Ischaemum aristatum	0.75	Soc	果期	湿生
			柳叶箬 Isachne globosa	0.36	Cop1	果期	湿生
			笔管草 Equisetum ramosissimum subsp. debile	0.50	Sol	营养期	湿生
			鸭跖草 Commelina communis	0.27	Sol	花期	湿生

注：取样地点 Q1 为桂林市会仙镇新民村，Q2 为桂林市会仙镇冯家村，Q3 为百色市永乐镇南乐村；样方面积为 100m²；取样时间 Q1 为 2011 年 9 月 24 日，Q2 为 2011 年 9 月 24 日，Q3 为 2016 年 10 月 4 日

十三、刚莠竹群系

刚莠竹为禾本科莠竹属多年生半湿生草本植物。广西的刚莠竹群系在桂北、桂西、桂东等地区有分布，见于河流、沼泽及沼泽化湿地、沟渠、田间、沟谷等，主要类型为刚莠竹群丛。该群丛高度 1.0~1.3m，盖度 60%~100%，仅由刚莠竹组成或以刚莠竹为主，其他种类有笔管草、有芒鸭嘴草、闭鞘姜、水蔗草、水珍珠菜（Pogostemon auricularius）等（表 4-107）。

表 4-107 刚莠竹群丛的数量特征

样地编号	群落高度/m	群落盖度/%	种类	株高/m	多度等级	物候期	生长状态
Q1	1.1	100	刚莠竹 *Microstegium ciliatum*	1.1	Soc	果期	湿生
Q2	1.2	90	刚莠竹 *Microstegium ciliatum*	1.2	Soc	果期	湿生
			笔管草 *Equisetum ramosissimum* subsp. *debile*	0.9	Sol	营养期	湿生
Q3	1.1	100	刚莠竹 *Microstegium ciliatum*	1.1	Soc	果期	湿生
			有芒鸭嘴草 *Ischaemum aristatum*	0.7	Sp	果期	湿生
			闭鞘姜 *Costus speciosus*	1.6	Un	营养期	湿生
			水蔗草 *Apluda mutica*	0.8	Sp	果期	湿生
			水珍珠菜 *Pogostemon auricularius*	1.0	Sol	果期	湿生
			笔管草 *Equisetum ramosissimum* subsp. *debile*	0.8	Sol	营养期	湿生

注：取样地点 Q1 为陆川县九州江大桥镇河段，Q2 为灵川县定江镇社头村，Q3 为永福县百寿镇乌石村；样方面积为 100m²；取样时间 Q1 为 2005 年 10 月 31 日，Q2 为 2011 年 11 月 3 日，Q3 为 2018 年 11 月 26 日

十四、五节芒群系

五节芒（*Miscanthus floridulus*）为禾本科芒属多年生半湿生草本植物。广西的五节芒群系分布普遍，见于河流、水库、沟谷等，主要类型为五节芒群丛。该群丛高度 1.3～2.5m，盖度 50%～90%，仅由五节芒组成或以五节芒为主，其他种类有葎草、鬼针草、杠板归、火炭母等（表 4-108）。

表 4-108 五节芒群丛的数量特征

样地编号	群落高度/m	群落盖度/%	种类	株高/m	多度等级	物候期	生长状态
Q1	1.4	80	五节芒 *Miscanthus floridulus*	1.4	Soc	果期	湿生
			葎草 *Humulus scandens*	0.75	Sol	营养期	湿生
			鬼针草 *Bidens pilosa*	0.63	Sp	果期	湿生
			杠板归 *Polygonum perfoliatum*	0.58	Sol	营养期	湿生
			火炭母 *Polygonum chinense*	0.25	Sol	营养期	湿生
Q2	1.7	60	五节芒 *Miscanthus floridulus*	1.7	Soc	果期	湿生

注：取样地点 Q1 为百色市澄碧河右江区河段，Q2 为永福县西河落红口河段；样方面积为 100m²；取样时间 Q1 为 2005 年 10 月 5 日，Q2 为 2011 年 11 月 3 日

十五、糠稷群系

糠稷（*Panicum bisulcatum*）为禾本科黍属一年生或多年生水湿生草本植物。广西的糠稷群系在桂北、桂西有分布，见于河流、沟渠等，主要类型为糠稷群丛。该群丛高度 0.6～0.9m，盖度 80%～100%，仅由糠稷组成或以糠稷为主，其他种类有双穗雀稗等（表 4-109）。

表 4-109　糠稷群丛的数量特征

样地编号	群落高度/m	群落盖度/%	种类	株高/m	多度等级	物候期	生长状态
Q1	0.73	90	糠稷 Panicum bisulcatum	0.73	Soc	营养期	湿生
Q2	0.85	95	糠稷 Panicum bisulcatum	0.85	Soc	花期	挺水
			双穗雀稗 Paspalum distichum	0.43	Sol	果期	挺水

注：取样地点 Q1 为环江县小环江长美乡河段，Q2 为凤山县袍里乡月里村；样方面积为 100m²；取样时间 Q1 为 2009 年 6 月 13 日，Q2 为 2017 年 9 月 27 日

十六、铺地黍群系

铺地黍为禾本科黍属多年生水陆生草本植物。广西的铺地黍群系分布普遍，见于潮上带、河流、湖泊、沼泽及沼泽化湿地、水库、池塘、沟渠等，主要类型为铺地黍群丛。该群丛高度 0.3~0.8m，盖度 60%~100%，仅由铺地黍组成或以铺地黍为主，其他种类内陆湿地有过江藤、莲子草、野甘草（Scoparia dulcis）、大画眉草（Eragrostis cilianensis）、钻叶紫菀、双穗雀稗、酸模叶蓼等，而滨海湿地有厚藤、黄细心、沙苦荬菜（Ixeris repens）、羽芒菊、老鼠芳、盐地鼠尾粟、短叶茳芏、锈鳞飘拂草、多枝扁莎等（表 4-110）。

表 4-110　铺地黍群丛的数量特征

样地编号	群落高度/m	群落盖度/%	种类	株高/m	多度等级	物候期	生长状态
Q1	0.80	90	铺地黍 Panicum repens	0.80	Soc	果期	湿生
			过江藤 Phyla nodiflora	0.13	Sp	花期	湿生
			莲子草 Alternanthera sessilis	0.12	Sol	营养期	湿生
			野甘草 Scoparia dulcis	0.32	Sol	花期	湿生
			大画眉草 Eragrostis cilianensis	0.75	Sol	果期	湿生
Q2	0.57	100	铺地黍 Panicum repens	0.80	Soc	果期	挺水
			钻叶紫菀 Aster subulatus	0.63	Un	营养期	挺水
Q3	0.35	60	铺地黍 Panicum repens	0.35	Cop²	营养期	湿生
			厚藤 Ipomoea pes-caprae	0.15	Sp	果期	湿生
			黄细心 Boerhavia diffusa	0.35	Un	营养期	湿生
			沙苦荬菜 Ixeris repens	0.27	Un	营养期	湿生
			羽芒菊 Tridax procumbens	0.32	Sol	花期	湿生
			老鼠芳 Spinifex littoreus	0.38	Sol	果期	湿生
			盐地鼠尾粟 Sporobolus virginicus	0.28	Sol	营养期	湿生
Q4	0.75	100	铺地黍 Panicum repens	0.75	Soc	果期	挺水
Q5	0.65	100	铺地黍 Panicum repens	0.65	Soc	果期	湿生
			短叶茳芏 Cyperus malaccensis subsp. monophyllus	0.83	Sol	营养期	湿生
			锈鳞飘拂草 Fimbristylis sieboldii	0.70	Sol	果期	湿生
			多枝扁莎 Pycreus polystachyos	0.32	Sol	果期	湿生
Q6	0.45	90	铺地黍 Panicum repens	0.45	Soc	果期	湿生

样地编号	群落高度/m	群落盖度/%	种类	株高/m	多度等级	物候期	生长状态
Q6	0.45	90	双穗雀稗 *Paspalum distichum*	0.32	Sp	果期	湿生
			酸模叶蓼 *Polygonum lapathifolium*	0.75	Un	果期	湿生
Q7	0.38	100	铺地黍 *Panicum repens*	0.38	Soc	果期	挺水
			水毛花 *Schoenoplectus mucronatus* subsp. *robustus*	0.65	Sol	果期	挺水

注：取样地点 Q1 为百色市永乐镇澄碧河水库，Q2 为天等县东平镇江龙村，Q3 为合浦县山口镇英罗村，Q4 为忻城县新圩乡新圩村，Q5 为防城市江山镇石角村，Q6 为桂平市蒙圩镇棉宠村，Q7 为柳江县洛满镇古洲村；样方面积为 100m²；取样时间 Q1 为 2009 年 10 月 2 日，Q2 为 2011 年 9 月 12 日，Q3 为 2016 年 10 月 23 日，Q4 为 2016 年 10 月 26 日，Q5 为 2016 年 11 月 2 日，Q6 为 2017 年 9 月 29 日，Q7 为 2018 年 10 月 4 日

十七、斑茅群系

斑茅为禾本科甘蔗属多年生半湿生草本植物。广西的斑茅群系分布普遍，见于河流、水库、沟谷等，主要类型为斑茅群丛、斑茅-狗牙根群丛等。

（一）斑茅群丛

该群丛高度 1.2～3.0m，盖度 50%～90%，仅由斑茅组成或以斑茅为主，其他种类有枫杨、腺柳、石榕树、细叶水团花、条穗薹草、鸭跖草、火炭母、莲子草等（表 4-111）。

表 4-111 斑茅群丛的数量特征

样地编号	群落高度/m	群落盖度/%	种类	株高/m	多度等级	物候期	生长状态
Q1	1.20	60	斑茅 *Saccharum arundinaceum*	1.20	Cop	营养期	湿生
Q2	1.45	90	斑茅 *Saccharum arundinaceum*	1.45	Soc	营养期	湿生
			枫杨 *Pterocarya stenoptera*	1.60	Sol	营养期	湿生
			腺柳 *Salix chaenomeloides*	1.30	Un	营养期	湿生
			火炭母 *Polygonum chinense*	0.13	Sol	营养期	湿生
			莲子草 *Alternanthera sessilis*	0.07	Sol	营养期	湿生
Q3	2.35	50	斑茅 *Saccharum arundinaceum*	2.35	Soc	营养期	湿生
			腺柳 *Salix chaenomeloides*	1.30	Un	营养期	湿生
			石榕树 *Ficus abelii*	0.86	Sol	营养期	湿生
			火炭母 *Polygonum chinense*	0.23	Sol	营养期	湿生
			细叶水团花 *Adina rubella*	0.65	Sol	营养期	湿生
Q4	1.45	50	斑茅 *Saccharum arundinaceum*	1.45	Soc	果期	湿生
Q5	1.35	70	斑茅 *Saccharum arundinaceum*	1.35	Soc	营养期	湿生
			细叶水团花 *Adina rubella*	0.83	Sol	花期	湿生
			条穗薹草 *Carex nemostachys*	0.62	Sol	营养期	湿生
			鸭跖草 *Commelina communis*	0.18	Sol	营养期	湿生

注：取样地点 Q1 为龙胜县浔江江底乡河段，Q2 为永福县西河兴隆村河段，Q3 为灌阳县灌江伍家湾村河段，Q4 为兴安县华江乡湾塘村，Q5 为荔浦市青山镇荔江湾；样方面积为 100m²；取样时间 Q1 为 2011 年 9 月 9 日，Q2 为 2012 年 7 月 11 日，Q3 为 2015 年 9 月 12 日，Q4 为 2017 年 12 月 31 日，Q5 为 2018 年 6 月 25 日

（二）斑茅-狗牙根群丛

该群丛上层高度 1.5～3.0m，盖度 50%～90%，仅由斑茅组成或以斑茅为主，其他种类有五节芒、苎麻等；下层高度 0.15～0.40m，盖度 40%～90%，组成种类以狗牙根为主，其他种类有苍耳、鬼针草、香附子、莲子草、酸模叶蓼、青葙、火炭母、藿香蓟等（表 4-112）。

表 4-112　斑茅-狗牙根群丛的数量特征

层次结构	层高度/m	层盖度/%	种类	株高/m	多度等级	物候期	生长状态
上层	2.60	80	斑茅 *Saccharum arundinaceum*	2.60	Soc	果期	湿生
			五节芒 *Miscanthus floridulus*	2.15	Sp	果期	湿生
			苎麻 *Boehmeria nivea*	1.80	Sol	果期	湿生
下层	0.20	60	狗牙根 *Cynodon dactylon*	0.20	Cop^2	营养期	湿生
			苍耳 *Xanthium sibiricum*	0.36	Sol	营养期	湿生
			鬼针草 *Bidens pilosa*	0.58	Sp	营养期	湿生
			香附子 *Cyperus rotundus*	0.32	Sol	果期	湿生
			莲子草 *Alternanthera sessilis*	0.13	Sol	营养期	湿生
			酸模叶蓼 *Polygonum lapathifolium*	0.90	Sol	营养期	湿生
			青葙 *Celosia argentea*	0.65	Sol	果期	湿生
			火炭母 *Polygonum chinense*	0.28	Un	营养期	湿生
			藿香蓟 *Ageratum conyzoides*	0.50	Un	营养期	湿生

注：取样地点为兴安县榕江镇千家村；样方面积为 100m²；取样时间为 2015 年 11 月 18 日

十八、甜根子草群系

甜根子草（*Saccharum spontaneum*）为禾本科甘蔗属多年生半湿生草本植物。广西的甜根子草群系分布普遍，见于河流、水库、沟渠、田间、沟谷等，主要类型为甜根子草群丛。该群丛高度 1.2～2.5m，盖度 50%～100%，仅由甜根子草组成或以甜根子草为主，其他种类有林泽兰、白茅、葎草、狗牙根等（表 4-113），这些种类因甜根子草密度较高而多见于群落边缘。

表 4-113　甜根子草群丛的数量特征

样地编号	群落高度/m	群落盖度/%	种类	株高/m	多度等级	物候期	生长状态
Q1	1.20	90	甜根子草 *Saccharum spontaneum*	1.35	Soc	营养期	湿生
Q2	1.45	100	甜根子草 *Saccharum spontaneum*	1.40	Soc	营养期	湿生
			林泽兰 *Eupatorium lindleyanum*	0.73	Un	营养期	湿生
			白茅 *Imperata cylindrica*	0.55	Sol	营养期	湿生
			葎草 *Humulus scandens*	1.20	Sol	营养期	湿生
			狗牙根 *Cynodon dactylon*	0.28	Cop^1	营养期	湿生

注：取样地点 Q1 为防城港市茅岭镇，Q2 为桂林市相思江雁山镇河段；样方面积为 100m²；取样时间 Q1 为 2011 年 9 月 9 日，Q2 为 2017 年 11 月 4 日

十九、沟叶结缕草群系

沟叶结缕草是禾本科结缕草属多年生半湿生草本植物。广西的沟叶结缕草群系在桂北、桂南等地区有分布，见于潮上带、河流等，主要类型为沟叶结缕草群丛。该群丛高度 0.05～0.20cm，盖度 50%～100%，仅由沟叶结缕草组成或以沟叶结缕草为主，其他种类内陆湿地有水蓼、酸模叶蓼、车前（*Plantago asiatica*）、鸡眼草等，滨海湿地有小草海桐、厚藤、沙苦荬菜、老鼠芳、南方碱蓬、锈鳞飘拂草、结状飘拂草、铺地黍、盐地鼠尾粟、台湾虎尾草（*Chloris formosana*）等（表 4-114）。

表 4-114　沟叶结缕草群落的数量特征

样地编号	群落高度/m	群落盖度/%	种类	株高/m	多度等级	物候期	生长状态
Q1	0.08	80	沟叶结缕草 *Zoysia matrella*	0.08	Cop³	营养期	湿生
			小草海桐 *Scaevola hainanensis*	0.18	Sol	营养期	湿生
			厚藤 *Ipomoea pes-caprae*	0.10	Sp	花期	湿生
			沙苦荬菜 *Ixeris repens*	0.05	Sp	营养期	湿生
			老鼠芳 *Spinifex littoreus*	0.46	Un	营养期	湿生
			南方碱蓬 *Suaeda australis*	0.23	Un	营养期	湿生
			锈鳞飘拂草 *Fimbristylis feruginea*	0.38	Sol	果期	湿生
			结状飘拂草 *Fimbristylis rigidula*	0.32	Sol	果期	湿生
			铺地黍 *Panicum repens*	0.20	Sp	营养期	湿生
			盐地鼠尾粟 *Sporobolus virginicus*	0.18	Sp	果期	湿生
			台湾虎尾草 *Chloris formosana*	0.42	Un	花期	湿生
Q2	0.12	90	沟叶结缕草 *Zoysia matrella*	0.12	Cop³	营养期	湿生
			络石 *Trachelospermum jasminoides*	0.07	Cop¹	营养期	湿生
			车前 *Plantago asiatica*	0.05	Cop¹	营养期	湿生
			水蓼 *Polygonum hydropiper*	0.27	Sp	营养期	湿生
			土牛膝 *Achyranthes aspera*	0.40	Sp	盛果期	湿生
			酸模叶蓼 *Polygonum lapathifolium*	0.20	Sp	营养期	湿生
			淡竹叶 *Lophatherum gracile*	0.31	Sol	营养期	湿生
			马兰 *Aster indica*	0.30	Un	营养期	湿生

注：取样地点 Q1 为防城港市茅岭镇，Q2 为桂林市漓江大河乡河段；样方面积 Q1 为 25m²，Q2 为 40m²；取样时间 Q1 为 1996 年 8 月 10 日，Q2 为 2013 年 11 月 30 日

第十四节　杂草型草丛

杂草型草丛是指以非禾本科和莎草科草本为建群种的各种湿生草本植物群落的总称。广西湿地杂草型草丛群落类型最多，而且组成种类复杂，以三白草科、蓼科、伞形科、柳叶菜科、菊科、玄参科、唇形科等种类为主。

一、节节草群系

节节草为木贼科木贼属多年生水陆生草本植物。广西的节节草群系分布普遍,见于河流、湖泊、水库、池塘、沟渠等,主要类型为节节草群丛。该群丛高度 0.3～1.0m,盖度 60%～100%,仅由节节草组成或以节节草为主,其他种类有香附子、鸭跖草、雾水葛(*Pouzolzia zeylanica*)、野芋、星毛蕨等(表 4-115)。

表 4-115 节节草群丛的数量特征

样地编号	群落高度/m	群落盖度/%	种类	株高/m	多度等级	物候期	生长状态
Q1	0.47	100	节节草 *Equisetum ramosissimum*	0.45	Soc	孢子期	湿生
Q2	0.32	90	节节草 *Equisetum ramosissimum*	0.32	Soc	孢子期	湿生
			香附子 *Cyperus rotundus*	0.27	Sp	果期	湿生
			鸭跖草 *Commelina communis*	0.16	Sp	营养期	湿生
			雾水葛 *Pouzolzia zeylanica*	0.25	Un	营养期	湿生
			野芋 *Colocasia esculentum* var. *antiquorum*	0.65	Sol	营养期	湿生
Q3	0.55	90	节节草 *Equisetum ramosissimum*	0.55	Soc	营养期	湿生
			星毛蕨 *Ampelopteris prolifera*	0.46	Sol	营养期	湿生
			野芋 *Colocasia esculentum* var. *antiquorum*	0.60	Un	营养期	湿生

注:取样地点 Q1 为灵川县青狮潭水库,Q2 为桂林市宛田乡蝴蝶谷,Q3 为百色市永乐镇南乐村;样方面积为 100m²;取样时间 Q1 为 2012 年 7 月 21 日,Q2 为 2013 年 7 月 19 日,Q3 为 2019 年 1 月 1 日

二、食用双盖蕨群系

食用双盖蕨(*Diplazium esculentum*)为蹄盖蕨科双盖蕨属多年生湿生草本植物。广西的食用双盖蕨群系分布普遍,见于河流、沼泽及沼泽化湿地、沟渠等,主要类型为食用双盖蕨群丛。该群丛高度 0.8～1.5m,盖度 60%～100%,仅由食用双盖蕨组成或以食用双盖蕨为主,其他种类有火炭母、粗叶悬钩子(*Rubus alceifolius*)、笔管草、星毛蕨等(表 4-116)。

表 4-116 食用双盖蕨群丛的数量特征

群落高度/m	群落盖度/%	种类	株高/m	多度等级	物候期	生长状态
1.25	95	食用双盖蕨 *Diplazium esculentum*	1.25	Soc	孢子期	湿生
		火炭母 *Polygonum chinense*	0.30	Sol	营养期	湿生
		粗叶悬钩子 *Rubus alceifolius*	1.30	Un	营养期	湿生
		笔管草 *Equisetum ramosissimum* subsp. *debile*	0.95	Sol	营养期	湿生
		星毛蕨 *Ampelopteris prolifera*	0.56	Sol	孢子期	湿生

注:取样地点为灵川县青狮潭水库;样方面积为 40m²;取样时间为 2011 年 8 月 18 日

三、星毛蕨群系

星毛蕨为金星蕨科星毛蕨属多年生湿生草本植物。广西的星毛蕨群系分布普遍，见于河流、沼泽及沼泽化湿地、水库、池塘、沟渠等，主要类型为星毛蕨群丛。该群丛高度 0.6～1.2m，盖度 60%～100%，仅由星毛蕨组成或以星毛蕨为主，其他种类有狗牙根、扁穗牛鞭草、两歧飘拂草、笔管草等（表 4-117）。

表 4-117　星毛蕨群丛的数量特征

样地编号	群落高度/m	群落盖度/%	种类	株高/m	多度等级	物候期	生长状态
Q1	0.85	80	星毛蕨 Ampelopteris prolifera	0.85	Soc	营养期	湿生
			狗牙根 Cynodon dactylon	0.23	Sp	营养期	湿生
Q2	0.76	90	星毛蕨 Ampelopteris prolifera	0.76	Soc	营养期	湿生
			扁穗牛鞭草 Hemarthria compressa	0.16	Sol	花期	湿生
			两歧飘拂草 Fimbristylis dichotoma	0.38	Sol	果期	湿生
Q3	1.05	100	星毛蕨 Ampelopteris prolifera	1.05	Soc	孢子期	湿生
			笔管草 Equisetum ramosissimum subsp. debile	0.80	Sol	营养期	湿生
Q4	0.85	100	星毛蕨 Ampelopteris prolifera	0.85	Soc	孢子期	湿生
Q5	0.93	100	星毛蕨 Ampelopteris prolifera	0.93	Soc	孢子期	湿生

注：取样地点 Q1 为百色市澄碧河水库，Q2 和 Q3 为灵川县公平乡和平村，Q4 和 Q5 为灵川县青狮潭水库；样方面积为 100m²；取样时间 Q1 为 2010 年 5 月 4 日，Q2 为 2011 年 8 月 18 日，Q3 为 2011 年 8 月 19 日，Q4 为 2015 年 7 月 22 日，Q5 为 2016 年 7 月 25 日

四、扬子毛茛群系

扬子毛茛为毛茛科毛茛属多年生湿生草本植物。广西的扬子毛茛群系分布普遍，见于河流、湖泊、沼泽及沼泽化湿地、水田、田间等，主要类型为扬子毛茛群丛。该群丛高度 0.2～0.5m，盖度 60%～95%，仅由扬子毛茛组成或以扬子毛茛为主，其他种类有看麦娘、细风轮菜（Clinopodium gracile）、通泉草（Mazus pumilus）、破铜钱、荠（Capsella bursa-pastoris）、马齿苋（Portulaca oleracea）等（表 4-118）。

表 4-118　扬子毛茛群丛的数量特征

样地编号	群落高度/m	群落盖度/%	种类	株高/m	多度等级	物候期	生长状态
Q1	0.30	80	扬子毛茛 Ranunculus sieboldii	0.30	Soc	花期	湿生
			看麦娘 Alopecurus aequalis	0.25	Cop¹	花期	湿生
			细风轮菜 Clinopodium gracile	0.18	Sp	营养期	湿生
			通泉草 Mazus pumilus	0.15	Sol	花期	湿生
			短叶水蜈蚣 Kyllinga brevifolia	0.20	Sol	花期	湿生
			破铜钱 Hydrocotyle sibthorpioides var. batrachium	0.04	Sp	营养期	湿生

续表

样地编号	群落高度/m	群落盖度/%	种类	株高/m	多度等级	物候期	生长状态
Q1	0.30	80	喜旱莲子草 Alternanthera philoxeroides	0.32	Sol	花期	湿生
			荠 Capsella bursa-pastoris	0.45	Sol	花果期	湿生
			马齿苋 Portulaca oleracea	0.08	Un	营养期	湿生
Q2	0.25	95	扬子毛茛 Ranunculus sieboldii	0.25	Soc	花期	湿生

注：取样地点 Q1 为阳朔县杨堤乡土岭村，Q2 为阳朔县阳朔镇骥马村；样方面积为 100m²；取样时间 Q1 为 2010 年 4 月 25 日，Q2 为 2015 年 3 月 28 日

五、蕺菜群系

蕺菜为三白草科蕺菜属多年生宿根性水湿生草本植物。广西的蕺菜群系分布普遍，既有野生的，也有种植的。野生蕺菜群系见于河流、水田、田间等，主要类型为蕺菜群丛。该群丛高度 0.2～0.6m，盖度 60%～100%，仅由蕺菜组成或以蕺菜为主，其他种类有喜旱莲子草、艾（Artemisia argyi）、野茼蒿（Crassocephalum crepidioides）、一年蓬（Erigeron annuus）、鸭儿芹、红马蹄草（Hydrocotyle nepalensis）、糯米团、大苞鸭跖草（Commelina paludosa）、金线草（Antenoron filiforme）、节节草等（表 4-119）。

表 4-119　蕺菜群丛的数量特征

样地编号	群落高度/m	群落盖度/%	种类	株高/m	多度等级	物候期	生长状态
Q1	0.56	100	蕺菜 Houttuynia cordata	0.56	Soc	花期	湿生
Q2	0.50	95	蕺菜 Houttuynia cordata	0.50	Soc	花期	湿生
			喜旱莲子草 Alternanthera philoxeroides	0.36	Cop¹	花期	湿生
Q3	0.46	100	蕺菜 Houttuynia cordata	0.46	Soc	花期	湿生
			喜旱莲子草 Alternanthera philoxeroides	0.37	Cop¹	花期	湿生
			艾 Artemisia argyi	0.45	Sol	营养期	湿生
			野茼蒿 Crassocephalum crepidioides	0.36	Un	营养期	湿生
			一年蓬 Erigeron annuus	0.34	Sol	营养期	湿生
Q4	0.35	85	蕺菜 Houttuynia cordata	0.35	Soc	花期	湿生
			鸭儿芹 Cryptotaenia japonica	0.26	Sol	营养期	湿生
			红马蹄草 Hydrocotyle nepalensis	0.23	Sol	花期	湿生
			糯米团 Gonostegia hirta	0.30	Sol	花期	湿生
			大苞鸭跖草 Commelina paludosa	0.28	Un	营养期	湿生
			金线草 Antenoron filiforme	0.56	Un	营养期	湿生
			节节草 Equisetum ramosissimum	0.46	Un	营养期	湿生

注：取样地点 Q1 为灵川县灵田乡灵田村，Q2 灵川县灵田乡会林村，Q3 为灵川县大圩镇西马村，Q4 为桂林市黄沙乡翻水村；样方面积为 25m²；取样时间 Q1～Q3 为 2012 年 6 月 5 日，Q4 为 2013 年 6 月 23 日

六、蕺菜+喜旱莲子草群系

广西的蕺菜+喜旱莲子草群系在桂北等地区有分布，见于沼泽及沼泽化湿地、田间等，主要类型有蕺菜+喜旱莲子草群丛。该群丛高度 0.3～0.6m，盖度 80%～100%，组成种类以蕺菜和喜旱莲子草为主，其他种类有水蓼、双穗雀稗、刺酸模、钻叶紫菀、狼杷草（*Bidens tripartita*）、水芹等（表 4-120）。

表 4-120　蕺菜+喜旱莲子草群丛的数量特征

群落高度/m	群落盖度/%	种类	株高/m	多度等级	物候期	生长状态
0.43	90	蕺菜 *Houttuynia cordata*	0.43	Cop^3	花期	湿生
		喜旱莲子草 *Alternanthera philoxeroides*	0.38	Cop^3	花期	湿生
		水蓼 *Polygonum hydropiper*	0.65	Sol	花期	湿生
		双穗雀稗 *Paspalum distichum*	0.32	Sp	花期	湿生
		刺酸模 *Rumex maritimus*	0.60	Sol	花期	湿生
		钻叶紫菀 *Aster subulatus*	0.48	Un	营养期	湿生
		狼杷草 *Bidens tripartita*	0.73	Sol	营养期	湿生
		水芹 *Oenanthe javanica*	0.65	Un	花期	湿生

注：取样地点为桂林市大埠乡八恺村；样方面积为 100m²；取样时间为 2018 年 6 月 22 日

七、血水草群系

血水草（*Eomecon chionantha*）为罂粟科血水草属多年生湿生草本植物。广西的血水草群系在桂北等地区有分布，见于河流、沟谷等，主要类型为血水草群丛。该群丛高度 0.2～0.6m，盖度 60%～95%，组成种类以血水草为主，其他种类有地锦苗（*Corydalis sheareri*）、弯曲碎米荠、火炭母、求米草、红马蹄草、鸭儿芹、糯米团、桂林楼梯草（*Elatostema gueilinense*）等（表 4-121）。

表 4-121　血水草群丛的数量特征

样地编号	群落高度/m	群落盖度/%	种类	株高/m	多度等级	物候期	生长状态
Q1	0.57	90	血水草 *Eomecon chionantha*	0.57	Soc	花期	湿生
			地锦苗 *Corydalis sheareri*	0.42	Cop^1	果期	湿生
			弯曲碎米荠 *Cardamine flexuosa*	0.35	Sp	果期	湿生
			火炭母 *Polygonum chinense*	0.23	Sol	营养期	湿生
Q2	0.32	80	血水草 *Eomecon chionantha*	0.32	Soc	营养期	湿生
			求米草 *Oplismenus undulatifolius*	0.18	Sp	果期	湿生
			红马蹄草 *Hydrocotyle nepalensis*	0.15	Sp	营养期	湿生
			鸭儿芹 *Cryptotaenia japonica*	0.25	Un	营养期	湿生
			糯米团 *Gonostegia hirta*	0.21	Sol	营养期	湿生
			桂林楼梯草 *Elatostema gueilinense*	0.20	Sol	营养期	湿生

注：取样地点 Q1 为桂林市南边山镇华广漕村，Q2 为灵川县大境乡镜子山；样方面积为 100m²；取样时间 Q1 为 2014 年 12 月 14 日，Q2 为 2017 年 4 月 7 日

八、鹅肠菜群系

鹅肠菜为石竹科鹅肠菜属（*Myosoton*）二年生或多年生半湿生草本植物。广西的鹅肠菜群系在桂北、桂西、桂中等地区有分布，见于河流、水田、田间、沟谷等，主要类型为鹅肠菜群丛。该群丛高度 0.2～0.6m，盖度 40%～100%，仅由鹅肠菜组成或以鹅肠菜为主，其他种类有拟鼠麹草、习见蓼、看麦娘、通泉草等（表 4-122）。

表 4-122 鹅肠菜群丛的数量特征

样地编号	群落高度/m	群落盖度/%	种类	株高/m	多度等级	物候期	生长状态
Q1	0.33	100	鹅肠菜 *Myosoton aquaticum*	0.33	Soc	花期	湿生
Q2	0.28	90	鹅肠菜 *Myosoton aquaticum*	0.28	Soc	花期	湿生
			拟鼠麹草 *Pseudognaphalium affine*	0.18	Un	营养期	湿生
			习见蓼 *Polygonum plebeium*	0.10	Sol	花期	湿生
			看麦娘 *Alopecurus aequalis*	0.23	Sol	花期	湿生
			通泉草 *Mazus pumilus*		Un	花期	湿生
Q3	0.25	90	鹅肠菜 *Myosoton aquaticum*	0.25	Soc	果期	湿生

注：样方面积 Q1 和 Q2 为百色市永乐镇南乐村，Q3 为隆林县天生桥镇岩场村；样方面积为 100m²；取样时间 Q1 为 2012 年 1 月 22 日，Q2 为 2019 年 1 月 1 日，Q3 为 2013 年 3 月 10 日

九、金线草群系

金线草为蓼科金线草属多年生半湿生草本植物。广西的金线草群系在桂北、桂西和桂东地区有分布，见于河流、沼泽及沼泽化湿地、沟谷等，主要类型为金线草-求米草群丛。该群丛上层高度 0.5～0.9m，盖度 60%～90%，通常仅由金线草组成；下层高度 0.2～0.4m，盖度 40%～90%，组成种类以求米草为主，其他种类有短叶水蜈蚣、地菍（*Melastoma dodecandrum*）、破铜钱等（表 4-123）。

表 4-123 金线草-求米草群丛的数量特征

层次结构	层高度/m	层盖度/%	种类	株高/m	多度等级	物候期	生长状态
上层	0.75	90	金线草 *Antenoron filiforme*	0.75	Soc	营养期	湿生
下层	0.20	60	求米草 *Oplismenus undulatifolius*	0.20	Cop³	营养期	湿生
			短叶水蜈蚣 *Kyllinga brevifolia*	0.20	Sol	花果期	湿生
			地菍 *Melastoma dodecandrum*	0.08	Sol	果期	湿生
			破铜钱 *Hydrocotyle sibthorpioides* var. *batrachium*	0.04	Sp	营养期	湿生

注：取样地点为灵川县潮田乡活田村；样方面积为 50m²；取样时间为 2013 年 10 月 20 日

十、金荞麦群系

金荞麦（*Fagopyrum dibotrys*）为蓼科荞麦属多年生湿生草本植物。广西的金荞麦群

系在桂北、桂中地区有分布，见于河流、沼泽及沼泽化湿地、沟谷等，主要类型为金荞麦群丛。该群丛高度 0.6～0.9m，盖度 60%～100%，仅由金荞麦组成或以金荞麦为主，其他种类有羊蹄、青葙、苍耳、棕叶狗尾草（*Setaria palmifolia*）、土荆芥（*Dysphania ambrosioides*）、笔管草、柔枝莠竹等（表 4-124）。

表 4-124　金荞麦群丛的数量特征

样地编号	群落高度/m	群落盖度/%	种类	株高/m	多度等级	物候期	生长状态
Q1	0.63	80	金荞麦 *Fagopyrum dibotrys*	0.63	Soc	花期	湿生
			羊蹄 *Rumex japonicus*	0.46	Sol	果期	湿生
			青葙 *Celosia argentea*	0.60	Sol	花期	湿生
			苍耳 *Xanthium strumarium*	0.37	Un	营养期	湿生
			棕叶狗尾草 *Setaria palmifolia*	0.75	Un	果期	湿生
			土荆芥 *Dysphania ambrosioides*	0.45	Un	营养期	湿生
Q2	0.78	100	金荞麦 *Fagopyrum dibotrys*	0.78	Soc	花期	湿生
			青葙 *Celosia argentea*	0.67	Sp	花期	湿生
			笔管草 *Equisetum ramosissimum* subsp. *debile*	0.70	Sp	营养期	湿生
			柔枝莠竹 *Microstegium vimineum*	0.55	Sol	营养期	湿生
Q3	0.75	100	金荞麦 *Fagopyrum dibotrys*	0.75	Soc	花期	湿生

注：取样地点 Q1 为兴安县华江乡同仁村，Q2 为灵川县海洋乡思安江，Q3 为恭城县三江乡；样方面积为 50m²；取样时间 Q1 为 2005 年 8 月 5 日，Q2 为 2011 年 10 月 9 日，Q3 为 2012 年 9 月 25 日

十一、头花蓼群系

头花蓼（*Polygonum capitatum*）为蓼科蓼属多年生半湿生草本植物。广西的头花蓼群系在桂北、桂西、桂东等地区有分布，见于河流、沟谷等，主要类型有头花蓼群丛。该群丛高度 0.1～0.2m，盖度 60%～95%，仅由头花蓼组成或以头花蓼为主，其他种类有裸花水竹叶、尼泊尔蓼、鸭跖草、香附子、莲子草等（表 4-125）。

表 4-125　头花蓼群丛的数量特征

样地编号	群落高度/m	群落盖度/%	种类	株高/m	多度等级	物候期	生长状态
Q1	0.15	80	头花蓼 *Polygonum capitatum*	0.15	Soc	花期	湿生
			大苞鸭跖草 *Commelina paludosa*	0.32	Un	营养期	湿生
			裸花水竹叶 *Murdannia nudiflora*	0.13	Sp	花期	湿生
Q2	0.20	90	头花蓼 *Polygonum capitatum*	0.20	Soc	花期	湿生
			尼泊尔蓼 *Polygonum nepalense*	0.32	Cop[1]	花期	湿生
			糯米团 *Gonostegia hirta*	0.18	Sol	营养期	湿生
			薄柱草 *Nertera sinensis*	0.08	Sp	营养期	湿生
			鸭跖草 *Commelina communis*	0.25	Sp	营养期	湿生
Q3	0.18	95	头花蓼 *Polygonum capitatum*	0.18	Soc	花期	湿生
			香附子 *Cyperus rotundus*	0.32	Sol	果期	湿生

样地编号	群落高度/m	群落盖度/%	种类	株高/m	多度等级	物候期	生长状态
			淡竹叶 *Lophatherum gracile*	0.53	Un	果期	湿生
Q3	0.18	95	竹叶草 *Oplismenus compositus*	0.18	Un	营养期	湿生
			莲子草 *Alternanthera sessilis*	0.10	Sol	营养期	湿生
Q4	0.20	90	头花蓼 *Polygonum capitatum*	0.20	Soc	花期	湿生

注：取样地点 Q1 为钟山县两安乡黄竹村，Q2 为桂林市黄沙乡拉江河，Q3 为桂林市宛田乡白石村，Q4 为兴安县华江乡同仁村；样方面积为 40m²；取样时间 Q1 为 2010 年 7 月 10 日，Q2 为 2011 年 9 月 13 日，Q3 为 2013 年 10 月 3 日，Q4 为 2017 年 9 月 3 日

十二、火炭母群系

火炭母为蓼科蓼属多年生水陆生草本植物。广西的火炭母群系分布普遍，见于河流、湖泊、沼泽及沼泽化湿地、水库、池塘、沟渠、田间、沟谷等，主要类型为火炭母群丛。该群丛高度 0.1~0.8m，盖度 50%~100%，仅由火炭母组成或以火炭母为主，其他种类有鸭跖草、香附子、酸模叶蓼、苍耳等（表 4-126）。

表 4-126　火炭母群丛的数量特征

样地编号	群落高度/m	群落盖度/%	种类	株高/m	多度等级	物候期	生长状态
Q1	0.20	100	火炭母 *Polygonum chinense*	0.20	Cop³	花期	挺水
Q2	0.23	95	火炭母 *Polygonum chinense*	0.23	Soc	果期	挺水
			火炭母 *Polygonum chinense*	0.56	Soc	果期	湿生
			尼泊尔蓼 *Polygonum nepalense*	0.35	Sol	果期	湿生
Q3	0.56	85	糯米团 *Gonostegia hirta*	0.25	Sol	营养期	湿生
			杠板归 *Polygonum perfoliatum*	0.43	Sp	果期	湿生
			节节草 *Equisetum ramosissimum*	0.50	Sp	营养期	湿生
			鸭跖草 *Cyperus rotundus*	0.20	Sol	营养期	湿生
			火炭母 *Polygonum chinense*	0.20	Soc	花期	湿生
Q4	0.20	90	香附子 *Cyperus rotundus*	0.35	Cop¹	果期	湿生
			酸模叶蓼 *Polygonum lapathifolium*	0.63	Un	营养期	湿生
			苍耳 *Xanthium sibiricum*	0.52	Sol	营养期	湿生

注：取样地点 Q1 为荔浦市荔浦河青山镇河段，Q2 为灵川县大境乡寨底村，Q3 为桂林市黄沙乡拉江河，Q4 为桂林市漓江龙门村河段；样方面积为 100m²；取样时间 Q1 为 2012 年 9 月 8 日，Q2 为 2011 年 10 月 9 日，Q3 为 2013 年 10 月 6 日，Q4 为 2011 年 9 月 3 日

十三、蓼子草群系

蓼子草为蓼科蓼属多年生湿生草本植物。广西的蓼子草群系在桂北等地区有分布，见于河流、水库、水田、田间等，主要类型为蓼子草群丛。该群丛高度 0.1~0.2m，盖

度 60%～100%，仅由蓼子草组成或以蓼子草为主，其他种类有球穗扁莎、铺地黍、喜旱莲子草、拟鼠麹草、节节菜、习见蓼等（表 4-127）。

表 4-127　蓼子草群丛的数量特征

样地编号	群落高度/m	群落盖度/%	种类	株高/m	多度等级	物候期	生长状态
Q1	0.18	90	蓼子草 Polygonum criopolitanum	0.18	Soc	花期	湿生
			短叶水蜈蚣 Kyllinga brevifolia	0.23	Sp	果期	湿生
			球穗扁莎 Pycreus flavidus	0.25	Sol	果期	湿生
			铺地黍 Panicum repens	0.20	Un	营养期	湿生
			喜旱莲子草 Alternanthera philoxeroides	0.27	Sp	营养期	湿生
Q2	0.20	100	蓼子草 Polygonum criopolitanum	0.20	Soc	花期	湿生
Q3	0.15	70	蓼子草 Polygonum criopolitanum	0.15	Cop^3	花期	湿生
			拟鼠麹草 Pseudognaphalium affine	0.06	Cop^1	营养期	湿生
			节节菜 Rotala indica	0.18	Sp	营养期	湿生
			习见蓼 Polygonum plebeium	0.20	Sp	花期	湿生
Q4	0.13	60	蓼子草 Polygonum criopolitanum	0.13	Cop^3	花期	湿生

注：样方面积 Q1 和 Q2 为阳朔县葡萄镇久大水库，Q3 为桂林市六塘镇，Q4 为桂林市漓江冷水渡河段；样方面积为 100m²；样方面积 Q1 和 Q2 为 2013 年 10 月 24 日，Q3 为 2014 年 10 月 6 日，Q4 为 2017 年 9 月 3 日

十四、稀花蓼群系

稀花蓼（*Polygonum dissitiflorum*）为蓼科蓼属多年生湿生草本植物。广西的稀花蓼群系在桂北、桂西、桂东等地区有分布，见于河流、沼泽及沼泽化湿地、沟渠、沟谷等，主要类型为稀花蓼群丛。该群丛高度 0.5～0.9m，盖度 60%～100%，组成种类以稀花蓼为主，其他种类有酸模叶蓼、阔叶丰花草（*Spermacoce alata*）、薹草、糠稷、有芒鸭嘴草、半边莲、短叶水蜈蚣等（表 4-128）。

表 4-128　稀花蓼群丛的数量特征

样地编号	群落高度/m	群落盖度/%	种类	株高/m	多度等级	物候期	生长状态
Q1	0.73	90	稀花蓼 Polygonum dissitiflorum	0.73	Soc	果期	湿生
			杠板归 Polygonum perfoliatum	0.50	Sp	果期	湿生
			酸模叶蓼 Polygonum lapathifolium	0.65	Un	营养期	湿生
			阔叶丰花草 Spermacoce alata	0.23	Sp	营养期	湿生
			薹草 Carex sp.	0.30	Sol	营养期	湿生
			糠稷 Panicum bisulcatum	0.63	Sp	果期	湿生
Q2	0.60	85	稀花蓼 Polygonum dissitiflorum	0.60	Soc	果期	湿生
			棕叶狗尾草 Setaria palmifolia	0.76	Un	果期	湿生
			有芒鸭嘴草 Ischaemum aristatum	0.53	Sol	果期	湿生
			大苞鸭跖草 Commelina paludosa	0.40	Un	营养期	湿生
			短叶水蜈蚣 Kyllinga brevifolia	0.23	Sp	果期	湿生

注：取样地点 Q1 为灵川县兰田乡江洲坪，Q2 为桂林市宛田乡白石村；样方面积为 100m²；取样时间 Q1 为 2013 年 9 月 29 日，Q2 为 2013 年 10 月 6 日

十五、长箭叶蓼群系

长箭叶蓼（*Polygonum hastatosagittatum*）为蓼科蓼属多年生水湿生草本植物。广西的长箭叶蓼群系在桂北、桂中等地区有分布，见于河流、沼泽及沼泽化湿地、沟渠、沟谷等，主要类型为长箭叶蓼群丛。该群丛高度 0.4～0.8m，盖度 60%～90%，组成种类以长箭叶蓼为主，其他种类有水蓼、野芋、杠板归、狼杷草、水香薷、双穗雀稗等（表 4-129）。

表 4-129　长箭叶蓼群丛的数量特征

群落高度/m	群落盖度/%	种类	株高/m	多度等级	物候期	生长状态
0.63	90	长箭叶蓼 *Polygonum hastatosagittatum*	0.63	Soc	花期	湿生
		水蓼 *Polygonum hydropiper*	0.60	Sol	花期	湿生
		杠板归 *Polygonum perfoliatum*	0.50	Sp	果期	湿生
		狼杷草 *Bidens tripartita*	0.80	Un	营养期	湿生
		野芋 *Colocasia esculentum* var. *antiquorum*	0.57	Un	营养期	湿生
		水香薷 *Elsholtzia kachinensis*	0.28	Sp	营养期	湿生
		双穗雀稗 *Paspalum distichum*	0.20	Cop[1]	果期	湿生

注：取样地点为荔浦市花赟镇大江村；样方面积为 40m²；取样时间为 2011 年 9 月 27 日

十六、愉悦蓼群系

愉悦蓼为蓼科蓼属一年生水湿生草本植物。广西的愉悦蓼群系在桂北、桂中、桂东等地区有分布，见于河流、沼泽及沼泽化湿地、池塘、沟渠、沟谷等，主要类型为愉悦蓼群丛。该群丛高度 0.4～0.8m，盖度 60%～95%，仅由愉悦蓼组成或以愉悦蓼为主，其他种类有红根草（*Lysimachia fortunei*）、糯米团、节节草、水香薷、鸭跖草等（表 4-130）。

表 4-130　愉悦蓼群丛的数量特征

样地编号	群落高度/m	群落盖度/%	种类	株高/m	多度等级	物候期	生长状态
Q1	0.58	95	愉悦蓼 *Polygonum jucundum*	0.58	Soc	花期	湿生
Q2	0.73	90	愉悦蓼 *Polygonum jucundum*	0.73	Soc	花期	湿生
			红根草 *Lysimachia fortunei*	0.48	Sol	营养期	湿生
			糯米团 *Gonostegia hirta*	0.35	Sp	果期	湿生
			节节草 *Equisetum ramosissimum*	0.50	Sol	营养期	湿生
			水香薷 *Elsholtzia kachinensis*	0.32	Cop[1]	营养期	湿生
			鸭跖草 *Commelina communis*	0.25	Sol	营养期	湿生

注：取样地点 Q1 为百色市林业科学研究所，Q2 为桂林市义江宛田河段；样方面积为 100m²；取样时间 Q1 为 2011 年 9 月 11 日，Q2 为 2013 年 7 月 19 日

十七、柔茎蓼群系

柔茎蓼（*Polygonum kawagoeanum*）为蓼科蓼属一年生水湿生草本植物。广西的柔茎蓼群系在桂北、桂中等地区有分布，见于河流、水库、沟渠等，主要类型为柔茎蓼群

丛。该群丛高度 0.2～0.5m，盖度 60%～95%，仅由柔茎蓼组成或以柔茎蓼为主，其他种类有异型莎草、蕺菜、雾水葛、鸭儿芹、节节草、鸭跖草等（表4-131）。

表 4-131 柔茎蓼群丛的数量特征

样地编号	群落高度/m	群落盖度/%	种类	株高/m	多度等级	物候期	生长状态
Q1	0.42	60	柔茎蓼 *Polygonum kawagoeanum*	0.42	Soc	花期	湿生
			异型莎草 *Cyperus difformis*	0.45	Un	果期	湿生
			蕺菜 *Houttuynia cordata*	0.38	Sol	营养期	湿生
			糯米团 *Gonostegia hirta*	0.20	Cop^1	营养期	湿生
			鸭儿芹 *Cryptotaenia japonica*	0.36	Un	果期	湿生
			节节草 *Equisetum ramosissimum*	0.25	Sol	营养期	湿生
			鸭跖草 *Commelina communis*	0.18	Sp	营养期	湿生
Q2	0.35	95	柔茎蓼 *Polygonum kawagoeanum*	0.35	Soc	营养期	挺水

注：取样地点 Q1 为桂林市义江宛田河段，Q2 为阳朔县葡萄镇久大水库；样方面积为 100m²；取样时间 Q1 为 2012 年 8 月 11 日，Q2 为 2013 年 10 月 24 日

十八、酸模叶蓼群系

酸模叶蓼为蓼科蓼属一年生水陆生草本植物。广西的酸模叶蓼群系分布普遍，见于河流、水库、水田、田间等，主要类型为酸模叶蓼群丛。该群丛高度 0.5～1.0m，盖度 60%～100%，仅由酸模叶蓼组成或以酸模叶蓼为主，其他种类有水苋菜、假柳叶菜、牛筋草、习见蓼、拟鼠麹草、铺地黍、香附子、碎米莎草、喜旱莲子草、马唐、苍耳等（表4-132）。

表 4-132 酸模叶蓼群丛的数量特征

样地编号	群落高度/m	群落盖度/%	种类	株高/m	多度等级	物候期	生长状态
Q1	0.55	85	酸模叶蓼 *Polygonum lapathifolium*	0.55	Soc	花期	湿生
			水苋菜 *Ammannia baccifera*	0.36	Sp	果期	湿生
			假柳叶菜 *Ludwigia epilobioides*	0.73	Sol	果期	湿生
			牛筋草 *Eleusine indica*	0.28	Sol	果期	湿生
			习见蓼 *Polygonum plebeium*	0.16	Sp	营养期	湿生
			拟鼠麹草 *Pseudognaphalium affine*	0.20	Cop^1	花期	湿生
Q2	0.80	100	酸模叶蓼 *Polygonum lapathifolium*	0.80	Soc	花期	湿生
Q3	0.73	70	酸模叶蓼 *Polygonum lapathifolium*	0.73	Cop^3	营养期	湿生
			铺地黍 *Panicum repens*	0.47	Sp	花期	湿生
			香附子 *Cyperus rotundus*	0.32	Sol	果期	湿生
			碎米莎草 *Cyperus iria*	0.43	Sp	果期	湿生
			喜旱莲子草 *Alternanthera philoxeroides*	0.25	Cop^1	营养期	湿生
			马唐 *Digitaria sanguinalis*	0.30	Un	果期	湿生
			苍耳 *Xanthium sibiricum*	0.65	Un	营养期	湿生

注：取样地点 Q1 为桂林市会仙湿地，Q2 为恭城县恭城河恭城镇河段，Q3 恭城县恭城河嘉会镇河段；样方面积为 100m²；取样时间 Q1 为 2011 年 8 月 29 日，Q2 为 2015 年 8 月 26 日，Q3 为 2016 年 8 月 1 日

十九、酸模叶蓼+土荆芥群系

广西的酸模叶蓼+土荆芥群系在桂西等地区有分布，见于水库等，主要类型为酸模叶蓼+土荆芥群丛。该群丛高度 0.5～1.0m，盖度 70%～90%，组成种类以酸模叶蓼和土荆芥为主，其他种类有光头稗、千金子、牛筋草、藿香蓟、雾水葛、习见蓼、醉鱼草等（表 4-133）。

表 4-133　酸模叶蓼+土荆芥群丛的数量特征

群落高度/m	群落盖度/%	种类	株高/m	多度等级	物候期	生长状态
		酸模叶蓼 *Polygonum lapathifolium*	0.95	Cop^2	花期	湿生
		土荆芥 *Dysphania ambrosioides*	0.83	Cop^2	花期	湿生
		光头稗 *Echinochloa colona*	0.70	Cop^1	果期	湿生
		千金子 *Leptochloa chinensis*	0.83	Cop^1	果期	湿生
0.95	85	牛筋草 *Eleusine indica*	0.28	Sp	果期	湿生
		藿香蓟 *Ageratum conyzoides*	0.68	Sol	花期	湿生
		醉鱼草 *Buddleja lindleyana*	0.75	Sol	营养期	湿生
		雾水葛 *Pouzolzia zeylanica*	0.26	Sp	花期	湿生
		习见蓼 *Polygonum plebeium*	0.18	Cop^1	花期	湿生

注：取样地点为隆林县金钟山；样方面积为 100m²；取样时间为 2011 年 9 月 13 日

二十、长戟叶蓼群系

长戟叶蓼（*Polygonum maackianum*）为蓼科蓼属一年生水湿生草本植物。广西的长戟叶蓼群系在桂北等地区有分布，见于河流、田间、沟谷等，主要类型为长戟叶蓼群丛。该群丛高度 0.6～0.9m，盖度 60%～95%，组成种类以长戟叶蓼为主，其他种类有双穗雀稗、喜旱莲子草、水蓑衣（*Hygrophila ringens*）、水蓼、笔管草、糯米团、鸭跖草、葎草等（表 4-134）。

表 4-134　长戟叶蓼群丛的数量特征

样地编号	群落高度/m	群落盖度/%	种类	株高/m	多度等级	物候期	生长状态
			长戟叶蓼 *Polygonum maackianum*	0.70	Soc	花期	湿生
			双穗雀稗 *Paspalum distichum*	0.35	Cop^1	花期	湿生
			喜旱莲子草 *Alternanthera philoxeroides*	0.32	Cop^1	花期	湿生
Q1	0.70	80	水蓑衣 *Hygrophila ringens*	0.57	Sol	营养期	湿生
			水蓼 *Polygonum hydropiper*	0.65	Sol	果期	湿生
			笔管草 *Equisetum ramosissimum* subsp. *debile*	0.75	Sol	营养期	湿生
			糯米团 *Gonostegia hirta*	0.26	Sp	营养期	湿生
			鸭跖草 *Commelina communis*	0.20	Sp	营养期	湿生

续表

样地编号	群落高度/m	群落盖度/%	种类	株高/m	多度等级	物候期	生长状态
Q2	0.85	95	长戟叶蓼 *Polygonum maackianum*	0.85	Soc	花期	湿生
			葎草 *Humulus scandens*	0.60	Sol	营养期	湿生
			刚莠竹 *Microstegium ciliatum*	0.83	Sp	果期	湿生
			野芋 *Colocasia esculentum* var. *antiquorum*	0.50	Un	营养期	湿生

注：取样地点 Q1 为荔浦市花箦镇福灵村，Q2 为荔浦市双江镇龙坪村；样方面积为 100m²；取样时间 Q1 为 2010 年 9 月 6 日，Q2 为 2011 年 9 月 7 日

二十一、小蓼花群系

小蓼花（*Polygonum muricatum*）为蓼科蓼属一年生水湿生草本植物。广西的小蓼花群系在桂北等地区有分布，见于河流、沼泽及沼泽化湿地等，主要类型有小蓼花群丛、小蓼花-鸭跖草群丛等。

（一）小蓼花群丛

该群丛高度 0.3～0.9m，盖度 50%～90%，组成种类以小蓼花为主，其他种类有长叶蝴蝶草（*Torenia asiatica*）、蕺菜、糯米团、鸭跖草、水芹、稗荩、火炭母等（表 4-135）。

表 4-135　小蓼花群丛的数量特征

群落高度/m	群落盖度/%	种类	株高/m	多度等级	物候期	生长状态
0.45	85	小蓼花 *Polygonum muricatum*	0.45	Soc	花期	湿生
		长叶蝴蝶草 *Torenia asiatica*	0.23	Sp	花期	湿生
		蕺菜 *Houttuynia cordata*	0.37	Sp	营养期	湿生
		糯米团 *Gonostegia hirta*	0.20	Cop[1]	营养期	湿生
		鸭跖草 *Commelina communis*	0.15	Sol	营养期	湿生
		水芹 *Oenanthe javanica*	0.78	Sol	果期	湿生
		稗荩 *Sphaerocaryum malaccense*	0.16	Sp	果期	湿生
		火炭母 *Polygonum chinense*	0.35	Cop[1]	营养期	湿生

注：取样地点为桂林市义江宛田河段；样方面积为 40m²；取样时间为 2016 年 8 月 26 日

（二）小蓼花-鸭跖草群丛

该群丛上层高度 0.6～0.9m，盖度 50%～90%，仅由小蓼花组成或以小蓼花为主，其他种类有扁穗牛鞭草、两歧飘拂草、笔管草等；下层高度 0.15～0.40m，盖度 70%～90%，组成种类以鸭跖草为主，其他种类有喜旱莲子草、止血马唐（*Digitaria ischaemum*）、短叶水蜈蚣、蕺菜等（表 4-136）。

表 4-136　小蓼花-鸭跖草群丛的数量特征

样地编号	层次结构	层高度/m	层盖度/%	种类	株高/m	多度等级	物候期	生长状态
Q1	上层	0.63	80	小蓼花 *Polygonum muricatum*	0.63	Soc	花期	湿生
	下层	0.18	90	鸭跖草 *Commelina communis*	0.18	Soc	营养期	湿生
				止血马唐 *Digitaria ischaemum*	0.25	Sol	花果期	湿生
				短叶水蜈蚣 *Kyllinga brevifolia*	0.20	Sol	花期	湿生
Q2	上层	0.70	70	小蓼花 *Polygonum muricatum*	0.70	Soc	花期	湿生
				笔管草 *Equisetum ramosissimum* subsp. *debile*	0.73	Sp	营养期	湿生
				两歧飘拂草 *Fimbristylis dichotoma*	0.48	Sp	果期	湿生
				扁穗牛鞭草 *Hemarthria compressa*	0.70	Sol	花期	湿生
	下层	0.30	85	鸭跖草 *Commelina communis*	0.32	Soc	营养期	湿生
				止血马唐 *Digitaria ischaemum*	0.30	Soc	花果期	湿生
				蕺菜 *Houttuynia cordata*	0.15	Sp	营养期	湿生
				糯米团 *Gonostegia hirta*	0.18	Cop[1]	营养期	湿生
				火炭母 *Polygonum chinense*	0.26	Sp	花期	湿生
				喜旱莲子草 *Alternanthera philoxeroides*	0.15	Sp	营养期	湿生

注：取样地点为桂林市义江宛田河段；样方面积为 100m²；取样时间 Q1 为 2012 年 10 月 26 日，Q2 为 2015 年 7 月 13 日

二十二、小蓼花+李氏禾群系

广西的小蓼花+李氏禾群系在桂北有分布，见于沼泽及沼泽化湿地等，主要类型为小蓼花+李氏禾群丛。该群丛高度 0.5～0.9m，盖度 70%～95%，组成种类以小蓼花和李氏禾为主，其他种类有双穗雀稗、柳叶箬、野慈姑（*Sagittaria trifolia*）、三棱水葱等（表 4-137）。

表 4-137　小蓼花+李氏禾群丛的数量特征

群落高度/m	群落盖度/%	种类	株高/m	多度等级	物候期	生长状态
0.56	95	小蓼花 *Polygonum muricatum*	0.56	Cop²	花期	挺水
		李氏禾 *Leersia hexandra*	0.50	Cop³	花期	挺水
		双穗雀稗 *Paspalum distichum*	0.45	Sol	花果期	挺水
		柳叶箬 *Isachne globose*	0.38	Cop¹	花期	挺水
		野慈姑 *Sagittaria trifolia*	0.43	Un	营养期	挺水
		三棱水葱 *Schoenoplectus triqueter*	0.75	Sp	花果期	挺水

注：取样地点为桂林市南边山镇塘头村；样方面积为 100m²；取样时间为 2018 年 8 月 27 日

二十三、尼泊尔蓼群系

尼泊尔蓼为蓼科蓼属一年生半湿生草本植物。广西的尼泊尔蓼群系在桂北、桂中等地区有分布，见于河流、水库、沟谷等，主要类型为尼泊尔蓼群丛。该群丛高度 0.2～

0.4m，盖度 40%～90%，组成种类以尼泊尔蓼为主，其他种类有荷莲豆草（*Drymaria cordata*）、大苞鸭跖草、细风轮菜、凹叶景天（*Sedum emarginatum*）、破铜钱、鸭儿芹、糯米团等（表 4-138）。

表 4-138　尼泊尔蓼群丛的数量特征

群落高度/m	群落盖度/%	种类	株高/m	多度等级	物候期	生长状态
0.32	70	尼泊尔蓼 *Polygonum nepalense*	0.32	Cop³	花期	湿生
		荷莲豆草 *Drymaria cordata*	0.43	Sp	营养期	湿生
		大苞鸭跖草 *Commelina paludosa*	0.35	Sol	营养期	湿生
		细风轮菜 *Clinopodium gracile*	0.20	Un	营养期	湿生
		凹叶景天 *Sedum emarginatum*	0.23	Sol	营养期	湿生
		笔管草 *Equisetum ramosissimum* subsp. *debile*	0.40	Sol	营养期	湿生
		鸭儿芹 *Cryptotaenia japonica*	0.36	Un	果期	湿生
		糯米团 *Gonostegia hirta*	0.18	Cop¹	花期	湿生

注：取样地点为桂林市宛田乡界头村；样方面积为 25m²；取样时间为 2013 年 8 月 1 日

二十四、习见蓼群系

习见蓼为蓼科蓼属一年生湿生草本植物。广西的习见蓼群系分布普遍，见于河流、水库、水田等，主要类型为习见蓼群丛。该群丛高度 0.1～0.3m，盖度 50%～90%，组成种类以习见蓼为主，其他种类有鹅不食草、芫荽菊、看麦娘、拟鼠麴草、通泉草、鳢肠、泥花草等（表 4-139）。

表 4-139　习见蓼群丛的数量特征

群落高度/m	群落盖度/%	种类	株高/m	多度等级	物候期	生长状态
0.23	80	习见蓼 *Polygonum plebeium*	0.23	Soc	花期	湿生
		鹅不食草 *Epaltes australis*	0.15	Sol	花期	湿生
		芫荽菊 *Cotula anthemoides*	0.15	Cop¹	花期	湿生
		看麦娘 *Alopecurus aequalis*	0.25	Sp	营养期	湿生
		拟鼠麴草 *Pseudognaphalium affine*	0.16	Cop¹	花期	湿生
		通泉草 *Mazus pumilus*	0.13	Sol	营养期	湿生
		鳢肠 *Eclipta prostrata*	0.10	Sol	花期	湿生
		泥花草 *Lindernia antipoda*	0.12	Un	营养期	湿生

注：取样地点为百色市永乐镇南乐村；样方面积为 100m²；取样时间为 2017 年 7 月 22 日

二十五、疏蓼群系

疏蓼（*Polygonum praetermissum*）为蓼科蓼属一年生水湿生草本植物。广西的疏蓼群系在桂北等地区有分布，见于河流、沼泽及沼泽化湿地、水库等，主要类型为疏蓼群丛。该群丛高度 0.2～0.5m，盖度 60%～95%，组成种类以疏蓼为主，其他种类有长叶蝴蝶草、半边莲、短叶水蜈蚣、破铜钱、扁穗牛鞭草、两歧飘拂草、卵叶丁香蓼（*Ludwigia ovalis*）、泥花草等（表4-140）。

表4-140　疏蓼群丛的数量特征

群落高度/m	群落盖度/%	种类	株高/m	多度等级	物候期	生长状态
		疏蓼 *Polygonum praetermissum*	0.25	Soc	花期	湿生
		长叶蝴蝶草 *Torenia asiatica*	0.18	Sol	花期	湿生
		半边莲 *Lobelia chinensis*	0.15	Cop[1]	花期	湿生
		短叶水蜈蚣 *Kyllinga brevifolia*	0.23	Sp	花期	湿生
0.25	90	破铜钱 *Hydrocotyle sibthorpioides* var. *batrachium*	0.06	Cop[1]	营养期	湿生
		扁穗牛鞭草 *Hemarthria compressa*	0.25	Sp	营养期	湿生
		两歧飘拂草 *Fimbristylis dichotoma*	0.32	Sol	花期	湿生
		卵叶丁香蓼 *Ludwigia ovalis*	0.16	Sp	营养期	湿生
		泥花草 *Lindernia antipoda*	0.12	Un	营养期	湿生

注：取样地点为灵川县兰田乡枫木根；样方面积为100m²；取样时间为2011年9月3日

二十六、戟叶蓼群系

戟叶蓼（*Polygonum thunbergii*）为蓼科蓼属一年生水湿生草本植物。广西的戟叶蓼群系在桂北等地区有分布，见于河流、沟渠、沟谷等，主要类型为戟叶蓼群丛。该群丛高度0.3～0.9m，盖度50%～95%，组成种类以戟叶蓼为主，其他种类有柔枝莠竹、蚕茧草（*Polygonum japonicum*）、丛枝蓼、柳叶箬等（表4-141）。

表4-141　戟叶蓼群丛的数量特征

群落高度/m	群落盖度/%	种类	株高/m	多度等级	物候期	生长状态
		戟叶蓼 *Polygonum thunbergii*	0.35	Soc	营养期	湿生
		柔枝莠竹 *Microstegium vimineum*	0.30	Cop[1]	营养期	湿生
0.35	90	蚕茧草 *Polygonum japonicum*	0.46	Un	营养期	湿生
		丛枝蓼 *Polygonum posumbu*	0.28	Sol	花期	湿生
		柳叶箬 *Isachne globose*	0.40	Sol	花期	湿生

注：取样地点为桂林市黄沙乡安江坪；样方面积为100m²；取样时间为2017年7月22日

二十七、莲子草群系

莲子草为苋科莲子草属一年生水陆生草本植物。广西的莲子草群系分布普遍，见于潮上带、河流、水库、沟渠、水田、田间等，主要类型为莲子草群丛。该群丛高度0.05～0.50m，盖度40%～90%，组成种类以莲子草为主，其他种类内陆湿地有过江藤、狗牙根、牛筋草、破铜钱等，而滨海湿地有厚藤、铺地黍、球柱草（*Bulbostylis barbata*）、沙苦荬菜、羽芒菊、补血草（*Limonium sinense*）、绢毛飘拂草等（表4-142）。

表 4-142　莲子草群丛的数量特征

样地编号	群落高度/m	群落盖度/%	种类	株高/m	多度等级	物候期	生长状态
Q1	0.08	85	莲子草 *Alternanthera sessilis*	0.08	Soc	花期	湿生
			过江藤 *Phyla nodiflora*	0.05	Sp	果期	湿生
			狗牙根 *Cynodon dactylon*	0.15	Sp	营养期	湿生
			牛筋草 *Eleusine indica*	0.28	Un	果期	湿生
Q2	0.10	60	莲子草 *Alternanthera sessilis*	0.10	Soc	花期	湿生
			狗牙根 *Cynodon dactylon*	0.15	Sp	营养期	湿生
			破铜钱 *Hydrocotyle sibthorpioides* var. *batrachium*	0.05	Sp	营养期	湿生
Q3	0.15	50	莲子草 *Alternanthera sessilis*	0.15	Soc	花期	湿生
			厚藤 *Ipomoea pes-caprae*	0.18	Sp	花期	湿生
			铺地黍 *Panicum repens*	0.20	Sp	营养期	湿生
			黄细心 *Boerhavia diffusa*	0.28	Un	营养期	湿生
			球柱草 *Bulbostylis barbata*	0.23	Sol	果期	湿生
			沙苦荬菜 *Ixeris repens*	0.10	Un	花期	湿生
			羽芒菊 *Tridax procumbens*	0.21	Sol	花期	湿生
			补血草 *Limonium sinense*	0.25	Sol	花期	湿生
			绢毛飘拂草 *Fimbristylis sericea*	0.38	Sol	果期	湿生

注：取样地点 Q1 为百色市澄碧河水库，Q2 为桂林市漓江竹江村河段，Q3 为钦州市钦江河口；样方面积为 100m²；取样时间 Q1 为 2006 年 10 月 12 日，Q2 为 2011 年 9 月 5 日，Q3 为 2016 年 9 月 20 日

二十八、青葙群系

青葙是苋科青葙属（*Celosia*）一年生半湿生草本植物。广西的青葙群系分布普遍，见于河流、沟渠、水田、田间等，主要类型有青葙群丛、青葙-狗牙根群丛等。

（一）青葙群丛

该群丛高度 0.3～0.9m，盖度 40%～90%，仅由青葙组成或以青葙为主，其他种类有刺苋（*Amaranthus spinosus*）、稗、水蓼、酸模叶蓼、酸浆（*Physalis alkekengi*）、黄花草、短叶水蜈蚣、香附子、狗牙根等（表 4-143）。

表 4-143　青葙群丛的数量特征

样地编号	群落高度/m	群落盖度/%	种类	株高/m	多度等级	物候期	生长状态
Q1	0.90	80	青葙 *Celosia argentea*	0.90	Soc	花期	湿生
			刺苋 *Amaranthus spinosus*	1.00	Cop²	花期	湿生
			稗 *Echinochloa crusgalli*	0.80	Cop¹	营养期	湿生
			水蓼 *Polygonum hydropiper*	0.30	Cop¹	营养期	湿生
			酸浆 *Physalis alkekengi*	0.46	Sol	花期	湿生
			黄花草 *Arivela viscosa*	0.20	Sol	花期	湿生
			短叶水蜈蚣 *Kyllinga brevifolia*	0.05	Sp	花期	湿生

续表

样地编号	群落高度/m	群落盖度/%	种类	株高/m	多度等级	物候期	生长状态
Q2	0.55	60	青葙 *Celosia argentea*	0.55	Cop³	花期	湿生
Q3	0.63	70	青葙 *Celosia argentea*	0.63	Cop³	花期	湿生
			酸模叶蓼 *Polygonum lapathifolium*	0.68	Sol	花期	湿生
			香附子 *Cyperus rotundus*	0.25	Sol	果期	湿生
			狗牙根 *Cynodon dactylon*	0.15	Sp	营养期	湿生

注：取样地点 Q1 为桂林市漓江普益乡河段，Q2 为桂林市漓江竹江村河段，Q3 为阳朔县金宝乡久大村；样方面积 Q1 为 40m²，Q2 和 Q3 为 100m²；取样时间 Q1 为 2013 年 8 月 16 日，Q2 为 2013 年 9 月 21 日，Q3 为 2013 年 10 月 24 日

（二）青葙-狗牙根群丛

该群丛上层高度 0.5~0.9m，盖度 40%~90%，组成种类以青葙为主，其他种类有酸模叶蓼、黄花草、大画眉草、野甘草等；下层高度 0.15~0.40m，盖度 30%~80%，组成种类以狗牙根为主，其他种类有马唐、短叶水蜈蚣、莲子草、蓼子草、火炭母、牛筋草、过江藤、积雪草、破铜钱等（表 4-144）。

表 4-144　青葙-狗牙根群丛的数量特征

样地编号	层次结构	层高度/m	层盖度/%	种类	株高/m	多度等级	物候期	生长状态
Q1	上层	0.57	80	青葙 *Celosia argentea*	0.57	Soc	花期	湿生
				酸模叶蓼 *Polygonum lapathifolium*	0.65	Sol	营养期	湿生
				黄花草 *Arivela viscosa*	0.48	Un	果期	湿生
	下层	0.25	70	狗牙根 *Cynodon dactylon*	0.25	Cop³	营养期	湿生
				马唐 *Digitaria sanguinalis*	0.36	Un	花果期	湿生
				短叶水蜈蚣 *Kyllinga brevifolia*	0.13	Sol	花果期	湿生
				莲子草 *Alternanthera sessilis*	0.05	Sp	营养期	湿生
				蓼子草 *Polygonum criopolitanum*	0.10	Un	花期	湿生
				火炭母 *Polygonum chinense*	0.13	Sol	营养期	湿生
				牛筋草 *Eleusine indica*	0.26	Un	花果期	湿生
Q2	上层	0.63	85	青葙 *Celosia argentea*	0.63	Soc	营养期	湿生
				大画眉草 *Eragrostis cilianensis*	0.78	Sol	花期	湿生
				野甘草 *Scoparia dulcis*	0.45	Sol	营养期	湿生
	下层	0.17	80	狗牙根 *Cynodon dactylon*	0.17	Soc	营养期	湿生
				铺地黍 *Panicum repens*	0.30	Sp	营养期	湿生
				过江藤 *Phyla nodiflora*	0.08	Sp	果期	湿生
				莲子草 *Alternanthera sessilis*	0.12	Sol	果期	湿生
				积雪草 *Centella asiatica*	0.10	Sol	营养期	湿生
				破铜钱 *Hydrocotyle sibthorpioides* var. *batrachium*	0.05	Sol	营养期	湿生
				喜旱莲子草 *Alternanthera philoxeroides*	0.25	Sp	营养期	湿生

注：取样地点 Q1 为桂林市漓江冷水渡河段，Q2 为百色市澄碧河水库；样方面积为 100m²；取样时间 Q1 为 2012 年 8 月 12 日，Q2 为 2016 年 10 月 5 日

二十九、华凤仙群系

华凤仙为凤仙花科凤仙花属一年生湿生草本植物。广西的华凤仙群系在桂北、桂西、桂中地区有分布，见于沼泽及沼泽化湿地、沟渠等，主要类型有华凤仙-柳叶箬群丛。该群丛上层高度 0.5～0.7m，盖度 40%～80%，仅由华凤仙组成或以华凤仙为主，其他种类有圆基长鬃蓼、下田菊（*Adenostemma lavenia*）、水蓼等；下层高度 0.2～0.4m，盖度 60%～90%，组成种类以柳叶箬为主，其他种类有稗荩、铺地黍、节节草、囊颖草（*Sacciolepis indica*）、裸花水竹叶、水香薷、大箭叶蓼（*Polygonum darrisii*）、双穗雀稗、喜旱莲子草、破铜钱等（表 4-145）。

表 4-145 华凤仙-柳叶箬群丛的数量特征

样地编号	层次结构	层高度/m	层盖度/%	种类	株高/m	多度等级	物候期	生长状态
Q1	上层	0.65	50	华凤仙 *Impatiens chinensis*	0.65	Cop²	花期	挺水
				圆基长鬃蓼 *Polygonum longisetum* var. *rotundatum*	0.53	Sol	花期	挺水
				下田菊 *Adenostemma lavenia*	0.48	Sol	花期	挺水
	下层	0.30	85	柳叶箬 *Isachne globosa*	0.30	Soc	花期	挺水
				稗荩 *Sphaerocaryum malaccense*	0.25	Sol	花期	挺水
				铺地黍 *Panicum repens*	0.18	Sol	营养期	挺水
				节节草 *Equisetum ramosissimum*	0.32	Un	营养期	挺水
Q2	上层	0.57	60	华凤仙 *Impatiens chinensis*	0.57	Cop³	花期	湿生
	下层	0.30	90	柳叶箬 *Isachne globosa*	0.30	Soc	花期	湿生
				囊颖草 *Sacciolepis indica*	0.42	Sol	果期	湿生
				裸花水竹叶 *Murdannia nudiflora*	0.10	Sol	花期	湿生
				水香薷 *Elsholtzia kachinensis*	0.25	Sp	营养期	湿生
				大箭叶蓼 *Polygonum darrisii*	0.27	Sol	花期	湿生
				双穗雀稗 *Paspalum distichum*	0.32	Sol	果期	湿生
Q3	上层	0.60	70	华凤仙 *Impatiens chinensis*	0.60	Soc	营养期	湿生
				水蓼 *Polygonum hydropiper*	0.60	Sol	花期	湿生
	下层	0.25	90	柳叶箬 *Isachne globosa*	0.25	Soc	花期	湿生
				双穗雀稗 *Paspalum distichum*	0.30	Sol	果期	湿生
				喜旱莲子草 *Alternanthera philoxeroides*	0.32	Sol	营养期	湿生
				破铜钱 *Hydrocotyle sibthorpioides* var. *batrachium*	0.03	Sol	营养期	湿生

注：取样地点 Q1 为靖西市地州乡坡豆村，Q2 为陆川县温泉镇白坭村，Q3 为钟山县两安乡星寨村；样方面积为 100m²；取样时间 Q1 为 2010 年 8 月 28 日，Q2 为 2010 年 10 月 1 日，Q3 为 2012 年 7 月 11 日

三十、水苋菜群系

水苋菜为千屈菜科水苋菜属一年生水湿生草本植物。广西的水苋菜群系分布普遍，见于水田、田间等，主要类型为水苋菜群丛。该群丛高度 0.3～0.8m，盖度 60%～100%，仅由水苋菜组成或以水苋菜为主，其他种类有泥花草、母草（*Lindernia crustacea*）、萤蔺、水虱草、破铜钱、牛毛毡等（表 4-146）。

表 4-146　水苋菜群丛的数量特征

样地编号	群落高度/m	群落盖度/%	种类	株高/m	多度等级	物候期	生长状态
Q1	0.32	100	水苋菜 *Ammannia baccifera*	0.32	Soc	花期	湿生
Q2	0.45	70	水苋菜 *Ammannia baccifera*	0.45	Cop³	营养期	湿生
			泥花草 *Lindernia antipoda*	0.16	Sol	花期	湿生
			陌上菜 *Lindernia procumbens*	0.18	Sol	果期	湿生
			母草 *Lindernia crustacea*	0.12	Un	花期	湿生
			通泉草 *Mazus pumilus*	0.10	Un	营养期	湿生
			萤蔺 *Schoenoplectus juncoides*	0.28	Un	花期	湿生
			水虱草 *Fimbristylis littoralis*	0.25	Un	花期	湿生
			破铜钱 *Hydrocotyle sibthorpioides* var. *batrachium*	0.06	Sol	营养期	湿生
			牛毛毡 *Eleocharis yokoscensis*	0.08	Sol	营养期	湿生

注: 取样地点 Q1 为灵川县五屋, Q2 为桂林市会仙湿地; 样方面积为 100m²; 取样时间 Q1 为 2011 年 8 月 19 日, Q2 为 2011 年 9 月 28 日

三十一、千屈菜群系

千屈菜 (*Lythrum salicaria*) 为千屈菜科千屈菜属 (*Lythrum*) 多年生水湿生草本植物。广西的千屈菜群系在桂北有分布, 既有野生的, 也有种植的, 见于池塘、田间、沟谷等, 主要类型有千屈菜群丛、千屈菜-狗牙根群丛等。

(一) 千屈菜群丛

该群丛高度 0.6～1.5m, 盖度 50%～90%, 组成种类以千屈菜为主, 其他种类有稗、酸模叶蓼、毛草龙、两歧飘拂草、长蒴母草、光头稗、异型莎草、垂穗莎草、碎米莎草等 (表 4-147)。

表 4-147　千屈菜群丛的数量特征

样地编号	群落高度/m	群落盖度/%	种类	株高/m	多度等级	物候期	生长状态
Q1	0.73	50	千屈菜 *Lythrum salicaria*	0.73	Cop³	花期	湿生
			稗 *Echinochloa crusgalli*	0.65	Sol	花期	湿生
			酸模叶蓼 *Polygonum lapathifolium*	0.57	Sol	营养期	湿生
			毛草龙 *Ludwigia octovalvis*	0.83	Un	花期	湿生
Q2	0.95	90	千屈菜 *Lythrum salicaria*	0.95	Soc	花期	湿生
			两歧飘拂草 *Fimbristylis dichotoma*	0.37	Cop¹	果期	湿生
			长蒴母草 *Lindernia anagallis*	0.25	Sp	花期	湿生
			光头稗 *Echinochloa colona*	0.50	Sp	花期	湿生
			异型莎草 *Cyperus difformis*	0.48	Sol	花期	湿生
			垂穗莎草 *Cyperus nutans*	0.63	Sol	花期	湿生
			碎米莎草 *Cyperus iria*	0.65	Sp	花期	湿生

注: 取样地点 Q1 为恭城县栗木镇大枧村, Q2 为桂林市会仙镇睦洞村; 样方面积为 100m²; 取样时间 Q1 为 2012 年 9 月 3 日, Q2 为 2016 年 7 月 22 日

（二）千屈菜-狗牙根群丛

该群丛上层高度 0.7～1.5m，盖度 50%～80%，通常仅由千屈菜组成；下层高度 0.2～0.4m，盖度 60%～100%，组成种类以狗牙根为主，其他种类有过江藤、破铜钱、香附子等（表 4-148）。

表 4-148 千屈菜-狗牙根群丛的数量特征

层次结构	层高度/m	层盖度/%	种类	株高/m	多度等级	物候期	生长状态
上层	0.85	60	千屈菜 *Lythrum salicaria*	0.85	Cop³	花期	湿生
下层	0.28	90	狗牙根 *Cynodon dactylon*	0.28	Soc	营养期	湿生
			过江藤 *Phyla nodiflora*	0.20	Sp	花期	湿生
			破铜钱 *Hydrocotyle sibthorpioides* var. *batrachium*	0.06	Sol	营养期	湿生
			香附子 *Cyperus rotundus*	0.15	Sol	果期	湿生

注：取样地点为恭城县嘉会镇老虎冲；样方面积为 100m²；取样时间为 2012 年 9 月 3 日

三十二、柳叶菜群系

柳叶菜（*Epilobium hirsutum*）为柳叶菜科柳叶菜属多年生水湿生草本植物。广西的柳叶菜群系在桂北、桂西等地区有分布，见于沼泽及沼泽化湿地、田间、沟谷等，主要类型有柳叶菜群丛、柳叶菜-水珍珠菜群丛、柳叶菜-水香薷群丛等。

（一）柳叶菜群丛

该群丛高度 0.8～1.6m，盖度 60%～90%，仅由柳叶菜组成或以柳叶菜为主，其他种类有钻叶紫菀、狼杷草、双穗雀稗、水芹、异型莎草等（表 4-149）。

表 4-149 柳叶菜群丛的数量特征

群落高度/m	群落盖度/%	种类	株高/m	多度等级	物候期	生长状态
1.15	85	柳叶菜 *Epilobium hirsutum*	1.15	Soc	营养期	挺水
		钻叶紫菀 *Aster subulatus*	0.90	Sp	营养期	挺水
		狼杷草 *Bidens tripartita*	1.10	Sol	营养期	挺水
		双穗雀稗 *Paspalum distichum*	0.35	Cop¹	营养期	挺水
		水芹 *Oenanthe javanica*	0.43	Sol	果期	挺水
		异型莎草 *Cyperus difformis*	0.23	Sol	花期	挺水

注：取样地点为桂林市雁山镇莫家村；样方面积为 100m²；取样时间为 2016 年 5 月 16 日

（二）柳叶菜-水珍珠菜群丛

该群丛上层高度 1.2～1.8m，盖度 40%～90%，通常仅由柳叶菜组成；下层高度 0.4～0.9m，盖度 60%～90%，组成种类以水珍珠菜为主，其他种类有五蕊糯米团（*Gonostegia pentandra*）等（表 4-150）。

表 4-150　柳叶菜-水珍珠菜群丛的数量特征

层次结构	层高度/m	层盖度/%	种类	株高/m	多度等级	物候期	生长状态
上层	1.45	70	柳叶菜 Epilobium hirsutum	1.45	Cop³	花期	湿生
下层	0.85	90	水珍珠菜 Pogostemon auricularius	0.85	Soc	花期	漂浮
			五蕊糯米团 Gonostegia pentandra	0.50	Sp	果期	漂浮

注：取样地点为罗城县四把镇龙潭水库；样方面积为 100m²；取样时间为 2009 年 9 月 2 日

（三）柳叶菜-水香薷群丛

该群丛上层高度 1.2～1.8m，盖度 60%～90%，组成种类以柳叶菜为主，其他种类有香蒲、狼杷草、钻叶紫菀等；下层高度 0.3～0.5m，盖度 80%～100%，以水香薷为主，其他种类有喜旱莲子草、水芹、水蓼等（表 4-151）。

表 4-151　柳叶菜-水香薷群丛的数量特征

层次结构	层高度/m	层盖度/%	种类	株高/m	多度等级	物候期	生长状态
上层	1.50	85	柳叶菜 Epilobium hirsutum	1.50	Soc	营养期	湿生
			香蒲 Typha orientalis	1.45	Sol	花期	湿生
			狼杷草 Bidens tripartita	1.32	Sp	营养期	湿生
			钻叶紫菀 Aster subulatus	1.10	Sol	营养期	湿生
下层	0.38	90	水香薷 Elsholtzia kachinensis	0.38	Soc	营养期	湿生
			喜旱莲子草 Alternanthera philoxeroides	0.30	Cop¹	花期	湿生
			水芹 Oenanthe javanica	0.53	Sp	花期	湿生
			水蓼 Polygonum hydropiper	0.65	Sol	营养期	湿生

注：取样地点为全州县枧塘乡鲁水村；样方面积为 25m²；取样时间为 2019 年 7 月 2 日

三十三、假柳叶菜群系

假柳叶菜（Ludwigia epilobioides）为柳叶菜科丁香蓼属一年生水湿生草本植物。广西的假柳叶菜群系在桂北、桂西等地区有分布，见于沼泽及沼泽化湿地、沟渠、水田等，主要类型为假柳叶菜群丛。该群丛高度 0.6～1.2m，盖度 50%～95%，仅由假柳叶菜组成或以假柳叶菜为主，其他种类有稗、水蓼、李氏禾、蘋（Marsilea quadrifolia）、鸭舌草、圆叶节节菜（Rotala rotundifolia）等（表 4-152）。

表 4-152　假柳叶菜群丛的数量特征

样地编号	群落高度/m	群落盖度/%	种类	株高/m	多度等级	物候期	生长状态
Q1	0.80	90	假柳叶菜 Ludwigia epilobioides	0.80	Soc	营养期	挺水
			李氏禾 Leersia hexandra	0.25	Sol	营养期	挺水
			稗 Echinochloa crusgalli	0.63	Sol	果期	挺水
			蘋 Marsilea quadrifolia	0.15	Sp	营养期	挺水
			水蓼 Polygonum hydropiper	0.70	Sol	营养期	挺水
			鸭舌草 Monochoria vaginalis	0.12	Un	花期	挺水
			圆叶节节菜 Rotala rotundifolia	0.25	Sol	营养期	挺水

样地编号	群落高度/m	群落盖度/%	种类	株高/m	多度等级	物候期	生长状态
Q2	0.95	95	假柳叶菜 *Ludwigia epilobioides*	0.95	Soc	果期	湿生
			李氏禾 *Leersia hexandra*	0.38	Sp	花期	湿生

注：取样地点 Q1 为灵山县太平镇，Q2 为全州县文桥镇栗水村；样方面积为 40m²；取样时间 Q1 为 2013 年 6 月 11 日，Q2 为 2013 年 10 月 25 日

三十四、毛草龙群系

毛草龙为柳叶菜科丁香蓼属多年生水湿生草本植物。广西的毛草龙群系分布普遍，见于沼泽及沼泽化湿地、沟渠、水田等，主要类型有毛草龙群丛、毛草龙-李氏禾群丛、毛草龙-鸭跖草群丛等。

（一）毛草龙群丛

该群丛高度 0.6～1.2m，盖度 50%～90%，组成种类以毛草龙为主，其他种类有扁鞘飘拂草、水蓼、柳叶箬、水虱草、齿叶水蜡烛等（表 4-153）。

表 4-153　毛草龙群丛的数量特征

群落高度/m	群落盖度/%	种类	株高/m	多度等级	物候期	生长状态
0.93	90	毛草龙 *Ludwigia octovalvis*	0.93	Soc	营养期	湿生
		扁鞘飘拂草 *Fimbristylis complanata*	0.28	Sol	果期	湿生
		水蓼 *Polygonum hydropiper*	0.53	Sol	营养期	湿生
		柳叶箬 *Isachne globosa*	0.40	Sp	果期	湿生
		水虱草 *Fimbristylis littoralis*	0.32	Un	果期	湿生
		齿叶水蜡烛 *Dysophylla sampsonii*	0.35	Sol	花期	湿生

注：取样地点为荔浦市双江镇保安村；样方面积为 100m²；取样时间为 2011 年 9 月 7 日

（二）毛草龙-李氏禾群丛

该群丛上层高度 1.0～1.6m，盖度 40%～90%，通常仅由毛草龙组成；下层高度 0.3～0.6m，盖度 50%～100%，组成种类以李氏禾为主，其他种类有水莎草、水蓼、野芋、喜旱莲子草等（表 4-154）。

表 4-154　毛草龙-李氏禾群丛的数量特征

层次结构	层高度/m	层盖度/%	种类	株高/m	多度等级	物候期	生长状态
上层	1.55	80	毛草龙 *Ludwigia octovalvis*	1.55	Soc	花期	挺水
下层	0.30	80	李氏禾 *Leersia hexandra*	0.30	Soc	营养期	挺水
			水莎草 *Cyperus serotinus*	0.73	Un	果期	挺水
			水蓼 *Polygonum hydropiper*	0.68	Sol	果期	挺水
			野芋 *Colocasia esculentum* var. *antiquorum*	0.57	Sol	营养期	挺水
			喜旱莲子草 *Alternanthera philoxeroides*	0.35	Sol	营养期	挺水

注：取样地点为钦州市康熙岭镇长坡村；样方面积为 100m²；取样时间为 2011 年 11 月 18 日

（三）毛草龙-鸭跖草群丛

该群丛上层高度 0.7～1.8m，盖度 40%～90%，通常仅由毛草龙组成；下层高度 0.3～0.6m，盖度 50%～100%，组成种类以鸭跖草为主，其他种类有藿香蓟、毛蓼、柔枝莠竹、水珍珠菜等（表 4-155）。

表 4-155　毛草龙-鸭跖草群丛的数量特征

层次结构	层高度/m	层盖度/%	种类	株高/m	多度等级	物候期	生长状态
上层	0.75	50	毛草龙 Ludwigia octovalvis	0.75	Cop^3	花期	湿生
下层	0.35	80	鸭跖草 Commelina communis	0.35	Soc	营养期	湿生
			藿香蓟 Ageratum conyzoides	0.58	Sp	花期	湿生
			毛蓼 Polygonum barbatum	0.40	Sol	花期	湿生
			柔枝莠竹 Microstegium vimineum	0.62	Sol	营养期	湿生
			水珍珠菜 Pogostemon auricularius	0.48	Sol	营养期	湿生

注：取样地点为百色市永乐镇南乐村；样方面积为 100m^2；取样时间为 2018 年 8 月 13 日

三十五、卵叶丁香蓼群系

卵叶丁香蓼为柳叶菜科丁香蓼属多年生水湿生草本植物。广西的卵叶丁香蓼群系在桂北有分布，见于河流、沼泽及沼泽化湿地、沟渠等，主要类型为卵叶丁香蓼群丛。该群丛高度 0.1～0.2m，盖度 60%～95%，仅由卵叶丁香蓼组成或以卵叶丁香蓼为主，其他种类有破铜钱、短叶水蜈蚣、双穗雀稗等（表 4-156）。

表 4-156　卵叶丁香蓼群丛的数量特征

样地编号	群落高度/m	群落盖度/%	种类	株高/m	多度等级	物候期	生长状态
Q1	0.16	90	卵叶丁香蓼 Ludwigia ovalis	0.16	Soc	花期	湿生
			破铜钱 Hydrocotyle sibthorpioides var. batrachium	0.05	Sp	营养期	湿生
			短叶水蜈蚣 Kyllinga brevifolia	0.20	Sol	花期	湿生
			狗牙根 Cynodon dactylon	0.07	Sp	营养期	湿生
			双穗雀稗 Paspalum distichum	0.25	Sol	营养期	湿生
			鸭跖草 Commelina communis	0.13	Sol	营养期	湿生
Q2	0.12	95	卵叶丁香蓼 Ludwigia ovalis	0.12	Soc	营养期	挺水
Q3	0.15	80	卵叶丁香蓼 Ludwigia ovalis	0.15	Soc	营养期	湿生
			虾须草 Sheareria nana	0.28	Sol	营养期	湿生
			短叶水蜈蚣 Kyllinga brevifolia	0.17	Sol	花期	湿生
			破铜钱 Hydrocotyle sibthorpioides var. batrachium	0.06	Sp	营养期	湿生
			水蓼 Polygonum hydropiper	0.53	Sp	花期	湿生

注：取样地点 Q1 为灵川县兰田乡枫木根，Q2 和 Q3 为桂林市漓江南洲岛；样方面积为 40m^2；取样时间 Q1 为 2011 年 9 月 3 日，Q2 和 Q3 为 2011 年 10 月 2 日

三十六、紫云英群系

紫云英（*Astragalus sinicus*）是豆科黄芪属（*Astragalus*）二年生湿生草本植物。广西的紫云英群系多在水田中种植，而野生的见于河流、水田、田间等，主要类型为紫云英群丛。该群丛高度 0.1～0.3m，盖度 80%～100%，仅由紫云英组成或以紫云英为主，其他种类有狗牙根、早熟禾（*Poa annua*）、翠雀（*Delphinium grandiflorum*）、短叶水蜈蚣等（表 4-157）。

表 4-157　紫云英群丛的数量特征

样地编号	群落高度/m	群落盖度/%	种类	株高/m	多度等级	物候期	生长状态
Q1	0.18	90	紫云英 *Astragalus sinicus*	0.18	Soc	花期	湿生
			狗牙根 *Cynodon dactylon*	0.06	Cop[1]	营养期	湿生
			早熟禾 *Poa annua*	0.05	Sp	花期	湿生
			翠雀 *Delphinium grandiflorum*	0.06	Sp	营养期	湿生
			短叶水蜈蚣 *Kyllinga brevifolia*	0.05	Sp	花期	湿生
Q2	0.25	100	紫云英 *Astragalus sinicus*	0.25	Soc	花期	湿生

注：取样地点 Q1 为桂林市漓江伏荔村河段，Q2 为灵川县青狮潭水库公平湖；样方面积 Q1 为 40m²，Q2 为 100m²；取样时间 Q1 为 2013 年 3 月 21 日，Q2 为 2015 年 3 月 19 日

三十七、序叶苎麻群系

序叶苎麻（*Boehmeria clidemioides* var. *diffusa*）为荨麻科苎麻属多年生湿生草本植物或亚灌木。广西的序叶苎麻群系分布普遍，见于河流等，主要类型为序叶苎麻群丛。该群丛高度 0.7～1.5m，盖度 50%～90%，组成种类以序叶苎麻为主，其他种类有糯米团、笔管草、粗齿冷水花（*Pilea sinofasciata*）、长箭叶蓼、尼泊尔蓼等（表 4-158）。

表 4-158　序叶苎麻群丛的数量特征

群落高度/m	群落盖度/%	种类	株高/m	多度等级	物候期	生长状态
1.25	90	序叶苎麻 *Boehmeria clidemioides* var. *diffusa*	1.25	Soc	花期	湿生
		糯米团 *Gonostegia hirta*	0.57	Sp	花期	湿生
		笔管草 *Equisetum ramosissimum* subsp. *debile*	0.95	Sol	花期	湿生
		粗齿冷水花 *Pilea sinofasciata*	0.87	Sol	果期	湿生
		长箭叶蓼 *Polygonum hastatosagittatum*	0.43	Sp	果期	湿生
		尼泊尔蓼 *Polygomum nepalense*	0.25	Sol	果期	湿生

注：取样地点为桂林市黄沙乡翻水村；样方面积为 100m²；取样时间为 2013 年 8 月 4 日

三十八、糯米团群系

糯米团为荨麻科糯米团属多年生湿生草本植物。广西的糯米团群系分布普遍，见于河流、湖泊、沼泽及沼泽化湿地、池塘、沟渠、田间、沟谷等，主要类型为糯米团群丛。

该群丛高度 0.2～0.5m，盖度 80%～100%，仅由糯米团组成或以糯米团为主，其他种类有金毛耳草（*Hedyotis chrysotricha*）、鸭跖草、杠板归、节节草、荷莲豆草、红根草等（表 4-159）。

表 4-159　糯米团群丛的数量特征

样地编号	群落高度/m	群落盖度/%	种类	株高/m	多度等级	物候期	生长状态
Q1	0.43	100	糯米团 *Gonostegia hirta*	0.43	Soc	花期	湿生
Q2	0.36	90	糯米团 *Gonostegia hirta*	0.36	Soc	花期	湿生
			金毛耳草 *Hedyotis chrysotricha*	0.25	Sol	花期	湿生
			鸭跖草 *Commelina communis*	0.16	Sp	营养期	湿生
			杠板归 *Polygonum perfoliatum*	0.25	Un	营养期	湿生
			节节草 *Equisetum ramosissimum*	0.38	Sol	营养期	湿生
Q3	0.35	85	糯米团 *Gonostegia hirta*	0.35	Soc	花期	湿生
			鸭跖草 *Commelina communis*	0.26	Sol	营养期	湿生
			荷莲豆草 *Drymaria cordata*	0.28	Sol	营养期	湿生
			红根草 *Lysimachia fortunei*	0.47	Un	花期	湿生

注：取样地点 Q1 为兴安县华江乡同仁村，Q2 为桂林市宛田乡蝴蝶谷，Q3 为罗城县乔善乡大城村；样方面积为 40m²；取样时间 Q1 为 2011 年 7 月 11 日，Q2 为 2013 年 7 月 19 日，Q3 为 2019 年 1 月 1 日

三十九、五蕊糯米团群系

五蕊糯米团为荨麻科糯米团属多年生水湿生草本植物。广西的五蕊糯米团群系分布普遍，见于河流、沟渠等，主要类型为五蕊糯米团群丛。该群丛高度 0.5～0.9m，盖度 50%～90%，组成种类以五蕊糯米团为主，其他种类有扁穗牛鞭草、圆基长鬃蓼、钻叶紫菀、鸭跖草、扁鞘飘拂草、球穗扁莎等（表 4-160）。

表 4-160　五蕊糯米团群丛的数量特征

群落高度/m	群落盖度/%	种类	株高/m	多度等级	物候期	生长状态
0.65	90	五蕊糯米团 *Gonostegia pentandra*	0.65	Soc	花期	湿生
		扁穗牛鞭草 *Hemarthria compressa*	0.47	Cop[1]	花期	湿生
		圆基长鬃蓼 *Polygonum longisetum* var. *rotundatum*	0.43	Sp	花期	湿生
		钻叶紫菀 *Aster subulatus*	0.85	Sp	营养期	湿生
		鸭跖草 *Commelina communis*	0.27	Sol	营养期	湿生
		扁鞘飘拂草 *Fimbristylis complanata*	0.35	Sol	花期	湿生
		球穗扁莎 *Pycreus flavidus*	0.28	Sol	花期	湿生

注：取样地点为马山县白山镇上龙村；样方面积为 40m²；取样时间为 2018 年 7 月 23 日

四十、红马蹄草群系

红马蹄草为伞形科天胡荽属多年生湿生草本植物。广西的红马蹄草群系分布普遍，

见于河流、沟渠、田间、沟谷等，主要类型为红马蹄草群丛。该群丛高度 0.2～0.5m，盖度 50%～90%，组成种类以红马蹄草为主，其他种类有鸭儿芹、鸭跖草、糯米团、稗荩、柳叶箬、水香薷等（表 4-161）。

表 4-161　红马蹄草群丛的数量特征

样地编号	群落高度/m	群落盖度/%	种类	株高/m	多度等级	物候期	生长状态
Q1	0.35	85	红马蹄草 *Hydrocotyle nepalensis*	0.35	Soc	果期	湿生
			鸭儿芹 *Cryptotaenia japonica*	0.30	Sp	营养期	湿生
			鸭跖草 *Commelina communis*	0.16	Sp	营养期	湿生
			糯米团 *Gonostegia hirta*	0.25	Un	营养期	湿生
Q2	0.26	80	红马蹄草 *Hydrocotyle nepalensis*	0.26	Soc	果期	湿生
			稗荩 *Sphaerocaryum malaccense*	0.15	Sol	花期	湿生
			鸭跖草 *Commelina communis*	0.20	Sp	营养期	湿生
			柳叶箬 *Isachne globosa*	0.32	Sol	果期	湿生
			水香薷 *Elsholtzia kachinensis*	0.28	Sp	营养期	湿生

注：取样地点 Q1 为灵川县大境乡思安江，Q2 为桂林市黄沙乡翻水村；样方面积为 25m²；取样时间 Q1 为 2012 年 7 月 21 日，Q2 为 2013 年 7 月 29 日

四十一、天胡荽群系

天胡荽（*Hydrocotyle sibthorpioides*）为伞形科天胡荽属多年生水湿生草本植物。广西的天胡荽群系分布普遍，见于河流、水库、池塘、沟渠等，主要类型为天胡荽群丛。该群丛高度 0.02～0.05m，盖度 40%～100%，仅由天胡荽组成或以天胡荽为主，其他种类有金毛耳草、积雪草等（表 4-162）。

表 4-162　天胡荽群丛的数量特征

样地编号	群落高度/m	群落盖度/%	种类	株高/m	多度等级	物候期	生长状态
Q1	0.04	50	天胡荽 *Hydrocotyle sibthorpioides*	0.04	Cop²	营养期	湿生
Q2	0.03	100	天胡荽 *Hydrocotyle sibthorpioides*	0.03	Soc	果期	湿生
Q3	0.05	90	天胡荽 *Hydrocotyle sibthorpioides*	0.05	Soc	营养期	湿生
			金毛耳草 *Hedyotis chrysotricha*	0.04	Sp	花期	湿生
			积雪草 *Centella asiatica*	0.09	Un	营养期	湿生

注：取样地点 Q1 为桂林市漓江上南洲河段，Q2 为恭城县恭城河恭城镇河段，Q3 为桂林市会仙镇睦洞村；样方面积为 40m²；取样时间 Q1 为 2011 年 2 月 2 日，Q2 为 2012 年 10 月 31 日，Q3 为 2016 年 5 月 21 日

四十二、破铜钱群系

破铜钱为伞形科天胡荽属多年生水湿生草本植物。广西的破铜钱群系分布普遍，见于河流、湖泊、水库、池塘、沟渠、水田、田间、沟谷等，主要类型为破铜钱群丛。该群丛高度 0.02～0.05m，盖度 40%～100%，仅由破铜钱组成或以破铜钱为主，其他种类

有水蓼、短叶水蜈蚣、莲子草、积雪草、马蹄金（*Dichondra micrantha*）、繁缕（*Stellaria media*）等（表4-163）。

表4-163　破铜钱群丛的数量特征

样地编号	群落高度/m	群落盖度/%	种类	株高/m	多度等级	物候期	生长状态
Q1	0.03	50	破铜钱 *Hydrocotyle sibthorpioides* var. *batrachium*	0.03	Soc	花期	湿生
Q2	0.32	60	破铜钱 *Hydrocotyle sibthorpioides* var. *batrachium*	0.03	Soc	果期	湿生
Q3	0.02	90	破铜钱 *Hydrocotyle sibthorpioides* var. *batrachium*	0.02	Soc	营养期	湿生
			水蓼 *Polygonum hydropiper*	0.06	Cop^1	花期	湿生
			短叶水蜈蚣 *Kyllinga brevifolia*	0.05	Sp	花期	湿生
Q4	0.03	100	破铜钱 *Hydrocotyle sibthorpioides* var. *batrachium*	0.03	Soc	营养期	湿生
			莲子草 *Alternanthera sessillis*	0.06	Sp	营养期	湿生
			积雪草 *Centella asiatica*	0.07	Sol	营养期	湿生
			马蹄金 *Dichondra micrantha*	0.04	Sol	营养期	湿生
			短叶水蜈蚣 *Kyllinga brevifolia*	0.12	Sp	花期	湿生
			繁缕 *Stellaria media*	010	Sol	花期	湿生

注：取样地点Q1为桂林市漓江董家洲河段，Q2为灌阳县灌江灌阳镇河段，Q3为桂林市漓江龙门村河段，Q4为恭城县恭城河龙岭村河段；样方面积为40m²；取样时间Q1为2009年7月21日，Q2为2010年8月7日，Q3为2013年3月23日，Q4为2013年4月27日

四十三、肾叶天胡荽群系

肾叶天胡荽（*Hydrocotyle wilfordii*）为伞形科天胡荽属多年生水湿生草本植物。广西的肾叶天胡荽群系在桂北有分布，见于河流、沼泽及沼泽化湿地、沟渠、田间、沟谷等，主要类型为肾叶天胡荽群丛。该群丛高度0.2～0.5m，盖度70%～100%，组成种类以肾叶天胡荽为主，其他种类有临时救（*Lysimachia congestiflora*）、糯米团、广西过路黄（*Lysimachia alfredii*）、铜锤玉带草（*Lobelia nummularia*）、鸭儿芹、鸭跖草等（表4-164）。

表4-164　肾叶天胡荽群丛的数量特征

样地编号	群落高度/m	群落盖度/%	种类	株高/m	多度等级	物候期	生长状态
Q1	0.35	85	肾叶天胡荽 *Hydrocotyle wilfordii*	0.35	Soc	花期	湿生
			临时救 *Lysimachia congestiflora*	0.18	Sol	花期	湿生
			糯米团 *Gonostegia hirta*	0.30	Sp	营养期	湿生
			广西过路黄 *Lysimachia alfredii*	0.27	Un	营养期	湿生
			铜锤玉带草 *Lobelia nummularia*	0.04	Sp	花果期	湿生
Q2	0.28	80	肾叶天胡荽 *Hydrocotyle wilfordii*	0.28	Soc	花期	湿生
			鸭儿芹 *Cryptotaenia japonica*	0.32	Sp	果期	湿生
			积雪草 *Centella asiatica*	0.06	Sol	营养期	湿生
			短叶水蜈蚣 *Kyllinga brevifolia*	0.15	Sp	花期	湿生
			鸭跖草 *Commelina communis*	0.15	Sp	营养期	湿生

注：取样地点Q1为桂林市宛田乡蝴蝶谷，Q2为灵川县青狮潭镇石洞村；样方面积为40m²；取样时间Q1为2013年7月16日，Q2为2016年5月7日

四十四、卵叶水芹群系

卵叶水芹（*Oenanthe javanica* subsp. *rosthornii*）为伞形科水芹属多年生水湿生草本植物。广西的卵叶水芹群系在桂北、桂西等地区有分布，见于河流、沼泽及沼泽化湿地、沟渠、沟谷等，主要类型为卵叶水芹群丛。该群丛高度 0.5～0.9m，盖度 80%～100%，仅由卵叶水芹组成或以卵叶水芹为主，其他种类有野芋、柳叶箬、喜旱莲子草、蕺菜、笔管草等（表 4-165）。

表 4-165　卵叶水芹群丛的数量特征

样地编号	群落高度/m	群落盖度/%	种类	株高/m	多度等级	物候期	生长状态
Q1	0.65	95	卵叶水芹 *Oenanthe javanica* subsp. *rosthornii*	0.65	Cop³	花期	湿生
			野芋 *Colocasia esculentum* var. *antiquorum*	0.58	Un	营养期	湿生
			柳叶箬 *Isachne globose*	0.35	Cop¹	花期	湿生
			喜旱莲子草 *Alternanthera philoxeroides*	0.28	Sp	营养期	湿生
Q2	0.57	100	水芹 *Oenanthe javanica*	0.57	Soc	花期	湿生
Q3	0.63	90	卵叶水芹 *Oenanthe javanica* subsp. *rosthornii*	0.63	Soc	花期	湿生
			蕺菜 *Houttuynia cordata*	0.30	Sp	营养期	湿生
			笔管草 *Equisetum ramosissimum* subsp. *debile*	0.55	Sol	营养期	湿生

注：取样地点 Q1 为桂林市黄沙乡拉江河，Q2 为桂林市南边山镇军洞村，Q3 为桂林市黄沙乡翻水村；样方面积为 100m²；取样时间 Q1 为 2013 年 7 月 29 日，Q2 为 2013 年 8 月 26 日，Q3 为 2014 年 8 月 25 日

四十五、线叶水芹群系

线叶水芹（*Oenanthe linearis*）为伞形科水芹属多年生湿生草本植物。广西的线叶水芹群系在桂北、桂西等地区有分布，见于池塘、沟渠等，主要类型有线叶水芹群丛、线叶水芹-双穗雀稗群丛等。

（一）线叶水芹群丛

该群丛高度 0.3～0.8m，盖度 60%～90%，组成种类以线叶水芹为主，其他种类有喜旱莲子草、李氏禾、水蓼、狼杷草、刺酸模等（表 4-166）。

表 4-166　线叶水芹群丛的数量特征

群落高度/m	群落盖度/%	种类	株高/m	多度等级	物候期	生长状态
0.56	75	线叶水芹 *Oenanthe linearis*	0.56	Cop³	花期	挺水
		李氏禾 *Leersia hexandra*	0.38	Sp	花期	挺水
		狼杷草 *Bidens tripartita*	0.85	Sol	营养期	挺水
		刺酸模 *Rumex maritimus*	0.73	Sol	花期	挺水
		水蓼 *Polygonum hydropiper*	0.70	Sp	营养期	挺水
		喜旱莲子草 *Alternanthera philoxeroides*	0.35	Cop¹	营养期	挺水

注：取样地点为阳朔县白沙镇雷公村；样方面积为 100m²；取样时间为 2012 年 7 月 10 日

（二）线叶水芹-双穗雀稗群丛

该群丛上层高度 0.5～0.8m，盖度 40%～90%，组成种类以线叶水芹为主，其他种类有钻叶紫菀、酸模叶蓼、羊蹄、刺酸模等；下层高度 0.2～0.4m，盖度 60%～90%，组成种类以双穗雀稗为主，其他种类有喜旱莲子草、鸭跖草、碎米莎草、两歧飘拂草等（表 4-167）。

表 4-167　线叶水芹-双穗雀稗群丛的数量特征

层次结构	层高度/m	层盖度/%	种类	株高/m	多度等级	物候期	生长状态
上层	0.63	80	线叶水芹 Oenanthe linearis	0.63	Soc	花期	湿生
			钻叶紫菀 Aster subulatus	0.75	Sp	营养期	湿生
			酸模叶蓼 Polygonum lapathifolium	0.60	Sol	营养期	湿生
			刺酸模 Rumex maritimus	0.75	Sol	花期	湿生
下层	0.37	90	双穗雀稗 Paspalum distichum	0.32	Soc	果期	湿生
			鸭跖草 Commelina communis	0.18	Sp	营养期	湿生
			碎米莎草 Cyperus iria	0.48	Sol	果期	湿生
			两歧飘拂草 Fimbristylis dichotoma	0.53	Sol	果期	湿生
			喜旱莲子草 Alternanthera philoxeroides	0.30	Cop[1]	花期	湿生

注：取样地点为兴安县高尚镇龙田村；样方面积为100m²；取样时间为2012年8月13日

四十六、白花蛇舌草群系

白花蛇舌草（*Hedyotis diffusa*）为茜草科耳草属一年生水湿生草本植物。广西的白花蛇舌草群系在桂北、桂中、桂南等地区有分布，见于水田、田间、沟谷等，主要类型为白花蛇舌草群丛。该群丛高度 0.2～0.6m，盖度 50%～90%，组成种类以白花蛇舌草为主，其他种类有习见蓼、看麦娘、繁缕、水虱草、铺地黍等（表 4-168）。

表 4-168　白花蛇舌草群丛的数量特征

样地编号	群落高度/m	群落盖度/%	种类	株高/m	多度等级	物候期	生长状态
Q1	0.35	90	白花蛇舌草 Hedyotis diffusa	0.35	Soc	果期	湿生
Q2	0.32	90	白花蛇舌草 Hedyotis diffusa	0.32	Soc	果期	湿生
			习见蓼 Polygonum plebeium	0.10	Sol	营养期	湿生
			看麦娘 Alopecurus aequalis	0.27	Sp	营养期	湿生
			繁缕 Stellaria media	0.18	Sp	营养期	湿生
			水虱草 Fimbristylis littoralis	0.35	Sol	果期	湿生
Q3	0.55	85	白花蛇舌草 Hedyotis diffusa	0.25	Soc	果期	湿生
			铺地黍 Panicum repens	0.23	Cop[1]	营养期	湿生

注：取样地点 Q1 为桂林市五通镇西山村，Q2 为桂林市两江镇二圳村，Q3 为合浦县山口镇英罗村；样方面积为100m²；取样时间 Q1 为 2009 年 10 月 4 日，Q2 为 2012 年 11 月 4 日，Q3 为 2016 年 10 月 26 日

四十七、藿香蓟群系

藿香蓟为菊科藿香蓟属一年生半湿生草本植物。广西的藿香蓟群系分布普遍，见于

河流、水库、池塘、沟渠、水田、田间、沟谷等，主要类型为藿香蓟群丛。该群丛高度 0.5～0.9m，盖度 80%～100%，仅由藿香蓟组成或以藿香蓟为主，其他种类有鬼针草、碎米莎草、毛蓼（*Polygonum barbatum*）、接骨草、野茼蒿、牛筋草等（表 4-169）。

表 4-169　藿香蓟群丛的数量特征

样地编号	群落高度/m	群落盖度/%	组成种类	株高/m	多度等级	物候期	生长状态
Q1	0.76	100	藿香蓟 *Ageratum conyzoides*	0.76	Soc	花期	湿生
Q2	0.65	90	藿香蓟 *Ageratum conyzoides*	0.65	Soc	花期	湿生
			鬼针草 *Bidens pilosa*	0.57	Un	花期	湿生
			碎米莎草 *Cyperus iria*	0.48	Sol	果期	湿生
			毛蓼 *Polygonum barbatum*	0.72	Un	果期	湿生
			接骨草 *Sambucus javanica*	0.85	Sol	营养期	湿生
Q3	0.85	100	藿香蓟 *Ageratum conyzoides*	0.85	Soc	花期	湿生
			野茼蒿 *Crassocephalum crepidioides*	0.70	Un	花期	湿生
			牛筋草 *Eleusine indica*	0.46	Sp	花期	湿生

注：取样地点 Q1 为苍梧县石桥镇廉溪村，Q2 为永福县百寿镇，Q3 为百色市永乐镇南乐村；样方面积为 100m²；取样时间 Q1 为 2008 年 8 月 21 日，Q2 为 2010 年 8 月 17 日，Q3 为 2016 年 2 月 7 日

四十八、钻叶紫菀群系

钻叶紫菀为菊科紫菀属多年生水陆生草本植物。广西的钻叶紫菀群系分布普遍，见于河流、湖泊、沼泽及沼泽化湿地、水田、田间、沟谷等，主要类型有钻叶紫菀群丛、钻叶紫菀-双穗雀稗群丛、钻叶紫菀-浮萍群丛等。

（一）钻叶紫菀群丛

该群丛高度 0.7～1.0m，盖度 50%～95%，组成种类以钻叶紫菀为主，其他种类有狼杷草、三白草、毛草龙、喜旱莲子草、双穗雀稗、刺酸模等（表 4-170），有时还有少量的紫萍（*Spirodela polyrhiza*）、浮萍（*Lemna minor*）、圆叶节节菜等。

表 4-170　钻叶紫菀群丛的数量特征

群落高度/m	群落盖度/%	种类	株高/m	多度等级	物候期	生长状态
0.95	90	钻叶紫菀 *Aster subulatus*	0.95	Soc	花期	挺水
		狼杷草 *Bidens tripartita*	0.80	Sp	果期	挺水
		三白草 *Saururus chinensis*	0.76	Sol	营养期	挺水
		毛草龙 *Ludwigia octovalvis*	0.68	Sol	果期	挺水
		喜旱莲子草 *Alternanthera philoxeroides*	0.36	Cop[1]	花期	挺水
		双穗雀稗 *Paspalum distichum*	0.35	Sp	营养期	挺水
		野芋 *Colocasia esculentum* var. *antiquorum*	0.60	Un	营养期	挺水
		刺酸模 *Rumex maritimus*	0.75	Sol	花期	挺水

注：取样地点为桂林市大埠乡寺背村；样方面积为 100m²；取样时间为 2017 年 10 月 1 日

（二）钻叶紫菀-双穗雀稗群丛

该群丛上层高度 0.7～1.0m，盖度 60%～90%，组成种类以钻叶紫菀为主，其他种类有狼杷草、刺酸模、假柳叶菜等；下层高度 0.3～0.5m，盖度 60%～100%，组成种类以双穗雀稗为主，其他种类有喜旱莲子草、碎米莎草、扁鞘飘拂草、铺地黍等（表 4-171）。

表 4-171　钻叶紫菀-双穗雀稗群丛的数量特征

层次结构	层高度/m	层盖度/%	种类	株高/m	多度等级	物候期	生长状态
上层	0.75	80	钻叶紫菀 *Aster subulatus*	0.75	Soc	花期	湿生
			狼杷草 *Bidens tripartita*	0.83	Sp	花期	湿生
			刺酸模 *Rumex maritimus*	0.60	Sol	营养期	湿生
			假柳叶菜 *Ludwigia epilobioides*	0.65	Un	果期	湿生
下层	0.36	100	双穗雀稗 *Paspalum distichum*	0.36	Soc	果期	湿生
			喜旱莲子草 *Alternanthera philoxeroides*	0.32	Cop¹	花期	湿生
			碎米莎草 *Cyperus iria*	0.45	Sol	果期	湿生
			扁鞘飘拂草 *Fimbristylis complanata*	0.38	Sol	果期	湿生
			铺地黍 *Panicum repens*	0.30	Sol	营养期	湿生

注：取样地点为灵川县潮田乡毛村；样方面积为 100m²；取样时间为 2018 年 9 月 5 日

（三）钻叶紫菀-浮萍群丛

该群丛挺水层高度 0.7～1.0m，盖度 60%～90%，通常仅由钻叶紫菀组成；下层漂浮层盖度 80%～100%，组成种类以浮萍为主，其他种类有紫萍、大藻（*Pistia stratiotes*）、凤眼蓝等（表 4-172）。

表 4-172　钻叶紫菀-浮萍群丛的数量特征

水深/m	层次结构	层高度/m	层盖度/%	种类	株高/m	多度等级	物候期	生长状态
0.15	挺水层	0.73	70	钻叶紫菀 *Aster subulatus*	0.73	Cop³	花期	挺水
	漂浮层	—	95	浮萍 *Lemna minor*	—	Soc	营养期	漂浮
				紫萍 *Spirodela polyrhiza*	—	Sp	营养期	漂浮
				大藻 *Pistia stratiotes*	0.08	Sol	营养期	漂浮
				凤眼蓝 *Eichhornia crassipes*	0.18	Sol	营养期	漂浮

注：取样地点为河池市六圩镇岜烈村；样方面积为 25m²；取样时间为 2009 年 7 月 2 日

四十九、鬼针草群系

鬼针草是菊科鬼针草属（*Bidens*）一年生半湿生草本植物。广西的鬼针草群系在内陆湿地和滨海湿地都有分布，见于潮上带、河流、湖泊、池塘、沟渠、水田、田间、沟谷等，主要类型为鬼针草群丛。该群丛高度 0.6～1.1m，盖度 60%～95%，组成种类以鬼针草为主，其他种类内陆湿地有藿香蓟、有芒鸭嘴草、水蔗草、止血马唐、白茅、鸭跖草、笔管草等，滨海湿地有绢毛飘拂草、结状飘拂草、锈鳞飘拂草、海雀稗（*Paspalum vaginatum*）、补血草、厚藤、台湾虎尾草、卤蕨、阔苞菊等（表 4-173）。

表 4-173 鬼针草群丛的数量特征

样地编号	群落高度/m	群落盖度/%	种类	株高/m	多度等级	物候期	生长状态
Q1	0.78	90	鬼针草 *Bidens pilosa*	0.78	Soc	花期	湿生
			藿香蓟 *Ageratum conyzoides*	0.65	Sp	花期	湿生
			有芒鸭嘴草 *Ischaemum aristatum*	0.70	Sol	花期	湿生
			水蔗草 *Apluda mutica*	0.63	Sp	花期	湿生
			止血马唐 *Digitaria ischaemum*	0.52	Cop^1	花期	湿生
			白茅 *Imperata cylindrica*	0.60	Sol	营养期	湿生
			鸭跖草 *Commelina communis*	0.35	Sol	营养期	湿生
			笔管草 *Equisetum ramosissimum* subsp. *debile*	0.76	Sol	营养期	湿生
Q2	0.65	80	鬼针草 *Bidens pilosa*	0.65	Soc	花期	湿生
			绢毛飘拂草 *Fimbristylis sericea*	0.12	Cop^1	营养期	湿生
			结状飘拂草 *Fimbristylis rigidula*	0.28	Sol	果期	湿生
			补血草 *Limonium sinense*	0.30	Un	营养期	湿生
			厚藤 *Ipomoea pes-caprae*	0.13	Sp	花期	湿生
Q3	0.86	85	鬼针草 *Bidens pilosa*	0.86	Soc	花期	湿生
			土牛膝 *Achyranthes aspera*	0.75	Sol	花期	湿生
			文殊兰 *Crinum asiaticum* var. *sinicum*	0.70	Un	花期	湿生
			台湾虎尾草 *Chloris formosana*	0.48	Cop^1	花期	湿生
			卤蕨 *Acrostichum aureum*	1.20	Un	孢子期	湿生
			阔苞菊 *Pluchea indica*	1.10	Sp	花期	湿生
Q4	0.76	70	鬼针草 *Bidens pilosa*	0.76	Cop^3	花期	湿生
			海雀稗 *Paspalum vaginatum*	0.35	Cop^1	花期	湿生
			铺地黍 *Panicum repens*	0.42	Cop^1	营养期	湿生
			厚藤 *Ipomoea pes-caprae*	0.18	Sol	花期	湿生
			锈鳞飘拂草 *Fimbristylis sieboldii*	0.43	Sol	花期	湿生

注：取样地点 Q1 百色市永乐镇南乐村，Q2 北海市冠头岭，Q3 合浦县山口镇高坡村，Q4 合浦县山口镇永安村；样方面积为 40m²；取样时间 Q1 为 2016 年 4 月 16 日，Q2 为 2016 年 10 月 28 日，Q3 为 2019 年 6 月 18 日，Q4 为 2019 年 6 月 19 日

五十、狼杷草群系

狼杷草是菊科鬼针草属一年生两栖草本植物。广西的狼杷草群系分布普遍，见于河流、沼泽及沼泽化湿地、沟渠、水田、田间、沟谷等，主要类型有狼杷草群丛、狼杷草-双穗雀稗群丛等。

（一）狼杷草群丛

该群丛高度 0.8～1.2m，盖度 50%～90%，组成种类以狼杷草为主，其他种类有水蓼、钻叶紫菀、藿香蓟、牛筋草、节节草、穹隆薹草（*Carex gibba*）等（表 4-174）。

表 4-174 狼杷草群丛的数量特征

群落高度/m	群落盖度/%	种类	株高/m	多度等级	物候期	生长状态
		狼杷草 *Bidens tripartita*	1.20	Soc	营养期	湿生
		水蓼 *Polygonum hydropiper*	0.75	Sp	营养期	湿生
		钻叶紫菀 *Aster subulatus*	0.86	Sol	营养期	湿生
1.20	85	藿香蓟 *Ageratum conyzoides*	0.73	Sp	花期	湿生
		牛筋草 *Eleusine indica*	0.42	Sol	营养期	湿生
		节节草 *Equisetum ramosissimum*	0.85	Sol	营养期	湿生
		穹隆薹草 *Carex gibba*	0.46	Sp	果期	湿生

注：取样地点为桂林市茶洞镇茶洞村；样方面积为 100m²；取样时间为 2013 年 8 月 12 日

（二）狼杷草-双穗雀稗群丛

该群丛上层高度 0.8～1.2m，盖度 50%～90%，组成种类以狼杷草为主，其他种类有羊蹄、香蒲、毛草龙等；下层高度 0.3～0.5m，盖度 60%～100%，组成种类以双穗雀稗为主，其他种类有柳叶箬、喜旱莲子草、齿叶水蜡烛、薄荷、两歧飘拂草、球穗扁莎等（表 4-175）。

表 4-175 狼杷草-双穗雀稗群丛的数量特征

层次结构	层高度/m	层盖度/%	种类	株高/m	多度等级	物候期	生长状态
			狼杷草 *Bidens tripartita*	0.80	Soc	花期	湿生
上层	0.80	80	羊蹄 *Rumex japonicus*	0.86	Sp	果期	湿生
			香蒲 *Typha orientalis*	1.25	Sol	花果期	湿生
			毛草龙 *Ludwigia octovalvis*	0.65	Un	营养期	湿生
			双穗雀稗 *Paspalum distichum*	0.38	Soc	果期	湿生
			柳叶箬 *Isachne globose*	0.42	Cop¹	花期	湿生
			喜旱莲子草 *Alternanthera philoxeroides*	0.30	Cop¹	花期	湿生
下层	0.38	95	齿叶水蜡烛 *Dysophylla sampsonii*	0.35	Sp	营养期	湿生
			薄荷 *Mentha canadensis*	0.53	Un	营养期	湿生
			两歧飘拂草 *Fimbristylis dichotoma*	0.40	Sol	花果期	湿生
			球穗扁莎 *Pycreus flavidus*	0.45	Sp	花果期	湿生

注：取样地点为桂林市大埠乡官庄村；样方面积为 100m²；取样时间为 2010 年 7 月 26 日

五十一、林泽兰群系

林泽兰（*Eupatorium lindleyanum*）为菊科泽兰属多年生半湿生草本植物。广西的林泽兰群系在桂北、桂西、桂中等地区有分布，见于河流、沟渠等，主要类型有林泽兰群丛、林泽兰-柔枝莠竹群丛等。

（一）林泽兰群丛

该群丛高度 0.6～1.2m，盖度 60%～100%，仅由林泽兰组成或以林泽兰为主，其他种类有刚莠竹、笔管草、水蔗草、狼杷草、野芋、羊蹄、钻叶紫菀、喜旱莲子草、酸模叶蓼、节节草等（表 4-176）。

表 4-176　林泽兰群丛的数量特征

样地编号	群落高度/m	群落盖度/%	种类	株高/m	多度等级	物候期	生长状态
Q1	1.10	100	林泽兰 Eupatorium lindleyanum	1.10	Soc	花期	湿生
Q2	0.95	90	林泽兰 Eupatorium lindleyanum	0.95	Soc	花期	湿生
			刚莠竹 Microstegium ciliatum	0.54	Sol	营养期	湿生
			笔管草 Equisetum ramosissimum subsp. debile	0.86	Sol	营养期	湿生
			水蔗草 Apluda mutica	0.70	Sol	营养期	湿生
			狼杷草 Bidens tripartita	1.10	Sp	营养期	湿生
			野芋 Colocasia esculentum var. antiquorum	0.45	Un	营养期	湿生
Q3	0.73	100	林泽兰 Eupatorium lindleyanum	0.73	Soc	花期	湿生
			羊蹄 Rumex japonicus	0.65	Sol	果期	湿生
			钻叶紫菀 Aster subulatus	0.75	Sol	营养期	湿生
			喜旱莲子草 Alternanthera philoxeroides	0.36	Sp	营养期	湿生
			酸模叶蓼 Polygonum lapathifolium	0.53	Un	果期	湿生
			节节草 Equisetum ramosissimum	0.48	Sol	营养期	湿生

注：取样地点 Q1 为都安县澄江河高岭镇河段，Q2 为灵川县海洋乡思安江，Q3 为桂林市相思江雁山镇河段；样方面积 Q1 和 Q2 为 100m²，Q3 为 20m²；取样时间 Q1 为 2011 年 9 月 16 日，Q2 为 2011 年 10 月 9 日，Q3 为 2013 年 9 月 23 日

（二）林泽兰-柔枝莠竹群丛

该群丛上层高度 0.8～1.2m，盖度 40%～80%，仅由林泽兰组成或以林泽兰为主，其他种类有石榕树等；下层高度 0.3～0.6m，盖度 60%～90%，组成种类以柔枝莠竹为主，其他种类有铁线蕨（Adiantum capillus-veneris）、荩草、裂果薯（Schizocapsa plantaginea）等（表 4-177）。

表 4-177　林泽兰-柔枝莠竹群丛的数量特征

层次结构	层高度/m	层盖度/%	种类	株高/m	多度等级	物候期	生长状态
上层	1.15	60	林泽兰 Eupatorium lindleyanum	1.15	Cop³	花期	湿生
			石榕树 Ficus abelii	0.85	Un	营养期	湿生
下层	0.53	80	柔枝莠竹 Microstegium vimineum	0.53	Soc	营养期	湿生
			铁线蕨 Adiantum capillus-veneris	0.18	Sol	营养期	湿生
			荩草 Arthraxon hispidus	0.25	Cop¹	花果期	湿生
			裂果薯 Schizocapsa plantaginea	0.12	Sol	营养期	湿生

注：取样地点为鹿寨县中渡镇大兆村；样方面积为 100m²；取样时间为 2013 年 10 月 23 日

五十二、拟鼠麹草群系

拟鼠麹草为菊科拟鼠麹草属一年生半湿生草本植物。广西的拟鼠麹草群系分布普

遍，见于河流、水田等，主要类型为拟鼠麴草群丛。该群丛高度 0.2～0.4m，盖度 60%～100%，组成种类以拟鼠麴草为主，其他种类有看麦娘、车前、通泉草、鹅肠菜、饭包草、习见蓼、积雪草、鹅不食草等（表 4-178）。

表 4-178　拟鼠麴草群丛的数量特征

样地编号	群落高度/m	群落盖度/%	种类	株高/m	多度等级	物候期	生长状态
Q1	0.20	100	拟鼠麴草 Pseudognaphalium affine	0.20	Soc	花期	湿生
			看麦娘 Alopecurus aequalis	0.23	Sp	花期	湿生
			禹毛茛 Ranunculus cantoniensis	0.25	Sol	果期	湿生
			车前 Plantago asiatica	0.12	Un	营养期	湿生
Q2	0.25	90	拟鼠麴草 Pseudognaphalium affine	0.25	Soc	花期	湿生
			通泉草 Mazus pumilus	0.17	Sol	花期	湿生
			鹅肠菜 Myosoton aquaticum	0.15	Sp	花期	湿生
			饭包草 Commelina benghalensis	0.08	Un	营养期	湿生
			习见蓼 Polygonum plebeium	0.10	Sol	花期	湿生
			积雪草 Centella asiatica	0.07	Un	营养期	湿生
			看麦娘 Alopecurus aequalis	0.25	Sp	花期	湿生
			鹅不食草 Epaltes australis	0.11	Sol	花期	湿生

注：取样地点 Q1 为龙胜县大寨梯田，Q2 为恭城县嘉会镇白燕村；样方面积为 100m²；取样时间 Q1 为 2007 年 4 月 8 日，Q2 为 2013 年 3 月 19 日

五十三、拟鼠麴草+看麦娘群系

广西的拟鼠麴草+看麦娘群系分布普遍，见于水田等，主要类型为拟鼠麴草+看麦娘群丛。该群丛高度 0.2～0.4m，盖度 50%～90%，组成种类以拟鼠麴草和看麦娘为主，其他种类有天胡荽、车前、鹅不食草、芫荽菊、通泉草、习见蓼、牛毛毡等（表 4-179）。

表 4-179　拟鼠麴草+看麦娘群丛的数量特征

样地编号	群落高度/m	群落盖度/%	种类	株高/m	多度等级	物候期	生长状态
Q1	0.23	85	拟鼠麴草 Pseudognaphalium affine	0.23	Cop²	花期	湿生
			看麦娘 Alopecurus aequalis	0.26	Cop³	花期	湿生
			天胡荽 Hydrocotyle sibthorpioides	0.04	Sol	营养期	湿生
			车前 Plantago asiatica	0.12	Sol	营养期	湿生
Q2	0.25	90	拟鼠麴草 Pseudognaphalium affine	0.25	Cop³	花期	湿生
			看麦娘 Alopecurus aequalis	0.28	Cop³	花期	湿生
			鹅不食草 Epaltes australis	0.05	Sol	花期	湿生
			芫荽菊 Cotula anthemoides	0.06	Sol	花期	湿生
			通泉草 Mazus pumilu	0.13	Un	花期	湿生
			习见蓼 Polygonum plebeium	0.16	Sp	花期	湿生
			牛毛毡 Eleocharis yokoscensis	0.11	Sp	营养期	湿生

注：取样地点 Q1 为龙胜县大寨梯田，Q2 为灵川县灵田镇灵田村；样方面积为 100m²；取样时间 Q1 为 2007 年 4 月 8 日，Q2 为 2009 年 3 月 20 日

五十四、南美蟛蜞菊群系

南美蟛蜞菊（*Sphagneticola trilobata*）为菊科蟛蜞菊属（*Sphagneticola*）多年生半湿生草本植物。广西的南美蟛蜞菊群系分布普遍，见于潮上带、河流、湖泊、水库、池塘、沟渠、田间、沟谷等，主要类型为南美蟛蜞菊群丛。该群丛高度 0.2～0.5m，盖度 80%～100%，仅由南美蟛蜞菊组成或以南美蟛蜞菊为主，其他种类有圆基长鬃蓼、鸭跖草、鬼针草等（表 4-180）。

表 4-180 南美蟛蜞菊群丛的数量特征

样地编号	群落高度/m	群落盖度/%	种类	株高/m	多度等级	物候期	生长状态
Q1	0.38	100	南美蟛蜞菊 *Sphagneticola trilobata*	0.38	Soc	花期	湿生
			圆基长鬃蓼 *Polygonum longisetum* var. *rotundatum*	0.56	Sol	花期	湿生
			鸭跖草 *Commelina communis*	0.26	Sol	营养期	湿生
Q2	0.30	100	南美蟛蜞菊 *Sphagneticola trilobata*	0.30	Soc	花期	湿生
Q3	0.46	90	南美蟛蜞菊 *Sphagneticola trilobata*	0.46	Soc	花期	湿生
			鬼针草 *Bidens pilosa*	0.54	Sol	花期	湿生

注：取样地点 Q1 为百色市澄碧河水库，Q2 为钦州市犀牛脚镇，Q3 为东兴市氹尾东滩头；样方面积为 25m²；取样时间 Q1 为 2011 年 9 月 11 日，Q2 为 2016 年 9 月 19 日，Q3 为 2016 年 11 月 2 日

五十五、半边莲群系

半边莲为半边莲科半边莲属多年生水湿生草本植物。广西的半边莲群系分布普遍，见于河流、湖泊、水库、沟渠、水田等，该群丛高度 0.1～0.2m，盖度 50%～95%，组成种类以半边莲为主，其他种类有莲子草、破铜钱、长蒴母草、蓼子草、喜旱莲子草、短叶水蜈蚣、匍茎通泉草、香附子、繁缕等（表 4-181）。

表 4-181 半边莲群丛的数量特征

样地编号	群落高度/m	群落盖度/%	种类	株高/m	多度等级	物候期	生长状态
Q1	0.20	90	半边莲 *Lobelia chinensis*	0.20	Soc	花期	湿生
			莲子草 *Alternanthera sessilis*	0.05	Sol	营养期	湿生
			破铜钱 *Hydrocotyle sibthorpioides* var. *batrachium*	0.04	Sp	营养期	湿生
			长蒴母草 *Lindernia anagallis*	0.12	Sol	营养期	湿生
Q2	0.17	85	半边莲 *Lobelia chinensis*	0.17	Cop³	花期	湿生
			蓼子草 *Polygonum criopolitanum*	0.08	Sol	花期	湿生
			喜旱莲子草 *Alternanthera philoxeroides*	0.07	Sp	营养期	湿生
			短叶水蜈蚣 *Kyllinga brevifolia*	0.12	Cop¹	营养期	湿生
			匍茎通泉草 *Mazus miquelii*	0.09	Sol	花果期	湿生

样地编号	群落高度/m	群落盖度/%	种类	株高/m	多度等级	物候期	生长状态
Q2	0.17	85	破铜钱 *Hydrocotyle sibthorpioides* var. *batrachium*	0.10	Sol	营养期	湿生
			莲子草 *Alternanthera sessilis*	0.05	Sol	果期	湿生
			香附子 *Cyperus rotundus*	0.28	Sol	花果期	湿生
			繁缕 *Stellaria media*	0.03	Un	营养期	湿生

注：取样地点 Q1 为灵川县兰田乡枫木根，Q2 为桂林市漓江龙门村河段；样方面积为 40m²；取样时间 Q1 为 2011 年 8 月 9 日，Q2 为 2012 年 8 月 20 日

五十六、假马齿苋群系

假马齿苋（*Bacopa monnieri*）是玄参科假马齿苋属一年生水湿生草本植物。广西的假马齿苋群系在桂西、桂南沿海地区有分布，见于潮上带、河流、沼泽及沼泽化湿地等，主要类型为假马齿苋群丛。该群丛高度 0.1～0.3m，盖度 80%～100%，仅由假马齿苋组成或以假马齿苋为主，其他种类有莲子草、短叶水蜈蚣、铺地黍、水蓼、沟叶结缕草、多枝扁莎、锈鳞飘拂草等（表 4-182）。

表 4-182　假马齿苋群丛的数量特征

样地编号	群落高度/m	群落盖度/%	种类	株高/m	多度等级	物候期	生长状态
Q1	0.18	90	假马齿苋 *Bacopa monnieri*	0.15	Soc	花期	湿生
			莲子草 *Alternanthera sessilis*	0.07	Sp	营养期	湿生
			短叶水蜈蚣 *Kyllinga brevifolia*	0.20	Sol	花期	湿生
Q2	0.08	95	假马齿苋 *Bacopa monnieri*	0.08	Soc	花期	湿生
			铺地黍 *Panicum repens*	0.13	Cop¹	营养期	湿生
			水蓼 *Polygonum hydropiper*	0.36	Sp	营养期	湿生
			多枝扁莎 *Pycreus polystachyos*	0.21	Sol	花果期	湿生
Q3	0.23	100	假马齿苋 *Bacopa monnieri*	0.23	Soc	营养期	挺水
Q4	0.12	90	假马齿苋 *Bacopa monnieri*	0.12	Soc	花期	湿生
			沟叶结缕草 *Zoysia matrella*	0.15	Cop¹	营养期	湿生
			多枝扁莎 *Pycreus polystachyos*	0.26	Sol	花期	湿生
Q5	0.18	100	假马齿苋 *Bacopa monnieri*	0.18	Soc	花期	湿生
			锈鳞飘拂草 *Fimbristylis sieboldii*	0.45	Sol	花期	湿生
			多枝扁莎 *Pycreus polystachyos*	0.38	Un	花期	湿生

注：取样地点 Q1 为隆林县天生桥水库，Q2 为合浦县西场镇官井村，Q3 为合浦县大风江口，Q4 为东兴市巫头岛，Q5 为合浦县山口镇高坡村；样方面积为 25m²；取样时间 Q1 为 2011 年 9 月 13 日，Q2 为 2016 年 10 月 28 日，Q3 为 2016 年 12 月 28 日，Q4 为 2018 年 8 月 16 日，Q5 为 2019 年 6 月 18 日

五十七、大叶石龙尾群系

大叶石龙尾（*Limnophila rugosa*）为玄参科石龙尾属多年生水湿生草本植物。广西

的大叶石龙尾群系在桂北、桂西等地区有分布，见于沟渠、田间等，主要类型为大叶石龙尾群丛。该群丛高度 0.2~0.4m，盖度 60%~95%，组成种类以大叶石龙尾为主，其他种类有双穗雀稗、喜旱莲子草、节节草、柳叶箬、下田菊等（表 4-183）。

表 4-183　大叶石龙尾群丛的数量特征

样地编号	群落高度/m	群落盖度/%	种类	株高/m	多度等级	物候期	生长状态
Q1	0.30	95	大叶石龙尾 *Limnophila rugosa*	0.30	Soc	花期	湿生
			双穗雀稗 *Paspalum distichum*	0.28	Sp	营养期	湿生
			喜旱莲子草 *Alternanthera philoxeroides*	0.25	Sol	营养期	湿生
			节节草 *Equisetum ramosissimum*	0.35	Sol	营养期	湿生
Q2	0.35	80	大叶石龙尾 *Limnophila rugosa*	0.35	Soc	花期	挺水
			柳叶箬 *Isachne globosa*	0.28	Sp	花期	挺水
			下田菊 *Adenostemma lavenia*	0.48	Sol	营养期	挺水

注：取样地点 Q1 为桂林市六塘镇江背村，Q2 为平果市凤梧镇六达村；样方面积为 100m²；取样时间 Q1 为 2011 年 9 月 16 日，Q2 为 2015 年 8 月 12 日

五十八、长蒴母草群系

长蒴母草为玄参科母草属一年生湿生草本植物。广西的长蒴母草群系分布普遍，见于河流、水库、田间等，主要类型为长蒴母草群丛。该群丛高度 0.1~0.4m，盖度 50%~90%，组成种类以长蒴母草为主，其他种类有通泉草、破铜钱、白花蛇舌草、畦畔莎草、水虱草等（表 4-184）。

表 4-184　长蒴母草群丛的数量特征

群落高度/m	群落盖度/%	种类	株高/m	多度等级	物候期	生长状态
0.32	95	长蒴母草 *Lindernia anagallis*	0.32	Soc	果期	湿生
		通泉草 *Mazus pumilus*	0.15	Un	营养期	湿生
		破铜钱 *Hydrocotyle sibthorpioides* var. *batrachium*	0.08	Sol	营养期	湿生
		白花蛇舌草 *Hedyotis diffusa*	0.35	Sp	营养期	湿生
		畦畔莎草 *Cyperus haspan*	0.40	Sol	果期	湿生
		水虱草 *Fimbristylis littoralis*	0.32	Sol	果期	湿生

注：取样地点为桂林市桃花江定江镇河段；样方面积为 40m²；取样时间为 2011 年 11 月 3 日

五十九、长蒴母草+沟叶结缕草群系

广西的长蒴母草+沟叶结缕草群系在桂北等地区有分布，见于河流等，主要类型为长蒴母草+沟叶结缕草群丛。该群丛高度 0.1~0.3m，盖度 70%~95%，组成种类以长蒴母草和沟叶结缕草为主，其他种类有半边莲、猫爪草、短叶水蜈蚣、破铜钱等（表 4-185）。

表 4-185　长蒴母草+沟叶结缕草群丛的数量特征

群落高度/m	群落盖度/%	种类	株高/m	多度等级	物候期	生长状态
0.26	95	长蒴母草 *Lindernia anagallis*	0.26	Cop²	花期	湿生
		沟叶结缕草 *Zoysia matrella*	0.20	Cop³	营养期	湿生
		半边莲 *Lobelia chinensis*	0.15	Un	营养期	湿生
		猫爪草 *Ranunculus ternatus*	0.13	Cop¹	营养期	湿生
		短叶水蜈蚣 *Kyllinga brevifolia*	0.16	Un	果期	湿生
		破铜钱 *Hydrocotyle sibthorpioides* var. *batrachium*	0.07	Sp	营养期	湿生

注：取样地点为灵川县兰田乡枫木根；样方面积为 100m²；取样时间为 2011 年 9 月 3 日

六十、匍茎通泉草群系

匍茎通泉草为玄参科通泉草属多年生湿生草本植物。广西的匍茎通泉草群系在桂北等地区有分布，见于河流、水库、田间等，主要类型有匍茎通泉草群丛、匍茎通泉草-破铜钱群丛等。

（一）匍茎通泉草群丛

该群丛高度 0.1～0.3m，盖度 50%～90%，组成种类以匍茎通泉草为主，其他种类有破铜钱、狗牙根、短叶水蜈蚣、香附子等（表 4-186）。

表 4-186　匍茎通泉草群丛的数量特征

群落高度/m	群落盖度/%	种类	株高/m	多度等级	物候期	生长状态
0.15	80	匍茎通泉草 *Mazus miquelii*	0.15	Soc	花期	湿生
		破铜钱 *Hydrocotyle sibthorpioides* var. *batrachium*	0.05	Sol	营养期	湿生
		狗牙根 *Cynodon dactylon*	0.10	Sp	营养期	湿生
		短叶水蜈蚣 *Kyllinga brevifolia*	0.13	Sol	营养期	湿生
		香附子 *Cyperus rotundus*	0.12	Sp	营养期	湿生

注：取样地点为桂林市漓江大面圩河段；样方面积为 40m²；取样时间为 2013 年 3 月 21 日

（二）匍茎通泉草-破铜钱群丛

该群丛上层高度 0.1～0.3m，盖度 50%～80%，通常仅由匍茎通泉草组成；下层高度 0.02～0.05m，盖度 50%～90%，组成种类以破铜钱为主，其他种类有竹节草、筋骨草（*Ajuga ciliata*）等（表 4-187）。

表 4-187　匍茎通泉草-破铜钱群丛的数量特征

层次结构	层高度/m	层盖度/%	种类	株高/m	多度等级	物候期	生长状态
上层	0.25	60	匍茎通泉草 *Mazus miquelii*	0.25	Cop³	花期	湿生
下层	0.03	80	破铜钱 *Hydrocotyle sibthorpioides* var. *batrachium*	0.03	Soc	营养期	湿生
			竹节草 *Chrysopogon aciculatus*	0.10	Sp	营养期	湿生
			筋骨草 *Ajuga ciliata*	0.20	Sol	营养期	湿生

注：取样地点为桂林市漓江碧岩阁河段；样方面积为 40m²；取样时间为 2010 年 3 月 12 日

六十一、挖耳草群系

挖耳草为狸藻科狸藻属一年生水湿生草本植物，被水淹时也能生长。广西的挖耳草群系在桂北、桂中、桂南等地区有分布，见于沼泽及沼泽化湿地等，主要类型为挖耳草群丛。该群丛盖度 30%～70%，花序高度 0.1～0.2m，仅由挖耳草组成或以挖耳草为主，其他种类有破铜钱、谷精草（*Eriocaulon buergerianum*）、有腺泽番椒（*Deinostema adenocaula*）等（表 4-188）。

表 4-188 挖耳草群丛的数量特征

样地编号	花序高度/m	群落盖度/%	种类	株高/m	多度等级	物候期	生长状态
Q1	0.15	70	挖耳草 *Utricularia bifida*	0.15	Cop²	花期	湿生
Q2	0.13	50	挖耳草 *Utricularia bifida*	0.13	Cop²	花期	湿生
			破铜钱 *Hydrocotyle sibthorpioides* var. *batrachium*	0.03	Sp	营养期	湿生
			谷精草 *Eriocaulon buergerianum*	0.16	Sp	花期	湿生
			有腺泽番椒 *Deinostema adenocaula*	0.12	Sol	花期	湿生

注：取样地点 Q1 为桂林市会仙镇联塘村，Q2 为兴安县华江乡同仁村；样方面积为 25m²；取样时间 Q1 为 2009 年 9 月 11 日，Q2 为 2017 年 9 月 7 日

六十二、合苞挖耳草群系

合苞挖耳草为狸藻科狸藻属一年生湿生草本植物，通常与苔藓植物混生。广西的合苞挖耳草群系在桂北等地区有分布，见于潮湿或有少量流水的石壁上，主要类型为合苞挖耳草群丛。该群丛盖度 30%～80%，花序高度 0.05～0.15m，组成种类以合苞挖耳草为主，其他种类有藓状景天（*Sedum polytrichoides*）、竹叶草、亨氏马先蒿（*Pedicularis henryi*）、广西蒲儿根（*Sinosenecio guangxiensis*）等（表 4-189）。

表 4-189 合苞挖耳草群丛的数量特征*

花序高度/m	群落盖度/%	种类	株高/m	多度等级	物候期	生长状态
0.13	50	合苞挖耳草 *Utricularia peranomala*	0.13	Cop²	花期	湿生
		藓状景天 *Sedum polytrichoides*	0.12	Sp	营养期	湿生
		竹叶草 *Oplismenus compositus*	0.18	Sp	营养期	湿生
		亨氏马先蒿 *Pedicularis henryi*	0.15	Sol	花期	湿生
		广西蒲儿根 *Sinosenecio guangxiensis*	0.20	Sol	花期	湿生

注：取样地点为兴安县华江乡猫儿山；样方面积为 25m²；取样时间为 2008 年 7 月 7 日；*不包括苔藓植物

六十三、圆叶挖耳草群系

圆叶挖耳草为狸藻科狸藻属一年生湿生草本植物，通常与苔藓植物混生。广西的圆叶挖耳草群系在桂北、桂中等地区有分布，见于潮湿或有少量流水的石壁上，主要类型

为圆叶挖耳草群丛。该群丛盖度 40%～80%，花序高度 0.1～0.2m，组成种类以圆叶挖耳草为主，其他种类有长瓣马铃苣苔（*Oreocharis auricula*）、竹叶草、薄柱草（*Nertera sinensis*）、广西蒲儿根、龙胜梅花草（*Parnassia longshengensis*）等（表 4-190）。

表 4-190   圆叶挖耳草群丛的数量特征*

样地编号	花序高度/m	群落盖度/%	种类	株高/m	多度等级	物候期	生长状态
Q1	0.13	70	圆叶挖耳草 *Utricularia striatula*	0.13	Cop^2	花期	湿生
			长瓣马铃苣苔 *Oreocharis auricula*	0.18	Un	花期	湿生
			竹叶草 *Oplismenus compositus*	0.11	Sp	营养期	湿生
Q2	0.15	50	圆叶挖耳草 *Utricularia striatula*	0.15	Cop^2	花期	湿生
			薄柱草 *Nertera sinensis*	0.08	Cop^1	果期	湿生
			广西蒲儿根 *Sinosenecio guangxiensis*	0.20	Sol	花期	湿生
			龙胜梅花草 *Parnassia longshengensis*	0.26	Sp	花期	湿生

注：取样地点 Q1 为兴安县华江乡猫儿山，Q2 为桂林市黄沙乡红滩瀑布；样方面积为 25m²；取样时间 Q1 为 2008 年 7 月 7 日，Q2 为 2014 年 8 月 6 日；*不包括苔藓植物

六十四、过江藤群系

过江藤为马鞭草科过江藤属多年生湿生草本植物。广西的过江藤群系分布普遍，见于潮上带、河流、水库、池塘等，主要类型为过江藤群丛。该群丛高度 0.1～0.3m，盖度 50%～100%，仅由过江藤组成或以过江藤为主，其他种类有铺地黍、狗牙根、莲子草、鳢肠、积雪草、圆果雀稗（*Paspalum scrobiculatum* var. *orbiculare*）、厚藤、海雀稗等（表 4-191）。

表 4-191   过江藤群丛的数量特征

样地编号	群落高度/m	群落盖度/%	种类	株高/m	多度等级	物候期	生长状态
Q1	0.25	60	过江藤 *Phyla nodiflora*	0.25	Cop^3	花期	湿生
			铺地黍 *Panicum repens*	0.38	Sp	营养期	湿生
			狗牙根 *Cynodon dactylon*	0.12	Cop^1	营养期	湿生
			莲子草 *Alternanthera sessillis*	0.05	Sp	营养期	湿生
Q2	0.18	100	过江藤 *Phyla nodiflora*	0.18	Soc	花期	湿生
Q3	0.18	85	过江藤 *Phyla nodiflora*	0.18	Soc	花期	湿生
			鳢肠 *Eclipta prostrata*	0.15	Sp	花期	湿生
			狗牙根 *Cynodon dactylon*	0.28	Cop^1	营养期	湿生
			积雪草 *Centella asiatica*	0.08	Sol	营养期	湿生
Q4	0.13	90	过江藤 *Phyla nodiflora*	0.13	Soc	花果期	湿生
			圆果雀稗 *Paspalum scrobiculatum* var. *orbiculare*	0.31	Sp	花果期	湿生
			莲子草 *Alternanthera sessillis*	0.16	Sp	营养期	湿生
			狗牙根 *Cynodon dactylon*	0.23	Cop^1	营养期	湿生
			厚藤 *Ipomoea pes-caprae*	0.08	Sp	营养期	湿生
			海雀稗 *Paspalum vaginatum*	0.29	Sp	营养期	湿生

注：取样地点 Q1 为百色市澄碧河水库，Q2 为隆林县那隆水库，Q3 为恭城县嘉会镇老虎冲，Q4 为北海市冠头岭；样方面积为 100m²；取样时间 Q1 为 2011 年 9 月 12 日，Q2 为 2011 年 9 月 13 日，Q3 为 2012 年 9 月 3 日，Q4 为 2018 年 10 月 4 日

六十五、过江藤+狗牙根群系

广西的过江藤+狗牙根群系在桂西、桂南等地区有分布，见于潮上带、河流、水库、池塘等，主要类型为过江藤+狗牙根群丛。该群丛高度 0.1～0.3m，盖度 60%～100%，组成种类以过江藤和狗牙根为主，其他种类有破铜钱、鹅不食草、野甘草、铺地黍、小藜（*Chenopodium ficifolium*）等（表 4-192）。

表 4-192 过江藤+狗牙根群丛的数量特征

样地编号	群落高度/m	群落盖度/%	种类	株高/m	多度等级	物候期	生长状态
Q1	0.21	100	过江藤 *Phyla nodiflora*	0.21	Cop³	果期	湿生
			狗牙根 *Cynodon dactylon*	0.20	Soc	营养期	湿生
			破铜钱 *Hydrocotyle sibthorpioides* var. *batrachium*	0.05	Sp	营养期	湿生
Q2	0.15	85	过江藤 *Phyla nodiflora*	0.15	Cop²	果期	湿生
			狗牙根 *Cynodon dactylon*	0.20	Cop³	营养期	湿生
			鹅不食草 *Epaltes australis*	0.05	Sol	花期	湿生
			野甘草 *Scoparia dulcis*	0.36	Sol	花期	湿生
			铺地黍 *Panicum repens*	0.40	Sp	果期	湿生
			小藜 *Chenopodium ficifolium*	0.45	Sol	营养期	湿生

注：取样地点 Q1 为恭城县嘉会镇老虎冲，Q2 为百色市澄碧河水库；样方面积为 100m²；取样时间 Q1 为 2012 年 9 月 3 日，Q2 为 2013 年 10 月 2 日

六十六、齿叶水蜡烛群系

齿叶水蜡烛为唇形科水蜡烛属一年生水湿生草本植物，也能挺水甚至沉水生长。广西的齿叶水蜡烛在桂北等地区有分布，见于河流、湖泊、沼泽及沼泽化湿地、水库、池塘、沟渠等，主要类型有齿叶水蜡烛群丛、齿叶水蜡烛-水香薷群丛等。

（一）齿叶水蜡烛群丛

该群丛高度 0.4～0.7m，盖度 70%～100%，仅由齿叶水蜡烛组成或以齿叶水蜡烛为主，其他种类有三白草、旋覆花、钻叶紫菀、瓶尔小草（*Ophioglossum vulgatum*）等（表 4-193）。

表 4-193 齿叶水蜡烛群丛的数量特征

样地编号	群落高度/m	群落盖度/%	种类	株高/m	多度等级	物候期	生长状态
Q1	0.46	100	齿叶水蜡烛 *Dysophylla sampsonii*	0.46	Soc	花期	挺水
Q2	0.55	95	齿叶水蜡烛 *Dysophylla sampsonii*	0.55	Soc	花期	挺水
			三白草 *Saururus chinensis*	0.60	Sol	果期	挺水
Q3	0.60	90	齿叶水蜡烛 *Dysophylla sampsonii*	0.60	Soc	花期	湿生
			三白草 *Saururus chinensis*	0.40	Sp	果期	湿生

样地编号	群落高度/m	群落盖度/%	种类	株高/m	多度等级	物候期	生长状态
			旋覆花 Inula japonica	0.65	Un	花期	湿生
Q3	0.60	90	钻叶紫菀 Aster subulatus	0.78	Sol	花期	湿生
			瓶尔小草 Ophioglossum vulgatum	0.38	Sp	营养期	湿生

注：取样地点为融安县泗顶镇都昌水库；样方面积为 100m²；取样时间为 2014 年 10 月 2 日

（二）齿叶水蜡烛-水香薷群丛

该群丛上层高度 0.4～0.7m，盖度 60%～80%，仅由齿叶水蜡烛组成或以齿叶水蜡烛为主，其他种类有节节草、球穗扁莎等；下层高度 0.2～0.4m，盖度 70%～100%，组成种类以水香薷为主，其他种类有破铜钱等（表 4-194）。

表 4-194　齿叶水蜡烛-水香薷群丛的数量特征

层次结构	层高度/m	层盖度/%	种类	株高/m	多度等级	物候期	生长状态
上层	0.45	70	齿叶水蜡烛 Dysophylla sampsonii	0.45	Cop³	营养期	湿生
			节节草 Equisetum ramosissimum	0.52	Sp	营养期	湿生
			球穗扁莎 Pycreus flavidus	0.40	Sp	营养期	湿生
下层	0.58	90	水香薷 Elsholtzia kachinensis	0.23	Soc	营养期	湿生
			破铜钱 Hydrocotyle sibthorpioides var. batrachium	0.06	Sol	营养期	湿生

注：取样地点为恭城县栗木镇上枧村；样方面积为 100m²；取样时间为 2011 年 10 月 7 日

六十七、水虎尾群系

水虎尾（Dysophylla stellata）为唇形科水蜡烛属一年生湿生草本植物。广西的水虎尾群系分布普遍，见于水田、田间等，主要类型有水虎尾群丛、水虎尾-双穗雀稗群丛等。

（一）水虎尾群丛

该群丛高度 0.4～0.6m，盖度 40%～70%，组成种类以水虎尾为主，其他种类有薄荷、水苋菜、李氏禾、鸭跖草、柳叶箬等（表 4-195）。

表 4-195　水虎尾群丛的数量特征

群落高度/m	群落盖度/%	种类	株高/m	多度等级	物候期	生长状态
		水虎尾 Dysophylla stellata	0.48	Cop³	花期	挺水
		薄荷 Mentha canadensis	0.56	Sp	果期	挺水
0.48	60	水苋菜 Ammannia baccifera	0.32	Sol	花果期	挺水
		李氏禾 Leersia hexandra	0.35	Cop¹	花果期	挺水
		鸭跖草 Commelina communis	0.23	Sol	营养期	挺水
		柳叶箬 Isachne globosa	0.30	Sp	花果期	挺水

注：取样地点为桂林市宛田乡龙村；样方面积为 100m²；取样时间为 2013 年 10 月 3 日

（二）水虎尾-双穗雀稗群丛

该群丛上层高度 0.4～0.6m，盖度 50%～90%，组成种类以水虎尾为主，其他种类有丁香蓼等；下层高度 0.2～0.3m，盖度 50%～90%，组成种类以双穗雀稗为主，其他种类有水虱草、稗荩、鸭跖草、长蒴母草等（表 4-196）。

表 4-196 水虎尾-双穗雀群丛的数量特征

层次结构	层高度/m	层盖度/%	种类	株高/m	多度等级	物候期	生长状态
上层	0.55	85	水虎尾 *Dysophylla stellata*	0.55	Soc	花期	挺水
			丁香蓼 *Ludwigia prostrata*	0.63	Sol	果期	挺水
下层	0.28	90	双穗雀稗 *Paspalum distichum*	0.28	Cop^1	果期	挺水
			水虱草 *Fimbristylis littoralis*	0.32	Cop^1	果期	挺水
			稗荩 *Sphaerocaryum malaccense*	0.15	Sp	营养期	挺水
			鸭跖草 *Commelina communis*	0.18	Sol	营养期	挺水
			长蒴母草 *Lindernia anagallis*	0.20	Sol	花期	挺水

注：取样地点为永福县百寿镇乌石村；样方面积为 100m²；取样时间为 2011 年 10 月 2 日

六十八、活血丹群系

活血丹为唇形科活血丹属多年生湿生草本植物。广西的活血丹群系分布普遍，见于河流、田间、沟谷等，主要类型为活血丹群丛。该群丛高度 0.1～0.2m，盖度 80%～100%，仅由活血丹组成或以活血丹为主，其他种类有饭包草、鸭跖草、破铜钱、猪殃殃（*Galium spurium*）等（表 4-197）。

表 4-197 活血丹群丛的数量特征

样地编号	群落高度/m	群落盖度/%	种类	株高/m	多度等级	物候期	生长状态
Q1	0.15	100	活血丹 *Glechoma longituba*	0.15	Soc	花期	湿生
Q2	0.12	90	活血丹 *Glechoma longituba*	0.12	Soc	营养期	湿生
			饭包草 *Commelina benghalensis*	0.10	Sol	营养期	湿生
			鸭跖草 *Commelina communis*	0.15	Sp	营养期	湿生
			破铜钱 *Hydrocotyle sibthorpioides* var. *batrachium*	0.04	Un	营养期	湿生
			猪殃殃 *Galium spurium*	0.17	Sol	营养期	湿生

注：取样地点 Q1 为桂林市漓江下南洲河段，Q2 为桂林市漓江大面圩河段；样方面积为 25m²；取样时间 Q1 为 2015 年 3 月 21 日，Q2 为 2013 年 7 月 19 日

六十九、鸭跖草群系

鸭跖草为鸭跖草科鸭跖草属一年生水湿生草本植物。广西的鸭跖草群系分布普遍，见于河流、湖泊、沼泽及沼泽化湿地、水库、池塘、田间、沟谷等，主要类型为鸭跖草

群丛。该群丛高度 0.2~0.5m，盖度 80%~100%，仅由鸭跖草组成或以鸭跖草为主，其他种类有喜旱莲子草、野芋、假柳叶菜、垂穗莎草、糯米团、铺地黍、双穗雀稗等（表 4-198）。

表 4-198 鸭跖草群丛的数量特征

样地编号	群落高度/m	群落盖度/%	种类	株高/m	多度等级	物候期	生长状态
Q1	0.35	100	鸭跖草 *Commelina communis*	0.35	Soc	营养期	挺水
Q2	0.28	95	鸭跖草 *Commelina communis*	0.28	Soc	营养期	挺水
			铺地黍 *Panicum repens*	0.32	Sp	果期	挺水
			喜旱莲子草 *Alternanthera philoxeroides*	0.28	Cop¹	花期	挺水
			野芋 *Colocasia esculentum* var. *antiquorum*	0.43	Un	营养期	挺水
Q3	0.40	100	鸭跖草 *Commelina communis*	0.40	Soc	营养期	湿生
			假柳叶菜 *Ludwigia epilobiloides*	0.56	Un	营养期	湿生
			喜旱莲子草 *Alternanthera philoxeroides*	0.25	Sol	营养期	湿生
			垂穗莎草 *Cyperus nutans*	0.48	Un	营养期	湿生
Q4	0.25	90	鸭跖草 *Commelina communis*	0.25	Soc	营养期	湿生
			糯米团 *Gonostegia hirta*	0.30	Sp	果期	湿生
			双穗雀稗 *Paspalum distichum*	0.32	Cop¹	营养期	湿生
			野芋 *Colocasia esculentum* var. *antiquorum*	0.38	Un	营养期	湿生
Q5	0.30	80	鸭跖草 *Commelina communis*	0.30	Soc	花期	湿生
			铺地黍 *Panicum repens*	0.35	Sp	果期	湿生
Q6	0.23	100	鸭跖草 *Commelina communis*	0.23	Soc	营养期	湿生

注：取样地点 Q1 为陆川县九州江大桥镇河段，Q2 为兴业县城隍镇黄泥塘村，Q3 为河池市打狗河拔贡镇河段，Q4 为容县杨梅河杨村河段，Q5 为东兴市巫头岛，Q6 为田林县乐里河潞城河段；样方面积为 100m²；取样时间 Q1 为 2005 年 10 月 31 日，Q2 为 2008 年 10 月 25 日，Q3 为 2009 年 9 月 13 日，Q4 为 2010 年 10 月 3 日，Q5 为 2012 年 9 月 15 日，Q6 为 2018 年 10 月 5 日

七十、大苞鸭跖草群系

大苞鸭跖草为鸭跖草科鸭跖草属多年生湿生草本植物。广西的大鸭跖草群系分布普遍，见于河流、沼泽及沼泽化湿地、沟谷等，主要类型为大苞鸭跖草群丛。该群丛高度 0.3~0.5m，盖度 80%~100%，组成种类以大苞鸭跖草为主，其他种类有火炭母、鸭儿芹、糯米团等（表 4-199）。

表 4-199 大苞鸭跖草群丛的数量特征

群落高度/m	群落盖度/%	种类	株高/m	多度等级	物候期	生长状态
0.32	100	大苞鸭跖草 *Commelina paludosa*	0.32	Soc	营养期	湿生
		火炭母 *Polygonum chinense*	0.28	Sp	营养期	湿生
		鸭儿芹 *Cryptotaenia japonica*	0.40	Un	营养期	湿生
		糯米团 *Gonostegia hirta*	0.25	Sol	营养期	湿生

注：取样地点为金秀县忠良乡三合村；样方面积为 25m²；取样时间为 2019 年 7 月 29 日

七十一、谷精草群系

谷精草为谷精草科谷精草属一年生水湿生草本植物。广西的谷精草群系在桂北、桂中等地区有分布，见于沼泽及沼泽化湿地、水田等，主要类型为谷精草群丛。该群丛高度 0.1~0.4m，盖度 40%~90%，仅由谷精草组成或以谷精草为主，其他种类有双穗雀稗、畦畔莎草、翅茎灯心草（*Juncus alatus*）等（表 4-200）。

表 4-200　谷精草群丛的数量特征

样地编号	群落高度/m	群落盖度/%	种类	株高/m	多度等级	物候期	生长状态
Q1	0.28	85	谷精草 *Eriocaulon buergerianum*	0.28	Soc	花期	挺水
			双穗雀稗 *Paspalum distichum*	0.30	Sp	营养期	挺水
			畦畔莎草 *Cyperus haspan*	0.25	Sol	花果期	挺水
			两歧飘拂草 *Fimbristylis dichotoma*	0.32	Sol	花果期	挺水
Q2	0.35	90	谷精草 *Eriocaulon buergerianum*	0.35	Soc	花期	挺水
Q3	0.32	90	谷精草 *Eriocaulon buergerianum*	0.32	Soc	孢子期	湿生
			翅茎灯心草 *Juncus alatus*	0.40	Sol	花果期	湿生

注：取样地点 Q1 为陆川县大桥镇，Q2 和 Q3 为兴安县猫儿山；样方面积为 25m²；取样时间 Q1 为 2005 年 10 月 31 日，Q2 为 2006 年 7 月 14 日，Q3 为 2016 年 8 月 5 日

七十二、野蕉群系

野蕉（*Musa balbisiana*）为芭蕉科芭蕉属多年生湿生草本植物。广西的野蕉群系分布普遍，见于河流、沟渠、沟谷等，主要类型有野蕉-楼梯草群丛、野蕉-食用双盖蕨群丛等。

（一）野蕉-楼梯草群丛

该群丛上层高度 3~5m，盖度 70%~90%，通常仅由野蕉组成；下层高度 0.3~0.6m，盖度 50%~90%，组成种类以楼梯草（*Elatostema* sp.）为主，其他种类有食用双盖蕨、大苞鸭跖草、刚莠竹、杜若（*Pollia japonica*）、笔管草等（表 4-201）。

表 4-201　野蕉-楼梯草群丛的数量特征

层次结构	层高度/m	层盖度/%	种类	株高/m	多度等级	物候期	生长状态
上层	3.50	85	野蕉 *Musa balbisiana*	3.50	Soc	营养期	湿生
下层	0.38	70	楼梯草 *Elatostema* sp.	0.38	Cop³	营养期	湿生
			食用双盖蕨 *Diplazium esculentum*	0.65	Sol	营养期	湿生
			大苞鸭跖草 *Commelina paludosa*	0.26	Sol	花期	湿生
			刚莠竹 *Microstegium ciliatum*	0.57	Sp	营养期	湿生
			杜若 *Pollia japonica*	0.73	Sol	花期	湿生
			笔管草 *Equisetum ramosissimum* subsp. *debile*	0.15	Sol	营养期	湿生

注：取样地点为桂林市两江镇麻岭；样方面积为 100m²；取样时间为 2009 年 7 月 15 日

（二）野蕉-食用双盖蕨群丛

该群丛上层高度 3.0～5.0m，盖度 60%～95%，通常仅由野蕉组成；下层高度 0.3～0.7m，盖度 50%～90%，组成种类以食用双盖蕨为主，其他种类有楼梯草、褐鞘沿阶草（*Ophiopogon dracaenoides*）、华南紫萁（*Osmunda vachellii*）、福建莲座蕨（*Angiopteris fokiensis*）等（表4-202）。

表4-202　野蕉-食用双盖蕨群丛的数量特征

层次结构	层高度/m	层盖度/%	种类	株高/m	多度等级	物候期	生长状态
上层	4.50	80	野蕉 *Musa balbisiana*	4.50	Soc	营养期	湿生
下层	0.63	60	食用双盖蕨 *Diplazium esculentum*	0.63	Cop^3	营养期	湿生
			楼梯草 *Elatostema* sp.	0.32	Sp	营养期	湿生
			福建莲座蕨 *Angiopteris fokiensis*	0.86	Un	营养期	湿生
			华南紫萁 *Osmunda vachellii*	0.67	Un	孢子期	湿生
			褐鞘沿阶草 *Ophiopogon dracaenoides*	0.36	Sp	营养期	湿生

注：取样地点为桂林市宛田乡船岭；样方面积为 100m²；取样时间为 2010 年 7 月 10 日

七十三、芋群系

芋为天南星科芋属多年生水陆生草本植物，原产中国、印度、马来半岛等热带沼泽地，目前世界上广为种植，但以中国、日本及太平洋诸岛种植最盛（黄新芳等，2005）。种植的芋品种根据其对水分要求的差异，可划分为 3 种生态型：①水芋型，这种类型多在水田或浅水池塘中种植，且需要经常保持一定深度的水；②旱芋型，这种类型适合旱地种植；③水旱型，这种类型既可在旱地种植，也可在浅水中或低湿地种植（张志，1982）。广西各地或多或少都有芋种植。

七十四、灯心草群系

灯心草为灯心草科灯心草属多年生水湿生草本植物。广西的灯心草群系在桂北等地区有分布，见于沼泽及沼泽化湿地、水库、田间、沟谷等，主要类型有灯心草群丛、灯心草-李氏禾群丛等。

（一）灯心草群丛

该群丛高度 0.5～0.9m，盖度 40%～80%，组成种类以灯心草为主，其他种类有铺地黍、喜旱莲子草、鸭跖草等（表4-203）。

（二）灯心草-李氏禾群丛

该群丛上层高度 0.6～0.9m，盖度 40%～80%，组成种类以灯心草为主，其他种类有水蓼等；下层高度 0.3～0.4m，盖度 50%～90%，组成种类以李氏禾为主，其他种类有喜旱莲子草等（表4-204）。

表 4-203 灯心草群丛的数量特征

群落高度/m	群落盖度/%	种类	株高/m	多度等级	物候期	生长状态
0.86	85	灯心草 *Juncus effusus*	0.86	Soc	花期	湿生
		铺地黍 *Panicum repens*	0.35	Sol	营养期	湿生
		喜旱莲子草 *Alternanthera philoxeroides*	0.26	Sol	营养期	湿生
		鸭跖草 *Commelina communis*	0.30	Sol	营养期	湿生

注：取样地点为阳朔县白沙镇遇龙桥；样方面积为 100m²；取样时间为 2016 年 3 月 6 日

表 4-204 灯心草-李氏禾群丛的数量特征

水深/m	层次结构	层高度/m	层盖度/%	种类	株高/m	多度等级	物候期	生长状态
0.13	上层	0.75	50	灯心草 *Juncus effusus*	0.75	Cop³	花期	挺水
				水蓼 *Polygonum hydropiper*	0.85	Un	营养期	挺水
	下层	0.35	80	李氏禾 *Leersia hexandra*	0.35	Soc	营养期	挺水
				喜旱莲子草 *Alternanthera philoxeroides*	0.28	Sp	营养期	挺水

注：取样地点为富川县麦岭镇村黄村；样方面积为 100m²；取样时间为 2010 年 5 月 3 日

七十五、笄石菖群系

笄石菖（*Juncus prismatocarpus*）为灯心草科灯心草属多年生水湿生草本植物。广西的笄石菖群系在桂北、桂西等地区有分布，见于河流、田间、沟谷等，主要类型为笄石菖群丛。该群丛高度 0.2～0.5m，盖度 40%～90%，组成种类以笄石菖为主，其他种类有异型莎草、柔茎蓼、旱田草（*Lindernia ruellioides*）、裸花水竹叶等（表 4-205）。

表 4-205 笄石菖群丛的数量特征

样地编号	群落高度/m	群落盖度/%	种类	株高/m	多度等级	物候期	生长状态
Q1	0.35	40	笄石菖 *Juncus prismatocarpus*	0.35	Soc	营养期	湿生
			异型莎草 *Cyperus difformis*	0.43	Sol	果期	湿生
			柔茎蓼 *Polygonum kawagoeanum*	0.26	Sp	营养期	湿生
Q2	0.25	90	笄石菖 *Juncus prismatocarpus*	0.25	Soc	果期	湿生
			旱田草 *Lindernia ruellioides*	0.12	Sp	花期	湿生
			裸花水竹叶 *Murdannia nudiflora*	0.18	Sol	果期	湿生

注：取样地点 Q1 为贺州市马尾河龙洞河段，Q2 为龙胜县泗水乡寨陇新寨；样方面积为 100m²；取样时间 Q1 为 2006 年 11 月 11 日，Q2 为 2011 年 9 月 9 日

第十五节 盐 生 草 丛

盐生草丛是指以喜盐、耐盐等各种盐生草本为建群种的各种滨海湿地草本群落的总称，但不包括水生草本群落。广西盐生草本见于北海市、钦州市和防城港市的滨海地区，组成种类主要有卤蕨、海马齿、盐角草、补血草、厚藤、薄果草（*Dapsilanthus disjunctus*）、扁秆荆三棱（*Bolboschoenus planiculmis*）、密穗莎草（*Cyperus eragrostis*）、粗根茎莎草、锈鳞飘拂草、多枝扁莎、海雀稗、盐地鼠尾粟等。

一、卤蕨群系

卤蕨为凤尾蕨科卤蕨属多年生水湿生蕨类植物。广西的卤蕨群系在北海市、钦州市和防城港市滨海地区都有分布，见于河口、高潮带、潮上带、海堤内侧沼泽等，主要类型有卤蕨群丛、卤蕨-铺地黍群丛、卤蕨-锈鳞飘拂草群丛等。

（一）卤蕨群丛

该群丛高度 1.0～2.3m，盖度 60%～100%，仅由卤蕨组成或以卤蕨为主，其他种类有蜡烛果、老鼠簕、阔苞菊、苦郎树、铺地黍、木贼状荸荠（*Eleocharis equisetina*）、短叶茳芏、锈鳞飘拂草、铺地黍等（表 4-206）。

表 4-206　卤蕨群丛的数量特征

样地编号	群落高度/m	群落盖度/%	种类	株高/m	多度等级	物候期	生长状态
Q1	1.5	95	卤蕨 *Acrostichum aureum*	1.50	Soc	孢子期	挺水
			蜡烛果 *Aegiceras corniculatum*	1.25	Sol	营养期	挺水
			老鼠簕 *Acanthus ilicifolius*	1.10	Sol	营养期	挺水
Q2	1.20	80	卤蕨 *Acrostichum aureum*	1.20	Cop³	孢子期	湿生
			阔苞菊 *Pluchea indica*	1.35	Cop¹	花期	湿生
			苦郎树 *Clerodendrum inerme*	0.96	Sol	果期	湿生
			铺地黍 *Panicum repens*	0.40	Sol	营养期	湿生
Q3	1.72	100	卤蕨 *Acrostichum aureum*	1.72	Soc	孢子期	湿生
Q4	2.23	100	卤蕨 *Acrostichum aureum*	2.23	Soc	孢子期	挺水
			木贼状荸荠 *Eleocharis equisetina*	0.68	Sp	果期	挺水
			短叶茳芏 *Cyperus malaccensis* subsp. *monophyllus*	2.17	Sp	果期	挺水
			锈鳞飘拂草 *Fimbristylis sieboldii*	0.88	Sp	果期	挺水
			铺地黍 *Panicum repens*	0.59	Sp	营养期	挺水
Q5	1.62	100	卤蕨 *Acrostichum aureum*	1.62	Soc	孢子期	湿生
			短叶茳芏 *Cyperus malaccensis* subsp. *monophyllus*	2.03	Cop¹	果期	湿生
			铺地黍 *Panicum repens*	0.87	Sp	营养期	湿生
			阔苞菊 *Pluchea indica*	1.53	Sp	果期	湿生
Q6	1.10	95	卤蕨 *Acrostichum aureum*	1.10	Soc	孢子期	湿生
			阔苞菊 *Pluchea indica*	1.34	Cop¹	果期	湿生
			铺地黍 *Panicum repens*	0.27	Cop¹	营养期	湿生
Q7	1.72	100	卤蕨 *Acrostichum aureum*	1.72	Soc	孢子期	湿生
			阔苞菊 *Pluchea indica*	1.58	Cop¹	果期	湿生
Q8	1.40	100	卤蕨 *Acrostichum aureum*	1.40	Soc	孢子期	挺水
			蜡烛果 *Aegiceras corniculatum*	1.25	Sp	果期	挺水

注：取样地点 Q1 为东兴市北仑河口，Q2 为合浦县英罗湾，Q3 为合浦县石康镇红星村，Q4 为防城港市茅岭镇沙坳村，Q5 为东兴市江平镇佳邦村，Q6 和 Q7 为东兴市东兴镇竹山村，Q8 防城港市江山镇石角村；样方面积 Q1、Q2 和 Q8 为 100m²，其余为 25m²；取样时间 Q1 为 2004 年 1 月 5 日，Q2 为 2016 年 10 月 6 日，Q3 为 2016 年 10 月 21 日，Q4 为 2016 年 10 月 31 日，Q5 为 2016 年 11 月 2 日，Q6 和 Q7 为 2016 年 11 月 3 日，Q8 为 2017 年 6 月 15 日

（二）卤蕨-铺地黍群丛

该群丛上层高度 1.0～1.8m，盖度 50%～90%，通常仅由卤蕨组成或以卤蕨为主，其他种类有阔苞菊、苦郎树等；下层高度 0.3～0.6m，盖度 60%～100%，组成种类以铺地黍为主，其他种类有粗根茎莎草、多枝扁莎等（表 4-207）。

表 4-207 卤蕨-铺地黍群丛的数量特征

层次结构	层高度/m	层盖度/%	种类	株高/m	多度等级	物候期	生长状态
上层	1.38	70	卤蕨 *Acrostichum aureum*	1.38	Cop³	孢子期	湿生
			阔苞菊 *Pluchea indica*	1.25	Un	营养期	湿生
			苦郎树 *Clerodendrum inerme*	1.40	Sol	营养期	湿生
下层	0.43	85	铺地黍 *Panicum repens*	0.43	Soc	营养期	湿生
			粗根茎莎草 *Cyperus stoloniferus*	0.25	Cop¹	营养期	湿生
			多枝扁莎 *Pycreus polystachyos*	0.38	Sp	花期	湿生

注：取样地点为东兴市东兴镇竹山村；样方面积为 100m²；取样时间为 2015 年 10 月 6 日

（三）卤蕨-锈鳞飘拂草群丛

该群丛上层高度 1.2～1.8m，盖度 60%～90%，组成种类以卤蕨为主，其他种类有蜡烛果、海漆等；下层高度 0.4～0.6m，盖度 50%～80%，组成种类以锈鳞飘拂草为主，其他种类有盐地鼠尾粟、老鼠簕、铺地黍等（表 4-208）。

表 4-208 卤蕨-锈鳞飘拂草的数量特征

层次结构	层高度/m	层盖度/%	种类	株高/m	多度等级	物候期	生长状态
上层	1.30	80	卤蕨 *Acrostichum aureum*	1.30	Soc	孢子期	干淹交替
			海漆 *Excoecaria agallocha*	1.18	Un	营养期	干淹交替
			蜡烛果 *Aegiceras corniculatum*	1.23	Sol	营养期	干淹交替
下层	0.48	60	锈鳞飘拂草 *Fimbristylis sieboldii*	0.48	Cop³	花期	干淹交替
			盐地鼠尾粟 *Sporobolus virginicus*	0.25	Sp	营养期	干淹交替
			老鼠簕 *Acanthus ilicifolius*	0.63	Sol	花期	干淹交替
			铺地黍 *Panicum repens*	0.30	Sol	营养期	干淹交替

注：取样地点为东兴市东兴镇竹山村；样方面积为 100m²；取样时间为 2015 年 6 月 6 日

二、卤蕨+短叶茳芏群系

广西的卤蕨+短叶茳芏群系在钦州市有分布，见于河口、堤内湿地等，主要类型为卤蕨+短叶茳芏群丛。该群丛高度 1.1～1.7m，盖度 60%～90%，组成种类以卤蕨和短叶茳芏为主，其他种类有阔苞菊、铺地黍等（表 4-209）。

表 4-209　卤蕨+短叶莎草群丛的数量特征

群落高度/m	群落盖度/%	种类	株高/m	多度等级	物候期	生长状态
		卤蕨 *Acrostichum aureum*	1.35	Cop³	孢子期	湿生
1.35	85	短叶莎草 *Cyperus malaccensis* subsp. *monophyllus*	1.20	Cop²	花期	湿生
		阔苞菊 *Pluchea indica*	1.30	Sol	花期	湿生
		铺地黍 *Panicum repens*	0.43	Sol	营养期	湿生

注：取样地点为钦州湾茅尾海；样方面积为 100m²；取样时间为 2010 年 11 月 3 日

三、海马齿群系

海马齿是番杏科海马齿属多年生肉质水湿生草本植物。广西的海马齿群系分布普遍，见于高潮线附近、内滩红树林的林窗和向陆边缘、海堤内侧废弃的盐田和养殖塘等，主要类型为海马齿群丛。该群丛高度 0.05～0.15m，盖度 50%～100%，仅由海马齿组成或以海马齿为主，其他种类有南方碱蓬、盐地鼠尾粟、盐角草、锈鳞飘拂草等（表 4-210）。

表 4-210　海马齿群丛的数量特征

样地编号	群落高度/m	群落盖度/%	种类	株高/m	多度等级	物候期	生长状态
Q1	0.06	70	海马齿 *Sesuvium portulacastrum*	0.08	Cop³	花期	湿生
Q2	0.08	95	海马齿 *Sesuvium portulacastrum*	0.10	Soc	花期	干淹交替
			南方碱蓬 *Suaeda australis*	0.28	Sol	营养期	干淹交替
Q3	0.05	90	海马齿 *Sesuvium portulacastrum*	0.12	Soc	花期	干淹交替
			南方碱蓬 *Suaeda australis*	0.25	Un	营养期	干淹交替
Q4	0.08	85	海马齿 *Sesuvium portulacastrum*	0.15	Soc	花期	干淹交替
			盐角草 *Salicornia europaea*	0.32	Sol	营养期	干淹交替
			南方碱蓬 *Suaeda australis*	0.25	Sol	营养期	干淹交替
			锈鳞飘拂草 *Fimbristylis sieboldii*	0.37	Un	果期	干淹交替

注：取样地点 Q1 为钦州市康熙岭，Q2 为北海市冯家江口，Q3 为北海市西村港，Q4 为钦州市犀牛脚镇；样方面积为 25m²；取样时间 Q1 为 2010 年 11 月 17 日，Q2 为 2011 年 5 月 28 日，Q3 为 2016 年 10 月 7 日，Q4 为 2016 年 10 月 8 日

四、盐角草群系

盐角草是藜科盐角草属一年生水湿生草本植物。广西的盐角草群系目前仅见于北海市大冠沙和钦州市犀牛脚。北海市大冠沙的盐角草见于内滩红树林边缘、林窗等，土壤为沙质，群落高度 0.2～0.5m，盖度 30%～80%，组成种类以盐角草为主，其他种类有南方碱蓬、盐地鼠尾粟、蜡烛果、海榄雌等红树植物幼苗；钦州市犀牛脚的盐角草见于内滩，土壤泥沙质，群落高度 0.2～0.4m，盖度 30%～60%，组成种类以盐角草为主，其他种类有南方碱蓬、盐地鼠尾粟、锈鳞飘拂草等（表 4-211）。

表 4-211　盐角草群丛的数量特征

样地编号	水位	群落高度/m	群落盖度/%	种类	株高/m	多度等级	物候期	生长状态
Q1	高潮带	0.38	70	盐角草 *Salicornia europaea*	0.38	Cop³	花期	干淹交替
				盐地鼠尾粟 *Sporobolus virginicus*	0.23	Cop¹	营养期	干淹交替
				南方碱蓬 *Suaeda australis*	0.25	Sol	营养期	干淹交替
				海榄雌 *Avicennia marina*	0.18	Sol	营养期	干淹交替
Q2	高潮带	0.26	40	盐角草 *Salicornia europaea*	0.26	Cop²	营养期	干淹交替
				南方碱蓬 *Suaeda australis*	0.30	Sol	营养期	干淹交替
				盐地鼠尾粟 *Sporobolus virginicus*	0.21	Sol	营养期	干淹交替
				锈鳞飘拂草 *Fimbristylis sieboldii*	0.56	Un	果期	干淹交替

注：取样地点 Q1 为北海市大冠沙，Q2 为钦州市犀牛脚镇；样方面积为 100m²；取样时间 Q1 为 2010 年 12 月 21 日，Q2 为 2016 年 10 月 8 日

五、补血草群系

补血草为白花丹科补血草属多年生半湿生草本植物。广西的补血草群系分布普遍，见于潮上带湿地，主要类型为补血草群丛、补血草-铺地黍群丛等。

（一）补血草群丛

该群丛高度 0.3～0.6m，盖度 40%～70%，组成种类以补血草为主，其他种类有铺地黍、老鼠芳、沙苦荬菜、厚藤、二型马唐、单叶蔓荆等（表 4-212）。

表 4-212　补血草群丛的数量特征

群落高度/m	群落盖度/%	种类	株高/m	多度等级	物候期	生长状态
0.38	80	补血草 *Limonium sinense*	0.38	Cop³	花期	半湿生
		铺地黍 *Panicum repens*	0.20	Cop¹	营养期	半湿生
		老鼠芳 *Spinifex littoreus*	0.45	Un	营养期	半湿生
		沙苦荬菜 *Ixeris repens*	0.08	Sp	营养期	半湿生
		厚藤 *Impemonea pes-caprae*	0.15	Cop¹	花果期	半湿生
		二型马唐 *Digitaria heterantha*	0.36	Sol	花果期	半湿生
		单叶蔓荆 *Vitex rotundifolia*	0.42	Sol	营养期	半湿生

注：取样地点为北海市福成镇白龙港；样方面积为 25m²；取样时间为 1995 年 10 月 6 日

（二）补血草-铺地黍群丛

该群丛上层高度 0.3～0.6m，盖度 40%～80%，通常仅由补血草组成；下层盖度 60%～90%，仅由铺地黍组成或以铺地黍为主，其他种类有厚藤等（表 4-213）。

表 4-213　补血草-铺地黍群丛的数量特征

样地编号	层次结构	层高度/m	层盖度/%	种类	株高/m	多度等级	物候期	生长状态
Q1	上层	0.38	40	补血草 Limonium sinense	0.38	Cop³	花期	湿生
	下层	0.15	60	铺地黍 Panicum repens	0.15	Soc	营养期	湿生
Q2	上层	0.38	45	补血草 Limonium sinense	0.38	Cop³	花期	湿生
	下层	0.20	85	铺地黍 Panicum repens	0.20	Soc	营养期	湿生
				厚藤 Ipomoea pes-caprae	0.13	Un	营养期	湿生

注：取样地点为合浦县西场镇管井村；样方面积为 25m²；取样时间 Q1 为 2016 年 10 月 28 日，Q2 为 2016 年 12 月 28 日

六、厚藤群系

　　厚藤为旋花科番薯属多年生半湿生草本植物。广西的厚藤群系分布普遍，见于潮上带等，主要类型为厚藤群丛。该群丛高度 0.1～0.3m，盖度 60%～100%，仅由厚藤组成或以厚藤为主，其他种类有铺地黍、老鼠芳、卤地菊（Melanthera prostrata）、羽芒菊、沟叶结缕草、过江藤、鬼针草等（表 4-214）。

表 4-214　厚藤群丛的数量特征

样地编号	群落高度/m	群落盖度/%	种类	株高/m	多度等级	物候期	生长状态
Q1	0.20	80	厚藤 Ipomoea pes-caprae	0.20	Soc	花期	湿生
			单叶蔓荆 Vitex rotundifolia	0.53	Sol	营养期	湿生
Q2	0.23	95	厚藤 Ipomoea pes-caprae	0.23	Soc	花期	湿生
Q3	0.15	80	厚藤 Ipomoea pes-caprae	0.15	Soc	花期	半湿生
			糙叶丰花草 Spermacoce hispida	0.05	Un	花期	半湿生
			老鼠芳 Spinifex littoreus	0.57	Sol	营养期	半湿生
			铺地黍 Panicum repens	0.26	Cop²	营养期	半湿生
			卤地菊 Melanthera prostrata	0.16	Sp	营养期	半湿生
			羽芒菊 Tridax procumbens	0.35	Sp	营养期	半湿生
Q4	0.15	85	厚藤 Ipomoea pes-caprae	0.15	Soc	孢子期	湿生
			过江藤 Phyla nodiflora	0.07	Cop²	营养期	湿生
			鬼针草 Bidens pilosa	0.73	Sol	花期	湿生
Q5	0.18	95	厚藤 Ipomoea pes-caprae	0.18	Soc	花期	湿生
			沟叶结缕草 Zoysia matrella	0.13	Cop¹	营养期	湿生
			铺地黍 Panicum repens	0.26	Cop¹	营养期	湿生
Q6	0.26	90	厚藤 Ipomoea pes-caprae	0.16	Soc	营养期	湿生
Q7	0.20	100	厚藤 Ipomoea pes-caprae	0.20	Soc	营养期	湿生
Q8	0.18	85	厚藤 Ipomoea pes-caprae	0.18	Soc	花期	湿生
			龙爪茅 Dactyloctenium aegyptium	0.30	Sol	花果期	湿生
			二型马唐 Digitaria heterantha	0.53	Sol	花果期	湿生

注：取样地点 Q1 为北海市大冠沙，Q2 为北海市侨港镇，Q3 为北海市银滩镇曲湾村，Q4 为合浦县石康镇红星村，Q5 为合浦县常乐镇北城村，Q6 为钦州市犀牛脚镇，Q7 为钦州市犀牛脚镇大坪村，Q8 为钦州湾仙岛；样方面积为 100m²；取样时间 Q1 为 1994 年 4 月 20 日，Q2 和 Q3 为 2011 年 5 月 28 日，Q4 为 2015 年 10 月 3 日，Q5 为 2016 年 9 月 19 日，Q6 和 Q7 为 2016 年 10 月 30 日，Q8 为 2017 年 11 月 6 日

七、厚藤+铺地黍群系

广西的厚藤+铺地黍群系分布普遍，见于潮上带，主要类型为厚藤+铺地黍群丛。该群丛高度 0.1～0.3m，盖度 50%～90%，组成种类以厚藤和铺地黍为主，其他种类有二型马唐、老鼠芳、绢毛飘拂草等（表 4-215）。

表 4-215　厚藤+铺地黍群丛的数量特征

群落高度/m	群落盖度/%	种类	株高/m	多度等级	物候期	生长状态
0.20	80	厚藤 *Ipomoea pes-caprae*	0.20	Cop^3	花期	半湿生
		铺地黍 *Panicum repens*	0.28	Cop^2	营养期	半湿生
		二型马唐 *Digitaria heterantha*	0.37	Sol	花果期	半湿生
		老鼠芳 *Spinifex littoreus*	0.45	Sol	营养期	半湿生
		绢毛飘拂草 *Fimbristylis sericea*	0.17	Sol	营养期	半湿生

注：取样地点为北海市银滩镇曲湾村；样方面积为 100m²；取样时间为 2011 年 5 月 28 日

八、薄果草群系

薄果草为帚灯草科薄果草属多年生半湿生草本植物。广西的薄果草群系在防城港市等地区有分布，见于潮上带，主要类型为薄果草群丛。该群丛高度 0.5～0.9m，盖度 60%～90%，组成种类以薄果草为主，其他种类有铺地黍、桃金娘（*Rhodomyrtus tomentosa*）、野牡丹（*Melastoma malabathricum*）、绢毛飘拂草、鼠妇草（*Eragrostis atrovirens*）、有芒鸭嘴草等（表 4-216）。

表 4-216　薄果草群丛的数量特征

群落高度/m	群落盖度/%	种类	株高/m	多度等级	物候期	生长状态
0.56	70	薄果草 *Dapsilanthus disjunctus*	0.56	Soc	花期	湿生
		铺地黍 *Panicum repens*	0.50	Sp	营养期	湿生
		桃金娘 *Rhodomyrtus tomentosa*	1.15	Un	营养期	湿生
		野牡丹 *Melastoma malabathricum*	1.30	Un	营养期	湿生
		绢毛飘拂草 *Fimbristylis sericea*	0.13	Sol	营养期	湿生
		有芒鸭嘴草 *Ischaemum aristatum*	0.37	Sp	花果期	湿生
		鼠妇草 *Eragrostis atrovirens*	0.46	Sol	花果期	湿生
		黄眼草 *Xyris indica*	0.35	Un	花期	湿生

注：取样地点为东兴市巫头岛；样方面积为 25m²；取样时间为 2011 年 11 月 17 日

九、扁秆荆三棱群系

扁秆荆三棱是莎草科三棱草属多年生水湿生草本植物。广西的扁秆荆三棱群系分布普遍，见于潮间带、潮上带，主要类型为扁秆荆三棱群丛。该群丛高度 0.3～0.8m，盖度 50%～95%，仅由扁秆荆三棱组成或以扁秆荆三棱为主，其他种类有锈鳞飘拂草、海雀稗、盐地鼠尾粟等（表 4-217）。

表 4-217　扁秆荆三棱群丛的数量特征

样地编号	群落高度/m	群落盖度/%	种类	株高/m	多度等级	物候期	生长状态
Q1	0.48	90	扁秆荆三棱 Bolboschoenus planiculmis	0.48	Soc	花期	干淹交替
Q2	0.70	90	扁秆荆三棱 Bolboschoenus planiculmis	0.70	Soc	花期	干淹交替
Q3	0.56	70	扁秆荆三棱 Bolboschoenus planiculmis	0.56	Soc	花期	干淹交替
			盐地鼠尾粟 Sporobolus virginicus		Sol	营养期	干淹交替
			锈鳞飘拂草 Fimbristylis sieboldii		Un	营养期	干淹交替

注：取样地点 Q1 为防城港市企沙镇新村，Q2 为合浦县党江镇针鱼墩，Q3 为防城港市珍珠湾；样方面积为 25m²；取样时间 Q1 为 2016 年 11 月 6 日，Q2 为 2016 年 12 月 27 日，Q3 为 2017 年 6 月 5 日

十、密穗莎草群系

密穗莎草为莎草科莎草属多年生水湿生草本植物。广西的密穗莎草群系在钦州市、防城港市等地区有分布，见于潮上带、堤内湿地，主要类型为密穗莎草群丛。该群丛高度 0.3～0.6m，盖度 40%～80%，组成种类仅以密穗莎草为主，其他种类有铺地黍、多枝扁莎、绢毛飘拂草、厚藤等（表 4-218）。

表 4-218　密穗莎草群丛的数量特征

群落高度/m	群落盖度/%	种类	株高/m	多度等级	物候期	生长状态
0.56	70	密穗莎草 Cyperus eragrostis	0.56	Soc	花期	湿生
		铺地黍 Panicum repens	0.32	Cop¹	营养期	湿生
		多枝扁莎 Pycreus polystachyos	0.38	Sp	花期	湿生
		绢毛飘拂草 Fimbristylis sericea	0.13	Sol	营养期	湿生
		厚藤 Ipomoea pes-caprae	0.10	Un	花期	湿生

注：取样地点为钦州市沙井港；样方面积为 25m²；取样时间为 2017 年 6 月 18 日

十一、粗根茎莎草群系

粗根茎莎草为莎草科莎草属多年生水湿生草本植物。广西的粗根茎莎草群系分布普遍，见于高潮线附近、潮上带、堤内湿地、河口等，主要类型为粗根茎莎草群丛。该群丛高度 0.2～0.5m，盖度 60%～100%，仅由粗根茎莎草组成或以粗根茎莎草为主，其他种类有锈鳞飘拂草、盐地鼠尾粟、海雀稗、海马齿等（表 4-219）。

表 4-219　粗根茎莎草群丛的数量特征

样地编号	群落高度/m	群落盖度/%	种类	株高/m	多度等级	物候期	生长状态
Q1	0.37	90	粗根茎莎草 Cyperus stoloniferus	0.37	Soc	花果期	干淹交替
			盐地鼠尾粟 Sporobolus virginicus	0.23	Sp	营养期	干淹交替
			锈鳞飘拂草 Fimbristylis sieboldii	0.47	Sp	花果期	干淹交替
			海雀稗 Paspalum vaginatum	0.18	Sol	营养期	干淹交替

续表

样地编号	群落高度/m	群落盖度/%	种类	株高/m	多度等级	物候期	生长状态
			粗根茎莎草 *Cyperus stoloniferus*	0.44	Soc	花期	干淹交替
Q2	0.44	90	海雀稗 *Paspalum vaginatum*	0.21	Cop¹	营养期	干淹交替
			海马齿 *Sesuvium portulacastrum*	0.10	Un	营养期	干淹交替

注：取样地点 Q1 为北海市银滩，Q2 为防城港市企沙镇山新村；样方面积为 25m²；取样时间 Q1 为 2016 年 10 月 7 日，Q2 为 2016 年 11 月 6 日

十二、锈鳞飘拂草群系

锈鳞飘拂草为莎草科飘拂草属多年生水湿生草本植物。广西的锈鳞飘拂草群系分布普遍，见于高潮带、河口、堤内湿地等，主要类型为锈鳞飘拂草群丛。该群丛高度 0.3～0.7m，盖度 40%～90%，仅由锈鳞飘拂草组成或以锈鳞飘拂草为主，其他种类有卤蕨、盐地鼠尾粟、短叶茳芏、海马齿、海雀稗等（表 4-220）。

表 4-220　锈鳞飘拂草群丛的数量特征

样地编号	群落高度/m	群落盖度/%	种类	株高/m	多度等级	物候期	生长状态
Q1	0.45	90	锈鳞飘拂草 *Fimbristylis sieboldii*	0.45	Soc	花果期	湿生
			短叶茳芏 *Cyperus malaccensis* subsp. *monophyllus*	0.90	Un	花果期	湿生
			卤蕨 *Acrostichum aureum*	1.20	Un	孢子期	湿生
Q2	0.42	85	锈鳞飘拂草 *Fimbristylis sieboldii*	0.42	Soc	花果期	湿生
			海雀稗 *Paspalum vaginatum*	0.32	Cop¹	营养期	湿生
Q3	0.38	90	锈鳞飘拂草 *Fimbristylis sieboldii*	0.38	Soc	花果期	干淹交替
			盐角草 *Salicornia europaea*	0.35	Un	营养期	干淹交替
			南方碱蓬 *Suaeda australis*	0.32	Un	营养期	干淹交替
			盐地鼠尾粟 *Sporobolus virginicus*	0.28	Sol	营养期	干淹交替

注：取样地点 Q1 为钦州市康熙岭，Q2 为钦州市康熙岭，Q3 为钦州市犀牛脚镇；样方面积为 25m²；取样时间 Q1 为 2010 年 11 月 17 日，Q2 和 Q3 为 2016 年 10 月 8 日

十三、多枝扁莎群系

多枝扁莎为莎草科扁莎属多年生湿生草本植物。广西的多枝扁莎群系在钦州市等滨海地区有分布，见于潮上带，主要类型为多枝扁莎群丛。该群丛高度 0.3～0.6m，盖度 60%～90%，组成种类以多枝扁莎为主，其他种类有海雀稗、铺地黍、锈鳞飘拂草、芦苇等（表 4-221）。

十四、多枝扁莎+铺地黍群系

广西的多枝扁莎+铺地黍群系在钦州市有分布，见于潮上带，主要类型为多枝扁莎+铺地黍群丛。该群丛高度 0.3～0.6m，盖度 80%～95%，组成种类以多枝扁莎和铺地黍为主，其他种类有锈鳞飘拂草、密穗莎草、厚藤等（表 4-222）。

表 4-221 多枝扁莎群丛的数量特征

群落高度/m	群落盖度/%	种类	株高/m	多度等级	物候期	生长状态
0.45	90	多枝扁莎 Pycreus polystachyos	0.45	Soc	花期	湿生
		海雀稗 Paspalum vaginatum	0.23	Sp	花期	湿生
		铺地黍 Panicum repens	0.36	Sp	营养期	湿生
		锈鳞飘拂草 Fimbristylis sieboldii	0.45	Sol	营养期	湿生
		芦苇 Phragmites australis	0.35	Un	营养期	湿生

注：取样地点为钦州市沙井港；样方面积为 100m²；取样时间为 2017 年 6 月 18 日

表 4-222 多枝扁莎+铺地黍群丛的数量特征

群落高度/m	群落盖度/%	种类	株高/m	多度等级	物候期	生长状态
0.48	90	多枝扁莎 Pycreus polystachyos	0.48	Cop³	花期	湿生
		铺地黍 Panicum repens	0.43	Cop³	营养期	湿生
		锈鳞飘拂草 Fimbristylis sieboldii	0.56	Sp	营养期	湿生
		密穗莎草 Cyperus eragrostis	0.36	Sp	花期	湿生
		厚藤 Ipomoea pes-caprae	0.13	Un	营养期	湿生

注：取样地点为钦州市沙井港；样方面积为 100m²；取样时间为 2018 年 8 月 16 日

十五、海雀稗群系

海雀稗为禾本科雀稗属多年生水湿生草本植物。广西的海雀稗群系分布普遍，见于高潮线附近、河口、堤内湿地等，主要类型为海雀稗群丛。该群丛高度 0.1～0.5m，盖度 60%～100%，仅由海雀稗组成或以海雀稗为主，其他种类有盐地鼠尾粟、锈鳞飘拂草、粗根茎莎草、南方碱蓬、铺地黍等（表 4-223）。

表 4-223 海雀稗群丛的数量特征

样地编号	群落高度/m	群落盖度/%	种类	株高/m	多度等级	物候期	生长状态
Q1	0.35	90	海雀稗 Paspalum vaginatum	0.35	Soc	花期	湿生
			铺地黍 Panicum repens	0.42	Cop¹	营养期	湿生
Q2	0.23	85	海雀稗 Paspalum vaginatum	0.23	Soc	花期	湿生
			盐地鼠尾粟 Sporobolus virginicus	0.30	Sp	营养期	湿生
			锈鳞飘拂草 Fimbristylis sieboldii	0.53	Sol	果期	湿生
			粗根茎莎草 Cyperus stoloniferus	0.18	Sol	营养期	湿生
Q3	0.25	90	海雀稗 Paspalum vaginatum	0.25	Soc	花期	干淹交替
			粗根茎莎草 Cyperus stoloniferus	0.28	Cop¹	营养期	干淹交替
Q4	0.18	85	海雀稗 Paspalum vaginatum	0.18	Soc	花期	干淹交替
			南方碱蓬 Suaeda australis	0.25	Sp	营养期	干淹交替
Q5	0.26	85	海雀稗 Paspalum vaginatum	0.25	Soc	花期	挺水

注：取样地点 Q1 为合浦县英罗湾，Q2 为北海市大冠沙，Q3 为北海市冯家江口，Q4 为东兴市北仑河口，Q5 为钦州市康熙岭；样方面积为 100m²；取样时间 Q1 为 2016 年 10 月 6 日，Q2 和 Q3 为 2016 年 10 月 7 日，Q4 为 2016 年 10 月 9 日，Q5 为 2016 年 9 月 18 日

十六、盐地鼠尾粟群系

盐地鼠尾粟是禾本科鼠尾粟属多年生水湿生草本植物。广西的盐地鼠尾粟群系分布普遍，见于高潮带、红树林林窗、河口等，主要类型为盐地鼠尾粟群丛。该群丛高度0.1～0.4m，盖度60%～100%，仅由盐地鼠尾粟组成或以盐地鼠尾粟为主，其他种类有锈鳞飘拂草、海雀稗、粗根茎莎草、南方碱蓬、海榄雌幼苗等（表4-224）。

表4-224 盐地鼠尾粟群丛的数量特征

样地编号	群落高度/m	群落盖度/%	种类	株高/m	多度等级	物候期	生长状态
Q1	0.17	90	盐地鼠尾粟 Sporobolus virginicus	0.17	Soc	营养期	干淹交替
Q2	0.23	100	盐地鼠尾粟 Sporobolus virginicus	0.23	Soc	营养期	干淹交替
			海榄雌 Avicennia marina	0.18	Sol	营养期	干淹交替
Q3	0.26	100	盐地鼠尾粟 Sporobolus virginicus	0.26	Soc	营养期	干淹交替
			盐角草 Salicornia europaea	0.32	Cop[1]	营养期	干淹交替
Q4	0.23	100	盐地鼠尾粟 Sporobolus virginicus	0.23	Soc	营养期	湿生
Q5	0.30	100	盐地鼠尾粟 Sporobolus virginicus	0.30	Soc	营养期	湿生
			粗根茎莎草 Cyperus stoloniferus	0.35	Sp	花果期	湿生
Q6	0.36	85	盐地鼠尾粟 Sporobolus virginicus	0.36	Soc	营养期	湿生
			锈鳞飘拂草 Fimbristylis sieboldii	0.65	Un	花果期	湿生
Q7	0.32	80	盐地鼠尾粟 Sporobolus virginicus	0.32	Soc	营养期	湿生
			锈鳞飘拂草 Fimbristylis sieboldii	0.60	Sol	花果期	湿生
Q8	0.27	90	盐地鼠尾粟 Sporobolus virginicus	0.27	Soc	营养期	干淹交替

注：取样地点Q1为合浦县山口镇英罗村，Q2～Q4为北海市大冠沙，Q5为北海市冯家江口，Q6为钦州湾茅尾海，Q7为钦州市犀牛脚镇，Q8为东兴市北仑河口；样方面积为25m²；取样时间Q1为2016年10月6日，Q2～Q5为2016年10月7日，Q6和Q7为2016年10月8日，Q8为2016年10月9日

第十六节 沉 水 草 丛

沉水草丛是指以沉水植物为建群种的各种湿地草本群落的总称。广西湿地中沉水生长的植物有50多种，常见的有小花水毛茛（*Batrachium bungei* var. *micranthum*）、五刺金鱼藻、穗状狐尾藻（*Myriophyllum spicatum*）、有梗石龙尾（*Limnophila indica*）、石龙尾（*Limnophila sessiliflora*）、黄花狸藻（*Utricularia aurea*）、水蕴草（*Egeria densa*）、黑藻、虾子草（*Nechamandra alternifolia*）、海菜花（*Ottelia acuminata*）、靖西海菜花（*Ottelia acuminata* var. *jingxiensis*）、灌阳水车前（*Ottelia guanyangensis*）、密刺苦草（*Vallisneria denseserrulata*）、苦草（*Vallisneria natans*）、刺苦草、菹草、微齿眼子菜（*Potamogeton maackianus*）、南方眼子菜（*Potamogeton octandrus*）、尖叶眼子菜（*Potamogeton oxyphyllus*）、竹叶眼子菜、大茨藻（*Najas marina*）、小茨藻（*Najas minor*）、旋苞隐棒花（*Cryptocoryne crispatula*）等。

一、小花水毛茛群系

小花水毛茛为毛茛科水毛茛属多年生沉水植物。广西的小花水毛茛群系在桂北地区有分布，见于河流水深 0.5m 以内的浅水中，水体清澈，水流速度为 0.1~0.3m/s，主要类型为小花水毛茛群丛。该群丛盖度 60%~90%，组成种类以小花水毛茛为主，其他种类有竹叶眼子菜、苦草、黑藻、穗状狐尾藻、布氏轮藻（*Chara braunii*）等，群落深水边缘为苦草群落或竹叶眼子菜群落（田丰等，2016）。

二、五刺金鱼藻群系

五刺金鱼藻为金鱼藻科金鱼藻属多年生沉水植物。广西的五刺金鱼藻群系分布普遍，见于河流、湖泊、水库、池塘、沟渠等，主要类型为五刺金鱼藻群丛。该群丛盖度 60%~100%，仅由五刺金鱼藻组成或以五刺金鱼藻为主，其他种类有竹叶眼子菜、菹草、小花水毛茛、穗状狐尾藻、石龙尾、密刺苦草、苦草、大茨藻、水蕴草等，有时水面有浮萍、凤眼蓝、水龙（*Ludwigia adscendens*）等漂浮生长（表 4-225）。

表 4-225　五刺金鱼藻群丛的数量特征

样地编号	水深/m	群落盖度/%	种类	多度等级	物候期	生长状态
Q1	0.2~0.9	90	五刺金鱼藻 *Ceratophyllum platyacanthum* subsp. *oryzetorum*	Soc	营养期	沉水
			竹叶眼子菜 *Potamogeton wrightii*	Sp	花期	沉水
			菹草 *Potamogeton crispus*	Sol	营养期	沉水
			密刺苦草 *Vallisneria denseserrulata*	Cop[1]	营养期	沉水
			穗状狐尾藻 *Myriophyllum spicatum*	Sol	营养期	沉水
			石龙尾 *Limnophila sessiliflora*	Sp	营养期	沉水
			黑藻 *Hydrilla verticillata*	Sp	营养期	沉水
			虾子草 *Nechamandra alternifolia*	Un	营养期	沉水
			大茨藻 *Najas marina*	Un	营养期	沉水
			浮萍 *Lemna minor*	Cop[1]	营养期	漂浮
			凤眼蓝 *Eichhornia crassipes*	Sol	花期	漂浮
			水龙 *Ludwigia adscendens*	Sol	花期	漂浮
Q2	0.3~1.5	95	五刺金鱼藻 *Ceratophyllum platyacanthum* subsp. *oryzetorum*	Soc	果期	沉水
Q3	0.3~1.2	80	五刺金鱼藻 *Ceratophyllum platyacanthum* subsp. *oryzetorum*	Soc	营养期	沉水
			苦草 *Vallisneria natans*	Sp	营养期	沉水
			小花水毛茛 *Batrachium bungei* var. *micranthum*	Sol	营养期	沉水
Q4	0.3~0.8	90	五刺金鱼藻 *Ceratophyllum platyacanthum* subsp. *oryzetorum*	Soc	营养期	沉水
Q5	0.3~0.6	100	五刺金鱼藻 *Ceratophyllum platyacanthum* subsp. *oryzetorum*	Soc	花期	沉水
			密刺苦草 *Vallisneria denseserrulata*	Cop[1]	营养期	沉水
			穗状狐尾藻 *Myriophyllum spicatum*	Sol	营养期	沉水

样地编号	水深/m	群落盖度/%	种类	多度等级	物候期	生长状态
Q6	0.2~0.9	95	五刺金鱼藻 *Ceratophyllum platyacanthum* subsp. *oryzetorum*	Soc	营养期	沉水
			密刺苦草 *Vallisneria denseserrulata*	Cop[1]	营养期	沉水
			穗状狐尾藻 *Myriophyllum spicatum*	Sol	营养期	沉水
			水蕴草 *Egeria densa*	Sol	营养期	沉水
			浮萍 *Lemna minor*	Sp	营养期	漂浮

注：取样地点 Q1 和 Q2 为桂林市会仙镇睦洞湖，Q3 灵川县甘棠江金山寺河段，Q4 为乐业县同乐镇九利村，Q5 为灵川县大圩镇石壁村，Q6 为灵川县花江；样方面积 Q1 和 Q2 为 100m²，其余为 25m²；样方时间 Q1 和 Q2 为 2006 年 9 月 27 日，Q3 为 2009 年 9 月 2 日，Q4 为 2010 年 8 月 27 日，Q5 为 2011 年 6 月 5 日，Q6 为 2012 年 6 月 18 日

三、五刺金鱼藻+密刺苦草群系

广西的五刺金鱼藻+密刺苦草群系分布普遍，见于河流、湖泊等，主要类型为五刺金鱼藻+密刺苦草群丛。该群丛盖度 60%～90%，组成种类以五刺金鱼藻和密刺苦草为主，其他种类有竹叶眼子菜、穗状狐尾藻、石龙尾等（表 4-226）。

表 4-226 五刺金鱼藻+密刺苦草群丛的数量特征

水深/m	群落盖度/%	种类	多度等级	物候期	生长状态
0.2~0.8	90	五刺金鱼藻 *Ceratophyllum platyacanthum* subsp. *oryzetorum*	Cop³	营养期	沉水
		密刺苦草 *Vallisneria denseserrulata*	Cop²	营养期	沉水
		竹叶眼子菜 *Potamogeton wrightii*	Sp	花期	沉水
		穗状狐尾藻 *Myriophyllum spicatum*	Sol	营养期	沉水
		石龙尾 *Limnophila sessiliflora*	Sol	营养期	沉水
		黑藻 *Hydrilla verticillata*	Sol	营养期	沉水

注：取样地点为桂林市会仙镇睦洞湖；样方面积为 100m²；取样时间为 2009 年 7 月 5 日

四、五刺金鱼藻+黑藻群系

广西的五刺金鱼藻+黑藻群系分布普遍，见于河流等，主要类型为五刺金鱼藻+黑藻群丛。该群丛盖度 60%～100%，组成种类以五刺金鱼藻和黑藻为主，其他种类有密刺苦草、菹草、穗状狐尾藻等（表 4-227）。

五、穗状狐尾藻群系

穗状狐尾藻为小二仙草科狐尾藻属多年生沉水植物。广西的穗状狐尾藻群系在桂北、桂西等地区有分布，见于河流、湖泊、水库、池塘、沟渠等，主要类型为穗状狐尾藻群丛。该群丛盖度 80%～100%，仅由穗状狐尾藻组成或以穗状狐尾藻为主，其他种类有密刺苦草、竹叶眼子菜、黑藻、五刺金鱼藻等（表 4-228）。

表 4-227　五刺金鱼藻+黑藻群群丛的数量特征

样地编号	水深/m	群落盖度/%	种类	多度等级	物候期	生长状态
Q1	0.2～0.6	100	五刺金鱼藻 *Ceratophyllum platyacanthum* subsp. *oryzetorum*	Cop³	营养期	沉水
			黑藻 *Hydrilla verticillata*	Cop²	营养期	沉水
			密刺苦草 *Vallisneria denseserrulata*	Cop¹	营养期	沉水
			穗状狐尾藻 *Myriophyllum spicatum*	Sol	营养期	沉水
Q2	0.2～0.9	95	五刺金鱼藻 *Ceratophyllum platyacanthum* subsp. *oryzetorum*	Cop³	营养期	沉水
			黑藻 *Hydrilla verticillata*	Cop²	营养期	沉水
			密刺苦草 *Vallisneria denseserrulata*	Sp	营养期	沉水
			穗状狐尾藻 *Myriophyllum spicatum*	Sol	营养期	沉水
			菹草 *Potamogeton crispus*	Sp	营养期	沉水

注：取样地点 Q1 为桂林市漓江草坪河段，Q2 为大新县黑水河雷平镇河段；样方面积为 100m²；取样时间 Q1 为 2007 年 10 月 5 日，Q2 为 2009 年 10 月 3 日

表 4-228　穗状狐尾藻群丛的数量特征

样地编号	水深/m	群落盖度/%	种类	多度等级	物候期	生长状态
Q1	0.2～0.8	100	穗状狐尾藻 *Myriophyllum spicatum*	Soc	花期	沉水
Q2	0.2～0.7	85	穗状狐尾藻 *Myriophyllum spicatum*	Soc	花期	沉水
			虾子草 *Nechamandra alternifolia*	Sol	营养期	沉水
			密刺苦草 *Vallisneria denseserrulata*	Cop¹	果期	沉水
			竹叶眼子菜 *Potamogeton wrightii*	Sp	果期	沉水
			黑藻 *Hydrilla verticillata*	Sol	营养期	沉水
Q3	0.2～0.6	90	穗状狐尾藻 *Myriophyllum spicatum*	Soc	果期	沉水
			五刺金鱼藻 *Ceratophyllum platyacanthum* subsp. *oryzetorum*	Sp	营养期	沉水

注：取样地点 Q1 和 Q2 为桂林市会仙镇睦洞湖，Q3 为桂林市六塘镇江背村；样方面积为 100m²；取样时间 Q1 为 2006 年 9 月 27 日，Q2 为 2006 年 10 月 22 日，Q3 为 2012 年 11 月 3 日

六、穗状狐尾藻+密刺苦草群系

广西的穗状狐尾藻+密刺苦草群系在桂北等地区有分布，见于河流、湖泊、水库等，主要类型为穗状狐尾藻+密刺苦草群丛。该群丛盖度 60%～90%，组成种类以穗状狐尾藻和密刺苦草为主，其他种类有五刺金鱼藻、竹叶眼子菜、石龙尾、黑藻等（表 4-229）。

表 4-229　穗状狐尾藻+密刺苦草群丛的数量特征

水深/m	群落盖度/%	种类	多度等级	物候期	生长状态
0.3～0.8	90	穗状狐尾藻 *Myriophyllum spicatum*	Cop³	营养期	沉水
		密刺苦草 *Vallisneria denseserrulata*	Cop²	果期	沉水
		五刺金鱼藻 *Ceratophyllum platyacanthum* subsp. *oryzetorum*	Sol	营养期	沉水
		竹叶眼子菜 *Potamogeton wrightii*	Cop¹	果期	沉水
		黑藻 *Hydrilla verticillata*	Sol	营养期	沉水
		石龙尾 *Limnophila sessiliflora*	Sp	营养期	沉水

注：取样地点为桂林市会仙镇睦洞湖；样方面积为 100m²；取样时间为 2006 年 10 月 22 日

七、有梗石龙尾群系

有梗石龙尾为玄参科石龙尾属多年生植物，通常沉水生长，也能挺水或湿生生长。广西的有梗石龙尾群系在陆川县等地区有分布，见于池塘等，枯水时也能湿生生长，主要类型为有梗石龙尾群丛。该群丛盖度 50%～90%，组成种类以有梗石龙尾为主，其他种类有黄花狸藻等，有时水面有水鳖等漂浮生长，水枯时则呈湿生生长（表 4-230）。

表 4-230　有梗石龙尾群丛的数量特征

样地编号	水深/m	群落盖度/%	种类	多度等级	物候期	生长状态	备注
Q1	—	80	有梗石龙尾 *Limnophila indica*	Soc	花期	湿生	池塘枯水期，有少量积水
			水鳖 *Hydrocharis dubia*	Sp	营养期	湿生	
Q2	0.3～0.9	90	有梗石龙尾 *Limnophila indica*	Soc	花期	沉水	
			黄花狸藻 *Utricularia aurea*	Cop[1]	花期	沉水	

注：取样地点为陆川县大桥镇大塘冲；样方面积为 100m²；取样时间 Q1 为 2005 年 10 月 31 日，Q2 为 2013 年 10 月 9 日

八、石龙尾群系

石龙尾为玄参科石龙尾属多年生沉水植物。广西的石龙尾群系在桂北、桂西、桂中等地区有分布，见于河流、湖泊、水库、池塘、沟渠等，主要类型为石龙尾群丛。该群丛盖度 70%～100%，仅由石龙尾组成或以石龙尾为主，其他种类有密刺苦草、竹叶眼子菜等，有时水面有水龙、喜旱莲子草、凤眼蓝等漂浮生长（表 4-231）。

表 4-231　石龙尾群丛的数量特征

样地编号	水深/m	群落盖度/%	种类	多度等级	物候期	生长状态
Q1	0.2～0.9	90	石龙尾 *Limnophila sessiliflora*	Soc	花期	沉水
			密刺苦草 *Vallisneria denseserrulata*	Cop[1]	营养期	沉水
			竹叶眼子菜 *Potamogeton wrightii*	Sp	营养期	沉水
			水龙 *Ludwigia adscendens*	Cop[2]	营养期	漂浮
			喜旱莲子草 *Alternanthera philoxeroides*	Sp	营养期	漂浮
			凤眼蓝 *Eichhornia crassipes*	Sol	花期	漂浮
Q2	0.3～0.8	100	石龙尾 *Limnophila sessiliflora*	Soc	营养期	沉水
Q3	0.48	85	石龙尾 *Limnophila sessiliflora*	Soc	花期	沉水
			竹叶眼子菜 *Potamogeton wrightii*	Cop[1]	营养期	沉水
Q4	0.35	100	石龙尾 *Limnophila sessiliflora*	Soc	营养期	沉水

注：取样地点 Q1 和 Q2 为桂林市会仙镇睦洞湖，Q3 为都安县地苏镇地苏河，Q4 为桂林市六塘镇江背村；样方面积为 100m²；取样时间 Q1 为 2006 年 9 月 27 日，Q2 为 2007 年 5 月 13 日，Q3 为 2009 年 2 月 19 日，Q4 为 2012 年 11 月 5 日

九、黄花狸藻群系

黄花狸藻为狸藻科狸藻属一年生沉水植物。广西的黄花狸藻群系在桂北、桂东等地

区有分布，见于湖泊、池塘等，主要类型为黄花狸藻群丛。该群丛盖度40%～90%，仅由黄花狸藻组成或以黄花狸藻为主，其他种类有黑藻、密刺苦草、穗状狐尾藻、五刺金鱼藻、有梗石龙尾等，有时水面有水龙、李氏禾等漂浮生长（表4-232）。

表 4-232 黄花狸藻群丛的数量特征

样地编号	水深/m	群落盖度/%	种类	多度等级	物候期	生长状态
Q1	0.4～0.8	80	黄花狸藻 *Utricularia aurea*	Soc	花期	沉水
			黑藻 *Hydrilla verticillata*	Sp	营养期	沉水
			五刺金鱼藻 *Ceratophyllum platyacanthum* subsp. *oryzetorum*	Sol	营养期	沉水
			密刺苦草 *Vallisneria denseserrulata*	Cop¹	果期	沉水
			穗状狐尾藻 *Myriophyllum spicatum*	Sol	营养期	沉水
			水龙 *Ludwigia adscendens*	Cop¹	营养期	漂浮
Q2	0.3～0.6	90	黄花狸藻 *Utricularia aurea*	Soc	花期	沉水
			有梗石龙尾 *Limnophila indica*	Cop¹	花期	沉水
			黑藻 *Hydrilla verticillata*	Cop¹	营养期	沉水
			李氏禾 *Leersia hexandra*	Sol	花期	漂浮
Q3	0.3～0.8	80	黄花狸藻 *Utricularia aurea*	Soc	营养期	沉水

注：取样地点 Q1 为桂林市会仙镇睦洞湖，Q2 为陆川县大桥镇大塘冲，Q3 为全州县石塘镇白露村；样方面积 Q1 和 Q2 为 100m²，Q3 为 25m²；取样时间 Q1 为 2010 年 6 月 12 日，Q2 为 2013 年 10 月 11 日，Q3 为 2019 年 7 月 2 日

十、水蕴草群系

水蕴草为水鳖科水蕴草属多年生沉水植物。广西的水蕴草群系在桂北等地区有分布，见于河流、沟渠等，主要类型为水蕴草群丛。该群丛盖度 50%～100%，仅由水蕴草组成或以水蕴草为主，其他种类有竹叶眼子菜、密刺苦草、穗状狐尾藻、五刺金鱼藻等（表4-233）。

表 4-233 水蕴草群丛的数量特征

样地编号	水深/m	群落盖度/%	种类	多度等级	物候期	生长状态
Q1	0～1.2	100	水蕴草 *Egeria densa*	Soc	营养期	沉水
Q2	0～1.5	90	水蕴草 *Egeria densa*	Soc	花期	沉水
			竹叶眼子菜 *Potamogeton wrightii*	Sp	营养期	沉水
			密刺苦草 *Vallisneria denseserrulata*	Cop¹	营养期	沉水
			穗状狐尾藻 *Myriophyllum spicatum*	Sol	营养期	沉水
			五刺金鱼藻 *Ceratophyllum platyacanthum* subsp. *oryzetorum*	Sol	营养期	沉水

注：取样地点 Q1 为桂林市漓江伏荔村河段，Q2 为桂林市漓江虞山桥河段；样方面积为 100m²；取样时间 Q1 为 2011 年 9 月 5 日，Q2 为 2013 年 12 月 2 日

十一、黑藻群系

黑藻为水鳖科黑藻属多年生沉水植物。广西的黑藻群系分布普遍，见于河流、湖

泊、水库、池塘、沟渠等，主要类型为黑藻群丛。该群丛盖度 60%～100%，仅由黑藻组成或以黑藻为主，其他种类有石龙尾、穗状狐尾藻、竹叶眼子菜、密刺苦草、菹草等（表 4-234）。

表 4-234　黑藻群丛的数量特征

样地编号	水深/m	群落盖度/%	种类	多度等级	物候期	生长状态
Q1	0.1～0.6	100	黑藻 *Halophial verticillata*	Soc	营养期	沉水
			石龙尾 *Limnophila sessiliflora*	Cop^1	营养期	沉水
			穗状狐尾藻 *Myriophyllum spicatum*	Sol	营养期	沉水
			竹叶眼子菜 *Potamogeton wrightii*	Sp	营养期	沉水
Q2	0.1～0.3	100	黑藻 *Halophial verticillata*	Soc	营养期	沉水
Q3	0～0.6	100	黑藻 *Halophial verticillata*	Soc	花期	沉水
Q4	0.2～0.6	90	黑藻 *Halophial verticillata*	Soc	营养期	沉水
			密刺苦草 *Vallisneria denseserrulata*	Cop^1	营养期	沉水
			菹草 *Potamogeton crispus*	Sol	营养期	沉水
			竹叶眼子菜 *Potamogeton wrightii*	Cop^1	花期	沉水
			穗状狐尾藻 *Myriophyllum spicatum*	Sol	营养期	沉水
			五刺金鱼藻 *Ceratophyllum platyacanthum* subsp. *oryzetorum*	Sp	营养期	沉水
Q5	0.2～0.5	100	黑藻 *Halophial verticillata*	Soc	花期	沉水
			穗状狐尾藻 *Myriophyllum spicatum*	Sp	营养期	沉水
Q6	0～0.5	100	黑藻 *Halophial verticillata*	Soc	花期	沉水

注：取样地点 Q1 为靖西市龙潭水库，Q2 为灵川县海洋乡水头村，Q3 为灵川县青狮潭水库，Q4 为桂林市漓江龙门村河段，Q5 为平果市榜圩镇六色村，Q6 为桂林市漓江草坪乡河段；样方面积为 100m^2；取样时间 Q1 为 2010 年 8 月 27 日，Q2 为 2011 年 8 月 9 日，Q3 为 2011 年 8 月 9 日，Q4 为 2011 年 8 月 18 日，Q5 为 2011 年 9 月 15 日，Q6 为 2012 年 8 月 28 日

十二、黑藻+石龙尾群系

广西的黑藻+石龙尾群系分布普遍，见于河流、湖泊等，主要类型为黑藻+石龙尾群丛。该群丛盖度 60%～100%，组成种类以黑藻和石龙尾为主，其他种类有竹叶眼子菜、密刺苦草等（表 4-235）。

表 4-235　黑藻+石龙尾群丛的数量特征

水深/m	群落盖度/%	种类	多度等级	物候期	生长状态
0.2～0.7	90	黑藻 *Halophial verticillata*	Cop^3	营养期	沉水
		石龙尾 *Limnophila sessiliflora*	Cop^2	花期	沉水
		密刺苦草 *Vallisneria denseserrulata*	Cop^1	营养期	沉水
		竹叶眼子菜 *Potamogeton wrightii*	Sp	营养期	沉水

注：取样地点为靖西市龙潭水库；样方面积为 100m^2；取样时间为 2007 年 9 月 20 日

十三、黑藻+密刺苦草群系

广西的黑藻+密刺苦草群系分布普遍，见于河流、湖泊等，主要类型为黑藻+密刺苦草群丛。该群丛盖度 60%～100%，组成种类以黑藻和密刺苦草为主，其他种类有竹叶眼子菜、穗状狐尾藻、菹草等（表 4-236）。

表 4-236　黑藻+密刺苦草群丛的数量特征

水深/m	群落盖度/%	种类	多度等级	物候期	生长状态
		黑藻 *Halophial verticillata*	Cop³	营养期	沉水
		密刺苦草 *Vallisneria denseserrulata*	Cop²	花期	沉水
0.3～0.6	90	竹叶眼子菜 *Potamogeton wrightii*	Cop¹	花期	沉水
		菹草 *Potamogeton crispus*	Sol	营养期	沉水
		穗状狐尾藻 *Myriophyllum spicatum*	Sp	营养期	沉水

注：取样地点为桂林市会仙镇睦洞湖；样方面积为 100m²；取样时间为 2006 年 10 月 22 日

十四、虾子草群系

虾子草为水鳖科虾子草属多年生沉水植物。广西的虾子草群系在桂北等地区有分布，见于湖泊、池塘等，主要类型为虾子草群丛。该群丛盖度 60%～100%，仅由虾子草组成或以虾子草为主，其他种类有黑藻、竹叶眼子菜、密刺苦草、石龙尾、穗状狐尾藻、五刺金鱼藻等（表 4-237）。

表 4-237　虾子草群丛的数量特征

样地编号	水深/m	群落盖度/%	种类	多度等级	物候期	生长状态
			虾子草 *Nechamandra alternifolia*	Soc	花期	沉水
			黑藻 *Hydrilla verticillata*	Cop¹	营养期	沉水
			竹叶眼子菜 *Potamogeton wrightii*	Sp	营养期	沉水
Q1	0.3～0.9	90	密刺苦草 *Vallisneria denseserrulata*	Sp	营养期	沉水
			石龙尾 *Limnophila sessiliflora*	Sol	营养期	沉水
			穗状狐尾藻 *Myriophyllum spicatum*	Un	营养期	沉水
			五刺金鱼藻 *Ceratophyllum platyacanthum* subsp. *oryzetorum*	Sp	营养期	沉水
Q2	0.3～0.6	80	虾子草 *Nechamandra alternifolia*	Soc	花期	沉水

注：取样地点 Q1 为桂林市会仙镇睦洞湖，Q2 为桂林市雁山镇大埠乡；样方面积为 100m²；取样时间 Q1 为 2007 年 5 月 13 日，Q2 为 2012 年 7 月 30 日

十五、海菜花群系

海菜花为水鳖科水车前属多年生沉水植物。广西的海菜花群系在桂北、桂中、桂西等地区有分布，见于河流、沟渠等，主要类型为海菜花群丛。该群丛盖度 50%～90%，

仅由海菜花组成或以海菜花为主，其他种类有萍蓬草（*Nuphar pumila*）、竹叶眼子菜、黑藻等（表 4-238）。

表 4-238　海菜花群丛的数量特征

样地编号	水深/m	群落盖度/%	种类	多度等级	物候期	生长状态
Q1	0.3～1.2	70	海菜花 *Ottelia acuminata*	Cop³	花果期	沉水
Q2	0.2～0.9	85	海菜花 *Ottelia acuminata*	Soc	花果期	沉水
			萍蓬草 *Nuphar pumila*	Cop¹	营养期	沉水
			竹叶眼子菜 *Potamogeton wrightii*	Sol	营养期	沉水
			黑藻 *Hydrilla verticillata*	Sol	营养期	沉水
Q3	0.2～1.2	80	海菜花 *Ottelia acuminata*	Soc	花果期	沉水

注：取样地点 Q1 为鹿寨中渡镇响水，Q2 和 Q3 为永福县百寿镇乌石村；样方面积为 50m²；取样时间 Q1 为 2012 年 7 月 10 日，Q2 和 Q3 为 2013 年 3 月 26 日

十六、靖西海菜花群系

靖西海菜花为水鳖科水车前属多年生沉水植物。广西的靖西海菜花群系在靖西市、德保县、都安县等地区有分布，多见于河流，主要类型为靖西海菜花群丛。该群丛盖度 40%～95%，仅由靖西海菜花组成或以靖西海菜花为主，其他种类有黑藻、密刺苦草、竹叶眼子菜、穗状狐尾藻、五刺金鱼藻、石龙尾、篦齿眼子菜（*Potamogeton pectinatus*）、大茨藻等。一些地段水面有水禾（*Hygroryza aristata*）、大薸等漂浮生长（表 4-239）。

表 4-239　靖西海菜花群丛的数量特征

样地编号	水深/m	群落盖度/%	种类	多度等级	物候期	生长状态
Q1	0.2～0.6	80	靖西海菜花 *Ottelia acuminata* var. *jingxiensis*	Soc	花果期	沉水
Q2	0.1～1.3	85	靖西海菜花 *Ottelia acuminata* var. *jingxiensis*	Soc	花果期	沉水
			黑藻 *Hydrilla verticillata*	Sp	营养期	沉水
			密刺苦草 *Vallisneria denseserrulata*	Cop¹	花期	沉水
			穗状狐尾藻 *Myriophyllum spicatum*	Sol	营养期	沉水
			五刺金鱼藻 *Ceratophyllum platyacanthum* subsp. *oryzetorum*	Sol	营养期	沉水
			大薸 *Pistia stratiotes*	Sol	营养期	漂浮
Q3	0.3～1.2	80	靖西海菜花 *Ottelia acuminata* var. *jingxiensis*	Soc	花果期	沉水
			竹叶眼子菜 *Potamogeton wrightii*	Cop¹	果期	沉水
			黑藻 *Hydrilla verticillata*	Sp	营养期	沉水
			密刺苦草 *Vallisneria denseserrulata*	Cop¹	花期	沉水
			石龙尾 *Limnophila sessiliflora*	Sol	营养期	沉水
			五刺金鱼藻 *Ceratophyllum platyacanthum* subsp. *oryzetorum*	Sol	营养期	沉水
Q4	0.2～1.5	75	靖西海菜花 *Ottelia acuminata* var. *jingxiensis*	Cop³	花果期	沉水
			竹叶眼子菜 *Potamogeton wrightii*	Cop¹	花期	沉水
			金鱼藻 *Ceratophyllum platyacanthum* subsp. *oryzetorum*	Sol	营养期	沉水
			大薸 *Pistia stratiotes*	Sol	营养期	漂浮

样地编号	水深/m	群落盖度/%	种类	多度等级	物候期	生长状态
Q5	0.3~0.8	45	靖西海菜花 Ottelia acuminata var. jingxiensis	Cop²	花果期	沉水
			苦草 Vallisneria natans	Sp	营养期	沉水
			黑藻 Hydrilla verticillata	Cop¹	营养期	沉水
Q6	0.3~1.2	40	靖西海菜花 Ottelia acuminata var. jingxiensis	Cop²	花果期	沉水
			苦草 Vallisneria natans	Sp	营养期	沉水
			黑藻 Hydrilla verticillata	Sol	营养期	沉水
Q7	0.2~1.5	80	靖西海菜花 Ottelia acuminata var. jingxiensis	Soc	花果期	沉水
			黑藻 Hydrilla verticillata	Sol	营养期	沉水
			密刺苦草 Vallisneria denseserrulata	Cop¹	营养期	沉水
			竹叶眼子菜 Potamogeton wrightii	Cop¹	营养期	沉水
			穗状狐尾藻 Myriophyllum spicatum	Sol	营养期	沉水
Q8	0.1~0.6	60	靖西海菜花 Ottelia acuminata var. jingxiensis	Cop³	花果期	沉水
			黑藻 Hydrilla verticillata	Sol	营养期	沉水
			密刺苦草 Vallisneria denseserrulata	Sp	营养期	沉水
			五刺金鱼藻 Ceratophyllum platyacanthum subsp. oryzetorum	Un	营养期	沉水
			石龙尾 Limnophila sessiliflora	Sol	营养期	沉水
Q9	0.3~0.8	80	靖西海菜花 Ottelia acuminata var. jingxiensis	Soc	花果期	沉水
			黑藻 Hydrilla verticillata	Sol	营养期	沉水
			五刺金鱼藻 Ceratophyllum platyacanthum subsp. oryzetorum	Sol	营养期	沉水
			竹叶眼子菜 Potamogeton wrightii	Cop¹	花期	沉水
			穗状狐尾藻 Myriophyllum spicatum	Sol	营养期	沉水
			大茨藻 Najas marina	Sol	营养期	沉水
			水禾 Hygroryza aristata	Sp	花期	漂浮
Q10	0.2~0.8	65	靖西海菜花 Ottelia acuminata var. jingxiensis	Cop³	花果期	沉水
			黑藻 Hydrilla verticillata	Sol	营养期	沉水
			密刺苦草 Vallisneria denseserrulata	Cop¹	营养期	沉水
			石龙尾 Limnophila sessiliflora	Sol	营养期	沉水
			竹叶眼子菜 Potamogeton wrightii	Cop¹	花期	沉水
			尖叶眼子菜 Potamogeton oxyphyllus	Un	营养期	沉水
			双穗雀稗 Paspalum distichum	Sol	营养期	挺水
Q11	0.1~1.2	60	靖西海菜花 Ottelia acuminata var. jingxiensis	Cop³	花果期	沉水
			黑藻 Hydrilla verticillata	So	营养期	沉水
			密刺苦草 Vallisneria denseserrulata	Sp	果期	沉水
			竹叶眼子菜 Potamogeton wrightii	Sp	果期	沉水
			浮叶眼子菜 Potamogeton natans	Un	营养期	沉水
			穗状狐尾藻 Myriophyllum spicatum	Sol	营养期	沉水
Q12	0.1~1.1	65	靖西海菜花 Ottelia acuminata var. jingxiensis	Cop³	花果期	沉水
			黑藻 Hydrilla verticillata	Un	营养期	沉水
			密刺苦草 Vallisneria denseserrulata	Sp	果期	沉水

续表

样地编号	水深/m	群落盖度/%	种类	多度等级	物候期	生长状态
Q12	0.1～1.1	65	五刺金鱼藻 *Ceratophyllum platyacanthum* subsp. *oryzetorum*	Sol	营养期	沉水
			竹叶眼子菜 *Potamogeton wrightii*	Cop¹	果期	沉水
			浮叶眼子菜 *Potamogeton natans*	Un	营养期	沉水
Q13	0.2～1.2	55	靖西海菜花 *Ottelia acuminata* var. *jingxiensis*	Cop²	花果期	沉水
			黑藻 *Hydrilla verticillata*	Sol	营养期	沉水
			石龙尾 *Limnophila sessiliflora*	Sol	营养期	沉水
Q14	0.1～1.5	95	靖西海菜花 *Ottelia acuminata* var. *jingxiensis*	Soc	花期	沉水
			黑藻 *Hydrilla verticillata*	Sp	营养期	沉水
			李氏禾 *Leersia hexandra*	Sol	营养期	挺水
			水蓑衣 *Hygrophila ringens*	Sol	营养期	挺水
Q15	0.1～1.5	40	靖西海菜花 *Ottelia acuminata* var. *jingxiensis*	Cop²	花期	沉水
			黑藻 *Hydrilla verticillata*	Sol	营养期	沉水
			李氏禾 *Leersia hexandra*	Un	营养期	挺水
			竹叶眼子菜 *Potamogeton wrightii*	Sol	果期	沉水
			蘋 *Marsilea quadrifolia*	Sol	营养期	浮叶

注：取样地点 Q1 为靖西市地州镇坡豆村，Q2 为靖西市地州镇鲁利村，Q3 为靖西市新靖镇鹅泉村，Q4 为德保县都安乡三合村，Q5 为德保县城关镇上朔村，Q6 为德保县城关镇坡塘村，Q7 为靖西市旧州镇旧州村，Q8 为靖西市新甲乡庞凌村，Q9 为靖西市新甲乡邑亮村，Q10 为靖西市安宁乡枯庞村，Q11 为靖西市同德乡伏马村，Q12 为靖西市同德乡罗果村，Q13 为靖西市湖润镇峒牌村，Q14～Q15 为都安县高岭镇三合村；样方面积为 100m²；取样时间 Q1～Q3 为 2007 年 9 月 20 日，Q4～Q6 为 2013 年 8 月 15 日，Q7～Q9 为 2013 年 10 月 16 日，Q10～Q12 为 2013 年 11 月 1 日，Q13 为 2013 年 11 月 2 日，Q14～Q15 为 2013 年 11 月 16 日

十七、靖西海菜花+密刺苦草群系

广西的靖西海菜花+密刺苦草群系在靖西市、德保县、都安县等地区有分布，见于河流等，主要类型为靖西海菜花+密刺苦草群丛（田丰等，2014）。该群丛盖度 70%～90%，组成种类以靖西海菜花和密刺苦草为主，其他种类有黑藻、竹叶眼子菜等（表 4-240）。

表 4-240 靖西海菜花+密刺苦草群丛的数量特征

样地编号	水深/m	群落盖度/%	种类	多度等级	物候期	生长状态
Q1	0.2～0.7	90	靖西海菜花 *Ottelia acuminata* var. *jingxiensis*	Cop³	花期	沉水
			密刺苦草 *Vallisneria denseserrulata*	Cop²	营养期	沉水
			黑藻 *Hydrilla verticillata*	Sp	营养期	沉水
Q2	0.2～0.8	85	靖西海菜花 *Ottelia acuminata* var. *jingxiensis*	Cop³	花期	沉水
			密刺苦草 *Vallisneria denseserrulata*	Cop²	营养期	沉水
			黑藻 *Hydrilla verticillata*	Sp	营养期	沉水

注：取样地点 Q1 为靖西市旧州镇旧州村，Q2 为靖西市地州镇鲁利村；样方面积为 100m²；取样时间为 2013 年 8 月 16 日

十八、靖西海菜花+竹叶眼子菜群系

广西的靖西海菜花+竹叶眼子菜群系在靖西市、德保县、都安县等地区有分布，见于河流等，主要类型为靖西海菜花+竹叶眼子菜群丛（田丰等，2014）。该群丛盖度60%～90%，组成种类以靖西海菜花和竹叶眼子菜为主，其他种类有黑藻、密刺苦草、五刺金鱼藻、大藻等（表4-241）。

表4-241　靖西海菜花+竹叶眼子菜群丛的数量特征

水深/m	群落盖度/%	种类	多度等级	物候期	生长状态
0.2～0.8	75	靖西海菜花 *Ottelia acuminata* var. *jingxiensis*	Cop³	花期	沉水
		竹叶眼子菜 *Potamogeton wrightii*	Cop²	营养期	沉水
		黑藻 *Hydrilla verticillata*	Sol	营养期	沉水
		密刺苦草 *Vallisneria denseserrulata*	Sp	花期	沉水
		五刺金鱼藻 *Ceratophyllum platyacanthum* subsp. *oryzetorum*	Sol	营养期	沉水
		大藻 *Pistia stratiotes*	Un	营养期	漂浮

注：取样地点为德宝县都安乡三合村；样方面积为100m²；取样时间为2013年8月16日

十九、灌阳水车前群系

灌阳水车前为水鳖科水车前属多年生沉水植物。广西的灌阳水车前群系在桂北等地区有分布，见于河流、沟渠等，主要类型为灌阳水车前群丛。该群丛盖度40%～90%，仅由灌阳水车前组成或以灌阳水车前为主，其他种类有黑藻、密刺苦草、穗状狐尾藻等（表4-242）。

表4-242　灌阳水车前群丛的数量特征

样地编号	水深/m	群落盖度/%	种类	多度等级	物候期	生长状态
Q1	0.1～0.6	80	灌阳水车前 *Ottelia guanyangensis*	Soc	花果期	沉水
			黑藻 *Hydrilla verticillata*	Sol	营养期	沉水
			密刺苦草 *Vallisneria denseserrulata*	Sol	果期	沉水
			穗状狐尾藻 *Myriophyllum spicatum*	Un	营养期	沉水
Q2	0.3～0.8	50	灌阳水车前 *Ottelia guanyangensis*	Cop³	花果期	沉水
Q3	0.1～0.3	90	灌阳水车前 *Ottelia guanyangensis*	Soc	花果期	沉水

注：取样地点Q1为灵川县潮田乡寨底村，Q2为灌阳县文市镇王道村，Q3为灌阳县新街镇石丰村；样方面积为40m²；取样时间Q1为2012年11月1日，Q2和Q3为2017年4月2日

二十、密刺苦草群系

密刺苦草为水鳖科苦草属多年生沉水植物。广西的密刺苦草群系分布普遍，见于河流、湖泊、水库、池塘、沟渠等，主要类型为密刺苦草群丛。该群丛盖度40%～100%，

仅由密刺苦草组成或以密刺苦草为主，其他种类有黑藻、菹草、石龙尾、五刺金鱼藻、竹叶眼子菜等（表 4-243）。

表 4-243 密刺苦草群丛的数量特征

样地编号	水深/m	群落盖度/%	种类	多度等级	物候期	生长状态
Q1	0.2～0.8	85	密刺苦草 *Vallisneria denseserrulata*	Soc	营养期	沉水
			穗状狐尾藻 *Myriophyllum spicatum*	Un	营养期	沉水
			黑藻 *Hydrilla verticillata*	Sp	营养期	沉水
			菹草 *Potamogeton crispus*	Sol	营养期	沉水
Q2	0.3～0.8	90	密刺苦草 *Vallisneria denseserrulata*	Soc	花期	沉水
			石龙尾 *Limnophila sessiliflora*	Sol	营养期	沉水
			五刺金鱼藻 *Ceratophyllum platyacanthum* subsp. *oryzetorum*	Sol	营养期	沉水
Q3	0.3～0.7	80	密刺苦草 *Vallisneria denseserrulata*	Soc	花期	沉水
Q4	0.2～0.8	95	密刺苦草 *Vallisneria denseserrulata*	Soc	营养期	沉水
			黑藻 *Hydrilla verticillata*	Sol	营养期	沉水
			竹叶眼子菜 *Potamogeton wrightii*	Cop[1]	花期	沉水
			穗状狐尾藻 *Myriophyllum spicatum*	Un	营养期	沉水
Q5	0.2～0.6	80	密刺苦草 *Vallisneria denseserrulata*	Soc	花期	沉水
			黑藻 *Hydrilla verticillata*	Cop[1]	营养期	沉水
Q6	0.2～0.5	85	密刺苦草 *Vallisneria denseserrulata*	Soc	花期	沉水
Q7	0.4～1.1	90	密刺苦草 *Vallisneria denseserrulata*	Soc	花期	沉水
			黑藻 *Hydrilla verticillata*	Sp	营养期	沉水
			竹叶眼子菜 *Potamogeton wrightii*	Cop[1]	营养期	沉水
Q8	0.2～0.5	70	密刺苦草 *Vallisneria denseserrulata*	Cop[3]	花期	沉水
Q9	0.3～0.8	80	密刺苦草 *Vallisneria denseserrulata*	Soc	花期	沉水
			五刺金鱼藻 *Ceratophyllum platyacanthum* subsp. *oryzetorum*	Un	营养期	沉水
			黑藻 *Hydrilla verticillata*	Sp	营养期	沉水
			穗状狐尾藻 *Myriophyllum spicatum*	Sol	营养期	沉水

注：取样地点 Q1 为桂林市漓江兴坪河段，Q2 为桂林市会仙镇睦洞湖，Q3 为桂林市会仙镇陂头村，Q4 为恭城县恭城河嘉会镇河段，Q5 为灵川县潮田乡寨底村，Q6 为桂林市五通镇上欧岭村，Q7 为桂林市漓江大圩河段，Q8 为靖西市同德乡伏马村，Q9 为桂林市相思江蒋家坝河段；样方面积为 40m²；取样时间 Q1 为 1983 年 8 月 15 日，Q2 为 2006 年 1 月 4 日，Q3 为 2009 年 10 月 29 日，Q4 为 2010 年 8 月 2 日，Q5 为 2011 年 10 月 9 日，Q6 为 2011 年 11 月 3 日，Q7 为 2013 年 8 月 10 日，Q8 为 2013 年 10 月 31 日，Q9 为 2017 年 11 月 4 日

二十一、苦草群系

苦草为水鳖科苦草属多年生沉水植物。广西的苦草群系分布普遍，见于河流等，主要类型为苦草群丛。该群丛盖度 40～100%，仅由苦草组成或以苦草为主，其他种类有穗状狐尾藻、五刺金鱼藻、黑藻、竹叶眼子草、水蕴草等（表 4-244）。

表 4-244　苦草群丛的数量特征

样地编号	水深/m	群落盖度/%	种类	多度等级	物候期	生长状态
Q1	0.5~2.0	90	苦草 *Vallisneria natans*	Soc	花期	沉水
			穗状狐尾藻 *Myriophyllum spicatum*	Sp	花期	沉水
			五刺金鱼藻 *Ceratophyllum platyacanthum* subsp. *oryzetorum*	Sol	营养期	沉水
			菹草 *Potamogeton crispus*	Sol	营养期	沉水
			黑藻 *Hydrilla verticillata*	Sp	营养期	沉水
			竹叶眼子草 *Potamogeton wrightii*	Cop[1]	营养期	沉水
Q2	0.8~2.0	100	苦草 *Vallisneria natans*	Soc	花期	沉水
Q3	0.3~1.8	100	苦草 *Vallisneria natans*	Soc	花期	沉水
			竹叶眼子菜 *Potamogeton wrightii*	Cop[1]	营养期	沉水
			穗状狐尾藻 *Myriophyllum spicatum*	Un	果期	沉水
			水蕴草 *Egeria densa*	Sp	营养期	沉水

注：取样地点 Q1 为桂林市漓江大面圩河段，Q2 为桂林市漓江木龙洞河段，Q3 为桂林市漓江冷水渡河段；样方面积为 40m²；取样时间 Q1 和 Q2 为 1984 年 10 月 15 日，Q3 为 2013 年 11 月 9 日

二十二、刺苦草群系

刺苦草为水鳖科苦草属多年生沉水植物。广西的刺苦草群系目前仅在桂林市漓江及其支流发现有分布，见于水深 0.5~2m 的地段，主要类型为刺苦草群丛。该群丛盖度 85%~100%，仅由刺苦草组成或以刺苦草为主，其他种类有密刺苦草、穗状狐尾藻、五刺金鱼藻、菹草、黑藻、竹叶眼子草等（表 4-245）。

表 4-245　刺苦草群丛的数量特征

样地编号	水深/m	群落盖度/%	种类	多度等级	物候期	生长状态
Q1	0.2~1.7	80	刺苦草 *Vallisneria spinulosa*	Soc	花期	沉水
			密刺苦草 *Vallisneria denseserrulata*	Cop[1]	营养期	沉水
			穗状狐尾藻 *Myriophyllum spicatum*	Un	营养期	沉水
			菹草 *Potamogeton crispus*	Sol	营养期	沉水
			黑藻 *Hydrilla verticillata*	Sol	营养期	沉水
Q2	0.3~1.5	100	刺苦草 *Vallisneria spinulosa*	Soc	花期	沉水
Q3	0.5~2.0	90	刺苦草 *Vallisneria spinulosa*	Soc	花期	沉水
			穗状狐尾藻 *Myriophyllum spicatum*	Sol	花期	沉水
			五刺金鱼藻 *Ceratophyllum platyacanthum* subsp. *oryzetorum*	Sol	营养期	沉水
			黑藻 *Hydrilla verticillata*	Sp	营养期	沉水

注：取样地点 Q1 为桂林市漓江樟木村河段，Q2 和 Q3 为桂林市小东江；样方面积为 40m²；取样时间 Q1 和 Q2 为 1983 年 11 月 28 日，Q3 为 2014 年 12 月 17 日

二十三、菹草群系

菹草为眼子菜科眼子菜属多年生沉水植物。广西的菹草群系分布普遍，见于河流、湖泊、池塘、沟渠等，主要类型为菹草群丛。该群丛盖度 70%～100%，仅由菹草组成或以菹草为主，其他种类有黑藻、竹叶眼子菜、密刺苦草、穗状狐尾藻等（表 4-246）。

表 4-246　菹草群丛的数量特征

样地编号	水深/m	群落盖度/%	种类	多度等级	物候期	生长状态
Q1	0.1～0.6	90	菹草 *Potamogeton crispus*	Soc	花期	沉水
			黑藻 *Hydrilla verticillata*	Sol	营养期	沉水
			竹叶眼子菜 *Potamogeton wrightii*	Cop[1]	营养期	沉水
			密刺苦草 *Vallisneria denseserrulata*	Cop[1]	果期	沉水
			穗状狐尾藻 *Myriophyllum spicatum*	Un	营养期	沉水
Q2	0.1～0.2	100	菹草 *Potamogeton crispus*	Soc	营养期	沉水
			黑藻 *Hydrilla verticillata*	Cop[1]	营养期	沉水
Q3	0.2～0.4	95	菹草 *Potamogeton crispus*	Soc	花期	沉水

注：取样地点 Q1 为灵川县潮田乡大山口村，Q2 为桂林市会仙镇睦洞湖，Q3 为桂林市会仙镇冯家村；样方面积为 100m²；取样时间 Q1 为 2011 年 8 月 9 日，Q2 为 2012 年 4 月 12 日，Q3 为 2017 年 2 月 14 日

二十四、微齿眼子菜群系

微齿眼子菜为眼子菜科眼子菜属多年生沉水植物。广西的微齿眼子菜群系在桂北、桂西、桂南等地区有分布，见于河流等，主要类型为微齿眼子菜群丛。该群丛盖度 50%～90%，组成种类以微齿眼子菜为主，其他种类有密刺苦草、菹草、穗状狐尾藻、大茨藻、五刺金鱼藻等（表 4-247）。

表 4-247　微齿眼子菜群丛的数量特征

样地编号	水深/m	群落盖度/%	种类	多度等级	物候期	生长状态
Q1	0.3～0.6	70	微齿眼子菜 *Potamogeton maackianus*	Cop[3]	营养期	沉水
			密刺苦草 *Vallisneria denseserrulata*	Cop[1]	营养期	沉水
			菹草 *Potamogeton crispus*	Un	营养期	沉水
			穗状狐尾藻 *Myriophyllum spicatum*	Un	果期	沉水
Q2	0.1～0.2	60	微齿眼子菜 *Potamogeton maackianus*	Cop[3]	营养期	沉水
			菹草 *Potamogeton crispus*	Sp	营养期	沉水
			大茨藻 *Najas marina*	Sol	营养期	沉水
			五刺金鱼藻 *Ceratophyllum platyacanthum* subsp. *oryzetorum*	Sol	营养期	沉水

注：取样地点 Q1 为桂林市漓江大圩河段，Q2 为钦州市茅岭江黄屋村河段；样方面积为 40m²；取样时间 Q1 为 1984 年 9 月 10 日，Q2 为 2010 年 8 月 20 日

二十五、南方眼子菜群系

南方眼子菜为眼子菜科眼子菜属多年生沉水植物。广西的南方眼子菜群系在桂北、桂东等地区有分布，见于河流、沟渠等，主要类型为南方眼子菜群丛。该群丛盖度50%～100%，仅由南方眼子菜组成或以南方眼子菜为主，其他种类有密刺苦草、竹叶眼子菜、小茨藻、黑藻等（表4-248）。

表4-248　南方眼子菜群丛的数量特征

样地编号	水深/m	群落盖度/%	种类	多度等级	物候期	生长状态
Q1	0.3～0.8	80	南方眼子菜 *Potamogeton octandrus*	Soc	花期	沉水
			密刺苦草 *Vallisneria denseserrulata*	Sp	营养期	沉水
			竹叶眼子菜 *Potamogeton wrightii*	Cop[1]	营养期	沉水
Q2	0.1～0.5	85	南方眼子菜 *Potamogeton octandrus*	Soc	花期	沉水
			小茨藻 *Najas minor*	Sol	营养期	沉水
			黑藻 *Hydrilla verticillata*	Sp	营养期	沉水
Q3	0.2～0.5	100	南方眼子菜 *Potamogeton octandrus*	Soc	营养期	沉水
Q4	0.2～0.6	90	南方眼子菜 *Potamogeton octandrus*	Soc	花期	沉水
Q5	0.1～0.4	90	南方眼子菜 *Potamogeton octandrus*	Soc	花期	沉水

注：取样地点Q1为陆川县九洲江温泉镇河段，Q2为永福县茅江堡里河段，Q3为灵川县兰田乡两河村，Q4为兴安县溶江镇中洞村，Q5为阳朔县葡萄镇古板村；样方面积为40m²；取样时间Q1为2010年9月29日，Q2为2015年7月7日，Q3为2015年7月10日，Q4为2015年7月13日，Q5为2017年5月26日

二十六、尖叶眼子菜群系

尖叶眼子菜为眼子菜科眼子菜属多年生沉水植物。广西的尖叶眼子菜群系分布普遍，见于河流等，主要类型为尖叶眼子菜群丛。该群丛盖度60%～95%，仅由尖叶眼子菜组成或以尖叶眼子菜为主，其他种类有五刺金鱼藻、大茨藻、密刺苦草、菹草、黑藻、穗状狐尾藻等（表4-249）。

表4-249　尖叶眼子菜群丛的数量特征

样地编号	水深/m	群落盖度/%	种类	多度等级	物候期	生长状态
Q1	0.2～1.5	80	尖叶眼子菜 *Potamogeton oxyphyllus*	Soc	营养期	沉水
			五刺金鱼藻 *Ceratophyllum platyacanthum* subsp. *oryzetorum*	Sol	营养期	沉水
			大茨藻 *Najas marina*	Un	营养期	沉水
			密刺苦草 *Vallisneria denseserrulata*	Cop[1]	营养期	沉水
			菹草 *Potamogeton crispus*	Sol	营养期	沉水
Q2	0.2～0.5	90	尖叶眼子菜 *Potamogeton oxyphyllus*	Soc	营养期	沉水
			黑藻 *Hydrilla verticillata*	Cop[1]	营养期	沉水
Q3	0.2～0.7	90	尖叶眼子菜 *Potamogeton oxyphyllus*	Soc	花期	沉水

样地编号	水深/m	群落盖度/%	种类	多度等级	物候期	生长状态
Q4	0.1~0.5	85	尖叶眼子菜 *Potamogeton oxyphyllus*	Soc	花期	沉水
			穗状狐尾藻 *Myriophyllum spicatum*	Cop¹	营养期	沉水
			黑藻 *Hydrilla verticillata*	Cop¹	营养期	沉水

注：取样地点 Q1 为钦州市贵台镇，Q2 为灵川县大圩镇涧沙村，Q3 为灵川县灵田乡桥头村，Q4 为灵川县青狮潭水库；样方面积为 40m²；取样时间 Q1 为 2010 年 8 月 10 日，Q2 为 2011 年 10 月 7 日，Q3 为 2013 年 7 月 4 日，Q4 为 2014 年 7 月 10 日

二十七、竹叶眼子菜群系

竹叶眼子菜为眼子菜科眼子菜属多年生沉水植物。广西的竹叶眼子菜群系分布普遍，见于河流、湖泊、水库、池塘、沟渠等，主要类型为竹叶眼子菜群丛。该群丛盖度60%~100%，仅由竹叶眼子菜组成或以竹叶眼子菜为主，其他种类有密刺苦草、黑藻、穗状狐尾藻、菹草、水蕴草、刺苦草等（表 4-250）。

表 4-250　竹叶眼子菜群丛的数量特征

样地编号	水深/m	群落盖度/%	种类	多度等级	物候期	生长状态
Q1	0.7~1.2	85	竹叶眼子菜 *Potamogeton wrightii*	Soc	花期	沉水
Q2	0.2~1.8	95	竹叶眼子菜 *Potamogeton wrightii*	Soc	花期	沉水
			密刺苦草 *Vallisneria denseserrulata*	Cop¹	营养期	沉水
			黑藻 *Hydrilla verticillata*	Cop¹	营养期	沉水
			穗状狐尾藻 *Myriophyllum spicatum*	Sol	营养期	沉水
			菹草 *Potamogeton crispus*	Sol	营养期	沉水
Q3	0.6~1.5	95	竹叶眼子菜 *Potamogeton wrightii*	Soc	花期	沉水
Q4	0.2~1.8	100	竹叶眼子菜 *Potamogeton wrightii*	Soc	花期	沉水
			密刺苦草 *Vallisneria denseserrulata*	Sp	果期	沉水
Q5	0.2~1.5	100	竹叶眼子菜 *Potamogeton wrightii*	Soc	果期	沉水
			密刺苦草 *Vallisneria denseserrulata*	Cop¹	营养期	沉水
			水蕴草 *Egeria densa*	Cop¹	营养期	沉水
Q6	0.3~0.8	95	竹叶眼子菜 *Potamogeton wrightii*	Soc	果期	沉水
			刺苦草 *Vallisneria spinulosa*	Cop¹	营养期	沉水
			黑藻 *Hydrilla verticillata*	Cop¹	营养期	沉水
			穗状狐尾藻 *Myriophyllum spicatum*	Sol	营养期	沉水

注：取样地点 Q1 为平乐县源头镇玄武村，Q2 为平乐县恭城河义和河段，Q3 为全州县长乡河才湾村河段，Q4 为平果市榜圩镇坡曹村，Q5 为桂林市漓江灵川镇河段，Q6 为桂林市小东江；样方面积为 100m²；取样时间 Q1 为 2009 年 8 月 28 日，Q2 为 2009 年 8 月 15 日，Q3 为 2011 年 8 月 7 日，Q4 为 2011 年 9 月 15 日，Q5 为 2015 年 7 月 19 日，Q6 为 2015 年 11 月 24 日

二十八、竹叶眼子菜+密刺苦草群系

广西的竹叶眼子菜+密刺苦草群系在桂北、桂西等地区有分布，见于河流、湖泊等，

主要类型为竹叶眼子菜+密刺苦草群丛。该群丛盖度 60%～90%，组成种类以竹叶眼子菜和密刺苦草为主，其他种类有菹草、黑藻、小茨藻等（表 4-251）。

表 4-251　竹叶眼子菜+密刺苦草群丛的数量特征

水深/m	群落盖度/%	种类	多度等级	物候期	生长状态
		竹叶眼子菜 Potamogeton wrightii	Cop³	营养期	沉水
		密刺苦草 Vallisneria denseserrulata	Cop³	营养期	沉水
0.1～0.4	90	菹草 Potamogeton crispus	Sp	营养期	沉水
		黑藻 Hydrilla verticillata	Sol	营养期	沉水
		小茨藻 Najas minor	Sol	营养期	沉水

注：取样地点为桂林市小东江；样方面积为 100m²；取样时间为 2013 年 10 月 31 日

二十九、竹叶眼子菜+穗状狐尾藻群系

广西的竹叶眼子菜+穗状狐尾藻群系在桂北、桂西等地区有分布，见于河流、湖泊等，主要类型为竹叶眼子菜+穗状狐尾藻群丛。该群丛盖度 80%～100%，组成种类以竹叶眼子菜和穗状狐尾藻为主，其他种类有密刺苦草、黑藻等（表 4-252）。

表 4-252　竹叶眼子菜+穗状狐尾藻群丛的数量特征

水深/m	群落盖度/%	种类	多度等级	物候期	生长状态
		竹叶眼子菜 Potamogeton wrightii	Soc	营养期	沉水
		穗状狐尾藻 Myriophyllum spicatum	Cop³	营养期	沉水
0.4～0.9	100	黑藻 Hydrilla verticillata	Sp	营养期	沉水
		密刺苦草 Vallisneria denseserrulata	Sp	营养期	沉水

注：取样地点为桂林市会仙镇睦洞湖；样方面积为 100m²；取样时间为 2007 年 5 月 13 日

三十、大茨藻群系

大茨藻为茨藻科茨藻属多年生沉水植物。广西的大茨藻群系在桂西、桂东等地区有分布，见于河流、湖泊等，主要类型有大茨藻群丛。该群丛盖度 50%～90%，仅由大茨藻组成或以大茨藻为主，其他种类有靖西海菜花、黑藻、密刺苦草等，有时水面有水禾、大藻、凤眼蓝等漂浮生长（表 4-253）。

表 4-253　大茨藻群丛的数量特征

样地编号	水深/m	群落盖度/%	种类	多度等级	物候期	生长状态
Q1	0.3～1.6	80	大茨藻 Najas marina	Soc	营养期	沉水
			大茨藻 Najas marina	Soc	营养期	沉水
			靖西海菜花 Ottelia acuminata var. jingxiensis	Cop¹	花果期	沉水
Q2	0.2～0.9	90	黑藻 Hydrilla verticillata	Sol	营养期	沉水
			密刺苦草 Vallisneria denseserrulata	Sol	营养期	沉水
			水禾 Hygroryza aristata	Sp	花期	漂浮

注：取样地点 Q1 为陆川县珊罗镇田龙村龙珠湖，Q2 为都安县澄江河高岭河段；样方面积为 100m²；取样时间 Q1 为 2012 年 1 月 31 日，Q2 为 2013 年 10 月 23 日

三十一、小茨藻群系

小茨藻为茨藻科茨藻属多年生沉水植物。广西的小茨藻群系在桂北、桂西等地区有分布，见于河流、沟渠等，主要类型为小茨藻群丛。该群丛盖度50%～90%，仅由小茨藻组成或以小茨藻为主，其他种类有五刺金鱼藻、菹草、密刺苦草、微齿眼子菜等（表4-254）。

表 4-254　小茨藻群丛的数量特征

样地编号	水深/m	群落盖度/%	种类	多度等级	物候期	生长状态
Q1	0.3～1.1	80	小茨藻 *Najas minor*	Soc	营养期	沉水
Q2	0.2～0.9	90	小茨藻 *Najas minor*	Soc	营养期	沉水
			五刺金鱼藻 *Ceratophyllum platyacanthum* subsp. *oryzetorum*	Sol	营养期	沉水
			菹草 *Potamogeton crispus*	Sol	营养期	沉水
			密刺苦草 *Vallisneria denseserrulata*	Cop¹	营养期	沉水
			微齿眼子菜 *Potamogeton maackianus*	Sol	营养期	沉水

注：取样地点 Q1 为桂林市雁山镇大埠乡，Q2 为钦州市长滩镇；样方面积为 25m²；取样时间 Q1 为 2012 年 7 月 10 日，Q2 为 2014 年 10 月 6 日

三十二、旋苞隐棒花群系

旋苞隐棒花为天南星科隐棒花属多年生沉水植物，也能挺水甚至湿生生长。广西的旋苞隐棒花群系在大新、桂平、环江等地区有分布，见于河流等，主要类型为旋苞隐棒花群丛。该群丛盖度30%～80%，仅由旋苞隐棒花组成或以旋苞隐棒花为主，其他种类有竹叶眼子菜、密刺苦草等，有时浅水处有扁穗莎草、长尖莎草（*Cyperus cuspidatus*）、铺地黍等挺水生长（表4-255）。

表 4-255　旋苞隐棒花群丛的数量特征

样地编号	水深/m	群落高度/m	群落盖度/%	种类	株高/m	多度等级	物候期	生长状态
Q1	0.1～0.3	0.13	40	旋苞隐棒花 *Cryptocoryne crispatula*	0.13	Cop²	花期	沉水
Q2	0.2～0.5	0.15	30	旋苞隐棒花 *Cryptocoryne crispatula*	0.15	Cop²	花期	沉水
				扁穗莎草 *Cyperus compressus*	0.36	Cop¹	花期	挺水
				长尖莎草 *Cyperus cuspidatus*	0.30	Un	花期	挺水
				铺地黍 *Panicum repens*	0.26	Sp	营养期	挺水
Q3	0.2～0.4	0.20	50	旋苞隐棒花 *Cryptocoryne crispatula*	0.20	Cop²	花期	沉水
				竹叶眼子菜 *Potamogeton wrightii*	0.23	Sol	营养期	沉水
				密刺苦草 *Vallisneria denseserrulata*	0.12	Sol	营养期	沉水

注：取样地点 Q1 为大新县硕龙镇德天村，Q2 为桂平市西山镇北河下渡口，Q3 为环江县古宾河；样方面积为 25m²；取样时间 Q1 为 2012 年 11 月 24 日，Q2 为 2013 年 11 月 19 日，Q3 为 2014 年 1 月 15 日

第十七节 浮 叶 草 丛

浮叶草丛是指以浮叶植物为建群种的各种湿地草本群落的总称。广西湿地中浮叶生长的植物有 20 多种，常见的有蘋、萍蓬草（*Nuphar pumila*）、中华萍蓬草（*Nuphar pumila* subsp. *sinensis*）、柔毛齿叶睡莲（*Nymphaea lotus* var. *pubescens*）、延药睡莲（*Nymphaea nouchali*）、睡莲（*Nymphaea tetragona*）、欧菱（*Trapa natans*）、金银莲花（*Nymphoides indica*）、荇菜（*Nymphoides peltata*）、茶菱（*Trapella sinensis*）、水鳖（*Hydrocharis dubia*）、眼子菜（*Potamogeton distinctus*）、浮叶眼子菜（*Potamogeton natans*）等。

一、蘋群系

蘋为蘋科蘋属多年生浮叶植物，当水位降低时可呈挺水生长，枯水时能湿生生长。广西的蘋群系分布普遍，见于水库、沟渠、水田等，主要类型有蘋群丛、蘋-黑藻群丛等。

（一）蘋群丛

该群丛浮叶层盖度 60%～95%，通常仅由蘋组成。此外，还有沉水生长的黑藻、小茨藻等，挺水生长的圆基长鬃蓼、双穗雀稗、鸭舌草、野慈姑、萤蔺等（表 4-256）。

表 4-256 蘋群丛的数量特征

样地编号	水深/m	群落盖度/%	种类	多度等级	物候期	生长状态
Q1	0.1～0.2	95	蘋 *Marsilea quadrifolia*	Soc	营养期	浮叶
			圆基长鬃蓼 *Polygonum longisetum* var. *rotundatum*	Sol	花期	挺水
			双穗雀稗 *Paspalum distichum*	Cop¹	果期	挺水
Q2	0.1～0.2	85	蘋 *Marsilea quadrifolia*	Soc	营养期	浮叶
			柳叶箬 *Isachne globose*	Sp	果期	挺水
			双穗雀稗 *Paspalum distichum*	Sp	果期	挺水
			黑藻 *Hydrilla verticillata*	Sol	营养期	沉水
			小茨藻 *Najas minor*	Sol	营养期	沉水
Q3	0.1～0.2	90	蘋 *Marsilea quadrifolia*	Soc	营养期	浮叶
			鸭舌草 *Monochoria vaginalis*	Cop¹	花期	挺水
			野慈姑 *Sagittaria trifolia*	Un	花期	挺水
			萤蔺 *Scirpus juncoides*	Un	花期	挺水
			黑藻 *Hydrilla verticillata*	Cop¹	营养期	沉水

注：取样地点 Q1 为凭祥市夏石镇白马村，Q2 为灵川县大圩镇涧沙村，Q3 为灵山县太平镇枫木村；样方面积为 25m²；取样时间 Q1 为 2011 年 9 月 18 日，Q2 为 2011 年 10 月 7 日，Q3 为 2013 年 6 月 11 日

（二）蘋-黑藻群丛

该群丛浮叶层盖度 50%～90%，通常仅由蘋组成；沉水层盖度 60%～95%，组成种类以黑藻为主，其他种类有小茨藻、黄花狸藻等。此外，还有挺水生长的喜旱莲子草、野慈姑、水芹、双穗雀稗等（表 4-257）。

表 4-257　蘋-黑藻群丛的数量特征

样地编号	水深/m	层次结构	层盖度/%	种类	多度等级	物候期	生长状态
Q1	0.1～0.2	浮叶层	85	蘋 *Marsilea quadrifolia*	Soc	营养期	浮叶
		沉水层	90	黑藻 *Hydrilla verticillata*	Soc	营养期	沉水
				小茨藻 *Najas minor*	Sp	营养期	沉水
		层外植物	—	喜旱莲子草 *Alternanthera philoxeroides*	Sol	营养期	挺水
				野慈姑 *Sagittaria trifolia*	Un	营养期	挺水
				水芹 *Oenanthe javanica*	Un	营养期	挺水
				双穗雀稗 *Paspalum distichum*	Sol	营养期	挺水
Q2	0.1～0.3	浮叶层	85	蘋 *Marsilea quadrifolia*	Soc	营养期	浮叶
		沉水层	95	黑藻 *Hydrilla verticillata*	Soc	营养期	沉水
				黄花狸藻 *Utricularia aurea*	Cop¹	营养期	沉水

注：取样地点 Q1 为灵川县大圩镇涧沙村，Q2 为全州县石塘镇白露村；样方面积为 25m²；取样时间 Q1 为 2010 年 9 月 12 日，Q2 为 2015 年 9 月 6 日

二、萍蓬草群系

萍蓬草为睡莲科萍蓬草属多年生浮叶植物，水位下降时可呈挺水生长。广西的萍蓬草群系在桂北地区有分布，见于河流、池塘等，主要类型为萍蓬草群丛、萍蓬草-黑藻群丛等。

（一）萍蓬草群丛

该群丛浮叶层盖度 60%～95%，通常仅由萍蓬草组成。此外，还有沉水生长的大叶皇冠草（*Echinodorus macrophyllus*）、水盾草（*Cabomba caroliniana*）、菹草、黑藻等，挺水生长的水毛花、粉绿狐尾藻、三棱水葱等（表 4-258）。

表 4-258　萍蓬草群丛的数量特征

样地编号	水深/m	群落盖度/%	种类	多度等级	物候期	生长状态
Q1	0.2～0.6	95	萍蓬草 *Nuphar pumila*	Soc	花期	浮叶
			大叶皇冠草 *Echinodorus macrophyllus*	Un	花期	沉水
			水盾草 *Cabomba caroliniana*	Sp	营养期	沉水
			粉绿狐尾藻 *Myriophyllum aquaticum*	Sp	营养期	挺水
			三棱水葱 *Schoenoplectus triqueter*	Un	果期	挺水
			水毛花 *Schoenoplectus mucronatus* subsp. *robustus*	Un	果期	挺水
Q2	0.3～0.8	60	萍蓬草 *Nuphar pumila*	Soc	果期	浮叶
			穗状狐尾藻 *Myriophyllum spicatum*	Un	营养期	沉水
			菹草 *Potamogeton crispus*	Un	营养期	沉水
			黑藻 *Hydrilla verticillata*	Sol	营养期	沉水

注：取样地点 Q1 为永福县百寿镇乌石村，Q2 为桂林市会仙镇青岩崴村；样方面积为 25m²；取样时间 Q1 为 2013 年 8 月 8 日，Q2 为 2014 年 10 月 10 日

（二）萍蓬草-黑藻群丛

该群丛浮叶层盖度 50%～90%，通常仅由萍蓬草组成；沉水层盖度 60%～90%，组成种类以黑藻为主，其他种类有海菜花、竹叶眼子菜、穗状狐尾藻等（表 4-259）。

表 4-259　萍蓬草-黑藻群丛的数量特征

水深/m	层次结构	层盖度/%	种类	多度等级	物候期	生长状态
0.3～0.8	浮叶层	85	萍蓬草 *Nuphar pumila*	Soc	营养期	浮叶
	沉水层	90	黑藻 *Hydrilla verticillata*	Soc	营养期	沉水
			海菜花 *Ottelia acuminata*	Cop¹	花期	沉水
			竹叶眼子菜 *Potamogeton wrightii*	Sol	营养期	沉水
			穗状狐尾藻 *Myriophyllum spicatum*	Un	营养期	沉水

注：取样地点为永福县百寿镇乌石村；样方面积为 40m²；取样时间为 2013 年 3 月 20 日

三、中华萍蓬草群系

中华萍蓬草为睡莲科萍蓬草属多年生浮叶植物，当水位下降时可呈挺水生长。广西的中华萍蓬草群系在桂北、桂中、桂东等地区有分布，见于河流、湖泊、池塘、沟渠等，主要类型为中华萍蓬草群丛、中华萍蓬草-密刺苦草群丛等。

（一）中华萍蓬草群丛

该群丛浮叶层盖度 70%～100%，通常仅由中华萍蓬草组成。此外，还有挺水生长的喜旱莲子草等，沉水生长的黑藻、密刺苦草、菹草、穗状狐尾藻等（表 4-260）。

表 4-260　中华萍蓬草群丛的数量特征

样地编号	水深/m	群落盖度/%	种类	多度等级	物候期	生长状态
Q1	0.3～0.7	100	中华萍蓬草 *Nuphar pumila* subsp. *sinensis*	Soc	花期	浮叶
Q2	0.2～0.4	100	中华萍蓬草 *Nuphar pumila* subsp. *sinensis*	Soc	营养期	浮叶
			喜旱莲子草 *Alternanthera philoxeroides*	Sol	营养期	挺水
Q3	0.3～0.7	90	中华萍蓬草 *Nuphar pumila* subsp. *sinensis*	Soc	营养期	浮叶
			密刺苦草 *Vallisneria denseserrulata*	Cop¹	营养期	沉水
			黑藻 *Hydrilla verticillata*	Sol	营养期	沉水
			菹草 *Potamogeton crispus*	Sol	营养期	沉水
Q4	0.2～0.4	85	中华萍蓬草 *Nuphar pumila* subsp. *sinensis*	Soc	花期	浮叶
Q5	0.4～0.8	90	中华萍蓬草 *Nuphar pumila* subsp. *sinensis*	Soc	花期	浮叶
			穗状狐尾藻 *Myriophyllum spicatum*	Sol	营养期	沉水
Q6	0.3～0.8	70	中华萍蓬草 *Nuphar pumila* subsp. *sinensis*	Cop³	花期	浮叶
			穗状狐尾藻 *Myriophyllum spicatum*	Sol	营养期	沉水
			密刺苦草 *Vallisneria denseserrulata*	Cop¹	营养期	沉水

注：取样地点 Q1 为贺州市黄田镇新村，Q2 为恭城县栗木镇上枧村，Q3 为桂林市雁山镇三立村，Q4 为灌阳县洞井乡牛江口，Q5 阳朔县白沙镇观桥村，Q6 为桂林市雁山镇大埠村；样方面积 Q2 为 40m²，其他为 100m²；取样时间 Q1 为 2010 年 7 月 14 日，Q2 为 2012 年 9 月 3 日，Q3 为 2012 年 11 月 30 日，Q4 为 2015 年 8 月 15 日，Q5 为 2017 年 5 月 6 日，Q6 为 2019 年 7 月 6 日

（二）中华萍蓬草-密刺苦草群丛

该群丛浮叶层盖度 70%～95%，通常仅由中华萍蓬草组成；沉水层盖度 60%～90%，组成种类以密刺苦草为主，其他种类有黑藻、五刺金鱼藻、穗状狐尾藻等。此外，还有漂浮生长的凤眼蓝、大藻等（表 4-261）。

表 4-261　中华萍蓬草-密刺苦草群丛的数量特征

水深/m	层次结构	层盖度/%	种类	多度等级	物候期	生长状态
0.3～0.7	浮叶层	85	中华萍蓬草 *Nuphar pumila* subsp. *sinensis*	Soc	花期	浮叶
	沉水层	60	密刺苦草 *Vallisneria denseserrulata*	Soc	营养期	沉水
			黑藻 *Hydrilla verticillata*	Sp	营养期	沉水
			五刺金鱼藻 *Ceratophyllum platyacanthum* subsp. *oryzetorum*	Sol	营养期	沉水
			穗状狐尾藻 *Myriophyllum spicatum*	Un	营养期	沉水
	层外植物	—	凤眼蓝 *Eichhornia crassipes*	Sol	花期	漂浮
			大藻 *Pistia stratiotes*	Sol	营养期	漂浮

注：取样地点为灵川县大圩镇高桥村；样方面积为 25m²；取样时间为 2013 年 3 月 20 日

四、柔毛齿叶睡莲群系

柔毛齿叶睡莲为睡莲科睡莲属（*Nymphaea*）多年生浮叶植物。广西的柔毛齿叶睡莲群系为人工种植，见于湖泊、池塘等，主要类型为柔毛齿叶睡莲群丛。该群丛浮叶层盖度 70%～100%，通常仅由柔毛齿叶睡莲组成。此外，一些地段还有沉水生长的黑藻、五刺金鱼藻等。

五、延药睡莲群系

延药睡莲为睡莲科睡莲属多年生浮叶植物。广西的延药睡莲群系为人工种植，见于湖泊等，主要类型为延药睡莲群丛。该群丛浮叶层盖度 60%～100%，通常仅由延药睡莲组成。此外，一些地段还有沉水生长的黑藻、竹叶眼子菜、五刺金鱼藻等。

六、睡莲群系

睡莲为睡莲科睡莲属多年生浮叶植物。广西的睡莲群系为人工种植，见于湖泊、池塘等，主要类型为睡莲群丛。该群丛浮叶层盖度 60%～100%，通常仅由睡莲组成。此外，一些地段还有沉水生长的黑藻、五刺金鱼藻、穗状狐尾藻、黄花狸藻等。

七、欧菱群系

欧菱为菱科菱属一年生浮叶植物。广西的欧菱群系分布普遍，见于水库、池塘等，主要类型为欧菱群丛。该群丛浮叶层盖度 80%～100%，通常仅由欧菱组成。此外，还有漂浮生长的紫萍、喜旱莲子草、凤眼蓝、水龙等，沉水生长的密刺苦草、竹叶眼子菜、穗状狐尾藻、小茨藻等（表4-262）。

表4-262 欧菱群丛的数量特征

样地编号	水深/m	群落盖度/%	种类	多度等级	物候期	生长状态
Q1	0.3～1.2	95	欧菱 *Trapa natans*	Soc	营养期	浮叶
			紫萍 *Spirodela polyrhiza*	Cop¹	营养期	漂浮
			喜旱莲子草 *Alternanthera philoxeroides*	Cop¹	营养期	漂浮
Q2	0.3～1.5	95	欧菱 *Trapa natans*	Soc	花期	浮叶
Q3	0.3～1.3	100	欧菱 *Trapa natans*	Soc	果期	浮叶
Q4	0.2～0.7	95	欧菱 *Trapa natans*	Soc	果期	浮叶
Q5	0.3～0.8	85	欧菱 *Trapa natans*	Soc	花期	浮叶
			水龙 *Ludwigia adscendens*	Sp	花期	漂浮
			凤眼蓝 *Eichhornia crassipes*	Sp	花期	漂浮
			穗状狐尾藻 *Myriophyllum spicatum*	Sol	营养期	沉水
			密刺苦草 *Vallisneria denseserrulata*	Cop¹	营养期	沉水
Q6	0.3～1.3	85	欧菱 *Trapa natans*	Soc	花期	浮叶
			凤眼蓝 *Eichhornia crassipes*	Sp	营养期	漂浮
			密刺苦草 *Vallisneria denseserrulata*	Cop¹	营养期	沉水
			小茨藻 *Najas minor*	Sp	营养期	沉水

注：取样地点 Q1 为阳朔县福利镇社门山村，Q2 为阳朔县葡萄镇葡萄村，Q3 为全州县两河镇鲁水村，Q4 为灌阳县灌阳镇三联村，Q5 为桂林市会仙镇睦洞湖，Q6 为恭城县嘉会镇秧家村；样方面积为100m²；取样时间 Q1 为 2010 年 6 月 30 日，Q2 为 2012 年 7 月 30 日，Q3 和 Q4 为 2015 年 9 月 12 日，Q5 为 2016 年 7 月 22 日，Q6 为 2016 年 8 月 1 日

八、欧菱+浮萍群系

广西的欧菱+浮萍群系在桂南等地区有分布，见于池塘、水库等，主要类型为欧菱+浮萍群丛。该群丛盖度80%～100%，通常仅由欧菱和浮萍组成（表4-263）。

表4-263 欧菱+浮萍群丛的数量特征

水深/m	群落盖度/%	种类	多度等级	物候期	生长状态
0.3～1.2	100	欧菱 *Trapa natans*	Cop³	营养期	浮叶
		浮萍 *Lemna minor*	Cop³	营养期	漂浮

注：取样地点为合浦县沙岗镇北城村；样方面积为 100m²；取样时间为 2016 年 10 月 27 日

九、金银莲花群系

金银莲花为睡菜科荇菜属多年生浮叶植物。广西的金银莲花群系在桂南等地区有分布，见于池塘等，主要类型为金银莲花群丛。该群丛浮叶层盖度 60%～90%，通常仅由金银莲花组成。此外，还有沉水生长的黑藻、黄花狸藻等（表4-264）。

表 4-264 金银莲花群丛的数量特征

水深/m	层盖度/%	种类	多度等级	物候期	生长状态
0.4~1.5	80	金银莲花 *Nymphoides indica*	Soc	花期	浮叶
		黑藻 *Hydrilla verticillata*	Sp	营养期	沉水
		黄花狸藻 *Utricularia aurea*	Sp	营养期	沉水

注：取样地点为防城港市白龙半岛；样方面积为 400m²；取样时间为 2017 年 6 月 15 日

十、荇菜群系

荇菜为睡菜科荇菜属多年生浮叶植物。广西的荇菜群系在桂北等地区有分布，见于池塘等，主要类型有荇菜群丛、荇菜-黑藻群丛等。

（一）荇菜群丛

该群丛浮叶层盖度 60%～90%，通常仅由荇菜组成。此外，还有挺水生长的喜旱莲子草等（表 4-265）。

表 4-265 荇菜群丛的数量特征

样地编号	水深/m	层盖度/%	种类	多度等级	物候期	生长状态
Q1	0.2~0.5	70	荇菜 *Nymphoides peltata*	Cop³	营养期	浮叶
Q2	0.3~0.7	80	荇菜 *Nymphoides peltata*	Soc	花期	浮叶
			喜旱莲子草 *Alternanthera philoxeroides*	Sol	营养期	挺水

注：取样地点 Q1 为恭城县嘉会镇晓山村，Q2 为灌阳县洞井乡；样方面积为 25m²；取样时间 Q1 为 2012 年 12 月 31 日，Q2 为 2015 年 7 月 15 日

（二）荇菜-黑藻群丛

该群丛浮叶层盖度 60%～95%，通常仅由荇菜组成；沉水层盖度 60%～90%，组成种类以黑藻为主，其他种类有小茨藻等（表 4-266）。

表 4-266 荇菜-黑藻群丛的数量特征

水深/m	层次结构	层盖度/%	种类	多度等级	物候期	生长状态
0.2~0.6	浮叶层	85	荇菜 *Nymphoides peltata*	Soc	花期	浮叶
	沉水层	80	黑藻 *Hydrilla verticillata*	Soc	营养期	沉水
			小茨藻 *Najas minor*	Sol	营养期	沉水

注：取样地点为灌阳县洞井乡；样方面积为 25m²；取样时间为 2013 年 6 月 15 日

十一、茶菱群系

茶菱为胡麻科茶菱属多年生浮叶植物。广西的茶菱群系在桂北等地区有分布，见于池塘、沟渠等，主要类型为茶菱群丛。该群丛浮叶层盖度 80%～100%，通常仅由茶菱

组成。此外，还有漂浮生长的凤眼蓝、大薸、喜旱莲子草、浮萍等，沉水生长的穗状狐尾藻等（表 4-267）。

表 4-267　茶菱群丛的数量特征

样地编号	水深/m	群落盖度/%	种类	多度等级	物候期	生长状态
Q1	0.3～0.7	85	茶菱 *Trapella sinensis*	Soc	花期	漂叶
			凤眼蓝 *Eichhornia crassipes*	Sol	花期	漂浮
			大薸 *Pistia stratiotes*	Un	营养期	漂浮
			喜旱莲子草 *Alternanthera philoxeroides*	Cop¹	营养期	漂浮
			浮萍 *Lemna minor*	Cop¹	营养期	漂浮
Q2	0.2～0.6	100	茶菱 *Trapella sinensis*	Soc	花期	漂叶
Q3	0.6～1.5	95	茶菱 *Trapella sinensis*	Soc	营养期	漂叶
			穗状狐尾藻 *Myriophyllum spicatum*	Sp	营养期	沉水

注：取样地点 Q1 为桂林市六塘镇峦山底，Q2 为灵川县大圩镇涧沙村，Q3 为阳朔县葡萄镇；样方面积 Q1 和 Q3 为 100m²，Q2 为 20m²；取样时间 Q1 为 2013 年 8 月 8 日，Q2 为 2013 年 8 月 15 日，Q3 为 2017 年 5 月 26 日

十二、水鳖群系

水鳖为水鳖科水鳖属多年生浮叶植物。广西的水鳖群系在桂北、桂西、桂中等地区有分布，见于池塘等，主要类型有水鳖群丛、水鳖-黑藻群丛等。

（一）水鳖群丛

该群丛浮叶层盖度 60%～95%，仅由水鳖组成或以水鳖为主，其他种类有蘋等。此外，还有漂浮水生长的浮萍、双穗雀稗等，沉水生长的有黑藻、小茨藻等（表 4-268）。

表 4-268　水鳖群丛的数量特征

样地编号	水深/m	群落盖度/%	种类	多度等级	物候期	生长状态
Q1	0.3～1.5	95	水鳖 *Hydrocharis dubia*	Soc	花期	浮叶
Q2	0.1～0.3	60	水鳖 *Hydrocharis dubia*	Cop³	营养期	浮叶
			蘋 *Marsilea quadrifolia*	Un	营养期	浮叶
			双穗雀稗 *Paspalum distichum*	Sp	营养期	漂浮
			小茨藻 *Najas minor*	Sol	营养期	沉水
			黑藻 *Hydrilla verticillata*	Cop¹	营养期	沉水

注：取样地点 Q1 为富川县富阳镇石家寨村，Q2 为全州县石塘镇龙桥村；样方面积为 100m²；取样时间 Q1 为 2009 年 5 月 20 日，Q2 为 2011 年 8 月 6 日

（二）水鳖-黑藻群丛

该群丛浮叶层盖度 60%～90%，通常仅由水鳖组成；沉水层盖度 60%～95%，组成种类以黑藻为主，其他种类有小茨藻等。此外，还有双穗雀稗、李氏禾、野慈姑等（表 4-269）。

表 4-269　水鳖-黑藻群丛的数量特征

样地编号	水深/m	层次结构	层盖度/%	种类	多度等级	物候期	生长状态
Q1	0.2~0.5	浮叶层	60	水鳖 *Hydrocharis dubia*	Cop³	营养期	漂浮
		沉水层	80	黑藻 *Hydrilla verticillata*	Soc	营养期	沉水
				小茨藻 *Najas minor*	Sp	营养期	沉水
		层外植物	—	双穗雀稗 *Paspalum distichum*	Sp	营养期	挺水
Q2	0.1~0.3	浮叶层	85	水鳖 *Hydrocharis dubia*	Soc	花果期	漂浮
		沉水层	95	黑藻 *Hydrilla verticillata*	Soc	营养期	沉水
				小茨藻 *Najas minor*	Sp	营养期	沉水
		层外植物	—	李氏禾 *Leersia hexandra*	Cop¹	营养期	挺水
				野慈姑 *Sagittaria trifolia*	Sp	营养期	挺水

注：取样地点 Q1 为富川县麦岭镇村黄村，Q2 为全州县石塘镇龙桥村；样方面积为 100m²；取样时间 Q1 为 2009 年 5 月 20 日，Q2 为 2015 年 9 月 12 日

十三、眼子菜群系

眼子菜为眼子菜科眼子菜属多年生浮叶植物。广西的眼子菜群系分布普遍，见于水田等，主要类型有眼子菜群丛。该群丛浮叶层盖度 60%~90%，通常仅由眼子菜组成。此外，还有挺水生长的鸭舌草、水竹叶（*Murdannia triquetra*）等，漂浮生长的浮萍、紫萍等，沉水生长的黄花狸藻、有尾水筛（*Blyxa echinosperma*）等（表 4-270）。

表 4-270　眼子菜群丛的数量特征

水深/m	群落盖度/%	种类	多度等级	物候期	生长状态
0.1~0.3	85	眼子菜 *Potamogeton distinctus*	Soc	营养期	浮叶
		鸭舌草 *Monochoria vaginalis*	Sol	营养期	挺水
		水竹叶 *Murdannia triquetra*	Sol	营养期	挺水
		黄花狸藻 *Utricularia aurea*	Sol	营养期	沉水
		有尾水筛 *Blyxa echinosperma*	Sp	花期	沉水
		浮萍 *Lemna minor*	Sp	营养期	漂浮

注：取样地点为兴安县华江乡同仁村；样方面积为 100m²；取样时间为 2006 年 7 月 6 日

十四、浮叶眼子菜群系

浮叶眼子菜为眼子菜科眼子菜属多年生浮叶植物。广西的浮叶眼子菜群系在桂北等地区有分布，见于池塘、水田等，主要类型有浮叶眼子菜群丛。该群丛浮叶层盖度 60%~90%，通常仅由浮叶眼子菜组成。此外，还有漂浮生长的浮萍、满江红（*Azolla pinnata* subsp. *asiatica*）等，沉水生长的黑藻、小茨藻、布氏轮藻等，挺水生长的野荸荠（*Eleocharis plantagineiformis*）、李氏禾、稻等（表 4-271）。

表 4-271　浮叶眼子菜群丛的数量特征

样地编号	水深/m	群落盖度/%	种类	多度等级	物候期	生长状态
Q1	0.3~0.6	80	浮叶眼子菜 *Potamogeton natans*	Soc	花期	浮叶
			野荸荠 *Eleocharis plantagineiformis*	Sol	花期	挺水
			李氏禾 *Leersia hexandra*	Sp	花期	挺水
			黑藻 *Hydrilla verticillata*	Sp	营养期	沉水
Q2	0.1~0.3	90	浮叶眼子菜 *Potamogeton natans*	Soc	花期	浮叶
			稻 *Oryza sativa*	Sp	果期	挺水
			小茨藻 *Najas minor*	Sol	营养期	沉水
			布氏轮藻 *Chara braunii*	Sol	营养期	沉水
			浮萍 *Lemna minor*	Sp	营养期	漂浮
			满江红 *Azolla pinnata* subsp. *asiatica*	Sol	营养期	漂浮

注: 取样地点 Q1 为兴安县华江乡同仁村, Q2 为灌阳县新圩镇长冲塘; 样方面积为 25m²; 取样时间 Q1 为 2011 年 7 月 10 日, Q2 为 2014 年 9 月 20 日

第十八节　漂浮草丛

漂浮草丛是指以漂浮植物为建群种的各种湿地草本群落的总称。广西湿地中漂浮生长的植物有 15 种, 常见的有浮苔 (*Riccocarpus natans*)、槐叶蘋 (*Salvinia natans*)、满江红、水龙、台湾水龙 (*Ludwigia×taiwanensis*)、凤眼蓝、大薸、少根萍 (*Landoltia punctata*)、浮萍、紫萍、无根萍 (*Wolffia globosa*)、水禾等。

一、浮苔群系

浮苔为钱苔科 (*Ricciaceae*) 浮苔属 (*Riccocarpus*) 一年生漂浮植物, 枯水时可湿生生长。广西的浮苔群系在桂北、桂西等地区有分布, 见于池塘、沟渠、水田等, 主要类型为浮苔群丛。该群丛漂浮层盖度 50%~90%, 仅由浮苔组成或以浮苔为主, 其他种类有浮萍、紫萍、无根萍等 (表 4-272)。

表 4-272　浮苔群丛的数量特征

样地编号	水深/m	群落盖度/%	种类	多度等级	物候期	生长状态
Q1	0.1~1.5	70	浮苔 *Riccocarpus natans*	Cop³	花果期	漂浮
			浮萍 *Lemna minor*	Cop¹	营养期	漂浮
Q2	0.2~0.8	80	浮苔 *Riccocarpus natans*	Soc	花果期	漂浮

注: 取样地点 Q1 为恭城县嘉会镇白燕村, Q2 为桂林市会仙镇冯家村; 样方面积为 25m²; 取样时间 Q1 为 2013 年 3 月 1 日, Q2 为 2017 年 2 月 14 日

二、浮苔+紫萍群系

广西的浮苔+紫萍群系在桂西等地区有分布, 见于池塘等, 主要类型为浮苔+紫萍群

丛。该群丛漂浮层盖度60%～90%，组成种类以浮苔和紫萍为主，其他种类有浮萍、大藻等。此外，还有沉水生长的黑藻、小茨藻等（表4-273）。

表4-273 浮苔+紫萍群丛的数量特征

水深/m	群落盖度/%	种类	多度等级	物候期	生长状态
0.1～1.2	70	浮苔 *Riccocarpus natans*	Cop³	营养期	漂浮
		紫萍 *Spirodela polyrhiza*	Cop³	营养期	漂浮
		黑藻 *Hydrilla verticillata*	Sp	营养期	沉水
		小茨藻 *Najas minor*	Sol	营养期	沉水

注：取样地点为靖西市新靖镇环河村；样方面积为25m²；取样时间为2010年8月28日

三、槐叶蘋群系

槐叶蘋为槐叶蘋科槐叶蘋属一年生漂浮植物。广西的槐叶蘋群系在桂北、桂中等地区有分布，见于池塘、水田等，主要类型有槐叶蘋群丛。该群丛漂浮层盖度60%～90%，仅由槐叶蘋组成或以槐叶蘋为主，其他种类有满江红、浮萍、紫萍等。此外，还有挺水生长的野慈姑、鸭舌草、稗等（表4-274）。

表4-274 槐叶蘋群丛的数量特征

样地编号	群落盖度/%	种类	多度等级	物候期	生长状态
Q1	90	槐叶蘋 *Salvinia natans*	Soc	营养期	漂浮
Q2	70	槐叶蘋 *Salvinia natans*	Cop³	营养期	漂浮
		满江红 *Azolla pinnata* subsp. *asiatica*	Cop¹	营养期	漂浮
		紫萍 *Spirodela polyrhiza*	Sp	营养期	漂浮
		稗 *Echinochloa crusgalli*	Sol	果期	挺水
		野慈姑 *Sagittaria trifolia*	Sol	花果期	挺水

注：取样地点Q1为三江县古宜镇凤尾寨，Q2为桂林市宛田乡永安村；样方面积为25m²；取样时间Q1为2006年10月13日，Q1为2013年10月6日

四、满江红群系

满江红为槐叶蘋科满江红属（*Azolla*）多年生漂浮植物。广西的满江红群系分布普遍，见于池塘、沟渠、水田等，主要类型为满江红群丛。该群丛漂浮层盖度70%～100%，仅由满江红组成或以满江红为主，其他种类紫萍、浮萍、凤眼蓝、大藻、喜旱莲子草等。此外，还有沉水生长的五刺金鱼藻、密刺苦草、黑藻、小茨藻等（表4-275）。

表4-275 满江红群丛的数量特征

样地编号	水深/m	群落盖度/%	种类	多度等级	物候期	生长状态
Q1	0.1～0.3	90	满江红 *Azolla pinnata* subsp. *asiatica*	Soc	营养期	漂浮
			水龙 *Ludwigia adscendens*	Sol	营养期	漂浮
			紫萍 *Spirodela polyrhiza*	Sp	营养期	漂浮

样地编号	水深/m	群落盖度/%	种类	多度等级	物候期	生长状态
Q2	0.2 ～0.8	100	满江红 *Azolla pinnata* subsp. *asiatica*	Soc	营养期	漂浮
Q3	0.2 ～0.8	85	满江红 *Azolla pinnata* subsp. *asiatica*	Soc	营养期	漂浮
			凤眼蓝 *Eichhornia crassipes*	Sol	营养期	漂浮
			大藻 *Pistia stratiotes*	Un	营养期	漂浮
			喜旱莲子草 *Alternanthera philoxeroides*	Sol	营养期	漂浮
Q4	0.2 ～0.8	70	满江红 *Azolla pinnata* subsp. *asiatica*	Cop³	营养期	漂浮
			五刺金鱼藻 *Ceratophyllum platyacanthum* subsp. *oryzetorum*	Sp	营养期	沉水
			穗状狐尾藻 *Myriophyllum spicatum*	Sol	营养期	沉水
Q5	0.2～0.7	100	满江红 *Azolla pinnata* subsp. *asiatica*	Soc	营养期	漂浮
			浮萍 *Lemna minor*	Sp	营养期	漂浮
Q6	0.3～1.2	80	满江红 *Azolla pinnata* subsp. *asiatica*	Soc	营养期	漂浮
			浮萍 *Lemna minor*	Sp	营养期	漂浮
			密刺苦草 *Vallisneria denseserrulata*	Cop¹	营养期	沉水
			黑藻 *Hydrilla verticillata*	Sp	营养期	沉水

注：取样地点 Q1 为阳朔县白沙镇古板村，Q2 为龙胜县和平乡大寨村，Q3 为桂林市雁山镇大埠村，Q4 为阳朔县葡萄镇葡萄村，Q5 为钟山县两安乡星寨村，Q6 为灵川县大境乡寨底村；样方面积为 25m²；取样时间 Q1 为 2006 年 12 月 2 日，Q2 为 2007 年 4 月 8 日，Q3 和 Q4 为 2010 年 12 月 16 日，Q5 为 2012 年 7 月 11 日，Q6 为 2012 年 11 月 1 日

五、水龙群系

水龙为柳叶菜科丁香蓼属多年生漂浮植物。广西的水龙群系分布普遍，见于河流、湖泊、水库、池塘、沟渠等，主要类型有水龙群丛、水龙-浮萍群丛、水龙-黑藻群丛、水龙-密刺苦草群丛、水龙-石龙尾群丛等。

（一）水龙群丛

该群丛漂浮层高度 0.2～0.6m，盖度 70%～100%，仅由水龙组成或以水龙为主，其他种类有凤眼蓝、大藻、喜旱莲子草、双穗雀稗等（表 4-276）。

表 4-276　水龙群丛的数量特征

样地编号	水深/m	群落盖度/%	种类	株高/m	多度等级	物候期	生长状态
Q1	0.1～0.9	90	水龙 *Ludwigia adscendens*	0.20	Soc	营养期	漂浮
			凤眼蓝 *Eichhornia crassipes*	0.23	Sol	营养期	漂浮
Q2	0.1～2.5	85	水龙 *Ludwigia adscendens*	0.18	Soc	营养期	漂浮
Q3	0.1～1.5	90	水龙 *Ludwigia adscendens*	0.23	Soc	花果期	漂浮
			凤眼蓝 *Eichhornia crassipes*	0.35	Sol	营养期	漂浮
			大藻 *Pistia stratiotes*	0.16	Sol	营养期	漂浮
Q4	0.0～0.8	80	水龙 *Ludwigia adscendens*	0.20	Soc	花期	漂浮
			喜旱莲子草 *Alternanthera philoxeroides*	0.18	Cop¹	营养期	漂浮
			双穗雀稗 *Paspalum distichum*	0.37	Sp	营养期	漂浮

续表

样地编号	水深/m	群落盖度/%	种类	株高/m	多度等级	物候期	生长状态
Q5	0.0～0.6	90	水龙 Ludwigia adscendens	0.38	Soc	营养期	漂浮
Q6	0.3～1.2	100	水龙 Ludwigia adscendens	0.25	Soc	花期	漂浮

注：取样地点 Q1 为大化县六也乡豆也村，Q2 为阳朔县金宝河龙潭古寨河段，Q3 为荔浦市马岭河马岭镇河段，Q4 为桂林市大埠乡大埠村，Q5 为灌阳县洞井乡洞井村，Q6 为凤山县凤城镇仁里村；样方面积为 40m²；取样时间 Q1 为 2009 年 1 月 11 日，Q2 为 2010 年 8 月 3 日，Q3 为 2011 年 9 月 6 日，Q4 为 2012 年 7 月 10 日，Q5 为 2015 年 10 月 4 日，Q6 为 2017 年 9 月 24 日

（二）水龙-浮萍群丛

该群丛漂浮层上层高度 0.2～0.4m，盖度 60%～90%，组成种类以水龙为主，其他种类有凤眼蓝、大薸等；下层盖度 60%～90%，通常仅由浮萍组成（表 4-277）。

表 4-277 水龙-浮萍群丛的数量特征

水深/m	层次结构	层高度/m	层盖度/%	种类	株高/m	多度等级	物候期	生长状态
0～2.6	上层	0.32	85	水龙 Ludwigia adscendens	0.32	Soc	营养期	漂浮
				凤眼蓝 Eichhornia crassipes	0.23	Sp	花期	漂浮
				大薸 Pistia stratiotes	0.13	Sol	营养期	漂浮
	下层	—	90	浮萍 Lemna minor	—	Sol	营养期	漂浮

注：取样地点为桂林市漓江大洲岛；样方面积为 40m²；取样时间为 2018 年 10 月 7 日

（三）水龙-黑藻群丛

该群丛漂浮层高度 0.2～0.4m，盖度 70%～90%，组成种类以水龙为主，其他种类有凤眼蓝、大薸等；沉水层盖度 60%～100%，组成种类以黑藻为主，其他种类有穗状狐尾藻、密刺苦草等（表 4-278）。

表 4-278 水龙-黑藻群丛的数量特征

水深/m	层次结构	层高度/m	层盖度/%	种类	株高/m	多度等级	物候期	生长状态
0.1～0.9	漂浮层	0.25	85	水龙 Ludwigia adscendens	0.25	Soc	花期	漂浮
				凤眼蓝 Eichhornia crassipes	0.18	Sol	营养期	漂浮
				大薸 Pistia stratiotes	0.12	Un	营养期	漂浮
	沉水层	—	80	黑藻 Hydrilla verticillata	—	Soc	营养期	沉水
				穗状狐尾藻 Myriophyllum spicatum	—	Sol	营养期	沉水
				密刺苦草 Vallisneria denseserrulata	—	Cop¹	果期	沉水

注：取样地点为桂林市会仙镇睦洞湖；样方面积为 40m²；取样时间为 2011 年 11 月 5 日

（四）水龙-密刺苦草群丛

该群丛漂浮层高度 0.2～0.4m，盖度 60%～90%，组成种类以水龙为主，其他种类有凤眼蓝等；沉水层盖度 70%～95%，组成种类以密刺苦草为主，其他种类有黑藻、穗状狐尾藻、石龙尾等（表 4-279）。

表 4-279　水龙-密刺苦草群丛的数量特征

水深/m	层次结构	层高度/m	层盖度/%	种类	株高/m	多度等级	物候期	生长状态
0.1～1.1	漂浮层	0.23	70	水龙 *Ludwigia adscendens*	0.23	Soc	花期	漂浮
				凤眼蓝 *Eichhornia crassipes*	0.18	Sp	营养期	漂浮
	沉水层	—	90	密刺苦草 *Vallisneria denseserrulata*	—	Soc	果期	沉水
				穗状狐尾藻 *Myriophyllum spicatum*	—	Sol	营养期	沉水
				石龙尾 *Limnophila sessiliflora*	—	Cop[1]	营养期	沉水
				黑藻 *Hydrilla verticillata*	—	Sp	营养期	沉水

注：取样地点为桂林市会仙镇睦洞湖；样方面积为 40m²；取样时间为 2006 年 10 月 22 日

（五）水龙-石龙尾群丛

该群丛漂浮层高度 0.2～0.4m，盖度 50%～90%，组成种类以水龙为主，其他种类有凤眼蓝等；沉水层盖度 60%～100%，组成种类以石龙尾为主，其他种类有穗状狐尾藻、密刺苦草、菹草等（表 4-280）。

表 4-280　水龙-密刺苦草群丛的数量特征

水深/m	层次结构	层高度/m	层盖度/%	种类	株高/m	多度等级	物候期	生长状态
0.1～1.1	漂浮层	0.35	85	水龙 *Ludwigia adscendens*	0.35	Soc	花期	漂浮
				凤眼蓝 *Eichhornia crassipes*	0.20	Sp	营养期	漂浮
	沉水层	—	95	石龙尾 *Limnophila sessiliflora*	—	Soc	营养期	沉水
				穗状狐尾藻 *Myriophyllum spicatum*	—	Sol	营养期	沉水
				密刺苦草 *Vallisneria denseserrulata*	—	Cop[1]	果期	沉水
				菹草 *Potamogeton crispus*	—	Sp	营养期	沉水

注：取样地点为桂林市会仙镇睦洞湖；样方面积为 40m²；取样时间为 2006 年 10 月 22 日

六、台湾水龙群系

台湾水龙为柳叶菜科丁香蓼属多年生漂浮植物，枯水时能湿生生长。广西的台湾水龙群系在全州等地区有分布，见于池塘等，主要类型为台湾水龙群丛。该群丛漂浮层高度 0.2～0.4m，盖度 80%～100%，仅由台湾水龙组成或以台湾水龙为主，其他种类有喜旱莲子草、双穗雀稗等。此外，还有挺水生长的齿叶水蜡烛、水苋菜等（表 4-281）。

表 4-281　台湾水龙群丛的数量特征

样地编号	水深/m	群落高度/m	群落盖度/%	种类	株高/m	多度等级	物候期	生长状态
Q1	0.1～1.2	0.35	100	台湾水龙 *Ludwigia×taiwanensis*	0.35	Soc	花期	漂浮
Q2	0.1～0.8	0.38	90	台湾水龙 *Ludwigia×taiwanensis*	0.38	Soc	花期	漂浮
				喜旱莲子草 *Alternanthera philoxeroides*	0.23	Sp	营养期	漂浮
				双穗雀稗 *Paspalum distichum*	0.45	Cop[1]	果期	漂浮
				齿叶水蜡烛 *Dysophylla sampsonii*	0.65	Sol	花期	挺水
				水苋菜 *Ammannia baccifera*	0.43	Un	营养期	挺水

注：取样地点为全州县石塘镇大岗面村；样方面积为 40m²；取样时间为 2011 年 8 月 6 日

七、凤眼蓝群系

凤眼蓝为雨久花科凤眼蓝属（*Eichhornia*）多年生漂浮植物，枯水时能湿生生长。凤眼蓝原产巴西，我国长江、黄河流域分布普遍，是一种恶性水生杂草。广西的凤眼蓝群系见于河流、湖泊、水库、池塘、沟渠等，主要类型有凤眼蓝群丛、凤眼蓝-浮萍群丛、凤眼蓝-紫萍群丛等。

（一）凤眼蓝群丛

该群丛漂浮层高度 0.2～0.6m，盖度 60%～100%，仅由凤眼蓝组成或以凤眼蓝为主，其他种类有水龙、喜旱莲子草、双穗雀稗、大藻、紫萍、浮萍等。此外，还有沉水生长的密刺苦草、穗状狐尾藻、竹叶眼子菜等，挺水生长的李氏禾、假柳叶菜等（表 4-282）。

表 4-282　凤眼蓝群丛的数量特征

样地编号	水深/m	层高度/m	层盖度/%	种类	株高/m	多度等级	物候期	生长状态
Q1	0.2～1.8	0.45	100	凤眼蓝 *Eichhornia crassipes*	0.45	Soc	花期	漂浮
Q2	0.2～1.5	0.40	100	凤眼蓝 *Eichhornia crassipes*	0.40	Soc	花期	漂浮
Q3	0.3～1.1	026	90	凤眼蓝 *Eichhornia crassipes*	0.26	Soc	花期	漂浮
				水龙 *Ludwigia adscendens*	0.18	Cop¹	营养期	漂浮
				密刺苦草 *Vallisneria denseserrulata*	—	Cop¹	果期	沉水
				穗状狐尾藻 *Myriophyllum spicatum*	—	Sol	营养期	沉水
Q4	0.1～0.2	0.48	95	凤眼蓝 *Eichhornia crassipes*	0.48	Soc	花期	漂浮
				喜旱莲子草 *Alternanthera philoxeroides*	0.40	Cop¹	花期	漂浮
				李氏禾 *Leersia hexandra*	0.53	Sol	花期	挺水
				假柳叶菜 *Ludwigia epilobioides*	0.70	Un	果期	挺水
				浮萍 *Lemna minor*	—	Cop¹	营养期	漂浮
Q5	0.2～1.2	0.35	80	凤眼蓝 *Eichhornia crassipes*	0.35	Soc	花期	漂浮
				水龙 *Ludwigia adscendens*	0.32	Cop¹	营养期	漂浮
				密刺苦草 *Vallisneria denseserrulata*	—	Cop¹	果期	沉水
				穗状狐尾藻 *Myriophyllum spicatum*	—	Sol	营养期	沉水
				竹叶眼子菜 *Potamogeton wrightii*	—	Sol	营养期	沉水
Q6	0.1～0.5	0.42	100	凤眼蓝 *Eichhornia crassipes*	0.42	Soc	花期	漂浮
				大藻 *Pistia stratiotes*	0.16	Sol	营养期	漂浮
				紫萍 *Spirodela polyrhiza*	—	Sol	营养期	漂浮

注：取样地点 Q1 为玉林市南流江，Q2 为玉林市清湾江，Q3 为桂林市会仙镇陂头村，Q4 为陆川县平乐镇，Q5 为桂林市会仙镇睦洞湖，Q6 为荔浦市马岭镇新黎村；样方面积为 100m²；取样时间 Q1 为 2005 年 10 月 29 日，Q2 为 2005 年 10 月 30 日，Q3 为 2009 年 10 月 30 日，Q4 为 2010 年 10 月 2 日，Q5 为 2011 年 11 月 5 日，Q6 为 2012 年 10 月 3 日

（二）凤眼蓝-浮萍群丛

该群丛漂浮层上层高度 0.2～0.5m，盖度 60%～90%，组成种类以凤眼蓝为主，其

他种类有喜旱莲子草、水龙、大藻等；下层盖度 70%～100%，组成种类以浮萍为主，其他种类有紫萍等（表 4-283）。

表 4-283 凤眼蓝-浮萍群丛的数量特征

样地编号	水深/m	层次结构	层高度/m	层盖度/%	种类	株高/m	多度等级	物候期	生长状态
Q1	0.2～0.8	上层	0.23	75	凤眼蓝 *Eichhornia crassipes*	0.23	Cop³	花期	漂浮
					大藻 *Pistia stratiotes*	0.12	Sol	营养期	漂浮
					喜旱莲子草 *Alternanthera philoxeroides*	0.23	Cop¹	花期	漂浮
					水龙 *Ludwigia adscendens*	0.17	Sol	花期	漂浮
		下层	—	80	浮萍 *Lemna minor*	—	Soc	营养期	漂浮
					紫萍 *Spirodela polyrhiza*	—	Sol	营养期	漂浮
Q2	0.2～0.5	上层	0.42	60	凤眼蓝 *Eichhornia crassipes*	0.42	Cop³	营养期	漂浮
					大藻 *Pistia stratiotes*	0.13	Sol	营养期	漂浮
					喜旱莲子草 *Alternanthera philoxeroides*	0.38	Sp	营养期	漂浮
		下层	—	100	浮萍 *Lemna minor*	—	Soc	营养期	漂浮
Q3	0.1～0.9	上层	0.38	85	凤眼蓝 *Eichhornia crassipes*	0.38	Cop³	花期	漂浮
					大藻 *Pistia stratiotes*	0.20	Sol	营养期	漂浮
					水龙 *Ludwigia adscendens*	0.25	Sp	花期	漂浮
		下层	—	90	浮萍 *Lemna minor*	—	Soc	营养期	漂浮

注：取样地点 Q1 为河池市六圩镇邑烈村，Q2 为桂林市漓江瓦窑河段，Q3 为贵港市黄练镇何村；样方面积为 25m²；取样时间 Q1 为 2009 年 7 月 2 日，Q2 为 2013 年 4 月 27 日，Q3 为 2015 年 9 月 12 日

（三）凤眼蓝-紫萍群丛

该群丛漂浮层上层高度 0.2～0.5m，盖度 70%～95%，组成种类以凤眼蓝为主，其他种类有喜旱莲子草、双穗雀稗、水龙等；下层盖度 60%～90%，组成种类以紫萍为主，其他种类有浮萍、浮苔等（表 4-284）。

表 4-284 凤眼蓝-紫萍群丛的数量特征

水深/m	层次结构	层高度/m	层盖度/%	种类	株高/m	多度等级	物候期	生长状态
0.1～0.8	上层	0.23	85	凤眼蓝 *Eichhornia crassipes*	0.23	Soc	花期	漂浮
				喜旱莲子草 *Alternanthera philoxeroides*	0.12	Sol	花期	漂浮
				双穗雀稗 *Paspalum distichum*	0.43	SP	花期	漂浮
	下层	—	90	紫萍 *Spirodela polyrhiza*	—	Soc	营养期	漂浮
				浮苔 *Riccocarpus natans*	—	Cop¹	营养期	漂浮
				浮萍 *Lemna minor*	—	Cop¹	营养期	漂浮

注：取样地点为桂林市会仙镇冯家村；样方面积为 25m²；取样时间为 2009 年 8 月 12 日

八、凤眼蓝+大藻群系

广西的凤眼蓝+大藻群系分布普遍，见于河流、水库等，主要类型有凤眼蓝+大藻群

丛、凤眼蓝+大藻-浮萍群丛等。

（一）凤眼蓝+大藻群丛

该群丛漂浮层高度 0.2~0.4m，盖度 80%~100%，仅由凤眼蓝和大藻组成或以凤眼蓝和大藻为主，其他种类有水龙、喜旱莲子草、浮萍等（表 4-285）。

表 4-285　凤眼蓝+大藻群丛的数量特征

样地编号	水深/m	群落高度/m	群落盖度/%	种类	株高/m	多度等级	物候期	生长状态
Q1	0.1~0.5	0.23	100	凤眼蓝 Eichhornia crassipes	0.25	Cop³	营养期	漂浮
				大藻 Pistia stratiotes	0.20	Cop²	营养期	漂浮
				水龙 Ludwigia adscendens	0.30	Sol	花期	漂浮
Q2	0.2~0.6	0.23	95	凤眼蓝 Eichhornia crassipes	0.23	Cop³	营养期	漂浮
				大藻 Pistia stratiotes	0.18	Cop²	营养期	漂浮
Q3	0.3~0.8	0.21	95	凤眼蓝 Eichhornia crassipes	0.21	Cop3	营养期	漂浮
				大藻 Pistia stratiotes	0.15	Cop2	营养期	漂浮
				喜旱莲子草 Alternanthera philoxeroides	0.28	Sp	花期	漂浮
				浮萍 Lemna minor	—	Cop¹	营养期	漂浮

注：取样地点 Q1 为河池市金城江镇新西路，Q2 为桂林市漓江瓦窑河段，Q3 为桂林市漓江净瓶山大桥河段；样方面积为 100m²；取样时间 Q1 为 2009 年 6 月 2 日，Q2 和 Q3 为 2013 年 6 月 1 日

（二）凤眼蓝+大藻-浮萍群丛

该群丛漂浮层上层高度 0.2~0.4m，盖度 80%~95%，通常仅由凤眼蓝和大藻组成，一些地段有少量的双穗雀稗等；下层盖度 40%~80%，组成种类以浮萍为主（表 4-286）。

表 4-286　凤眼蓝+大藻-浮萍群丛的数量特征

水深/m	层次结构	层高度/m	层盖度/%	种类	株高/m	多度等级	物候期	生长状态
0.1~0.4	上层	0.21	90	凤眼蓝 Eichhornia crassipes	0.21	Cop3	花期	漂浮
				大藻 Pistia stratiotes	0.12	Cop2	营养期	漂浮
	下层	—	80	浮萍 Lemna minor	—	Soc	营养期	漂浮

注：取样地点为灵川县大圩镇涧沙村；样方面积为 25m²；取样时间为 2010 年 8 月 12 日

九、大藻群系

大藻为天南星科大藻属（Pistia）多年生漂浮植物。广西的大藻群系分布普遍，见于河流、湖泊、水库、池塘、沟渠等，主要类型有大藻群丛、大藻-浮萍群丛等。

（一）大藻群丛

该群丛漂浮层高度 0.1~0.2m，盖度 60%~100%，仅由大藻组成或以大藻为主，其他种类有凤眼蓝、蕹菜（Ipomoea aquatica）、水龙等（表 4-287）。

表 4-287 大藻群丛的数量特征

样地编号	水深/m	群落高度/m	群落盖度/%	种类	株高/m	多度等级	物候期	生长状态
Q1	0.2~0.6	0.15	100	大藻 *Pistia stratiotes*	0.15	Soc	营养期	漂浮
				凤眼蓝 *Eichhornia crassipes*	0.35	Un	花期	漂浮
				水龙 *Ludwigia adscendens*	0.07	Sol	营养期	漂浮
				蕹菜 *Ipomoea aquatica*	0.06	Un	营养期	漂浮
Q2	0.3~0.8	0.18	100	大藻 *Pistia stratiotes*	0.18	Soc	营养期	漂浮
Q3	0.2~0.6	0.13	100	大藻 *Pistia stratiotes*	0.13	Soc	营养期	漂浮
Q4	0.2~0.9	0.20	100	大藻 *Pistia stratiotes*	0.20	Soc	营养期	漂浮

注：取样地点 Q1 为博白县南流江博白镇河段，Q2 为钟山县两安乡沙坪村，Q3 为钟山县两安乡，Q4 为荔浦市青山镇荷叶塘；样方面积为 100m²；取样时间 Q1 为 2005 年 11 月 1 日，Q2 为 2011 年 8 月 5 日，Q3 为 2012 年 7 月 11 日，Q4 为 2012 年 9 月 8 日

（二）大藻-浮萍群丛

该群丛漂浮层上层高度 0.1~0.2m，盖度 60%~90%，通常仅由大藻组成；下层盖度 50%~90%，组成种类以浮萍为主，其他种类有紫萍等（表 4-288）。

表 4-288 大藻-浮萍群丛的数量特征

水深/m	层次结构	层高度/m	层盖度/%	种类	株高/m	多度等级	物候期	生长状态
0.2~0.8	上层	0.13	85	大藻 *Pistia stratiotes*	0.13	Soc	营养期	漂浮
	下层	—	60	浮萍 *Lemna minor*	—	Cop³	营养期	漂浮

注：取样地点为贵港市覃塘镇；样方面积为 100m²；取样时间为 2006 年 11 月 29 日

十、少根萍群系

少根萍为浮萍科少根萍属（*Landoltia*）一年生漂浮小草本植物，呈叶状体。广西的少根萍群系在桂北等地区有分布，见于池塘、沟渠等，主要类型为少根萍群丛。该群丛漂浮层盖度 90%~100%，仅由少根萍组成或以少根萍为主，其他种类有无根萍、浮萍、紫萍等（表 4-289）。

表 4-289 少根萍群丛的数量特征

样地编号	水深/m	群落盖度/%	种类	多度等级	物候期	生长状态
Q1	0.2~0.9	100	少根萍 *Landoltia punctata*	Soc	营养期	漂浮
Q2	0.4~1.3	95	少根萍 *Landoltia punctata*	Soc	营养期	漂浮
			无根萍 *Wolffia globosa*	Cop¹	营养期	漂浮

取样地点 Q1 为桂林市广西壮族自治区柑桔研究所，Q2 为广西师范大学雁山校区；样方面积为 25m²；取样时间 Q1 为 2012 年 10 月 5 日，Q2 为 2014 年 9 月 10 日

十一、少根萍+无根萍群系

广西的少根萍+无根萍群系在桂北等地区有分布，见于池塘等，主要类型为少根萍+

无根萍群丛。该群丛漂浮层盖度 90%～100%，通常仅由少根萍和无根萍组成（表 4-290）。

表 4-290　少根萍+无根萍群丛的数量特征

水深/m	群落盖度/%	种类	多度等级	物候期	生长状态
0.3～0.9	95	少根萍 Landoltia punctata	Cop^3	营养期	漂浮
		无根萍 Wolffia globosa	Cop^3	营养期	漂浮

注：取样地点为桂林市广西壮族自治区柑桔研究所；样方面积为 25m^2；取样时间为 2012 年 10 月 5 日

十二、浮萍群系

浮萍为浮萍科浮萍属一年生漂浮小草本植物，呈叶状体。广西的浮萍群系分布普遍，见于河流、湖泊、水库、池塘、沟渠、水田等，主要类型为浮萍群丛、浮萍-黑藻群丛、浮萍-水蕴草群丛等。

（一）浮萍群丛

该群丛漂浮层盖度 80%～100%，仅由浮萍组成或以浮萍为主，其他种类有紫萍、满江红、喜旱莲子草、槐叶蘋、水龙、大薸、凤眼蓝等（表 4-291）。

表 4-291　浮萍群丛的数量特征

样地编号	水深/m	群落盖度/%	种类	株高/m	多度等级	物候期	生长状态
Q1	0.2～0.8	100	浮萍 Lemna minor	—	Soc	营养期	漂浮
Q2	0.3～1.6	90	浮萍 Lemna minor	—	Soc	营养期	漂浮
			紫萍 Spirodela polyrhiza	—	Cop^1	营养期	漂浮
			满江红 Azolla pinnata subsp. asiatica	—	Sol	营养期	漂浮
			喜旱莲子草 Alternanthera philoxeroides	0.25	Un	营养期	漂浮
Q3	0.2～0.8	95	浮萍 Lemna minor	—	Soc	营养期	漂浮
			槐叶蘋 Salvinia natans	—	Cop^1	营养期	漂浮
			水龙 Ludwigia adscendens	0.18	Un	营养期	漂浮
Q4	0.2～1.3	100	浮萍 Lemna minor	—	Soc	营养期	漂浮
			紫萍 Spirodela polyrhiza	—	Sp	营养期	漂浮
			大薸 Pistia stratiotes	0.13	Sol	营养期	漂浮
			凤眼蓝 Eichhornia crassipes	0.20	Sol	花期	漂浮
Q5	0.3～1.2	100	浮萍 Lemna minor	—	Soc	营养期	漂浮

注：取样地点 Q1 为桂林市朝阳乡冷家村，Q2 为荔浦县花篢镇，Q3 为鹿寨县寨沙镇官庄村，Q4 为桂林市广西壮族自治区柑桔研究所，Q5 为桂平市南木镇朱凤村；样方面积为 100m^2；取样时间 Q1 为 2007 年 5 月 9 日，Q2 为 2012 年 7 月 10 日，Q3 为 2012 年 7 月 10 日，Q4 为 2013 年 4 月 11 日，Q5 为 2013 年 11 月 25 日

（二）浮萍-黑藻群丛

该群丛漂浮层盖度 70%～90%，组成种类以浮萍为主，其他种类有凤眼蓝、大薸等；沉水层盖度 50%～90%，组成种类以黑藻为主，其他种类有穗状狐尾藻等（表 4-292）。

表 4-292　浮萍-黑藻群丛的数量特征

水深/m	层次结构	层盖度/%	种类	株高/m	多度等级	物候期	生长状态
0.3～0.8	漂浮层	80	浮萍 *Lemna minor*	—	Soc	营养期	漂浮
			凤眼蓝 *Eichhornia crassipes*	0.25	Cop¹	营养期	漂浮
			大藻 *Pistia stratiotes*	0.12	Cop¹	营养期	漂浮
	沉水层	85	黑藻 *Hydrilla verticillata*	—	Soc	营养期	沉水
			穗状狐尾藻 *Myriophyllum spicatum*	—	Sol	营养期	沉水

注：取样地点为桂林市七星区和平村；样方面积为 25m²；取样时间为 2010 年 6 月 5 日

（三）浮萍-水蕴草群丛

该群丛漂浮层盖度 70%～90%，组成种类以浮萍为主，其他种类有凤眼蓝等；沉水层盖度 50%～95%，通常仅由水蕴草组成（表 4-293）。

表 4-293　浮萍-水蕴草群丛的数量特征

水深/m	层次结构	层盖度/%	种类	株高/m	多度等级	物候期	生长状态
0.3～0.9	漂浮层	90	浮萍 *Lemna minor*	—	Soc	营养期	漂浮
			凤眼蓝 *Eichhornia crassipes*	0.25	Sol	营养期	漂浮
	沉水层	95	水蕴草 *Egeria densa*	—	Soc	营养期	沉水

注：取样地点为桂林市漓江伏荔村河段；样方面积为 25m²；取样时间为 2013 年 7 月 14 日

十三、浮萍+无根萍群系

广西的浮萍+无根萍群系在桂北等地区有分布，见于池塘等，主要类型有浮萍+无根萍群丛。该群丛漂浮层盖度 80%～100%，仅由浮萍和无根萍组成或以浮萍和无根萍为主，其他种类有水龙、凤眼蓝、大藻等（表 4-294）。

表 4-294　浮萍+无根萍群丛的数量特征

水深/m	群落盖度/%	种类	株高/m	多度等级	物候期	生长状态
0.2～1.2	90	浮萍 *Lemna minor*	—	Cop³	营养期	漂浮
		无根萍 *Wolffia globosa*	—	Cop²	营养期	漂浮
		水龙 *Ludwigia adscendens*	0.15	Sol	花期	漂浮
		凤眼蓝 *Eichhornia crassipes*	0.36	Un	花期	漂浮
		大藻 *Pistia stratiotes*	0.10	Un	营养期	漂浮

注：取样地点为桂林市会仙镇冯家村；样方面积为 100m²；取样时间为 2009 年 8 月 12 日

十四、紫萍群系

紫萍为浮萍科紫萍属一年生漂浮小草本植物，呈叶状体。广西的紫萍群系在桂北、桂东等地区有分布，见于池塘、沟渠、水田等，主要类型为紫萍群丛。该群丛漂浮层盖度 80%～100%，仅由紫萍组成或以紫萍为主，其他种类有无根萍、浮萍等（表 4-295）。

表 4-295　紫萍群丛的数量特征

样地编号	水深/m	群落盖度/%	种类	株高/m	多度等级	物候期	生长状态
Q1	0.3～1.5	100	紫萍 *Spirodela polyrhiza*	—	Soc	营养期	漂浮
Q2	0.3～1.2	95	紫萍 *Spirodela polyrhiza*	—	Soc	营养期	漂浮
			满江红 *Azolla pinnata* subsp. *asiatica*	—	Sol	营养期	漂浮
			大藻 *Pistia stratiotes*	0.10	Sol	营养期	漂浮
			凤眼蓝 *Eichhornia crassipes*	0.18	Un	花期	漂浮
Q3	0.2～1.1	95	紫萍 *Spirodela polyrhiza*	—	Soc	营养期	漂浮

注：取样地点 Q1 为河池市六圩镇邑烈村，Q2 为桂林市会仙镇冯家村，Q3 为全州县两河镇白露村；样方面积为 100m²；取样时间 Q1 为 2009 年 9 月 12 日，Q2 为 2008 年 8 月 20 日，Q3 为 2019 年 7 月 2 日

十五、紫萍+无根萍群系

广西的紫萍+无根萍群系在桂北、桂东等地区有分布，见于池塘等，主要类型为紫萍+无根萍群丛。该群丛漂浮层盖度 90%～100%，仅由紫萍和无根萍组成或以紫萍和无根萍为主，其他种类有浮萍等（表 4-296）。

表 4-296　紫萍+无根萍群丛的数量特征

水深/m	群落盖度/%	种类	多度等级	物候期	生长状态
0.1～1.5	100	紫萍 *Spirodela polyrhiza*	Soc	营养期	漂浮
		无根萍 *Wolffia globosa*	Cop³	营养期	漂浮
		浮萍 *Lemna minor*	Sol	营养期	漂浮

注：取样地点为贵港市覃塘镇；样方面积为 25m²；取样时间为 2009 年 9 月 12 日

十六、无根萍群系

无根萍为浮萍科无根萍属（*Wolffia*）一年生草本植物，飘浮或悬浮在水面，细小如沙，为世界上最小的种子植物。广西的无根萍群系在桂北、桂东等地区有分布，见于池塘等，主要类型为无根萍群丛。该群丛漂浮层盖度 90%～100%，仅由无根萍组成或以无根萍为主，其他种类有紫萍、浮萍、凤眼蓝等（表 4-297）。

表 4-297　无根萍群丛的数量特征

样地编号	水深/m	群落高度/m	群落盖度/%	种类	株高/m	多度等级	物候期	生长状态
Q1	0.1～1.2	—	100	无根萍 *Wolffia globosa*	—	Soc	营养期	漂浮
Q2	0.2～0.8	—	95	无根萍 *Wolffia globosa*	—	Soc	营养期	漂浮
				紫萍 *Spirodela polyrhiza*	—	Sp	营养期	漂浮
				浮萍 *Lemna minor*	—	Sol	营养期	漂浮
				凤眼蓝 *Eichhornia crassipes*	0.35	Un	花期	漂浮

注：取样地点 Q1 为河池市六圩镇邑烈村，Q2 为博白县博白镇富石村；样方面积为 100m²；取样时间 Q1 为 2009 年 9 月 12 日，Q2 为 2009 年 9 月 30 日

十七、水禾群系

水禾为禾本科水禾属多年生漂浮植物。广西的水禾群系在都安县等地区有分布，见于河流、池塘等，主要类型为水禾群丛。该群丛高度 0.1～0.2m，盖度 70%～90%，仅由水禾组成或以水禾为主，其他种类有靖西海菜花、大茨藻、黑藻、双穗雀稗、凤眼蓝、浮萍等（表 4-298）。

表 4-298 水禾群丛的数量特征

样地编号	水深/m	群落高度/m	群落盖度/%	种类	株高/m	多度等级	物候期	生长状态
Q1	0.4～0.9	0.13	70	水禾 Hygroryza aristata	0.13	Cop³	花期	漂浮
				双穗雀稗 Paspalum distichum	0.35	Sp	果期	漂浮
				凤眼蓝 Eichhornia crassipes	0.25	Un	花期	漂浮
				浮萍 Lemna minor	—	Sp	营养期	漂浮
				黑藻 Hydrilla verticillata	—	Sp	营养期	沉水
Q2	0.2～1.2	0.15	90	水禾 Hygroryza aristata	0.15	Soc	花期	漂浮
				靖西海菜花 Ottelia acuminata var. jingxiensis	—	Cop1	花期	沉水
				大茨藻 Najas marina	—	Sp	营养期	沉水
				黑藻 Hydrilla verticillata	—	Sp	营养期	沉水
Q3	0.2～1.5	0.12	90	水禾 Hygroryza aristata	0.12	Soc	花期	漂浮

注：取样地点 Q1 为都安县澄江乡，Q2 和 Q3 为都安县高岭镇澄江河；样方面积为 100m²；取样时间为 2013 年 10 月 23 日

第十九节 挺水草丛

挺水草丛是指以挺水草本植物为建群种的各种湿地草本群落的总称。广西湿地中挺水生长的草本植物有 50 多种，常见的有莲、三白草、豆瓣菜、圆基长鬃蓼、圆叶节节菜、水芹、水蓑衣、水香薷、东方泽泻、野慈姑、华夏慈姑、再力花（Thalia dealbata）、梭鱼草（Pontederia cordata）、菖蒲、野芋、水烛（Typha angustifolia）、香蒲（Typha orientalis）、大薸草（Actinoscirpus grossus）、华克拉莎（Cladium jamaicence subsp. chinense）、荏芏、短叶荏芏、水莎草、荸荠、木贼状荸荠、野荸荠、萤蔺、水毛花、钻苞水葱（Schoenoplectus subulatus）、水葱（Schoenoplectus tabernaemontani）、三棱水葱、水生薏苡（Coix aquatica）、李氏禾、假稻（Leersia japonica）、野生稻（Oryza rufipogon）、稻、芦苇、卡开芦、互花米草、菰等。其中的一些种类，如莲、菖蒲、华夏慈姑等，仅是叶挺出水面，可称之为挺叶植物（emergent-leaved plant）（梁士楚，2011b）。

一、中华水韭群系

中华水韭为水韭科水韭属多年生蕨类植物，主要生长在沼泽、池塘浅水处、沟渠等，多呈挺水生长，也能湿生，甚至沉水生长。广西野生的中华水韭在最近 10 年的调查中

没有任何发现，估计已经灭绝或个体数量极其稀少。广西的中华水韭群系目前仅见于广西师范大学珍稀濒危水生植物保存基地，为人工种植。

二、石龙芮群系

石龙芮为毛茛科毛茛属一年生水湿生草本植物。广西的石龙芮群系在桂北、桂西、桂东等地区有分布，见于水田等，主要类型为石龙芮群丛。该群丛高度 0.4～0.9m，盖度 50%～90%，组成种类以石龙芮为主，其他种类有水蓼、看麦娘、水芹、水虱草、双穗雀稗、羊蹄、笄石菖等（表 4-299）。

表 4-299　石龙芮群丛的数量特征

样地编号	水深/m	群落高度/m	群落盖度/%	种类	株高/m	多度等级	物候期	生长状态
Q1	0.05～0.10	0.85	95	石龙芮 *Ranunculus sceleratus*	0.85	Soc	花期	挺水
				水蓼 *Polygonum hydropiper*	0.76	Sol	营养期	挺水
				水虱草 *Fimbristylis littoralis*	0.43	Sp	花果期	挺水
				看麦娘 *Alopecurus aequalis*	0.30	Cop¹	花期	挺水
Q2	0.05～0.12	0.85	95	石龙芮 *Ranunculus sceleratus*	0.85	Soc	花期	挺水
				紫萍 *Spirodela polyrhiza*	—	Cop¹	营养期	漂浮
Q3	0.04～0.16	0.85	95	石龙芮 *Ranunculus sceleratus*	0.85	Soc	花期	挺水
				水芹 *Oenanthe javanica*	0.56	Sol	营养期	挺水
				双穗雀稗 *Paspalum distichum*	0.43	Cop¹	营养期	挺水
				羊蹄 *Rumex japonicus*	0.78	Un	营养期	挺水
Q4	0.03～0.12	0.70	85	石龙芮 *Ranunculus sceleratus*	0.70	Soc	花果期	挺水
				双穗雀稗 *Paspalum distichum*	0.40	Cop¹	营养期	挺水
				笄石菖 *Juncus prismatocarpus*	0.26	Cop¹	营养期	挺水

注：取样地点 Q1 为贵港市桥圩镇兴华村，Q2 为平果市榜圩镇榜圩村，Q3 为阳朔县白沙镇旧县村，Q4 为百色市永乐镇南乐村；样方面积为 100m²；取样时间 Q1 为 2010 年 3 月 10 日，Q2 为 2013 年 3 月 6 日，Q3 为 2016 年 3 月 6 日，Q4 为 2019 年 2 月 5 日

三、莲群系

莲为睡莲科莲属（*Nelumbo*）多年生挺水草本植物。广西的莲群系分布普遍，主要为人工种植，也有少量逸为野生，见于河流、湖泊、池塘、水库、沟渠、水田等，主要类型有莲群丛、莲-喜旱莲子草群丛、莲-凤眼蓝群丛、莲-浮萍群丛、莲-紫萍群丛、莲-大藻群丛、莲-密刺苦草群丛、莲-黑藻群丛、莲-鸭舌草-紫萍群丛、莲-圆叶节节菜-紫萍群丛等。

（一）莲群丛

该群丛挺水层高度 0.7～1.6m，盖度 70%～100%，通常仅由莲组成。冠层下挺水生长的有稗、异型莎草、丁香蓼、李氏禾、水芹、双穗雀稗、水蓼、鸭舌草等，漂浮生长的有浮萍、紫萍、凤眼蓝、大藻等，沉水生长的有黑藻、穗状狐尾藻、小茨藻、竹叶眼子菜等（表 4-300）。

表 4-300　莲群丛的数量特征

样地编号	水深/m	群落高度/m	群落盖度/%	种类	株高/m	多度等级	物候期	生长状态
Q1	0.3~0.9	1.1	90	莲 Nelumbo nucifera	1.10	Soc	营养期	挺水
				水芹 Oenanthe javanica	0.58	Un	花期	挺水
				密毛酸模叶蓼 Polygonum lapathifolium var. lanatum	0.65	Sol	花期	挺水
				双穗雀稗 Paspalum distichum	0.40	Sp	营养期	挺水
				穗状狐尾藻 Myriophyllum spicatum	—	Sp	营养期	沉水
				黑藻 Hydrilla verticillata	—	Cop^1	营养期	沉水
Q2	0.2~0.8	1.2	100	莲 Nelumbo nucifera	1.20	Soc	营养期	挺水
				黑藻 Hydrilla verticillata	—	Cop^1	营养期	沉水
Q3	0.3~0.8	1.3	90	莲 Nelumbo nucifera	1.25	Soc	花果期	挺水
				水芹 Oenanthe javanica	0.37	Un	营养期	挺水
				李氏禾 Leersia hexandra	0.35	Sol	营养期	挺水
				浮萍 Lemna minor	—	Cop^1	营养期	漂浮
				凤眼蓝 Eichhornia crassipes	0.18	Sol	营养期	漂浮
				大薸 Pistia stratiotes	0.08	Sol	营养期	漂浮
				竹叶眼子菜 Potamogeton wrightii	—	Sp	营养期	沉水
Q4	0.2~0.9	1.3	90	莲 Nelumbo nucifera	1.3	Soc	花果期	挺水
				浮萍 Lemna minor	—	Cop^1	营养期	漂浮
				凤眼蓝 Eichhornia crassipes	0.18	Sp	营养期	漂浮
				黑藻 Hydrilla verticillata	—	Cop^1	营养期	沉水
				小茨藻 Najas minor	—	Sp	营养期	沉水
Q5	0.4~1.2	0.7	90	莲 Nelumbo nucifera	0.70	Soc	营养期	挺水
Q6	0.5~1.2	1.4	90	莲 Nelumbo nucifera	1.4	Soc	花果期	挺水
Q7	0.2~0.6	1.3	100	莲 Nelumbo nucifera	1.3	Soc	花果期	挺水
Q8	0.1~0.5	1.4	95	莲 Nelumbo nucifera	1.4	Soc	花果期	挺水
				千金子 Leptochloa chinensis	0.73	Sol	花果期	挺水
				稗 Echinochloa crusgalli	0.67	Sol	花果期	挺水
				异型莎草 Cyperus difformis	0.42	Sol	花果期	挺水
				丁香蓼 Ludwigia prostrata	0.65	Sol	营养期	挺水
				紫萍 Spirodela polyrhiza	—	Sp	营养期	漂浮
				浮萍 Lemna minor	—	Sp	营养期	漂浮
				鸭舌草 Monochoria vaginalis	0.28	Sol	营养期	挺水
Q9	0.2~0.7	1.2	90	莲 Nelumbo nucifera	1.2	Soc	花果期	挺水

注：取样地点 Q1 和 Q2 为田东县祥周镇甘莲村，Q3 和 Q4 为钟山县公安镇荷塘村，Q5 为武宣县马步乡官禄村八仙湖，Q6 为贺州市爱莲湖，Q7 为贵港市荷城荷花科技产业博览园，Q8 为贵港市覃塘镇龙凤村，Q9 为全州县两河镇鲁水村；样方面积为 100m²；取样时间 Q1 和 Q2 为 2010 年 7 月 16 日，Q3 和 Q4 为 2011 年 8 月 9 日，Q5 为 2012 年 8 月 2 日，Q6 为 2018 年 6 月 25 日，Q7 和 Q8 为 2018 年 6 月 28 日，Q9 为 2019 年 7 月 2 日

（二）莲-喜旱莲子草群丛

　　该群丛挺水层高度 0.5~1.3m，盖度 60%~95%，通常仅由莲组成；漂浮层高度 0.2~0.4m，盖度 60%~90%，组成种类以喜旱莲子草为主，其他种类有水龙等（表 4-301）。

表 4-301　莲-喜旱莲子草群丛的数量特征

水深/m	层次结构	层高度/m	层盖度/%	种类	株高/m	多度等级	物候期	生长状态
0.3~1.2	挺水层	0.70	60	莲 Nelumbo nucifera	0.70	Cop³	营养期	挺水
	漂浮层	0.15	90	喜旱莲子草 Alternanthera philoxeroides	0.15	Soc	营养期	漂浮
				水龙 Ludwigia adscendens	0.13	Sp	花期	漂浮

注：取样地点为罗城县四把镇龙潭水库；样方面积为 100m²；取样时间为 2009 年 9 月 2 日

（三）莲-凤眼蓝群丛

该群丛挺水层高度 0.5～1.3m，盖度 60%～95%，通常仅由莲组成；漂浮层高度 0.2～0.4m，盖度 60%～100%，组成种类以凤眼蓝为主，其他种类有水龙等（表 4-302）。

表 4-302　莲-凤眼蓝群丛的数量特征

水深/m	层次结构	层高度/m	层盖度/%	种类	株高/m	多度等级	物候期	生长状态
0.3~1.2	挺水层	0.65	70	莲 Nelumbo nucifera	0.65	Cop³	营养期	挺水
	漂浮层	0.28	100	凤眼蓝 Eichhornia crassipes	0.28	Soc	营养期	漂浮
				水龙 Ludwigia adscendens	0.13	Sp	花期	漂浮

注：取样地点为罗城县四把镇龙潭水库；样方面积为 100m²；取样时间为 2009 年 9 月 2 日

（四）莲-浮萍群丛

该群丛挺水层高度 0.7～1.6m，盖度 60%～100%，通常仅由莲组成；漂浮层盖度 60%～100%，仅由浮萍组成或以浮萍为主，其他种类有紫萍、凤眼蓝、浮叶眼子菜等。此外，还有挺水生长的光蓼、三白草、喜旱莲子草、高秆莎草（Cyperus exaltatus）等，沉水生长的竹叶眼子菜、石龙尾、穗花狐尾藻、黑藻等（表 4-303）。

表 4-303　莲-浮萍群丛的数量特征

样地编号	水深/m	层次结构	层高度/m	层盖度/%	种类	株高/m	多度等级	物候期	生长状态
Q1	0.3~0.7	挺水层	1.10	70	莲 Nelumbo nucifera	1.10	Cop3	花期	挺水
		漂浮层	—	85	浮萍 Lemna minor	—	Soc	营养期	漂浮
					浮叶眼子菜 Potamogeton natans	—	Sol	营养期	浮叶
		层外植物			喜旱莲子草 Alternanthera philoxeroides	0.25	Sp	营养期	挺水
			—		竹叶眼子菜 Potamogeton wrightii	—	Sol	营养期	沉水
					石龙尾 Limnophila sessiliflora	—	Sp	营养期	沉水
Q2	0.2~1.1	挺水层	1.30	80	莲 Nelumbo nucifera	1.30	Soc	花期	挺水
		漂浮层	—	90	浮萍 Lemna minor	—	Soc	营养期	漂浮
					紫萍 Spirodela polyrhiza	—	Sp	营养期	漂浮
					凤眼蓝 Eichhornia crassipes	0.20	Sol	花期	漂浮
		层外植物	—	—	光蓼 Polygonum glabrum	0.65	Sol	花期	挺水
					三白草 Saururus chinensis	0.76	Un	营养期	挺水
					高秆莎草 Cyperus exaltatus	0.55	Un	营养期	挺水

续表

样地编号	水深/m	层次结构	层高度/m	层盖度/%	种类	株高/m	多度等级	物候期	生长状态
Q2	0.2～1.1	层外植物	—	—	喜旱莲子草 Alternanthera philoxeroides	0.35	Sp	花期	挺水
					穗状狐尾藻 Myriophyllum spicatum	—	Sol	营养期	沉水
					竹叶眼子菜 Potamogeton wrightii	—	Sp	花果期	沉水
					黑藻 Hydrilla verticillata	—	Sp	营养期	沉水
Q3	0.2～0.5	挺水层	1.10	70	莲 Nelumbo nucifera	1.10	Soc	营养期	挺水
		漂浮层	—	100	浮萍 Lemna minor	—	Soc	营养期	漂浮
					紫萍 Spirodela polyrhiza	—	Sp	营养期	漂浮

注：取样地点 Q1 为兴安县华江乡同仁村，Q2 为象州县运江镇大曼村，Q3 为桂林市朝阳乡横塘村；样方面积为 100m²；取样时间 Q1 为 2006 年 7 月 3 日，Q2 为 2011 年 7 月 5 日，Q3 为 2017 年 5 月 25 日

（五）莲-紫萍群丛

该群丛挺水层高度 0.6～1.6m，盖度 60%～100%，通常仅由莲组成；漂浮层盖度 60%～100%，仅由紫萍组成或以紫萍为主，其他种类有浮萍、凤眼蓝、大藻、水龙等。此外，还有挺水生长的喜旱莲子草、丁香蓼、水蓼等，沉水生长的黄花狸藻、纤细茨藻（*Najas gracillima*）、黑藻等（表 4-304）。

表 4-304　莲-紫萍群丛的数量特征

样地编号	水深/m	层次结构	层高度/m	层盖度/%	种类	株高/m	多度等级	物候期	生长状态
Q1	0.3～0.9	挺水层	1.37	95	莲 Nelumbo nucifera	1.37	Soc	营养期	挺水
		漂浮层	—	60	紫萍 Spirodela polyrhiza	—	Cop³	营养期	漂浮
					大藻 Pistia stratiotes	0.08	Sol	营养期	漂浮
					水龙 Ludwigia adscendens	0.10	Sp	花期	漂浮
					凤眼蓝 Eichhornia crassipes	0.15	Sol	花期	漂浮
		层外植物	—	—	黑藻 Hydrilla verticillata	—	Sp	营养期	沉水
Q2	0.2～0.8	挺水层	1.50	80	莲 Nelumbo nucifera	1.50	Soc	营养期	挺水
		漂浮层	—	90	紫萍 Spirodela polyrhiza	—	Soc	营养期	漂浮
					浮萍 Lemna minor	—	Cop¹	营养期	漂浮
		层外植物	—	—	喜旱莲子草 Alternanthera philoxeroides	0.28	Sol	花期	挺水
					丁香蓼 Ludwigia prostrata	0.72	Un	营养期	挺水
					水蓼 Polygonum hydropiper	0.75	Sol	营养期	挺水
Q3	0.3～0.6	挺水层	0.65	60	莲 Nelumbo nucifera	0.65	Soc	营养期	挺水
		漂浮层	—	80	紫萍 Spirodela polyrhiza	—	Soc	营养期	漂浮
		层外植物	—	—	黄花狸藻 Utricularia aurea	—	Sol	营养期	沉水
					纤细茨藻 Najas gracillima	—	Sol	营养期	沉水

注：取样地点 Q1 为象州县运江镇大曼村，Q2 为贵港市覃塘镇姚山村，Q3 鹿寨县平山镇大阳村；样方面积为 100m²；取样时间 Q1 为 2009 年 6 月 19 日，Q2 为 2009 年 6 月 20 日，Q3 为 2019 年 5 月 13 日

（六）莲-大藻群丛

该群丛挺水层高度 0.7～1.6m，盖度 60%～100%，通常仅由莲组成；漂浮层盖度 60%～100%，仅由大藻组成或以大藻为主，其他种类有紫萍、浮萍、凤眼蓝等。此外，还有挺水生长的喜旱莲子草等，沉水生长的黑藻等（表 4-305）。

表 4-305　莲-大藻群丛的数量特征

水深/m	层次结构	层高度/m	层盖度/%	种类	株高/m	多度等级	物候期	生长状态
0.3～0.9	挺水层	1.30	85	莲 *Nelumbo nucifera*	1.30	Soc	花期	挺水
	漂浮层	—	80	大藻 *Pistia stratiotes*	0.10	Soc	营养期	漂浮
				紫萍 *Spirodela polyrhiza*	—	Sp	营养期	漂浮
				浮萍 *Lemna minor*	—	Sp	营养期	漂浮
				凤眼蓝 *Eichhornia crassipes*	0.18	Sol	花期	漂浮
	层外植物	—	—	喜旱莲子草 *Alternanthera philoxeroides*	0.25	Sp	花期	挺水
				黑藻 *Hydrilla verticillata*	—	Sp	营养期	沉水

注：取样地点为田东县祥周镇甘莲村；样方面积为 100m²；取样时间为 2009 年 7 月 15 日

（七）莲-密刺苦草群丛

该群丛挺水层高度 0.6～1.5m，盖度 60%～90%，通常仅由莲组成；沉水层盖度 70%～100%，组成种类以密刺苦草为主，其他种类有黑藻等。此外，还有挺水生长的铺地黍、李氏禾、双穗雀稗等（表 4-306）。

表 4-306　莲-密刺苦草群丛的数量特征

水深/m	层次结构	层高度/m	层盖度/%	种类	株高/m	多度等级	物候期	生长状态
0.5～0.9	挺水层	1.10	70	莲 *Nelumbo nucifera*	1.10	Cop³	花期	挺水
	沉水层	—	80	密刺苦草 *Vallisneria denseserrulata*	—	Soc	营养期	沉水
				黑藻 *Hydrilla verticillata*	—	Sp	营养期	沉水
	层外植物	—	—	铺地黍 *Panicum repens*	0.30	Sp	营养期	挺水
				李氏禾 *Leersia hexandra*	0.35	Cop¹	花期	挺水
				双穗雀稗 *Paspalum distichum*	0.42	Sp	花期	挺水

注：取样地点为钟山县公安镇荷塘村；样方面积为 100m²；取样时间为 2008 年 7 月 15 日

（八）莲-黑藻群丛

该群丛挺水层高度 0.5～1.3m，盖度 60%～90%，通常仅由莲组成；沉水层盖度 80%～95%，组成种类以黑藻为主，其他种类有穗花狐尾藻、菹草等。此外，还有挺水生长的李氏禾、双穗雀稗、喜旱莲子草等，漂浮生长的凤眼蓝等（表 4-307）。

表 4-307 莲-黑藻群丛的数量特征

水深/m	层次结构	层高度/m	层盖度/%	种类	株高/m	多度等级	物候期	生长状态
0.4~0.9	挺水层	1.20	80	莲 Nelumbo nucifera	1.20	Soc	花期	挺水
	沉水层	—	90	黑藻 Hydrilla verticillata	—	Soc	营养期	沉水
				穗状狐尾藻 Myriophyllum spicatum	—	Sp	营养期	沉水
				菹草 Potamogeton crispus	—	Cop¹	营养期	沉水
	层外植物	—	—	凤眼蓝 Eichhornia crassipes	0.25	Sol	营养期	漂浮
				李氏禾 Leersia hexandra	0.38	Sp	花期	挺水
				双穗雀稗 Paspalum distichum	0.40	Sp	花期	挺水
				喜旱莲子草 Alternanthera philoxeroides	0.35	Sol	营养期	挺水

注：取样地点为田东县祥周镇甘莲村；样方面积为 100m²；取样时间为 2009 年 7 月 15 日

（九）莲-鸭舌草-紫萍群丛

该群丛挺水层上层高度 0.7~1.5m，盖度 60%~90%，通常仅由莲组成；下层高度 0.15~0.3m，盖度 70%~90%，组成种类以鸭舌草为主，其他种类有圆叶节节菜、水苋菜、异型莎草、畦畔莎草等（表 4-308）。漂浮层盖度 40%~80%，通常仅由紫萍组成。

表 4-308 莲-鸭舌草-紫萍群丛的数量特征

水深/m	层次结构	层高度/m	层盖度/%	种类	株高/m	多度等级	物候期	生长状态
0.1~0.4	挺水层	下层 0.95	85	莲 Nelumbo nucifera	0.95	Soc	花期	挺水
		下层 0.18	75	鸭舌草 Monochoria vaginalis	0.18	Cop³	营养期	挺水
				圆叶节节菜 Rotala rotundifolia	0.16	Sp	营养期	挺水
				水苋菜 Ammannia baccifera	0.25	Sol	营养期	挺水
				异型莎草 Cyperus difformis	0.40	Sp	花期	挺水
				畦畔莎草 Cyperus haspan	0.37	Sol	花期	挺水
	漂浮层	—	40	紫萍 Spirodela polyrhiza	—	Cop²	营养期	漂浮

注：取样地点为桂林市茶洞镇江底村；样方面积为 100m²；取样时间为 2019 年 8 月 10 日

（十）莲-圆叶节节菜-紫萍群丛

该群丛挺水层上层高度 0.5~1.2m，盖度 70%~90%，仅由莲组成或以莲为主，其他种类有假柳叶菜等；下层高度 0.2~0.3m，盖度 50%~80%，组成种类以圆叶节节菜为主，其他种类有鸭舌草、水苋菜、异型莎草等。漂浮层盖度 30%~80%，通常仅由紫萍组成，有时还有少量浮萍等（表 4-309）。

四、三白草群系

三白草为三白草科三白草属多年生挺水草本植物。广西的三白草群系分布普遍，见于河流、湖泊、沼泽及沼泽化湿地、池塘、沟渠等，主要类型为三白草群丛。该群丛高度 0.6~1.2m，盖度 60%~100%，组成种类以三白草为主，其他种类有水蓼、野芋、齿叶水蜡烛、狼杷草、李氏禾、双穗雀稗等（表 4-310）。

表 4-309 莲-圆叶节节菜-紫萍群丛的数量特征

水深/m	层次结构		层高度/m	层盖度/%	种类	株高/m	多度等级	物候期	生长状态
		下层	0.86	85	莲 *Nelumbo nucifera*	0.86	Soc	花期	挺水
					假柳叶菜 *Ludwigia epilobioides*	0.75	Un	营养期	挺水
	挺水层				圆叶节节菜 *Rotala rotundifolia*	0.15	Soc	营养期	挺水
0.1~0.4		下层	0.18	80	鸭舌草 *Monochoria vaginalis*	0.13	Sp	营养期	挺水
					水苋菜 *Ammannia baccifera*	0.32	Sol	营养期	挺水
					异型莎草 *Cyperus difformis*	0.38	Sol	花期	挺水
	漂浮层		—	35	紫萍 *Spirodela polyrhiza*	—	Cop²	营养期	漂浮

注：取样地点为桂林市茶洞镇江底村；样方面积为 100m²；取样时间为 2019 年 8 月 10 日

表 4-310 三白草群丛的数量特征

样地编号	水深/m	群落高度/m	群落盖度/%	种类	株高/m	多度等级	物候期	生长状态
Q1	0.2~0.4	0.83	90	三白草 *Saururus chinensis*	0.83	Soc	花期	挺水
				李氏禾 *Leersia hexandra*	0.45	Cop¹	营养期	挺水
				水蓼 *Polygonum hydropiper*	0.76	Sol	营养期	挺水
				野芋 *Colocasia esculentum* var. *antiquorum*	0.65	Un	营养期	挺水
				条穗薹草 *Carex nemostachys*	0.48	Sp	营养期	挺水
Q2	0.1~0.5	0.70	95	三白草 *Saururus chinensis*	0.70	Cop³	营养期	挺水
				李氏禾 *Leersia hexandra*	0.42	Cop¹	营养期	挺水
				齿叶水蜡烛 *Dysophylla sampsonii*	0.53	Sol	营养期	挺水
Q3	0.1~0.3	1.0	100	三白草 *Saururus chinensis*	1.0	Soc	花期	挺水
				双穗雀稗 *Paspalum distichum*	0.38	Sp	营养期	挺水
				狼杷草 *Bidens tripartita*	0.95	Un	营养期	挺水

注：取样地点 Q1 为灵川县大圩镇南积村，Q2 为融水县泗顶镇，Q3 为桂林市会仙镇山尾村；样方面积为 100m²；取样时间 Q1 为 2011 年 6 月 5 日，Q2 为 2012 年 7 月 29 日，Q3 为 2016 年 5 月 16 日

五、豆瓣菜群系

豆瓣菜为十字花科豆瓣菜属（*Nasturtium*）多年生挺水草本植物。广西的豆瓣菜群系多为人工种植，也有少量野生，见于河流、沟渠、水田等，主要类型有豆瓣菜群丛、豆瓣菜-浮萍群丛、豆瓣菜-紫萍群丛、豆瓣菜-浮萍+紫萍群丛等。

（一）豆瓣菜群丛

该群丛高度 0.2~0.4m，盖度 80%~100%，仅由豆瓣菜组成或以豆瓣菜为主，其他种类有李氏禾、水芹、双穗雀稗、水蓼等（表 4-311）。

表 4-311 豆瓣菜群丛的数量特征

样地编号	水深/m	群落高度/m	群落盖度/%	种类	株高/m	多度等级	物候期	生长状态
Q1	0.05～0.20	0.35	80	豆瓣菜 *Nasturtium officinale*	0.35	Soc	营养期	挺水
				水芹 *Oenanthe javanica*	0.58	Sp	花期	挺水
				水蓼 *Polygonum hydropiper*	0.65	Sp	花期	挺水
				双穗雀稗 *Paspalum distichum*	0.15	Cop¹	营养期	挺水
Q2	0.04～0.15	0.32	90	豆瓣菜 *Nasturtium officinale*	0.32	Soc	营养期	挺水
				水芹 *Oenanthe javanica*	0.37	Sol	营养期	挺水
				李氏禾 *Leersia hexandra*	0.35	Sol	营养期	挺水
Q3	0.05～0.20	0.37	100	豆瓣菜 *Nasturtium officinale*	0.37	Soc	营养期	挺水

注：取样地点 Q1 为阳朔县白沙水库，Q2 为灵川县海洋乡水头村，Q3 为灵川县灵田乡桥头村；样方面积为 100m²；取样时间 Q1 为 2010 年 7 月 16 日，Q2 为 2011 年 8 月 9 日，Q3 为 2012 年 12 月 31 日

（二）豆瓣菜-浮萍群丛

该群丛挺水层高度 0.2～0.4m，盖度 80%～100%，仅由豆瓣菜组成或以豆瓣菜为主，其他种类有野慈姑、李氏禾、水蓼、水芹等；漂浮层盖度 70%～100%，仅由浮萍组成或以浮萍为主，其他种类有紫萍、满江红等（表 4-312）。

表 4-312 豆瓣菜-浮萍群丛的数量特征

样地编号	水深/m	层次结构	层高度/m	层盖度/%	种类	株高/m	多度等级	物候期	生长状态
Q1	0.1～0.2	挺水层	0.34	100	豆瓣菜 *Nasturtium officinale*	0.34	Soc	花期	挺水
		漂浮层	—	90	浮萍 *Lemna minor*	—	Soc	营养期	漂浮
Q2	0.1～0.2	挺水层	0.38	85	豆瓣菜 *Nasturtium officinale*	0.38	Soc	营养期	挺水
					野慈姑 *Sagittaria trifolia*	0.52	Un	营养期	挺水
					李氏禾 *Leersia hexandra*	0.27	Sol	营养期	挺水
					水蓼 *Polygonum hydropiper*	0.63	Sol	营养期	挺水
					水芹 *Oenanthe javanica*	0.58	Sol	营养期	挺水
		漂浮层	—	80	浮萍 *Lemna minor*	—	Soc	营养期	漂浮
					紫萍 *Spirodela polyrhiza*	—	Sp	营养期	漂浮
					满江红 *Azolla pinnata* subsp. *asiatica*	—	Sp	营养期	漂浮

注：取样地点 Q1 为桂平市西山镇白兰村，Q2 为阳朔县白沙镇古板村；样方面积为 100m²；取样时间 Q1 为 2006 年 5 月 3 日，Q2 为 2008 年 10 月 4 日

（三）豆瓣菜-紫萍群丛

该群丛挺水层高度 0.2～0.5m，盖度 80%～100%，通常仅由豆瓣菜组成；漂浮层盖度 50%～90%，组成种类以紫萍为主，其他种类有浮萍等（表 4-313）。

表4-313　豆瓣菜-紫萍群丛的数量特征

水深/m	层次结构	层高度/m	层盖度/%	种类	株高/m	多度等级	物候期	生长状态
0.05~0.20	挺水层	0.37	95	豆瓣菜 *Nasturtium officinale*	0.37	Soc	营养期	挺水
	漂浮层	—	80	紫萍 *Spirodela polyrhiza*	—	Soc	营养期	漂浮
				浮萍 *Lemna minor*	—	Cop[1]	营养期	漂浮

注：取样地点为桂平市蒙圩镇林村；样方面积为100m²；取样时间为2013年12月20日

（四）豆瓣菜-浮萍+紫萍群丛

该群丛挺水层高度0.2~0.5m，盖度90%~100%，通常仅由豆瓣菜组成；漂浮层盖度50%~90%，组成种类为紫萍、浮萍、无根萍等（表4-314）。

表4-314　豆瓣菜-浮萍+紫萍群丛的数量特征

水深/m	层次结构	层高度/m	层盖度/%	种类	株高/m	多度等级	物候期	生长状态
0.05~0.18	挺水层	0.37	95	豆瓣菜 *Nasturtium officinale*	0.37	Soc	营养期	挺水
	漂浮层	—	80	紫萍 *Spirodela polyrhiza*	—	Soc	营养期	漂浮
				浮萍 *Lemna minor*	—	Cop[1]	营养期	漂浮
				无根萍 *Wolffia globosa*	—	Sp	营养期	漂浮

注：取样地点为桂平市寻旺乡西南村；样方面积为100m²；取样时间为2013年12月20日

六、毛蓼群系

毛蓼为蓼科蓼属多年生水湿生草本植物。广西的毛蓼群系在桂北、桂西等地区有分布，见于沼泽及沼泽化湿地、沟渠等，主要类型为毛蓼群丛。该群丛高度0.6~0.9m，盖度60%~100%，仅由毛蓼组成或以毛蓼为主，其他种类有李氏禾、水毛花、水香薷等（表4-315）。

表4-315　毛蓼群丛的数量特征

水深/m	群落高度/m	群落盖度/%	种类	株高/m	多度等级	物候期	生长状态
0.1~0.4	0.90	100	毛蓼 *Polygonum barbatum*	0.90	Soc	花期	挺水
			李氏禾 *Leersia hexandra*	0.38	Sp	营养期	挺水
			水毛花 *Schoenoplectus mucronatus* subsp. *robustus*	1.15	Sol	花果期	挺水
			水香薷 *Elsholtzia kachinensis*	0.40	Cop[1]	营养期	挺水

注：取样地点为恭城县栗木镇上枧村；样方面积为100m²；取样时间为2011年8月5日

七、光蓼群系

光蓼（*Polygonum glabrum*）为蓼科蓼属一年生水湿生草本植物。广西的光蓼群系分布普遍，见于河流、湖泊、水库、沟渠等，主要类型有光蓼群丛、光蓼-喜旱莲子草群丛、光蓼-李氏禾群丛、光蓼-凤眼蓝群丛等。

（一）光蓼群丛

该群丛高度 0.6～1.2m，盖度 60%～95%，仅由光蓼组成或以光蓼为主，有高秆莎草、酸模叶蓼、羊蹄、李氏禾、双穗雀稗、大薸、凤眼蓝等少量伴生（表 4-316）。

表 4-316　光蓼群丛的数量特征

样地编号	水深/m	群落高度/m	群落盖度/%	种类	株高/m	多度等级	物候期	生长状态
Q1	0.1～0.6	0.95	90	光蓼 *Polygonum glabrum*	0.95	Soc	花期	挺水
				李氏禾 *Leersia hexandra*	0.40	Sol	营养期	挺水
				大薸 *Pistia stratiotes*	0.08	Sp	营养期	漂浮
				凤眼蓝 *Eichhornia crassipes*	0.15	Sol	Sol	漂浮
Q2	0.2～0.8	0.90	85	光蓼 *Polygonum glabrum*	0.90	Soc	花期	挺水
Q3	0.1～0.5	1.13	95	光蓼 *Polygonum glabrum*	1.13	Soc	花期	挺水
Q4	01～0.3	0.83	90	光蓼 *Polygonum glabrum*	0.83	Soc	花期	挺水
				高秆莎草 *Cyperus exaltatus*	0.75	Sol	花期	挺水
Q5	0.2～0.5	0.70	80	光蓼 *Polygonum glabrum*	0.70	Soc	花期	挺水
Q6	—	0.85	95	光蓼 *Polygonum glabrum*	0.85	Soc	花期	挺水
				酸模叶蓼 *Polygonum lapathifolium*	0.73	Un	花期	挺水
				羊蹄 *Rumex japonicus*	0.75	Sol	营养期	挺水
				双穗雀稗 *Paspalum distichum*	0.32	Sp	营养期	挺水

注：取样地点 Q1 为河池市肯研那龙水库，Q2 为宾阳县苏关塘，Q3 为隆林县那隆水库，Q4 为隆林县南盘江天生桥镇河段，Q5 为马山县乔利乡古楼村，Q6 为恭城县恭城河恭城镇河段；样方面积为 100m²；取样时间 Q1 为 2010 年 7 月 20 日，Q2 为 2010 年 9 月 6 日，Q3 和 Q4 为 2011 年 9 月 13 日，Q5 为 2014 年 9 月 28 日，Q6 为 2015 年 8 月 16 日

（二）光蓼-喜旱莲子草群丛

该群丛上层高度 0.6～1.1m，盖度 60%～90%，仅由光蓼组成或以光蓼为主，其他种类有毛轴莎草（*Cyperus pilosus*）等；下层高度 0.2～0.4m，盖度 80%～100%，通常仅由喜旱莲子草组成（表 4-317）。

表 4-317　光蓼-喜旱莲子草群丛的数量特征

水深/m	层次结构	层高度/m	层盖度/%	种类	株高/m	多度等级	物候期	生长状态
0.1～0.3	上层	0.85	90	光蓼 *Polygonum glabrum*	0.85	Soc	花期	挺水
				毛轴莎草 *Cyperus pilosus*	0.73	Sol	花期	挺水
	下层	0.32	100	喜旱莲子草 *Alternanthera philoxeroides*	0.32	Sol	营养期	挺水

注：取样地点为乐业县同乐镇九利村；样方面积为 100m²；取样时间为 2010 年 8 月 24 日

（三）光蓼-李氏禾群丛

该群丛上层高度 0.6～1.1m，盖度 50%～95%，通常仅由光蓼组成；下层高度 0.2～

0.4m，盖度 60%～90%，仅由李氏禾组成或以李氏禾为主，其他种类有喜旱莲子草、野芋等（表 4-318）。

表 4-318 光蓼-李氏禾群丛的数量特征

样地编号	水深/m	层次结构	层高度/m	层盖度/%	种类	株高/m	多度等级	物候期	生长状态
Q1	0.1～0.3	上层	0.95	90	光蓼 Polygonum glabrum	0.95	Soc	果期	挺水
		下层	0.40	80	李氏禾 Leersia hexandra	0.40	Sol	营养期	挺水
Q2	0.1～0.3	上层	0.85	90	光蓼 Polygonum glabrum	0.85	Soc	营养期	挺水
		下层	0.32	85	李氏禾 Leersia hexandra	0.32	Soc	营养期	挺水
					喜旱莲子草 Alternanthera philoxeroides	0.26	Cop¹	营养期	挺水
					野芋 Colocasia esculentum var. antiquorum	0.43	Un	营养期	挺水

注：取样地点 Q1 为博白县博白镇陇头坡村，Q2 为恭城县嘉会镇；样方面积为 100m²；取样时间 Q1 为 2005 年 10 月 30 日，Q2 为 2011 年 8 月 5 日

（四）光蓼-凤眼蓝群丛

该群丛挺水层高度 0.7～1.1m，盖度 50%～90%，通常仅由光蓼组成；漂浮层高度 0.15～0.40m，盖度 60%～90%，组成种类以凤眼蓝为主，其他种类有大薸、水龙等（表 4-319）。

表 4-319 光蓼-凤眼蓝群丛的数量特征

水深/m	层次结构	层高度/m	层盖度/%	种类	株高/m	多度等级	物候期	生长状态
0.2～0.5	挺水层	0.75	85	光蓼 Polygonum glabrum	0.75	Soc	花期	挺水
	漂浮层	0.20	60	凤眼蓝 Eichhornia crassipes	0.20	Cop³	花期	漂浮
				大薸 Pistia stratiotes	0.10	Sol	营养期	漂浮
				水龙 Ludwigia adscendens	0.35	Sol	花期	漂浮

注：取样地点为钟山县燕塘镇明家村；样方面积为 100m²；取样时间为 2015 年 8 月 25 日

八、水蓼群系

水蓼为蓼科蓼属多年生水湿生草本植物。广西的水蓼群系分布普遍，见于河流、湖泊、沼泽及沼泽化湿地、水库、池塘、沟渠、水田、田间、沟谷等，主要类型有水蓼群丛、水蓼-双穗雀稗群丛、水蓼-李氏禾群丛等。

（一）水蓼群丛

该群丛挺水层高度 0.3～0.9m，盖度 50%～95%，仅由水蓼组成或以水蓼为主，其他种类有喜旱莲子草、扯根菜、假柳叶菜、三棱水葱等。此外，还有漂浮生长的双穗雀稗、水龙、凤眼蓝、大薸等（表 4-320）。

表 4-320　水蓼群丛的数量特征

样地编号	水深/m	群落高度/m	群落盖度/%	种类	株高/m	多度等级	物候期	生长状态
Q1	0.1~0.2	0.68	90	水蓼 Polygonum hydropiper	0.68	Soc	营养期	挺水
				喜旱莲子草 Alternanthera philoxeroides	0.32	Sp	营养期	挺水
				双穗雀稗 Paspalum distichum	0.20	Sp	营养期	漂浮
				凤眼蓝 Eichhornia crassipes	0.23	Sol	营养期	漂浮
Q2	0.1~0.2	0.75	95	水蓼 Polygonum hydropiper	0.75	Soc	花期	挺水
Q3	0.1~0.4	0.63	95	水蓼 Polygonum hydropiper	0.63	Soc	花期	挺水

注：取样地点 Q1 为平果市榜圩镇坡曹村，Q2 为灵川县大圩镇南积村，Q3 为桂林市漓江虞山桥河段；样方面积为 100m²；取样时间 Q1 为 2011 年 9 月 15 日，Q2 为 2011 年 9 月 27 日，Q3 为 2011 年 10 月 9 日

（二）水蓼-双穗雀稗群丛

该群丛上层高度 0.6~0.9m，盖度 50%~90%，通常仅由水蓼组成或以水蓼为主，其他种类有羊蹄、毛草龙、水莎草等；下层高度 0.2~0.4m，盖度 60%~90%，仅由双穗雀稗组成或以双穗雀稗为主，其他种类有喜旱莲子草、异型莎草、卵叶丁香蓼、长箭叶蓼、野芋等（表 4-321）。

表 4-321　水蓼-双穗雀稗群丛的数量特征

样地编号	水深/m	层次结构	层高度/m	层盖度/%	种类	株高/m	多度等级	物候期	生长状态
Q1	0.1~0.3	上层	0.70	85	水蓼 Polygonum hydropiper	0.70	Soc	花期	挺水
					羊蹄 Rumex japonicus	0.75	Sol	果期	挺水
		下层	0.32	80	双穗雀稗 Paspalum distichum	0.32	Soc	花期	挺水
					喜旱莲子草 Alternanthera philoxeroides	0.25	Sp	花期	挺水
					异型莎草 Cyperus difformis	0.28	Sol	花果期	挺水
					卵叶丁香蓼 Ludwigia ovalis	0.10	Sol	营养期	挺水
Q2	0.1~0.3	上层	0.85	90	水蓼 Polygonum hydropiper	0.85	Soc	花期	挺水
		下层	0.35	85	双穗雀稗 Paspalum distichum	0.35	Soc	果期	挺水
					喜旱莲子草 Alternanthera philoxeroides	0.30	Cop¹	营养期	挺水
					长箭叶蓼 Polygonum hastatosagittatum	0.43	Sp	花期	挺水
					野芋 Colocasia esculentum var. antiquorum	0.47	Un	营养期	挺水

注：取样地点 Q1 为桂林市漓江卫家渡河段，Q2 为阳朔县金宝乡金宝村；样方面积为 100m²；取样时间 Q1 为 2009 年 8 月 5 日，Q2 为 2011 年 9 月 7 日

（三）水蓼-李氏禾群丛

该群丛上层高度 0.6~0.9m，盖度 50%~90%，仅由水蓼组成或以水蓼为主，其他种类有水莎草、薄荷等；下层高度 0.2~0.4m，盖度 60%~90%，组成种类以李氏禾为主，其他种类有柳叶箬、喜旱莲子草、水香薷、球穗扁莎等（表 4-322）。

表 4-322 水蓼-李氏禾群丛的数量特征

水深/m	层次结构	层高度/m	层盖度/%	种类	株高/m	多度等级	物候期	生长状态
0.1~0.2	上层	0.75	70	水蓼 *Polygonum hydropiper*	0.75	Cop³	营养期	挺水
				水莎草 *Cyperus serotinus*	0.65	Un	花果期	挺水
	下层	0.38	85	李氏禾 *Leersia hexandra*	0.38	Soc	营养期	挺水
				柳叶箬 *Isachne globose*	0.40	Cop¹	营养期	挺水
				水香薷 *Elsholtzia kachinensis*	0.32	Sol	营养期	挺水
				喜旱莲子草 *Alternanthera philoxeroides*	0.28	Sp	营养期	挺水
				球穗扁莎 *Pycreus flavidus*	0.43	Sol	营养期	挺水

注：取样地点为桂林市漓江虞山桥河段；样方面积为 40m²；取样时间为 2013 年 4 月 10 日

九、圆基长鬃蓼群系

圆基长鬃蓼为蓼科蓼属一年生水湿生草本植物。广西的圆基长鬃蓼群系分布普遍，见于河流、沼泽及沼泽化湿地、池塘、沟渠等，主要类型为圆基长鬃蓼群丛。该群丛高度 0.4~0.8m，盖度 50%~95%，仅由圆基长鬃蓼组成或以圆基长鬃蓼为主，其他种类有水莎草、喜旱莲子草、双穗雀稗、水蓑衣、茴茴蒜（*Ranunculus chinensis*）、芙兰草（*Fuirena umbellata*）、铺地黍、柳叶箬、光蓼、李氏禾等（表 4-323）。

表 4-323 圆基长鬃蓼群丛的数量特征

样地编号	水深/m	群落高度/m	群落盖度/%	种类	株高/m	多度等级	物候期	生长状态
Q1	0.10~0.20	0.45	85	圆基长鬃蓼 *Polygonum longisetum* var. *rotundatum*	0.45	Cop³	花期	挺水
				水莎草 *Juncellus serotinus*	0.73	Un	果期	挺水
				喜旱莲子草 *Alternanthera philoxeroides*	0.35	Sp	果期	挺水
				双穗雀稗 *Paspalum distichum*	0.40	Cop¹	果期	挺水
				白花毛轴莎草 *Cyperus pilosus* var. *obliquus*	0.80	Un	果期	挺水
				水蓑衣 *Hygrophila ringens*	0.53	Sol	营养期	挺水
				茴茴蒜 *Ranunculus chinensis*	0.48	Un	营养期	挺水
Q2	0.10~0.20	0.56	95	圆基长鬃蓼 *Polygonum longisetum* var. *rotundatum*	0.56	Soc	花期	挺水
Q3	0.10~0.30	0.50	95	圆基长鬃蓼 *Polygonum longisetum* var. *rotundatum*	0.50	Soc	营养期	挺水
Q4	0.10~0.15	0.46	80	圆基长鬃蓼 *Polygonum longisetum* var. *rotundatum*	0.46	Soc	营养期	挺水
				芙兰草 *Fuirena umbellata*	0.32	Un	营养期	挺水
				铺地黍 *Panicum repens*	0.40	Sp	营养期	挺水
				两歧飘拂草 *Fimbristylis dichotoma*	0.47	Sp	果期	挺水
				扁鞘飘拂草 *Fimbristylis complanata*	0.55	Sol	果期	挺水
				柳叶箬 *Isachne globose*	0.35	Cop¹	营养期	挺水
Q5	0.1~0.2	0.50	90	圆基长鬃蓼 *Polygonum longisetum* var. *rotundatum*	0.50	Soc	花期	挺水
				光蓼 *Polygonum glabrum*	0.72	Un	营养期	挺水
				李氏禾 *Leersia hexandra*	0.36	Cop¹	营养期	挺水
				喜旱莲子草 *Alternanthera philoxeroides*	0.32	Sp	营养期	挺水
				水莎草 *Juncellus serotinus*	0.68	Un	果期	挺水

注：取样地点 Q1 为平南县大新镇旺茅村，Q2 为河池市六圩镇岜烈村，Q3 为融安县泗顶镇马塘坳，Q4 为武宣县武宣镇利村，Q5 为龙州县龙州大桥河段；样方面积为 100m²；取样时间 Q1 为 2005 年 10 月 3 日，Q2 为 2009 年 7 月 2 日，Q3 为 2011 年 10 月 9 日，Q4 为 2013 年 10 月 6 日，Q5 为 2011 年 9 月 3 日

十、喜旱莲子草群系

喜旱莲子草为苋科莲子草属多年生水陆生草本植物，原产南美洲，20 世纪 30 年代引入我国华东地区，目前全国各地普遍分布（王育鹏等，2009；方龙香等，2017）。根据生境的水分状况，喜旱莲子草可划分为漂浮型、扎根挺水型和陆生型 3 类（Kay & Haller，1982）。广西的喜旱莲子草群系分布普遍，见于河流、湖泊、沼泽及沼泽化湿地、水库、池塘、沟渠、田间、沟谷等，主要类型为喜旱莲子草群丛。该群丛高度 0.1～0.5m，盖度 80%～100%，仅由喜旱莲子草组成或以喜旱莲子草为主，其他种类有酸模叶蓼、碎米莎草、香附子、李氏禾、水莎草、双穗雀稗、水龙、光蓼等（表 4-324）。

表 4-324　喜旱莲子草群丛的数量特征

样地编号	水深/m	群落高度/m	群落盖度/%	组成种类	株高/m	多度等级	物候期	生长状态
Q1	0～0.3	0.25	90	喜旱莲子草 Alternanthera philoxeroides	0.25	Soc	营养期	挺水
Q2	0.1～0.2	0.42	100	喜旱莲子草 Alternanthera philoxeroides	0.42	Soc	花期	挺水
				水蓼 Polygonum hydropiper	0.75	Un	花期	挺水
				垂穗莎草 Cyperus nutans	0.53	Un	花果期	挺水
				水香薷 Elsholtzia kachinensis	0.38	Sp	花果期	挺水
Q3	0.1～0.2	0.36	100	喜旱莲子草 Alternanthera philoxeroides	0.36	Soc	营养期	挺水
				李氏禾 Leersia hexandra	0.30	Sp	营养期	挺水
				水莎草 Cyperus serotinus	0.53	Un	花期	挺水
Q4	0～0.3	0.35	95	喜旱莲子草 Alternanthera philoxeroides	0.35	Soc	花期	挺水
				双穗雀稗 Paspalum distichum	0.40	Sp	花果期	挺水
				水龙 Ludwigia adscendens	0.28	Sp	营养期	挺水
Q5	0.1～0.3	0.25	90	喜旱莲子草 Alternanthera philoxeroides	0.25	Soc	营养期	挺水
				光蓼 Polygonum glabrum	0.70	Un	花期	挺水
Q6	0～0.3	0.20	100	喜旱莲子草 Alternanthera philoxeroides	0.20	Soc	花期	挺水

注：取样地点 Q1 为融水县老子山，Q2 为恭城县观音乡洋石村，Q3 为富川县富阳镇新坝村，Q4 为灌阳石塘镇朝阳村，Q5 为宾阳县苏关塘，Q6 为桂林市六塘镇；样方面积为 100m²；取样时间 Q1 为 2006 年 10 月 12 日，Q2 为 2009 年 8 月 12 日，Q3 为 2010 年 5 月 3 日，Q4 为 2010 年 8 月 25 日，Q5 为 2010 年 9 月 6 日，Q6 为 2011 年 6 月 5 日

十一、喜旱莲子草+水芹群系

广西的喜旱莲子草+水芹群系分布普遍，见于沼泽及沼泽化湿地等，主要类型为喜旱莲子草+水芹群丛。该群丛高度 0.3～0.6m，盖度 80%～95%，组成种类以喜旱莲子草和水芹为主，其他种类有长芒棒头草、毛草龙、柳叶箬、狼杷草、柳叶菜等（表 4-325）。

表 4-325　喜旱莲子草+水芹群丛的数量特征

水深/m	群落高度/m	群落盖度/%	种类	株高/m	多度等级	物候期	生长状态
0~0.2	0.42	90	喜旱莲子草 *Alternanthera philoxeroides*	0.42	Cop³	花期	挺水
			水芹 *Oenanthe javanica*	0.53	Cop²	花期	挺水
			长芒棒头草 *Polypogon monspeliensis*	0.36	Sp	果期	挺水
			毛草龙 *Ludwigia octovalvis*	0.87	Un	果期	挺水
			柳叶箬 *Isachne globose*	0.32	Cop¹	营养期	挺水
			狼杷草 *Bidens tripartita*	0.76	Un	花期	挺水
			柳叶菜 *Epilobium hirsutum*	0.83	Un	花期	挺水

注：取样地点为灌阳县新圩镇长冲塘；样方面积为 25m²；取样时间为 2007 年 9 月 18 日

十二、喜旱莲子草+凤眼蓝群系

广西的喜旱莲子草+凤眼蓝群系在桂北、桂西等地区有分布，见于河流、池塘等，主要类型为喜旱莲子草+凤眼蓝群丛。该群丛高度 0.2~0.4m，盖度 80%~95%，组成种类以喜旱莲子草和凤眼蓝为主，其他种类有水蓼、圆基长鬃蓼、三棱水葱等（表 4-326）。

表 4-326　喜旱莲子草+凤眼蓝群丛的数量特征

水深/m	群落高度/m	群落盖度/%	种类	株高/m	多度等级	物候期	生长状态
0~0.4	0.43	95	喜旱莲子草 *Alternanthera philoxeroides*	0.43	Cop³	花期	挺水
			凤眼蓝 *Eichhornia crassipes*	0.28	Cop³	花期	挺水
			水蓼 *Polygonum hydropiper*	0.72	Sol	营养期	挺水
			圆基长鬃蓼 *Polygonum longisetum* var. *rotundatum*	0.45	Sol	营养期	挺水
			三棱水葱 *Schoenoplectus triqueter*	0.92	Un	花期	挺水

注：取样地点为全州县两河镇鲁水村；样方面积为 100m²；取样时间为 2009 年 8 月 16 日

十三、喜旱莲子草+双穗雀稗群系

广西的喜旱莲子草+双穗雀稗群系在桂北、桂西等地区有分布，见于河流、沼泽及沼泽化湿地、池塘、沟渠等，主要类型为喜旱莲子草+双穗雀稗群丛。该群丛高度 0.3~0.6m，盖度 80%~100%，组成种类以喜旱莲子草和双穗雀稗为主，其他种类有水蓼、水莎草、水芹、水香薷、李氏禾、柳叶箬等（表 4-327）。

十四、圆叶节节菜群系

圆叶节节菜为千屈菜科节节菜属一年生水湿生草本植物，也能湿生或沉水生长。广西的圆叶节节菜群系分布普遍，见于沼泽及沼泽化湿地、水库、水田等，主要类型为圆叶节节菜群丛。该群丛高度 0.15~0.40m，盖度 40%~95%，仅由圆叶节节菜组成或以圆叶节节菜为主，其他种类有笄石菖、野慈姑、双穗雀稗、野芋、鸭跖草、扬子毛茛、红鳞扁莎（*Pycreus sanguinolentus*）、扁鞘飘拂草、水香薷等（表 4-328）。

表 4-327 喜旱莲子草+双穗雀稗群丛的数量特征

水深/m	群落高度/m	群落盖度/%	种类	株高/m	多度等级	物候期	生长状态
0~0.2	0.43	90	喜旱莲子草 Alternanthera philoxeroides	0.43	Cop³	花期	挺水
			双穗雀稗 Paspalum distichum	0.38	Cop³	花期	挺水
			水蓼 Polygonum hydropiper	0.63	Sp	营养期	挺水
			圆基长鬃蓼 Polygonum longisetum var. rotundatum	0.40	Sol	营养期	挺水
			水莎草 Juncellus serotinus	0.70	Sol	花期	挺水
			水芹 Oenanthe javanica	0.56	Un	花期	挺水
			水香薷 Elsholtzia kachinensis	0.36	Sp	营养期	挺水
			李氏禾 Leersia hexandra	0.43	Sp	花期	挺水
			柳叶箬 Isachne globose	0.32	Cop¹	营养期	挺水

注：取样地点为全州县两河镇鲁水村；样方面积为 100m²；取样时间为 2019 年 7 月 1 日

表 4-328 圆叶节节菜群丛的数量特征

样地编号	水深/m	群落高度/m	群落盖度/%	种类	株高/m	多度等级	物候期	生长状态
Q1	0.03~0.10	0.23	45	圆叶节节菜 Rotala rotundifolia	0.23	cop²	花期	挺水
				扬子毛茛 Ranunculus sieboldii	0.40	Sol	花期	挺水
				红鳞扁莎 Pycreus sanguinolentus	0.28	Sol	营养期	挺水
				扁鞘飘拂草 Fimbristylis complanata	0.35	Sp	营养期	挺水
				水香薷 Elsholtzia kachinensis	0.26	Cop¹	营养期	挺水
Q2	0.05~0.15	0.32	90	圆叶节节菜 Rotala rotundifolia	0.32	Soc	营养期	挺水
Q3	0.05~0.13	0.27	80	圆叶节节菜 Rotala rotundifolia	0.27	Soc	营养期	挺水
				笄石菖 Juncus prismatocarpus	0.34	Sp	营养期	挺水
				野慈姑 Sagittaria trifolia	0.45	Un	花期	挺水
				双穗雀稗 Paspalum distichum	0.28	Cop¹	营养期	挺水
				野芋 Colocasia esculentum var. antiquorum	0.47	Un	营养期	挺水
Q4	0.03~0.10	0.25	90	圆叶节节菜 Rotala rotundifolia	0.25	Soc	花期	挺水
				双穗雀稗 Paspalum distichum	0.43	Cop¹		挺水
				鸭跖草 Commelina communis	0.15	Sp	营养期	挺水

注：取样地点 Q1 为灵川县灵田镇力水村，Q2 为灵川县大圩镇涧沙村，Q3 和 Q4 为百色市永乐镇南乐村；样方面积为 100m²；取样时间 Q1 为 2007 年 4 月 29 日，Q2 为 2008 年 5 月 2 日，Q3 和 Q4 为 2019 年 5 月 3 日

十五、圆叶节节菜+双穗雀稗群系

广西的圆叶节节菜+双穗雀稗群系在桂北等地区有分布，见于沼泽及沼泽化湿地等，主要类型为圆叶节节菜+双穗雀稗群丛。该群丛高度 0.2~0.4m，盖度 80%~95%，组成种类以圆叶节节菜和双穗雀稗为主，其他种类有柳叶箬、萤蔺、异型莎草、野慈姑、齿叶水蜡烛等（表 4-329）。

表 4-329 圆叶节节菜+双穗雀稗群丛的数量特征

水深/m	群落高度/m	群落盖度/%	种类	株高/m	多度等级	物候期	生长状态
0.03~0.15	0.30	90	圆叶节节菜 *Rotala rotundifolia*	0.30	Cop³	花期	挺水
			双穗雀稗 *Paspalum distichum*	0.32	Cop²	营养期	挺水
			柳叶箬 *Isachne globose*	0.26	Sp	营养期	挺水
			萤蔺 *Scirpus juncoides*	0.38	Sol	花期	挺水
			异型莎草 *Cyperus difformis*	0.35	Sol	花期	挺水
			野慈姑 *Sagittaria trifolia*	046	Un	营养期	挺水
			齿叶水蜡烛 *Dysophylla sampsonii*	0.42	Sol	营养期	挺水

注：取样地点为恭城县嘉会镇九板村；样方面积为 100m²；取样时间为 2012 年 6 月 5 日

十六、粉绿狐尾藻群系

粉绿狐尾藻为小二仙草科狐尾藻属多年生挺水草本植物，枯水时可湿生生长。广西的粉绿狐尾藻群系在桂北等地区有分布，见于池塘等，主要类型为粉绿狐尾藻群丛。该群丛盖度 80%～100%，仅由粉绿狐尾藻组成或以粉绿狐尾藻为主，其他种类有喜旱莲子草、双穗雀稗等（表 4-330）。

表 4-330 粉绿狐尾藻群丛的数量特征

样地编号	水深/m	群落盖度/%	种类	多度等级	物候期	生长状态
Q1	0~0.5	100	粉绿狐尾藻 *Myriophyllum aquaticum*	Soc	花期	挺水
Q2	0~0.3	100	粉绿狐尾藻 *Myriophyllum aquaticum*	Soc	花期	挺水
			双穗雀稗 *Paspalum distichum*	Sol	营养期	挺水
			喜旱莲子草 *Alternanthera philoxeroides*	Sol	营养期	挺水

注：取样地点 Q1 为永福县百寿镇乌石村，Q2 为桂林市会仙镇睦洞村；样方面积为 16m²；取样时间 Q1 为 2012 年 7 月 28 日，Q2 为 2018 年 4 月 18 日

十七、水芹群系

水芹为伞形科水芹属多年生水湿生草本植物。广西的水芹群系分布普遍，见于河流、湖泊、沼泽及沼泽化湿地、水库、池塘、沟渠等，主要类型有水芹群丛、水芹-李氏禾群丛等。

（一）水芹群丛

该群丛高度 0.4～0.8m，盖度 60%～100%，仅由水芹组成或以水芹为主，其他种类有喜旱莲子草、野芋、柳叶箬、李氏禾、双穗雀稗、狼杷草、水蓼、水香薷等（表 4-331）。

（二）水芹-李氏禾群丛

该群丛上层高度 0.5～0.8m，盖度 50%～80%，组成种类以水芹为主，其他种类有三棱水葱、水蓼、毛轴莎草等；下层高度 0.2～0.4m，盖度 40%～90%，组成种类以李氏禾为主，其他种类有水龙等（表 4-332）。

表 4-331　水芹群丛的数量特征

样地编号	水深/m	群落高度/m	群落盖度/%	种类	株高/m	多度等级	物候期	生长状态
Q1	0.1～0.3	0.65	85	水芹 *Oenanthe javanica*	0.65	Soc	花期	挺水
				喜旱莲子草 *Alternanthera philoxeroides*	0.36	Sp	花期	挺水
Q2	0.1～0.2	0.70	100	水芹 *Oenanthe javanica*	0.70	Cop³	花期	挺水
				野芋 *Colocasia esculentum* var. *antiquorum*	0.75	Sol	营养期	挺水
				柳叶箬 *Isachne globose*	0.30	Sp	花期	挺水
				喜旱莲子草 *Alternanthera philoxeroides*	0.27	Sp	营养期	挺水
Q3	0.2～0.4	0.68	70	水芹 *Oenanthe javanica*	0.68	Soc	营养期	挺水
				喜旱莲子草 *Alternanthera philoxeroides*	0.32	Sp	花期	挺水
				李氏禾 *Leersia hexandra*	0.35	Sol	花期	挺水
Q4	0.2～0.4	0.57	95	水芹 *Oenanthe javanica*	0.57	Soc	花期	挺水
				双穗雀稗 *Paspalum distichum*	0.32	Cop¹	花期	挺水
				喜旱莲子草 *Alternanthera philoxeroides*	0.32	Cop¹	花期	挺水
				狼杷草 *Bidens tripartita*	0.73	Un	花期	挺水
				水蓼 *Polygonum hydropiper*	0.65	Sol	营养期	挺水
				水香薷 *Elsholtzia kachinensis*	0.26	Cop¹	营养期	挺水
Q5	0.1～0.2	0.65	100	水芹 *Oenanthe javanica*	0.65	Soc	花期	挺水
Q6	0.2～0.4	0.45	100	水芹 *Oenanthe javanica*	0.45	Soc	花期	湿生
				李氏禾 *Leersia hexandra*	0.53	Cop¹	营养期	湿生

注：取样地点 Q1 为灌阳县灌阳镇苏东村，Q2 为阳朔县高田镇月亮山，Q3 为恭城县嘉会镇苏陂村，Q4 为灵川县九屋镇石洞村，Q5 为钟山县公安镇牛庙村，Q6 为灌阳县新圩镇镇长冲塘；样方面积为 100m²；取样时间 Q1 为 2011 年 8 月 6 日，Q2 为 2012 年 5 月 5 日，Q3 为 2013 年 8 月 13 日，Q4 为 2014 年 5 月 7 日，Q5 为 2018 年 6 月 24 日，Q6 为 2019 年 7 月 2 日

表 4-332　水芹-李氏禾群丛的数量特征

水深/m	层次结构	层高度/m	层盖度/%	种类	株高/m	多度等级	物候期	生长状态
0.1～0.3	上层	0.65	60	水芹 *Oenanthe javanica*	0.65	Cop³	花期	挺水
				三棱水葱 *Schoenoplectus triqueter*	0.87	Sol	营养期	挺水
				毛轴莎草 *Cyperus pilosus*	0.73	Un	花果期	挺水
				水蓼 *Polygonum hydropiper*	0.60	Sol	花期	挺水
	下层	0.30	85	李氏禾 *Leersia hexandra*	0.32	Soc	花期	挺水
				水龙 *Ludwigia adscendens*	0.20	Sp	营养期	挺水

注：取样地点为全州县石塘镇白露村；样方面积为 100m²；取样时间为 2010 年 6 月 18 日

十八、蕹菜群系

蕹菜为旋花科番薯属一年生水湿生草本植物。广西的蕹菜群系分布普遍，多数为人工种植，少数为野生，见于旱地、水田、池塘、河流、沟渠等。蕹菜生长在水田中通常呈挺水状态，在池塘和河流中则多呈漂浮状态，主要类型有蕹菜群丛、蕹菜-浮萍群丛、蕹菜-紫萍群丛、蕹菜-无根萍群丛等。

（一）蕹菜群丛

该群丛高度 0.2～0.5m，盖度 80%～100%，仅由蕹菜组成或以蕹菜为主，其他种类有凤眼蓝、双穗雀稗等（表 4-333）。

表 4-333　蕹菜群丛的数量特征

样地编号	水深/m	群落高度/m	群落盖度/%	种类	株高/m	多度等级	物候期	生长状态
Q1	0.1～0.2	0.32	100	蕹菜 *Ipomoea aquatica*	0.32	Soc	花期	挺水
Q2	0.0～0.3	0.35	90	蕹菜 *Ipomoea aquatica*	0.35	Soc	营养期	挺水
				凤眼蓝 *Eichhornia crassipes*	0.30	Sol	营养期	挺水
Q3	0.1～0.2	0.42	100	蕹菜 *Ipomoea aquatica*	0.42	Soc	营养期	挺水
				双穗雀稗 *Paspalum distichum*	0.36	Sol	营养期	挺水
Q4	0.1～0.2	0.25	100	蕹菜 *Ipomoea aquatica*	0.25	Soc	营养期	挺水

注：取样地点 Q1 为陆川县大桥镇独山村，Q2 为梧州市石塘洲，Q3 为合浦县党江镇独屋坪，Q4 为合浦县沙田镇山头村；样方面积为 100m²；取样时间 Q1 为 2005 年 10 月 30 日，Q2 为 2006 年 11 月 8 日，Q3 为 2016 年 10 月 21 日，Q4 为 2016 年 10 月 26 日

（二）蕹菜-浮萍群丛

该群丛挺水层高度 0.3～0.5m，盖度 70%～95%，仅由蕹菜组成或以蕹菜为主，其他种类有丁香蓼、水虱草等；漂浮层盖度 80%～100%，仅由浮萍组成或以浮萍为主，其他种类有紫萍、无根萍等（表 4-334）。

表 4-334　蕹菜-浮萍群丛的数量特征

样地编号	水深/m	层次结构	层高度/m	层盖度/%	种类	株高/m	多度等级	物候期	生长状态
Q1	0.1～0.2	挺水层	0.35	85	蕹菜 *Ipomoea aquatica*	0.35	Soc	花期	挺水
					水虱草 *Fimbristylis littoralis*	0.40	Sol	营养期	挺水
					丁香蓼 *Ludwigia prostrata*	0.65	Sol	营养期	挺水
		漂浮层	—	90	浮萍 *Lemna minor*	—	Soc	营养期	漂浮
					紫萍 *Spirodela polyrhiza*	—	Sp	营养期	漂浮
Q2	0.1～0.2	挺水层	0.42	95	蕹菜 *Ipomoea aquatica*	0.42	Soc	营养期	挺水
		漂浮层	—	100	浮萍 *Lemna minor*	—	Soc	营养期	漂浮
					无根萍 *Wolffia globosa*	—	Cop1	营养期	漂浮

注：取样地点 Q1 为桂平市金田镇新圩村，Q2 为象州县石龙镇中塘村；样方面积为 100m²；取样时间 Q1 为 2005 年 11 月 4 日，Q2 为 2006 年 9 月 22 日

（三）蕹菜-紫萍群丛

该群丛挺水层高度 0.2～0.5m，盖度 70%～95%，仅由蕹菜组成或以蕹菜为主，其他种类有稗、假柳叶菜、异型莎草等；漂浮层盖度 80%～100%，仅由紫萍组成或以紫萍为主，其他种类有浮萍、无根萍等（表 4-335）。

表 4-335　蕹菜-紫萍群丛的数量特征

样地编号	水深/m	层次结构	层高度/m	层盖度/%	种类	株高/m	多度等级	物候期	生长状态
Q1	0.1~0.2	挺水层	0.20	80	蕹菜 *Ipomoea aquatica*	0.20	Soc	营养期	挺水
		漂浮层	—	70	紫萍 *Spirodela polyrhiza*	—	Soc	营养期	漂浮
					浮萍 *Lemna minor*	—	Sol	营养期	漂浮
Q2	0.1~0.2	挺水层	0.45	90	蕹菜 *Ipomoea aquatica*	0.20	Soc	花期	挺水
					稗 *Echinochloa crusgalli*	0.55	Sol	花果期	挺水
					假柳叶菜 *Ludwigia epilobioides*	0.46	Sol	营养期	挺水
					异型莎草 *Cyperus difformis*	0.38	Sol	营养期	挺水
		漂浮层	—	90	紫萍 *Spirodela polyrhiza*	—	Soc	营养期	漂浮

注：取样地点 Q1 为陆川县大桥镇大桥村，Q2 为荔浦市马岭镇新村；样方面积为 100m²；取样时间 Q1 为 2005 年 10 月 30 日，Q2 为 2012 年 9 月 7 日

（四）蕹菜-无根萍群丛

该群丛挺水层高度 0.3~0.5m，盖度 60%~90%，仅由蕹菜组成或以蕹菜为主，其他种类有凤眼蓝、喜旱莲子草等；漂浮层盖度 90%~100%，仅由无根萍组成或以无根萍为主，其他种类有浮萍、紫萍、大藻等（表 4-336）。

表 4-336　蕹菜-无根萍群丛的数量特征

样地编号	水深/m	层次结构	层高度/m	层盖度/%	种类	株高/m	多度等级	物候期	生长状态
Q1	0.1~0.3	挺水层	0.25	90	蕹菜 *Ipomoea aquatica*	0.25	Soc	营养期	挺水
		漂浮层	—	100	无根萍 *Wolffia globosa*	—	Soc	营养期	漂浮
Q2	0.1~0.3	挺水层	0.28	85	蕹菜 *Ipomoea aquatica*	0.28	Soc	营养期	挺水
					凤眼蓝 *Eichhornia crassipes*	0.38	Un	营养期	挺水
					喜旱莲子草 *Alternanthera philoxeroides*	0.25	Sol	营养期	挺水
		漂浮层	—	95	无根萍 *Wolffia globosa*	—	Soc	营养期	漂浮
					浮萍 *Lemna minor*	—	Sol	营养期	漂浮
					紫萍 *Spirodela polyrhiza*	—	Sol	营养期	漂浮
					大藻 *Pistia stratiotes*	0.06	Un	营养期	漂浮

注：取样地点 Q1 为博白县博白镇陂头坡村，Q2 为博白县博白镇南门塘；样方面积为 100m²；取样时间为 2005 年 10 月 30 日，

十九、大花水蓑衣群系

大花水蓑衣（*Hygrophila megalantha*）为爵床科水蓑衣属多年生水湿生草本植物。广西的大花水蓑衣群系在合浦县等地区有分布，见于入海河流的感潮河段、沟渠、堤内沼泽等，主要类型为大花水蓑衣群丛。该群丛高度 0.3~0.7m，盖度 60%~95%，仅由大花水蓑衣组成或以大花水蓑衣为主，其他种类有铺地黍、阔苞菊、短叶茳芏等（表 4-337）。

表 4-337　大花水蓑衣群丛的数量特征

样地编号	群落高度/m	群落盖度/%	种类	株高/m	多度等级	物候期	生长状态
Q1	0.66	90	大花水蓑衣 *Hygrophila megalantha*	0.66	Soc	花期	挺水
Q2	0.62	90	大花水蓑衣 *Hygrophila megalantha*	0.62	Soc	孢子期	干淹交替
			铺地黍 *Panicum repens*	0.37	Sp	营养期	干淹交替
			阔苞菊 *Pluchea indica*	0.75	Sol	花期	干淹交替
			短叶茫芏 *Cyperus malaccensis* subsp. *monophyllus*	0.65	Sp	营养期	干淹交替
Q3	0.53	95	大花水蓑衣 *Hygrophila megalantha*	0.53	Soc	花期	干淹交替

注：取样地点 Q1 和 Q2 为合浦县沙岗镇北城村，Q3 为合浦县党江镇黎头冲村；样方面积为 40m²；取样时间为 2016 年 10 月 27 日

二十、水蓑衣群系

水蓑衣为爵床科水蓑衣属多年生水湿生草本植物，能湿生或沉水生长。广西的水蓑衣群系分布普遍，见于河流、湖泊、沼泽及沼泽化湿地、水库、沟渠等，主要类型有水蓑衣群丛、水蓑衣-水竹叶群丛、水蓑衣-水香薷群丛等。

（一）水蓑衣群丛

该群丛高度 0.3～0.7m，盖度 60%～90%，仅由水蓑衣组成或以水蓑衣为主，其他种类有李氏禾、鸭跖草、三棱水葱等（表 4-338）。

表 4-338　水蓑衣群丛的数量特征

样地编号	水深/m	群落高度/m	群落盖度/%	种类	株高/m	多度等级	物候期	生长状态
Q1	0.0～0.2	0.45	90	水蓑衣 *Hygrophila ringens*	0.45	Soc	营养期	挺水
Q2	0.1～0.3	0.56	90	水蓑衣 *Hygrophila ringens*	0.56	Soc	花期	挺水
				李氏禾 *Leersia hexandra*	0.32	Sp	花果期	挺水
				鸭跖草 *Commelina communis*	0.25	Sp	营养期	挺水
				三棱水葱 *Schoenoplectus triqueter*	0.75	Un	营养期	挺水

注：取样地点 Q1 为桂林市会仙湿地，Q2 为桂林市会仙镇陂头村；样方面积为 100m²；取样时间 Q1 为 2007 年 10 月 16 日，Q2 为 2013 年 7 月 19 日

（二）水蓑衣-水竹叶群丛

该群丛上层高度 0.4～0.7m，盖度 40%～80%，通常仅由水蓑衣组成；下层高度 0.1～0.2m，盖度 60%～100%，组成种类以水竹叶为主，其他种类有双穗雀稗、蘋、鸭舌草、野慈姑等（表 4-339）。

（三）水蓑衣-水香薷群丛

该群丛上层高度 0.4～0.7m，盖度 40%～70%，组成种类以为水蓑衣主，其他种类有野芋、水蓼、水莎草等；下层高度 0.2～0.4m，盖度 60%～95%，组成种类以水香薷为主，其他种类有鸭跖草、双穗雀稗等（表 4-340）。

表 4-339　水蓑衣-水竹叶群丛的数量特征

水深/m	层次结构	层高度/m	层盖度/%	种类	株高/m	多度等级	物候期	生长状态
0.1～0.2	上层	0.65	70	水蓑衣 Hygrophila ringens	0.65	Cop³	花期	挺水
	下层	0.12	90	水竹叶 Murdannia triquetra	0.12	Soc	营养期	挺水
				双穗雀稗 Paspalum distichum	34	Sol	营养期	挺水
				蘋 Marsilea quadrifolia	0.12	Sp	营养期	挺水
				鸭舌草 Monochoria vaginalis	0.21	Sol	营养期	挺水
				野慈姑 Sagittaria trifolia	0.37	Un	花果期	挺水

注：取样地点为陆川县沙湖镇；样方面积为 40m²；取样时间为 2010 年 9 月 30 日

表 4-340　水蓑衣-水香薷群丛的数量特征

水深/m	层次结构	层高度/m	层盖度/%	种类	株高/m	多度等级	物候期	生长状态
0.1～0.3	上层	0.67	50	水蓑衣 Hygrophila ringens	0.67	Cop²	花果期	挺水
				野芋 Colocasia esculentum var. antiquorum	0.58	Un	营养期	挺水
				水蓼 Polygonum hydropiper	0.75	Sp	花期	挺水
				水莎草 Cyperus serotinus	0.70	Sol	花果期	挺水
	下层	0.28	85	水香薷 Elsholtzia kachinensis	0.28	Soc	花期	挺水
				鸭跖草 Commelina communis	0.20	Sol	营养期	挺水
				双穗雀稗 Paspalum distichum	0.35	Sp	果期	挺水

注：取样地点为灵川县大圩镇涧沙村；样方面积为 40m²；取样时间为 2011 年 9 月 10 日

二十一、水香薷群系

水香薷为唇形科香薷属一年生水湿生草本植物。广西的水香薷群系在桂北、桂东等地区有分布，见于河流、沼泽及沼泽化湿地、沟渠等，主要类型有水香薷群丛、水香薷-浮萍群丛等。

（一）水香薷群丛

该群丛高度 0.2～0.5m，盖度 80%～100%，仅由水香薷组成或以水香薷为主，其他种类有双穗雀稗、喜旱莲子草、水蓼、野芋、柳叶箬等（表 4-341）。

表 4-341　水香薷群丛的数量特征

样地编号	水深/m	群落高度/m	群落盖度/%	种类	株高/m	多度等级	物候期	生长状态
Q1	0.1～0.2	0.32	95	水香薷 Elsholtzia kachinensis	0.32	Soc	花期	挺水
				双穗雀稗 Paspalum distichum	0.30	Sp	营养期	挺水
				喜旱莲子草 Alternanthera philoxeroides	0.23	Sol	营养期	挺水
				野芋 Colocasia esculentum var. antiquorum	0.63	Un	营养期	挺水
				柳叶箬 Isachne globose	0.31	Sol	营养期	挺水
Q2	0.1～0.3	0.45	100	水香薷 Elsholtzia kachinensis	0.45	Soc	花期	挺水

注：取样地点 Q1 为钟山县羊头镇黄石村，Q2 为灵川县大圩镇涧沙村；样方面积为 100m²；取样时间 Q1 为 2006 年 12 月 2 日，Q2 为 2011 年 10 月 30 日

（二）水香薷-浮萍群丛

该群丛挺水层高度 0.2～0.4m，盖度 90%～100%，仅由水香薷组成或以水香薷为主，其他种类有李氏禾、水芹、水蓼、柳叶箬等；漂浮层盖度 60%～90%，组成种类以浮萍为主，其他种类有紫萍等（表 4-342）。

表 4-342　水香薷-浮萍群丛的数量特征

水深/m	层次结构	层高度/m	层盖度/%	种类	株高/m	多度等级	物候期	生长状态
0.1～0.3	挺水层	0.35	95	水香薷 *Elsholtzia kachinensis*	0.35	Soc	花期	挺水
				李氏禾 *Leersia hexandra*	0.33	Sp	花期	挺水
				水蓼 *Polygonum hydropiper*	0.75	Sol	果期	挺水
				柳叶箬 *Isachne globose*	0.28	Sol	果期	挺水
				水芹 *Oenanthe javanica*	0.45	Un	营养期	挺水
	漂浮层	—	90	浮萍 *Lemna minor*	—	Soc	营养期	漂浮
				紫萍 *Spirodela polyrhiza*	—	Sp	营养期	漂浮

注：取样地点为灵川县大圩镇涧沙村；样方面积为 100m²；取样时间为 2011 年 10 月 29 日

二十二、水香薷+双穗雀稗群系

广西的水香薷+双穗雀稗群系在桂北等地区有分布，见于河流、沼泽及沼泽化湿地、沟渠等，主要类型为水香薷+双穗雀稗群丛。该群丛高度 0.3～0.5m，盖度 80%～95%，组成种类以水香薷和双穗雀稗为主，其他种类有喜旱莲子草、鸭跖草、齿叶水蜡烛等（表 4-343）。

表 4-343　水香薷+双穗雀稗群丛的数量特征

水深/m	群落高度/m	群落盖度/%	种类	株高/m	多度等级	物候期	生长状态
0.1～0.3	0.40	90	水香薷 *Elsholtzia kachinensis*	0.40	Cop³	花期	挺水
			双穗雀稗 *Paspalum distichum*	0.36	Cop³	营养期	挺水
			喜旱莲子草 *Alternanthera philoxeroides*	0.25	Sp	营养期	挺水
			鸭跖草 *Commelina communis*	0.23	Sol	营养期	挺水
			齿叶水蜡烛 *Dysophylla sampsonii*	0.42	Sol	营养期	挺水

注：取样地点为灵川县大圩镇涧沙村；样方面积为 40m²；取样时间为 2008 年 6 月 15 日

二十三、东方泽泻群系

东方泽泻为泽泻科泽泻属（*Alisma*）多年生挺水草本植物。广西的东方泽泻群系为人工种植，见于贵港市、玉林市等地，主要类型有东方泽泻群丛、东方泽泻-紫萍群丛等。在种植后期，因水被排干而有利于看麦娘生长，一些东方泽泻种群密度较低的东方泽泻群系会发育成东方泽泻+看麦娘群系，呈湿生生长状态。

（一）东方泽泻群丛

该群丛高度 0.2～0.7m，盖度 80%～100%，通常仅由东方泽泻组成，有时在群落空窗有少量的紫萍、浮萍、圆叶节节菜、稗、假柳叶菜等混生（表 4-344）。

表 4-344　东方泽泻群丛的数量特征

水深/m	群落高度/m	群落盖度/%	种类	株高/m	多度等级	物候期	生长状态
0.05～0.25	0.35	100	东方泽泻 *Alisma orientale*	0.35	Soc	营养期	挺水

注：取样地点为贵港市桥圩镇兴华村；样方面积为 100m²；取样时间为 2013 年 12 月 20 日

（二）东方泽泻-紫萍群丛

该群丛挺水层高度 0.3～0.5m，盖度 80%～100%，通常仅由东方泽泻组成或以东方泽泻为主，其他种类有圆叶节节菜、异型莎草、石龙芮、看麦娘等；漂浮层盖度 60%～90%，组成种类以紫萍为主，其他种类有浮萍等（表 4-345）。

表 4-345　东方泽泻-紫萍群丛的数量特征

水深/m	层次结构	层高度/m	层盖度/%	种类	株高/m	多度等级	物候期	生长状态
0.05～0.25	挺水层	0.37	95	东方泽泻 *Alisma orientale*	0.37	Soc	营养期	挺水
				圆叶节节菜 *Rotala rotundifolia*	0.12	Sol	营养期	挺水
	漂浮层	—	80	紫萍 *Spirodela polyrhiza*	—	Soc	营养期	漂浮
				浮萍 *Lemna minor*	—	Cop[1]	营养期	漂浮

注：取样地点为贵港市桥圩镇兴华村；样方面积为 100m²；取样时间为 2013 年 12 月 20 日

二十四、大叶皇冠草群系

大叶皇冠草为泽泻科肋果慈姑属（*Echinodorus*）多年生挺水草本植物，也能沉水生长。大叶皇冠草原产圭亚那、巴西西部至阿根廷，广西各地作为水景绿化植物都有种植，见于池塘等，群落高度通常在 0.7m 以下，多为单种群落，永福县百寿镇见有逸生野外。

二十五、野慈姑群系

野慈姑为泽泻科慈姑属多年生挺水草本植物。广西的野慈姑群系分布普遍，见于沼泽及沼泽化湿地、水田等，主要类型有野慈姑群丛、野慈姑-蘋群丛、野慈姑-圆叶节节菜群丛等。

（一）野慈姑群丛

该群丛高度 0.3～0.7m，盖度 50%～90%，组成种类以野慈姑为主，其他种类有假柳叶菜、陌上菜（*Lindernia procumbens*）、稗、水虱草、异型莎草、水竹叶、鸭舌草、槐叶蘋等（表 4-346）。

表 4-346　野慈姑群丛的数量特征

样地编号	水深/m	群落高度/m	群落盖度/%	种类	株高/m	多度等级	物候期	生长状态
Q1	0.05～0.30	0.68	90	野慈姑 *Sagittaria trifolia*	0.68	Soc	营养期	挺水
				假柳叶菜 *Ludwigia epilobioides*	0.73	Un	果期	挺水
				陌上菜 *Lindernia procumbens*	0.15	Sol	营养期	挺水
				稗 *Echinochloa crusgalli*	0.32	Un	营养期	挺水
				水虱草 *Fimbristylis littoralis*	0.28	Sp	营养期	挺水
				异型莎草 *Cyperus difformis*	0.23	Sol	营养期	挺水
Q2	0.05～0.20	0.43	50	野慈姑 *Sagittaria trifolia*	0.43	Cop^2	花期	挺水
				假柳叶菜 *Ludwigia epilobioides*	0.65	Un	果期	挺水
				水竹叶 *Murdannia triquetra*	0.10	Cop^1	营养期	挺水
				鸭舌草 *Monochoria vaginalis*	0.17	Sp	营养期	挺水
				槐叶蘋 *Salvinia natans*	—	Sol	营养期	漂浮

注：取样地点 Q1 为桂林市五通镇西山村，Q2 为桂林市宛田乡白石村；样方面积为 100m²；取样时间 Q1 为 2011 年 9 月 21 日，Q2 为 2013 年 10 月 6 日

（二）野慈姑-蘋群丛

该群丛挺水层高度 0.4～0.6m，盖度 50%～90%，组成种类以野慈姑为主，其他种类有细花丁香蓼（*Ludwigia perennis*）、稗、双穗雀稗、鸭舌草、有腺泽番椒、圆叶节节菜等；浮叶层盖度 60%～90%，通常仅由蘋组成（表 4-347）。

表 4-347　野慈姑-蘋群丛的数量特征

水深/m	层次结构	层高度/m	层盖度/%	种类	株高/m	多度等级	物候期	生长状态
0.05～0.15	挺水层	0.46	60	野慈姑 *Sagittaria trifolia*	0.46	Cop^2	果期	挺水
				细花丁香蓼 *Ludwigia perennis*	0.75	Un	花期	挺水
				稻 *Oryza sativa*	0.52	Sol	果期	挺水
				稗 *Echinochloa crusgalli*	0.63	Sol	果期	挺水
				双穗雀稗 *Paspalum distichum*	0.37	Sp	果期	挺水
				鸭舌草 *Monochoria vaginalis*	0.12	Un	营养期	挺水
				有腺泽番椒 *Deinostema adenocaula*	0.10	Sol	花期	挺水
				圆叶节节菜 *Rotala rotundifolia*	0.18	Sol	营养期	挺水
	浮叶层	—	80	蘋 *Marsilea quadrifolia*	—	Soc	营养期	浮叶

注：取样地点为凤山县凤城镇仁里村；样方面积为 100m²；取样时间为 2017 年 9 月 24 日

（三）野慈姑-圆叶节节菜群丛

该群丛上层高度 0.4～0.6m，盖度 60%～90%，组成种类以野慈姑为主，其他种类有假柳叶菜、水芹、茖茖蒜等；下层高度 0.15～0.30m，盖度 60%～90%，组成种类以圆叶节节菜为主，其他种类有泥花草、牛毛毡、鸭舌草、双穗雀稗等（表 4-348）。

表 4-348 野慈姑-圆叶节节菜群丛的数量特征

样地编号	水深/m	层次结构	层高度/m	层盖度/%	种类	株高/m	多度等级	物候期	生长状态
Q1	0.05~0.12	上层	0.55	85	野慈姑 Sagittaria trifolia	0.55	Soc	果期	挺水
					假柳叶菜 Ludwigia epilobioides	0.78	Un	果期	挺水
		下层	0.18	80	圆叶节节菜 Rotala rotundifolia	0.18	Soc	营养期	挺水
					泥花草 Lindernia antipoda	0.13	Sol	营养期	挺水
					牛毛毡 Eleocharis yokoscensis	0.07	Cop[1]	营养期	沉水
					鸭舌草 Monochoria vaginalis	0.15	Un	营养期	挺水
					双穗雀稗 Paspalum distichum	0.25	Sol	营养期	挺水
Q2	0.05~0.15	上层	0.48	85	野慈姑 Sagittaria trifolia	048	Soc	花期	挺水
					水芹 Oenanthe javanica	0.60	Sol	营养期	挺水
					茴茴蒜 Ranunculus chinensis	0.56	Un	营养期	挺水
					假柳叶菜 Ludwigia epilobioides	0.63	Un	果期	挺水
		下层	0.18	80	圆叶节节菜 Rotala rotundifolia	0.18	Soc	营养期	挺水
					泥花草 Lindernia antipoda	0.21	Sol	果期	挺水
					牛毛毡 Eleocharis yokoscensis	0.10	Cop[1]	营养期	挺水
					鸭舌草 Monochoria vaginalis	0.23	Sol	营养期	挺水
					双穗雀稗 Paspalum distichum	0.25	Sol	营养期	挺水

注：取样地点 Q1 为桂平市金田镇平山村，Q2 为兴安县华江乡同仁村；样方面积为 100m²；取样时间 Q1 为 2005 年 11 月 5 日，Q2 为 2013 年 9 月 7 日

二十六、野慈姑+水虱草群系

广西的野慈姑+水虱草群系在桂北等地区有分布，见于沼泽及沼泽化湿地、水田等，主要类型为野慈姑+水虱草群丛。该群丛高度 0.3~0.6m，盖度 80%~95%，组成种类以野慈姑和水虱草为主，其他种类有假柳叶菜、异型莎草、圆叶节节菜、鸭舌草、稻、泥花草等（表 4-349）。

表 4-349 野慈姑+水虱草群丛的数量特征

样地编号	水深/m	群落高度/m	群落盖度/%	种类	株高/m	多度等级	物候期	生长状态
Q1	0.05~0.13	0.45	90	野慈姑 Sagittaria trifolia	0.45	Cop[2]	花期	挺水
				水虱草 Fimbristylis littoralis	0.40	Cop[3]	花期	挺水
				假柳叶菜 Ludwigia epilobioides	0.25	Sol	果期	挺水
				异型莎草 Cyperus difformis	0.53	Sol	花期	挺水
Q2	0.05~0.15	0.38	95	野慈姑 Sagittaria trifolia	0.38	Cop[2]	花期	挺水
				水虱草 Fimbristylis littoralis	0.50	Cop[3]	花期	挺水
				假柳叶菜 Ludwigia epilobioides	0.76	Un	营养期	挺水
				异型莎草 Cyperus difformis	0.47	Sol	花期	挺水
				圆叶节节菜 Rotala rotundifolia	0.23	Sp	营养期	挺水
				鸭舌草 Monochoria vaginalis	0.20	Sol	花期	挺水
				稻 Oryza sativa	0.54	Sol	果期	挺水
				泥花草 Lindernia antipoda	0.17	Sol	花期	挺水

注：取样地点 Q1 为桂林市宛田乡宛田村，Q2 为灌阳县黄关镇白沙村；样方面积为 100m²；取样时间 Q1 为 2010 年 9 月 21 日，Q2 为 2015 年 9 月 12 日

二十七、野慈姑+李氏禾群系

广西的野慈姑+李氏禾群系在桂北等地区有分布，见于沼泽及沼泽化湿地等，主要类型为野慈姑+李氏禾群丛。该群丛高度 0.4～0.6m，盖度 80%～95%，组成种类以野慈姑和李氏禾为主，其他种类有水蓼、三白草、水莎草等（表 4-350）。

表 4-350　野慈姑+李氏禾群丛的数量特征

水深/m	群落高度/m	群落盖度/%	种类	株高/m	多度等级	物候期	生长状态
			野慈姑 Sagittaria trifolia	0.45	Cop³	营养期	挺水
			李氏禾 Leersia hexandra	0.38	Soc	营养期	挺水
0.05～0.20	0.45	90	水蓼 Polygonum hydropiper	0.65	Sol	营养期	挺水
			三白草 Saururus chinensis	0.83	Sol	营养期	挺水
			水莎草 Cyperus serotinus	0.76	Sol	花期	挺水

注：取样地点为凤山县凤城镇仁里村；样方面积为 100m²；取样时间为 2017 年 9 月 24 日

二十八、华夏慈姑群系

华夏慈姑为泽泻科慈姑属为多年生挺水草本植物。华夏慈姑是广西主要种植的水生蔬菜之一，如 2013 年广西慈姑的种植面积达 4000hm²（覃汉林，2014），见于池塘、水田等，主要类型有华夏慈姑群丛、华夏慈姑-浮萍群丛、华夏慈姑-紫萍群丛等。

（一）华夏慈姑群丛

该群丛挺水层高度 0.4～1.1m，盖度 80%～100%，仅由华夏慈姑组成或以慈姑为主，其他种类有假柳叶菜、鸭舌草、异型莎草、水虱草、陌上菜、泥花草等。此外，还有漂浮生长的紫萍、浮萍等（表 4-351）。

表 4-351　华夏慈姑群丛的数量特征

样地编号	水深/m	群落高度/m	群落盖度/%	种类	株高/m	多度等级	物候期	生长状态
Q1	0.1～0.4	1.10	100	华夏慈姑 Sagittaria trifolia subsp. leucopetala	1.10	Soc	花期	挺水
Q2	0.1～0.2	0.45	85	华夏慈姑 Sagittaria trifolia subsp. leucopetala	0.45	Soc	花期	挺水
				假柳叶菜 Ludwigia epilobioides	0.76	Un	花期	挺水
				鸭舌草 Monochoria vaginalis	0.17	Sol	营养期	挺水
				异型莎草 Cyperus difformis	0.52	Sol	花期	挺水
				水虱草 Fimbristylis littoralis	0.46	Sol	花期	挺水
				紫萍 Spirodela polyrhiza	—	Sol	营养期	挺水
				浮萍 Lemna minor	—	Sp	营养期	挺水
Q3	0.1～0.3	0.56	95	华夏慈姑 Sagittaria trifolia subsp. leucopetala	0.56	Soc	果期	挺水
				鸭舌草 Monochoria vaginalis	0.21	Sp	营养期	挺水
				陌上菜 Lindernia procumbens	0.18	Sol	果期	挺水
				泥花草 Lindernia antipoda	0.16	Sol	果期	挺水
				紫萍 Spirodela polyrhiza	—	Sp	营养期	挺水

注：取样地点 Q1 为平乐县桥亭乡玄坛村，Q2 为平乐县张家镇张家村，Q3 为阳朔县高田镇凤楼村；样方面积为 100m²；取样时间 Q1 为 2009 年 8 月 28 日，Q2 为 2012 年 9 月 8 日，Q3 为 2012 年 10 月 25 日

（二）华夏慈姑-浮萍群丛

该群丛挺水层高度 0.4～0.6m，盖度 60%～90%，仅由华夏慈姑组成或以华夏慈姑
为主，其他种类有假柳叶菜、稗、鸭舌草、圆叶节节菜等；漂浮层盖度 80%～100%，
组成种类以浮萍为主，其他种类有紫萍等（表 4-352）。

表 4-352　华夏慈姑-浮萍群丛的数量特征

样地编号	水深/m	层次结构	层高度/m	层盖度/%	种类	株高/m	多度等级	物候期	生长状态
Q1	0.1～0.3	挺水层	0.47	80	华夏慈姑 Sagittaria trifolia subsp. leucopetala	0.47	Soc	营养期	挺水
		漂浮层	—	100	浮萍 Lemna minor	—	Soc	营养期	漂浮
Q2	0.1～0.2	挺水层	0.45	90	华夏慈姑 Sagittaria trifolia subsp. leucopetala	0.45	Soc	花果期	挺水
					假柳叶菜 Ludwigia epilobioides	0.83	Un	花期	挺水
					稗 Echinochloa crusgalli	0.55	Sol	花果期	挺水
					鸭舌草 Monochoria vaginalis	0.18	Sol	营养期	挺水
					圆叶节节菜 Rotala rotundifolia	0.12	Sol	花期	挺水
		漂浮层	—	90	浮萍 Lemna minor	—	Soc	营养期	漂浮
					紫萍 Spirodela polyrhiza	—	Sol	营养期	漂浮

注：取样地点 Q1 为博白县博白镇马塘村，Q2 为环江县川山镇白丹村；样方面积为 100m²；取样时间 Q1 为 2005 年 11 月 1 日，Q2 为 2012 年 9 月 8 日

（三）华夏慈姑-紫萍群丛

该群丛挺水层高度 0.4～0.6m，盖度 60%～95%，通常仅由华夏慈姑组成或以华夏
慈姑为主，其他种类有鸭舌草、陌上菜、水虱草等；漂浮层盖度 80%～100%，组成种
类以紫萍为主，其他种类有浮萍等（表 4-353）。

表 4-353　华夏慈姑-紫萍群丛的数量特征

样地编号	水深/m	层次结构	层高度/m	层盖度/%	种类	株高/m	多度等级	物候期	生长状态
Q1	0.1～0.2	挺水层	0.45	75	华夏慈姑 Sagittaria trifolia subsp. leucopetala	0.45	Cop³	花果期	挺水
					鸭舌草 Monochoria vaginalis	0.23	Un	营养期	挺水
		漂浮层	—	100	紫萍 Spirodela polyrhiza	—	Soc	营养期	漂浮
					浮萍 Lemna minor	—	Sol	营养期	漂浮
Q2	0.1～0.2	挺水层	0.45	90	华夏慈姑 Sagittaria trifolia subsp. leucopetala	0.45	Soc	花果期	挺水
					陌上菜 Lindernia procumbens	0.15	Un	营养期	挺水
					水虱草 Fimbristylis littoralis	0.43	Sol	营养期	挺水
		漂浮层	—	90	紫萍 Spirodela polyrhiza	—	Soc	营养期	漂浮
					浮萍 Lemna minor	—	Sol	营养期	漂浮

注：取样地点 Q1 为荔浦市花箦镇，Q2 为平乐县张家镇张家村；样方面积为 100m²；取样时间 Q1 为 2009 年 9 月 10 日，Q2 为 2010 年 9 月 8 日

二十九、聚花草群系

聚花草（*Floscopa scandens*）为鸭跖草科聚花草属多年生水湿生草本植物。广西的聚花草群系分布普遍，见于河流、沼泽及沼泽化湿地、沟渠等，主要类型为聚花草群丛。该群丛高度 0.2～0.6m，盖度 60%～100%，仅由聚花草组成或以聚花草为主，其他种类有野芋、三棱水葱、水香薷、李氏禾等（表 4-354）。

表 4-354　聚花草群丛的数量特征

样地编号	水深/m	群落高度/m	群落盖度/%	种类	株高/m	多度等级	物候期	生长状态
Q1	0.1～0.3	0.52	90	聚花草 *Floscopa scandens*	0.52	Soc	花期	挺水
Q2	0.1～0.3	0.35	85	聚花草 *Floscopa scandens*	0.35	Soc	花期	挺水
				野芋 *Colocasia esculentum* var. *antiquorum*	0.48	Sol	果期	挺水
				水香薷 *Elsholtzia kachinensis*	0.30	Sp	花期	挺水
Q3	0.1～0.2	0.56	95	聚花草 *Floscopa scandens*	0.56	Soc	花期	挺水
				野芋 *Colocasia esculentum* var. *antiquorum*	0.62	Sp	营养期	挺水
				李氏禾 *Leersia hexandra*	0.38	Sp	营养期	挺水
				三棱水葱 *Schoenoplectus triqueter*	0.72	Sol	营养期	挺水

注：取样地点 Q1 为宜州市龙江山岔镇河段，Q2 为恭城县势江河枧头村河段，Q3 为桂林市宛田乡永安村；样方面积为 40m²；取样时间 Q1 为 2009 年 7 月 20 日，Q2 为 2013 年 7 月 19 日，Q3 为 2013 年 10 月 6 日

三十、水竹叶群系

水竹叶为鸭跖草科水竹叶属多年生水湿生草本植物。广西的水竹叶群系在桂北、桂西、桂东等地区有分布，见于沼泽及沼泽化湿地、水库、水田等，主要类型为水竹叶群丛。该群丛高度 0.1～0.3m，盖度 70%～100%，仅由水竹叶组成或以水竹叶为主，其他种类有圆叶节节菜、陌上菜、泥花草、野慈姑、鸭舌草、异型莎草、萤蔺等（表 4-355）。

表 4-355　水竹叶群丛的数量特征

样地编号	水深/m	群落高度/m	群落盖度/%	种类	株高/m	多度等级	物候期	生长状态
Q1	0.05～0.10	0.15	95	水竹叶 *Murdannia triquetra*	0.15	Soc	花期	挺水
Q2	0.05～0.13	0.20	85	水竹叶 *Murdannia triquetra*	0.18	Soc	花期	挺水
				圆叶节节菜 *Rotala rotundifolia*	0.13	Cop¹	营养期	挺水
				陌上菜 *Lindernia procumbens*	0.16	Sol	花期	挺水
				泥花草 *Lindernia antipoda*	0.20	Sol	营养期	挺水
				野慈姑 *Sagittaria trifolia*	0.46	Un	花果期	挺水
				鸭舌草 *Monochoria vaginalis*	0.18	Sol	营养期	挺水
				异型莎草 *Cyperus difformis*	0.42	Un	花果期	挺水
				萤蔺 *Scirpus juncoides*	0.38	Un	花果期	挺水

样地编号	水深/m	群落高度/m	群落盖度/%	种类	株高/m	多度等级	物候期	生长状态
				水竹叶 *Murdannia triquetra*	0.18	Soc	营养期	挺水
				野慈姑 *Sagittaria trifolia*	0.45	Sol	花果期	挺水
Q3	0.05～0.15	0.22	90	圆叶节节菜 *Rotala rotundifolia*	0.13	Cop[1]	营养期	挺水
				蘋 *Marsilea quadrifolia*	—	Sol	营养期	浮叶
				笄石菖 *Juncus prismatocarpus*	0.23	Sol	营养期	挺水
				鸭舌草 *Monochoria vaginalis*	0.15	Sol	营养期	挺水

注：取样地点 Q1 为陆川县沙湖镇，Q2 为桂林市茶洞镇茶洞村，Q3 为凌云县伶站乡浩坤村；样方面积为 25m²；取样时间 Q1 为 2010 年 9 月 30 日，Q2 为 2011 年 10 月 3 日，Q3 为 2014 年 8 月 15 日

三十一、水生美人蕉群系

水生美人蕉（*Canna glauca*）为美人蕉科（Cannaceae）美人蕉属（*Canna*）多年生挺水草本植物，原产南美洲及西印度群岛，我国南北均有种植。水生美人蕉是以美人蕉科粉美人蕉为主要亲本，通过杂交育种产生的种植品种的总称，具有耐涝、耐渍的特点（黄国涛等，2005）。广西的水生美人蕉群系分布普遍，通常种植于水深不超过 0.5m 的浅水中，见于湖泊、池塘等。

三十二、再力花群系

再力花为竹芋科（Marantaceae）水竹芋属（*Thalia*）多年生挺水草本植物。再力花原产美国南部和墨西哥的热带地区，我国广西一些地方作为水景观赏植物种植，见于湖泊、池塘等，生长在水深不超过 1m 的区域，群落高度 1.3～2.5m，盖度 60%～100%，多为单种群落。

三十三、鸭舌草群系

鸭舌草为雨久花科雨久花属一年生挺水草本植物。广西的鸭舌草群系分布普遍，见于沼泽及沼泽化湿地、池塘、水田等，主要类型为鸭舌草群丛。该群丛高度 0.1～0.3m，盖度 50%～100%，组成种类以鸭舌草为主，其他种类有圆叶节节菜、笄石菖、丁香蓼、陌上菜、畦畔莎草、双穗雀稗、浮萍等（表 4-356）。

三十四、梭鱼草群系

梭鱼草为雨久花科梭鱼草属（*Pontederia*）多年生挺水草本植物。梭鱼草原产北美洲，我国广西各地作为水景观赏植物种植，见于湖泊、池塘等，生长在水深不超过 0.5m 的区域，群落高度通常在 0.7m 以下，盖度 60%～100%，多为单种群落，一些地段偶有水蓼、异型莎草、圆叶节节菜等少量伴生。

表 4-356　鸭舌草群丛的数量特征

水深/m	群落高度/m	群落盖度/%	种类	株高/m	多度等级	物候期	生长状态
			鸭舌草 *Monochoria vaginalis*	0.18	Soc	营养期	挺水
			圆叶节节菜 *Rotala rotundifolia*	0.07	Sp	营养期	挺水
			笄石菖 *Juncus prismatocarpus*	0.25	Sol	营养期	挺水
0.05～0.12	0.18	100	丁香蓼 *Ludwigia prostrata*	0.26	Sp	营养期	挺水
			陌上菜 *Lindernia procumbens*	0.15	Un	花期	挺水
			畦畔莎草 *Cyperus haspan*	0.28	Sp	花期	挺水
			双穗雀稗 *Paspalum distichum*	0.35	Cop[1]	营养期	挺水
			浮萍 *Lemna minor*	—	Sol	营养期	漂浮

注：取样地点为金秀县忠良乡车田村；样方面积为 100m²；取样时间为 2019 年 7 月 29 日

三十五、菖蒲群系

菖蒲为天南星科菖蒲属多年生挺水草本植物。广西的菖蒲群系在桂北、桂西等地区有分布，见于水库、池塘、沟渠等，主要类型有菖蒲群丛、菖蒲-喜旱莲子草群丛、菖蒲-水龙群丛、菖蒲-凤眼蓝群丛、菖蒲-李氏禾群丛等。

（一）菖蒲群丛

该群丛高度 0.5～0.9m，盖度 50%～80%，仅由菖蒲组成或以菖蒲为主，其他种类有水毛花、三棱水葱、李氏禾、水龙、喜旱莲子草等（表 4-357）。

表 4-357　菖蒲群丛的数量特征

水深/m	群落高度/m	群落盖度/%	种类	株高/m	多度等级	物候期	生长状态
			菖蒲 *Acorus calamus*	0.85	Cop[3]	营养期	挺水
0.1～0.3	0.85	60	水毛花 *Schoenoplectus mucronatus* subsp. *robustus*	1.15	Un	花果期	挺水
			李氏禾 *Leersia hexandra*	0.26	Sol	花果期	挺水
			喜旱莲子草 *Alternanthera philoxeroides*	0.35	Sp	营养期	挺水

注：取样地点为桂林市朝阳乡冷家村；样方面积为 100m²；取样时间为 2008 年 6 月 3 日

（二）菖蒲-喜旱莲子草群丛

该群丛上层高度 0.6～0.9m，盖度 40%～80%，仅由菖蒲组成或以菖蒲为主，其他种类有水毛花、三棱水葱等；下层高度 0.2～0.4m，盖度 50%～80%，仅由喜旱莲子草组成或以喜旱莲子草为主，其他种类有李氏禾、水蓑衣等（表 4-358）。

（三）菖蒲-水龙群丛

该群丛挺水层高度 0.5～0.8m，盖度 40%～70%，仅由菖蒲组成或以菖蒲为主，其他种类有野芋、羊蹄等；漂浮层高度 0.1～0.3m，盖度 60%～90%，组成种类以水龙为主，其他种类有双穗雀稗等（表 4-359）。

表 4-358　菖蒲-喜旱莲子草群丛的数量特征

样地编号	水深/m	层次结构	层高度/m	层盖度/%	种类	株高/m	多度等级	物候期	生长状态
Q1	0.1~0.3	上层	0.85	70	菖蒲 Acorus calamus	0.85	Cop³	营养期	挺水
					水毛花 Schoenoplectus mucronatus subsp. robustus	1.10	Sol	花果期	挺水
		下层	0.32	60	喜旱莲子草 Alternanthera philoxeroides	0.32	Cop³	营养期	挺水
Q2	0.1~0.3	上层	0.68	80	菖蒲 Acorus calamus	0.68	Soc	营养期	挺水
					三棱水葱 Schoenoplectus triqueter	1.15	Sol	花果期	挺水
		下层	0.32	70	喜旱莲子草 Alternanthera philoxeroides	0.32	Cop³	营养期	挺水
					李氏禾 Leersia hexandra	0.25	Sp	营养期	挺水
					水蓑衣 Hygrophila ringens	0.58	Sol	营养期	挺水

注：取样地点 Q1 为桂林市朝阳乡冷家村，Q2 为都安县地苏镇新苏村；样方面积为 100m²；取样时间 Q1 为 2007 年 7 月 13 日，Q2 为 2010 年 8 月 9 日

表 4-359　菖蒲-水龙群丛的数量特征

水深/m	层次结构	层高度/m	层盖度/%	种类	株高/m	多度等级	物候期	生长状态
0.15~0.30	挺水层	0.68	60	菖蒲 Acorus calamus	0.68	Soc	营养期	挺水
				野芋 Colocasia esculentum var. antiquorum	0.52	Sol	营养期	挺水
				羊蹄 Rumex japonicus	0.63	Un	花期	挺水
	漂浮层	0.25	90	水龙 Ludwigia adscendens	0.25	Soc	花期	漂浮
				双穗雀稗 Paspalum distichum	—	Sol	花果期	漂浮

注：取样地点为平乐县长滩乡；样方面积为 100m²；取样时间为 2010 年 8 月 9 日

（四）菖蒲-凤眼蓝群丛

该群丛挺水层高度 0.7~1.0m，盖度 60%~90%，通常仅由菖蒲组成；漂浮层高度 0.2~0.4m，盖度 40%~90%，组成种类以凤眼蓝为主，其他种类有双穗雀稗、水龙、浮萍等（表 4-360）。

表 4-360　菖蒲-凤眼蓝群丛的数量特征

水深/m	层次结构	层高度/m	层盖度/%	种类	株高/m	多度等级	物候期	生长状态
0.1~0.3	挺水层	0.95	60	菖蒲 Acorus calamus	0.95	Soc	营养期	挺水
	漂浮层	0.28	80	凤眼蓝 Eichhornia crassipes	0.28	Soc	花期	漂浮
				浮萍 Lemna minor	—	Cop¹	营养期	漂浮
				双穗雀稗 Paspalum distichum	—	Sp	营养期	漂浮

注：取样地点为桂林市朝阳乡冷家村；样方面积为 100m²；取样时间为 2008 年 4 月 5 日

（五）菖蒲-李氏禾群丛

该群丛上层高度 0.6~0.9m，盖度 40%~70%，仅由菖蒲组成或以菖蒲为主，其他

种类有水莎草、灯心草、水蓼等；下层高度 0.2～0.4m，盖度 90%～100%，组成种类以李氏禾为主，其他种类有扁鞘飘拂草、水竹叶、双穗雀稗等（表 4-361）。

表 4-361　菖蒲-李氏禾群丛的数量特征

水深/m	层次结构	层高度/m	层盖度/%	种类	株高/m	多度等级	物候期	生长状态
0.1～0.3	上层	0.87	70	菖蒲 *Acorus calamus*	0.87	Soc	营养期	挺水
				水莎草 *Cyperus serotinus*	0.73	Un	花期	挺水
				灯心草 *Juncus effusus*	0.68	Sol	果期	挺水
				水蓼 *Polygonum hydropiper*	0.70	Sol	果期	挺水
	下层	0.35	90	李氏禾 *Leersia hexandra*	0.35	Soc	花期	挺水
				水竹叶 *Murdannia triquetra*	0.18	Sol	营养期	挺水
				扁鞘飘拂草 *Fimbristylis complanata*	0.36	Sol	花期	挺水
				双穗雀稗 *Paspalum distichum*	0.32	Sp	果期	挺水

注：取样地点为灵川县西岭村；样方面积为 100m²；取样时间为 2010 年 8 月 9 日

三十六、野芋群系

野芋为天南星科芋属多年生水湿生草本植物。广西的野芋群系分布普遍，见于河流、沼泽及沼泽化湿地、水库、池塘、沟渠等，主要类型有野芋群丛、野芋-李氏禾群丛等。

（一）野芋群丛

该群丛高度 0.6～1.0m，盖度 70%～100%，仅由野芋组成或以野芋为主，其他种类有三白草、黄金凤（*Impatiens siculifer*）、金钱蒲、水香薷、鸭跖草、李氏禾、双穗雀稗、喜旱莲子草等（表 4-362）。

表 4-362　野芋群丛的数量特征

样地编号	水深/m	群落高度/m	群落盖度/%	种类	株高/m	多度等级	物候期	生长状态
Q1	0.1～0.3	0.63	90	野芋 *Colocasia esculentum* var. *antiquorum*	0.63	Soc	营养期	挺水
				细花丁香蓼 *Ludwigia perennis*	0.70	Sol	花期	挺水
				三白草 *Saururus chinensis*	0.85	Sol	营养期	挺水
				李氏禾 *Leersia hexandra*	0.32	Sol	营养期	挺水
Q2	0.1～0.2	0.75	90	野芋 *Colocasia esculentum* var. *antiquorum*	0.75	Soc	营养期	挺水
				黄金凤 *Impatiens siculifer*	0.32	Sol	营养期	挺水
				华南紫萁 *Osmunda vachellii*	0.58	Sol	营养期	挺水
				金钱蒲 *Acorus gramineus*	0.25	Sp	营养期	挺水
Q3	0.1～0.3	0.83	85	野芋 *Colocasia esculentum* var. *antiquorum*	0.83	Soc	营养期	挺水
				水香薷 *Elsholtzia kachinensis*	0.38	Cop[1]	营养期	挺水
				鸭跖草 *Commelina communis*	0.26	Sol	营养期	挺水

样地编号	水深/m	群落高度/m	群落盖度/%	种类	株高/m	多度等级	物候期	生长状态
Q3	0.1~0.3	0.83	85	李氏禾 *Leersia hexandra*	0.32	Sol	花果期	挺水
				鸭儿芹 *Cryptotaenia japonica*	0.42	Un	花果期	挺水
Q4	0.1~0.3	0.63	80	野芋 *Colocasia esculentum* var. *antiquorum*	0.63	Soc	营养期	挺水
				野芋 *Colocasia esculentum* var. *antiquorum*	0.97	Soc	营养期	挺水
				双穗雀稗 *Paspalum distichum*	0.38	Sol	花果期	挺水
Q5	0.1~0.2	0.97	100	喜旱莲子草 *Alternanthera philoxeroides*	0.37	Sol	营养期	挺水
				李氏禾 *Leersia hexandra*	0.32	Sp	花果期	挺水
				水香薷 *Elsholtzia kachinensis*	0.35	Sp	营养期	挺水

注：取样地点 Q1 为罗城县小长安镇合北村，Q2 为桂平市西山镇大藤峡，Q3 为龙胜县三门镇洪寨村，Q4 为蒙山县陈塘镇罗应村，Q5 为阳朔县白沙镇古板村；样方面积为 100m²；取样时间 Q1 为 2009 年 5 月 7 日，Q2 为 2009 年 6 月 16 日，Q3 为 2011 年 9 月 10 日，Q4 为 2016 年 5 月 21 日，Q5 为 2017 年 5 月 26 日

（二）野芋-李氏禾群丛

该群丛上层高度 0.6~1.0m，盖度 50%~95%，通常仅由野芋组成；下层高度 0.2~0.5m，盖度 60%~80%，仅由李氏禾组成或以李氏禾为主，其他种类有水芹、喜旱莲子草、毛蓼等（表 4-363）。

表 4-363　野芋-李氏禾群丛的数量特征

样地编号	水深/m	层次结构	层高度/m	层盖度/%	种类	株高/m	多度等级	物候期	生长状态
Q1	0.1~0.2	上层	0.93	80	野芋 *Colocasia esculentum* var. *antiquorum*	0.93	Soc	营养期	挺水
		下层	0.42	90	李氏禾 *Leersia hexandra*	0.42	Soc	营养期	挺水
					水芹 *Oenanthe javanica*	0.21	Sol	果期	挺水
					喜旱莲子草 *Alternanthera philoxeroides*	0.35	Sol	营养期	挺水
Q2	0.1~0.2	上层	0.87	80	野芋 *Colocasia esculentum* var. *antiquorum*	0.87	Soc	营养期	挺水
		下层	0.38	70	李氏禾 *Leersia hexandra*	0.38	Soc	营养期	挺水
Q3	0.1~0.3	上层	0.95	60	野芋 *Colocasia esculentum* var. *antiquorum*	0.95	Soc	营养期	挺水
					毛蓼 *Polygonum barbatum*	0.56	Sol	营养期	挺水
		下层	0.36	90	李氏禾 *Leersia hexandra*	0.36	Soc	营养期	挺水

注：取样地点 Q1 为桂林市义江宛田河段，Q2 为阳朔县葡萄镇古板村，Q3 为百色市永乐镇南乐村；样方面积为 100m²；取样时间 Q1 为 2009 年 8 月 23 日，Q2 为 2010 年 12 月 16 日，Q3 为 2019 年 3 月 16 日

三十七、水烛群系

水烛为香蒲科香蒲属多年生挺水草本植物。广西的水烛群系分布普遍，见于河流、

湖泊、沼泽及沼泽化湿地、水库、池塘、沟渠等，主要类型有水烛群丛、水烛-李氏禾群丛、水烛-柳叶箬群丛等。

（一）水烛群丛

该群丛高度 1.3～2.8m，盖度 70%～100%，仅由水烛组成或以水烛为主，其他种类有芦苇、华克拉莎、铺地黍、毛草龙、多枝扁莎、李氏禾、双穗雀稗、喜旱莲子草、凤眼蓝、水龙等，但它们的个体数量较少，且多见于群落的边缘（表4-364）。

表 4-364 水烛群丛的数量特征

样地编号	水深/m	群落高度/m	群落盖度/%	种类	株高/m	多度等级	物候期	生长状态
Q1	0.2～0.5	2.10	100	水烛 *Typha angustifolia*	2.10	Soc	花期	挺水
Q2	0.2～0.7	2.15	100	水烛 *Typha angustifolia*	2.15	Soc	营养期	挺水
Q3	0.2～0.6	2.20	95	水烛 *Typha angustifolia*	2.20	Soc	花期	挺水
				铺地黍 *Panicum repens*	0.53	Sp	花期	挺水
Q4	0.1～0.4	1.75	90	水烛 *Typha angustifolia*	1.75	Soc	花期	挺水
				毛草龙 *Ludwigia octovalvis*	0.87	Sp	营养期	挺水
				多枝扁莎 *Pycreus polystachyos*	0.53	Sol	花期	挺水
Q5	0.2～0.5	2.50	90	水烛 *Typha angustifolia*	2.50	Soc	花期	挺水
				华克拉莎 *Cladium jamaicence* subsp. *chinense*	2.35	Un	营养期	挺水
				芦苇 *Phragmites australis*	1.60	Un	营养期	挺水
				菰 *Zizania latifolia*	1.32	Un	营养期	挺水
				双穗雀稗 *Paspalum distichum*	0.17	Sp	花期	漂浮
				喜旱莲子草 *Alternanthera philoxeroides*	0.23	Sol	营养期	漂浮
				凤眼蓝 *Eichhornia crassipes*	0.25	Sol	花期	漂浮
				水龙 *Ludwigia adscendens*	0.18	Sol	花期	漂浮

注：取样地点 Q1 为贺州市马尾河龙洞河段，Q2 为桂林市会仙镇督龙村，Q3 为合浦县常乐镇北城村，Q4 为东兴市东兴镇竹山村，Q5 为桂林市会仙镇睦洞湖；样方面积 Q1、Q2 和 Q5 为 100m²，Q3 和 Q4 为 25m²；取样时间 Q1 为 2010 年 7 月 13 日，Q2 为 2011 年 8 月 29 日，Q3 和 Q4 为 2016 年 10 月 27 日，Q5 为 2017 年 8 月 5 日

（二）水烛-李氏禾群丛

该群丛上层高度 1.3～2.8m，盖度 40%～90%，仅由水烛组成或以水烛为主，其他种类有三白草、毛草龙、水毛花、三棱水葱等；下层高度 0.3～0.5m，盖度 60%～90%，组成种类以李氏禾为主，其他种类有柳叶箬、喜旱莲子草、水香薷等。此外，还有漂浮生长的双穗雀稗、水龙、凤眼蓝等（表4-365）。

表 4-365 水烛-李氏禾群丛的数量特征

样地编号	水深/m	层次结构	层高度/m	层盖度/%	种类	株高/m	多度等级	物候期	生长状态
Q1	0.2~0.4	上层	1.65	80	水烛 *Typha angustifolia*	1.65	Soc	果期	挺水
					三棱水葱 *Schoenoplectus triqueter*	1.10	Sp	花期	挺水
		下层	0.40	90	李氏禾 *Leersia hexandra*	0.38	Soc	营养期	挺水
					柳叶箬 *Isachne globosa*	0.42	Cop[1]	花期	挺水
					双穗雀稗 *Paspalum distichum*	0.35	Sp	花期	漂浮
					凤眼蓝 *Eichhornia crassipes*	0.26	Sol	花期	漂浮
					圆基长鬃蓼 *Polygonum longisetum* var. *rotundatum*	0.63	Sol	花期	挺水
Q2	0.2~0.4	上层	1.70	80	水烛 *Typha angustifolia*	1.70	Soc	果期	挺水
					毛草龙 *Ludwigia octovalvis*	0.78	Sol	营养期	挺水
					水毛花 *Schoenoplectus mucronatus* subsp. *robustus*	1.23	Un	花期	挺水
					三棱水葱 *Schoenoplectus triqueter*	0.65	Sol	果期	挺水
		下层	0.43	90	李氏禾 *Leersia hexandra*	0.43	Soc	营养期	挺水
					水蓼 *Polygonum hydropiper*	0.76	Sol	花期	挺水
					喜旱莲子草 *Alternanthera philoxeroides*	0.42	Cop[1]	花期	挺水
					水香薷 *Elsholtzia kachinensis*	0.35	Cop[1]	营养期	挺水
					柳叶箬 *Isachne globosa*	0.40	Sp	营养期	挺水
Q3	0.2~0.5	上层	1.50	85	水烛 *Typha angustifolia*	1.50	Soc	果期	挺水
		下层		90	李氏禾 *Leersia hexandra*	0.37	Soc	营养期	挺水
					水龙 *Ludwigia adscendens*	0.25	Sol	营养期	挺水
					水蓼 *Polygonum hydropiper*	0.70	Sol	营养期	挺水
					双穗雀稗 *Paspalum distichum*	0.38	Sp	花期	挺水

注：取样地点 Q1 为桂林市四塘镇横山村，Q2 为桂林市五通镇西山村，Q3 为桂林市灵川县潭下镇；样方面积为 100m²；取样时间 Q1 为 2007 年 6 月 18 日，Q2 和 Q3 为 2017 年 8 月 3 日

（三）水烛-柳叶箬群丛

该群丛上层高度 1.0~1.8m，盖度 40%~90%，通常仅由水烛组成；下层高度 0.3~0.5m，盖度 80%~100%，组成种类以柳叶箬为主，其他种类有齿叶水蜡烛、薄荷、水蓑衣、水莎草等（表 4-366）。

三十八、香蒲群系

香蒲为香蒲科香蒲属多年生挺水草本植物。广西的香蒲群系在桂北、桂西、桂东等地区有分布，见于河流、沼泽及沼泽化湿地、水库、池塘、沟渠等，主要类型有香蒲群丛、香蒲-李氏禾群丛、香蒲-柳叶箬群丛、香蒲-双穗雀稗群丛、香蒲-水龙群丛、香蒲-喜旱莲子草群丛、香蒲-水香薷群丛等。

表 4-366　水烛-柳叶箬群丛的数量特征

水深/m	层次结构	层高度/m	层盖度/%	种类	株高/m	多度等级	物候期	生长状态
	上层	1.30	70	水烛 Typha angustifolia	1.30	Soc	果期	挺水
0.2~0.4	下层	0.35	90	柳叶箬 Isachne globosa	0.35	Soc	营养期	挺水
				齿叶水蜡烛 Dysophylla sampsonii	0.58	Cop[1]	营养期	挺水
				薄荷 Mentha canadensis	0.65	Sol	营养期	挺水
				水蓑衣 Hygrophila ringens	0.53	Sol	营养期	挺水
				水莎草 Juncellus serotinus	0.70	Un	果期	挺水

注：取样地点为贺州市黄田镇路花村；样方面积为 100m²；取样时间为 2006 年 11 月 12 日

（一）香蒲群丛

该群丛高度 1.0~2.0m，盖度 60%~100%，仅由香蒲组成或以香蒲为主，其他种类有三白草、毛草龙、水蓼、柳叶箬、李氏禾、喜旱莲子草等，但个体数量较少，且见于群落的边缘（表 4-367）。

表 4-367　香蒲群丛的数量特征

样地编号	水深/m	群落高度/m	群落盖度/%	种类	株高/m	多度等级	物候期	生长状态
Q1	0.2~0.5	1.55	90	香蒲 Typha orientalis	1.55	Soc	花期	挺水
Q2	0.1~0.4	1.70	90	香蒲 Typha orientalis	1.70	Soc	花期	挺水
				三白草 Saururus chinensis	0.78	Sol	营养期	挺水
				毛草龙 Ludwigia octovalvis	0.70	Un	花期	挺水
				水蓼 Polygonum hydropiper	0.65	Un	营养期	挺水
				柳叶箬 Isachne globose	0.43	Sol	营养期	挺水
				李氏禾 Leersia hexandra	0.50	Sp	花期	挺水
				喜旱莲子草 Alternanthera philoxeroides	0.23	Sol	花期	挺水

注：取样地点 Q1 为全州县两河镇虎坊村村，Q2 为恭城县龙虎乡双坪村；样方面积为 100m²；取样时间 Q1 为 2010 年 8 月 3 日，Q2 为 2015 年 8 月 16 日

（二）香蒲-李氏禾群丛

该群丛上层高度 1.3~1.8m，盖度 50%~90%，仅由香蒲组成或以香蒲为主，其他种类有水毛花、三棱水葱、狼杷草等；下层高度 0.2~0.5m，盖度 40%~90%，组成种类以李氏禾为主，其他种类有水蓼、柳叶箬、双穗雀稗、喜旱莲子草、水龙、铺地黍等（表 4-368）。

表 4-368　香蒲-李氏禾群丛的数量特征

水深/m	层次结构	层高度/m	层盖度/%	种类	株高/m	多度等级	物候期	生长状态
0.1~0.3	上层	1.70	90	香蒲 *Typha orientalis*	1.70	Soc	花期	挺水
				毛草龙 *Ludwigia octovalvis*	0.76	Sol	花期	挺水
				水毛花 *Schoenoplectus mucronatus* subsp. *robustus*	1.26	Sol	果期	挺水
				三棱水葱 *Schoenoplectus triqueter*	1.30	Un	果期	挺水
				狼杷草 *Bidens tripartita*	1.15	Sol	营养期	挺水
	下层	0.43	90	李氏禾 *Leersia hexandra*	0.43	Soc	花期	挺水
				水蓼 *Polygonum hydropiper*	0.67	Sp	营养期	挺水
				柳叶箬 *Isachne globosa*	0.46	Cop¹	营养期	挺水

注：取样地点为桂林市茶洞镇茶洞村；样方面积为 100m²；取样时间为 2013 年 8 月 12 日

（三）香蒲-柳叶箬群丛

该群丛上层高度 1.2~1.9m，盖度 50%~90%，仅由香蒲组成或以香蒲为主，其他种类有水毛花等；下层高度 0.3~0.6m，盖度 80%~100%，组成种类以柳叶箬为主，其他种类有水蓼、水香薷、双穗雀稗等（表 4-369）。

表 4-369　香蒲-柳叶箬群丛的数量特征

样地编号	水深/m	层次结构	层高度/m	层盖度/%	种类	株高/m	多度等级	物候期	生长状态
Q1	0.1~0.3	上层	1.40	60	香蒲 *Typha orientalis*	1.40	Cop³	花期	挺水
		下层	0.35	90	柳叶箬 *Isachne globosa*	0.35	Soc	花期	挺水
					水毛花 *Schoenoplectus mucronatus* subsp. *robustus*	0.86	Un	花期	挺水
					水蓼 *Polygonum hydropiper*	0.75	Sol	营养期	挺水
					双穗雀稗 *Paspalum distichum*	0.43	Cop¹	花期	挺水
Q2	0.2~0.4	上层	1.50	70	香蒲 *Typha orientalis*	1.50	Soc	花期	挺水
					水毛花 *Schoenoplectus mucronatus* subsp. *robustus*	1.13	Un	花期	挺水
		下层	0.45	100	柳叶箬 *Isachne globosa*	0.45	Soc	花期	挺水
					水蓼 *Polygonum hydropiper*	0.70	Sol	营养期	挺水
					水香薷 *Elsholtzia kachinensis*	0.32	Cop¹	营养期	挺水
					双穗雀稗 *Paspalum distichum*	0.46	Sp	花期	挺水
Q3	0.1~0.3	上层	1.30	90	香蒲 *Typha orientalis*	1.45	Soc	花期	挺水
					狼杷草 *Bidens tripartita*	1.27	Sol	营养期	挺水
					柳叶菜 *Epilobium hirsutum*	1.20	Un	营养期	挺水
		下层	0.43	100	柳叶箬 *Isachne globosa*	0.35	Soc	营养期	挺水
					水蓼 *Polygonum hydropiper*	0.56	Sol	营养期	挺水

注：取样地点 Q1 为永福县百寿镇江西村，Q2 为桂林市五通镇西山村，Q3 为全州县两河镇鲁水村；样方面积为 100m²；取样时间 Q1 为 2009 年 8 月 16 日，Q2 为 2011 年 8 月 19 日，Q3 为 2019 年 7 月 1 日

（四）香蒲-双穗雀稗群丛

该群丛上层高度 1.3～2.0m，盖度 50%～100%，仅由香蒲组成或以香蒲为主，其他种类有三棱水葱、三白草等；下层高度 0.3～0.6m，盖度 80%～100%，组成种类以双穗雀稗为主，其他种类有李氏禾、柳叶箬、齿叶水蜡烛等（表 4-370）。

表 4-370　香蒲-双穗雀稗群丛的数量特征

样地编号	水深/m	层次结构	层高度/m	层盖度/%	种类	株高/m	多度等级	物候期	生长状态
Q1	0.1～0.3	上层	1.35	80	香蒲 *Typha orientalis*	1.35	Soc	花果期	挺水
					三棱水葱 *Schoenoplectus triqueter*	1.10	Sol	花期	挺水
					三白草 *Saururus chinensis*	0.82	Un	营养期	挺水
		下层	0.43	90	双穗雀稗 *Paspalum distichum*	0.43	Soc	花期	挺水
					齿叶水蜡烛 *Dysophylla sampsonii*	0.56	Sol	营养期	挺水
					柳叶箬 *Isachne globosa*	0.38	Cop[1]	花期	挺水
Q2	0.1～0.2	上层	1.60	85	香蒲 *Typha orientalis*	1.60	Soc	花果期	挺水
		下层	0.38	95	双穗雀稗 *Paspalum distichum*	0.38	Soc	花期	挺水
					李氏禾 *Leersia hexandra*	0.45	Cop[1]	花期	挺水
					柳叶箬 *Isachne globosa*	0.35	Sp	花期	挺水

注：取样地点 Q1 为桂林市朝阳乡欧家村，Q2 桂林市南边山镇石壁底；样方面积为 100m²；取样时间 Q1 为 2012 年 7 月 17 日，Q2 为 2012 年 10 月 26 日

（五）香蒲-水龙群丛

该群丛挺水层高度 1.1～1.8m，盖度 50%～80%，通常仅由香蒲组成；漂浮层高度 0.1～0.3m，盖度 70%～100%，组成种类以水龙为主，其他种类有双穗雀稗、喜旱莲子草等（表 4-371）。

表 4-371　香蒲-水龙群丛的数量特征

水深/m	层次结构	层高度/m	层盖度/%	种类	株高/m	多度等级	物候期	生长状态
0.2～0.6	挺水层	1.70	80	香蒲 *Typha orientalis*	1.70	Soc	花期	挺水
	漂浮层	0.23	95	水龙 *Ludwigia adscendens*	0.23	Soc	花期	漂浮
				双穗雀稗 *Paspalum distichum*	0.18	Sol	漂浮	漂浮
				喜旱莲子草 *Alternanthera philoxeroides*	0.20	Sol	漂浮	漂浮

注：取样地点为平乐县沙子镇潘家村；样方面积为 100m²；取样时间为 2009 年 8 月 29 日

（六）香蒲-喜旱莲子草群丛

该群丛上层高度 1.1～1.7m，盖度 60%～90%，通常仅由香蒲组成；下层高度 0.3～0.5m，盖度 70%～100%，以喜旱莲子草为主，其他种类有双穗雀稗、水蓼等（表 4-372）。

表 4-372　香蒲-喜旱莲子草群丛的数量特征

水深/m	层次结构	层高度/m	层盖度/%	种类	株高/m	多度等级	物候期	生长状态
0.1~0.3	上层	1.35	80	香蒲 *Typha orientalis*	1.35	Soc	花期	挺水
	下层	0.46	90	喜旱莲子草 *Alternanthera philoxeroides*	0.46	Soc	花期	挺水
				双穗雀稗 *Paspalum distichum*	0.38	Sol	营养期	挺水
				水蓼 *Polygonum hydropiper*	0.76	Sol	营养期	挺水

注：取样地点为全州县两河镇鲁水村；样方面积为 25m²；取样时间为 2019 年 7 月 2 日

（七）香蒲-水香薷群丛

该群丛上层高度 1.3~1.8m，盖度 60%~90%，仅由香蒲组成或以香蒲为主，其他种类有狼杷草、柳叶菜等；下层高度 0.3~0.5m，盖度 60%~100%，组成种类以水香薷为主，其他种类有喜旱莲子草、水芹、水蓼等（表 4-373）。

表 4-373　香蒲-水香薷群丛的数量特征

水深/m	层次结构	层高度/m	层盖度/%	种类	株高/m	多度等级	物候期	生长状态
0.1~0.3	上层	1.45	90	香蒲 *Typha orientalis*	1.45	Soc	花期	挺水
				狼杷草 *Bidens tripartita*	1.20	Sol	营养期	挺水
				柳叶菜 *Epilobium hirsutum*	1.35	Un	营养期	挺水
	下层	0.35	95	水香薷 *Elsholtzia kachinensis*	0.35	Sco	营养期	挺水
				喜旱莲子草 *Alternanthera philoxeroides*	0.30	Cop¹	花期	挺水
				水芹 *Oenanthe javanica*	0.56	Sp	花期	挺水
				水蓼 *Polygonum hydropiper*	0.60	Sol	营养期	挺水

注：取样地点为全州县枧塘乡鲁水村；样方面积为 25m²；取样时间为 2019 年 7 月 2 日

三十九、大薹草群系

大薹草为莎草科薹草属多年生挺水草本植物。广西的大薹草群系在桂东、桂西等地区有分布，见于河流、沼泽及沼泽化湿地等，主要类型有大薹草群丛、大薹草-李氏禾群丛、大薹草-双穗雀稗群丛等。

（一）大薹草群丛

该群丛高度 1.1~2.2m，盖度 90%~100%，仅由大薹草组成或以大薹草为主，其他种类因大薹草秆密度大而多见于群落边缘或空窗，有野芋、丁香蓼、双穗雀稗、异型莎草、鸭跖草等（表 4-374）。

（二）大薹草-李氏禾群丛

该群丛上层高度 1.0~1.5m，盖度 50%~80%，仅由大薹草组成或以大薹草为主，其他种类有三棱水葱等；下层高度 0.2~0.5m，盖度 80%~100%，组成种类以李氏禾为主，其他种类有水蓼、圆基长鬃蓼、双穗雀稗、野芋等（表 4-375）。

表 4-374　大薦草群丛的数量特征

样地编号	水深/m	群落高度/m	群落盖度/%	种类	株高/m	多度等级	物候期	生长状态
Q1	0.2～0.5	2.2	90	大薦草 *Actinoscirpus grossus*	2.2	Soc	果期	挺水
				野芋 *Colocasia esculentum* var. *antiquorum*	0.65	Sp	营养期	挺水
				丁香蓼 *Ludwigia prostrata*	0.83	Un	果期	挺水
				双穗雀稗 *Paspalum distichum*	0.36	Sp	营养期	挺水
				鸭跖草 *Commelina communis*	0.27	Sol	营养期	挺水
Q2	0.2～0.6	2.1	100	大薦草 *Actinoscirpus grossus*	2.1	Soc	花期	挺水

注：取样地点 Q1 为北流市北流河市区段，Q2 为钟山县钟山镇龙井村；样方面积为 100m²；取样时间 Q1 为 2005 年 11 月 2 日，Q2 为 2010 年 7 月 14 日

表 4-375　大薦草-李氏禾群丛的数量特征

样地编号	水深/m	层次结构	层高度/m	层盖度/%	种类	株高/m	多度等级	物候期	生长状态
Q1	0.2～0.5	上层	1.40	80	大薦草 *Actinoscirpus grossus*	1.40	Soc	花期	挺水
		下层	0.42	95	李氏禾 *Leersia hexandra*	0.42	Soc	营养期	挺水
Q2	0.2～0.4	上层	1.35	70	大薦草 *Actinoscirpus grossus*	1.35	Cop³	花期	挺水
					三棱水葱 *Schoenoplectus triqueter*	1.10	Sol	花果期	挺水
		下层	0.35	90	李氏禾 *Leersia hexandra*	0.35	Soc	营养期	挺水
					野芋 *Colocasia esculentum* var. *antiquorum*	0.48	Un	营养期	挺水
					水蓼 *Polygonum hydropiper*	0.63	Sol	营养期	挺水
					圆基长鬃蓼 *Polygonum longisetum* var. *rotundatum*	0.52	Sol	果期	挺水
					双穗雀稗 *Paspalum distichum*	0.27	Sp	果期	挺水

注：取样地点 Q1 为罗城县剑江怀群镇河段，Q2 为平果市榜圩镇坡曹村；样方面积为 100m²；取样时间 Q1 为 2011 年 9 月 15 日，Q2 为 2011 年 9 月 15 日

（三）大薦草-双穗雀稗群丛

该群丛上层高度 1.0～1.5m，盖度 50%～80%，通常仅由大薦草组成，或有少量的其他种类，如三白草、水毛花等；下层高度 0.2～0.4m，盖度 70%～100%，组成种类以双穗雀稗为主，其他种类有水蓼、圆基长鬃蓼、毛蓼、水芹等（表 4-376）。

四十、条穗薹草群系

条穗薹草是莎草科薹草属多年生水湿生草本植物。广西的条穗薹草群系在桂北、桂中等地区有分布，见于河流、湖泊、水库、沟渠等，主要类型为条穗薹草群丛。该群丛高度 0.4～0.8m，盖度 80%～100%，仅由条穗薹草组成或以条穗薹草为主，其他种类有三棱水葱、双穗雀稗、圆基长鬃蓼等（表 4-377）。

表 4-376　大藨草-双穗雀稗群丛的数量特征

水深/m	层次结构	层高度/m	层盖度/%	种类	株高/m	多度等级	物候期	生长状态
0.2～0.4	上层	1.20	60	大藨草 Actinoscirpus grossus	1.20	Cop³	花期	挺水
				三白草 Saururus chinensis	0.93	Sol	果期	挺水
				水毛花 Schoenoplectus mucronatus subsp. robustus	1.15	Sol	果期	挺水
	下层	0.32	90	双穗雀稗 Paspalum distichum	0.32	Soc	花果期	挺水
				水芹 Oenanthe javanica	0.56	Sol	营养期	挺水
				水蓼 Polygonum hydropiper	0.65	Un	营养期	挺水
				圆基长鬃蓼 Polygonum longisetum var. rotundatum	0.48	Sol	果期	挺水
				毛蓼 Polygonum barbatum	0.45	Sol	果期	挺水

注：取样地点为平果市榜圩镇坡曹村；样方面积为 100m²；取样时间为 2011 年 9 月 15 日

表 4-377　条穗薹草群丛的数量特征

样地编号	水深/m	群落高度/m	群落盖度/%	种类	株高/m	多度等级	物候期	生长状态
Q1	0.1～0.3	0.75	100	条穗薹草 Carex nemostachys	0.75	Soc	营养期	挺水
				三棱水葱 Schoenoplectus triqueter	1.10	Sol	果期	挺水
				双穗雀稗 Paspalum distichum	0.31	Sp	营养期	挺水
				圆基长鬃蓼 Polygonum longisetum var. rotundatum	0.63	Sp	营养期	挺水
Q2	0.1～0.5	0.65	100	条穗薹草 Carex nemostachys	0.65	Soc	花期	挺水
Q3	0.1～0.4	0.80	100	条穗薹草 Carex nemostachys	0.80	Soc	花期	挺水

注：取样地点 Q1 为桂林市会仙镇陂头村，Q2 为灵川县灵田镇朱家村，Q3 为阳朔县葡萄镇遇龙河；样方面积为 100m²；取样时间 Q1 为 2009 年 10 月 29 日，Q2 为 2010 年 12 月 7 日，Q3 为 2016 年 3 月 6 日

四十一、华克拉莎群系

华克拉莎为莎草科克拉莎属多年生水湿生草本植物，具有较强的营养繁殖特性，其植株节上常出芽并逐渐生长形成具有 2～8 分株的下一代植株，当母株向水面倾斜或倒伏接近水中泥底时，这些分株会生根固着生长成为成熟的植株。广西的华克拉莎群系在桂北、桂西等地区有分布，见于湖泊、沼泽及沼泽化湿地等，主要类型有华克拉莎群丛、华克拉莎-李氏禾群丛、华克拉莎-竹叶眼子菜等。

（一）华克拉莎群丛

该群丛高度 1.3～2.5m，盖度 90%～100%，仅由华克拉莎组成或以华克拉莎为主，其他种类有芦苇、水烛、三棱水葱、菰等（表 4-378）。

（二）华克拉莎-李氏禾群丛

该群丛上层高度 1.5～2.5m，盖度 50%～80%，仅由华克拉莎组成或以华克拉莎为主，其他种类有水毛花、水烛等；下层高度 0.2～0.4m，盖度 60%～90%，组成种类以李氏禾为主，其他种类有扯根菜、双穗雀稗、水蓼等（表 4-379）。

表 4-378　华克拉莎群丛的数量特征

样地编号	水深/m	群落高度/m	群落盖度/%	种类	株高/m	多度等级	物候期	生长状态
Q1	0.5~1.3	1.55	95	华克拉莎 *Cladium jamaicence* subsp. *chinense*	1.55	Soc	营养期	挺水
				芦苇 *Phragmites australis*	1.60	Sp	果期	挺水
Q2	0.4~0.9	1.70	100	华克拉莎 *Cladium jamaicence* subsp. *chinense*	1.70	Soc	果期	挺水
				水烛 *Typha angustifolia*	1.53	Sol	营养期	挺水
				三棱水葱 *Schoenoplectus triqueter*	0.95	Sol	营养期	挺水
				芦苇 *Phragmites australis*	1.70	Sp	营养期	挺水
				菰 *Zizania latifolia*	1.15	Un	营养期	挺水

注：取样地点为桂林市会仙镇睦洞湖；样方面积为 400m²；取样时间 Q1 为 2006 年 11 月 27 日，Q2 为 2011 年 8 月 30 日

表 4-379　华克拉莎-李氏禾群丛的数量特征

水深/m	层次结构	层高度/m	层盖度/%	种类	株高/m	多度等级	物候期	生长状态
0.2~0.5	上层	1.95	70	华克拉莎 *Cladium jamaicence* subsp. *chinense*	1.95	Cop³	花期	挺水
				水毛花 *Schoenoplectus mucronatus* subsp. *robustus*	1.13	Un	营养期	挺水
				水烛 *Typha angustifolia*	1.50	Sol	花期	挺水
	下层	0.35	90	李氏禾 *Leersia hexandra*	0.35	Soc	营养期	挺水
				双穗雀稗 *Paspalum distichum*	0.28	Sol	花期	挺水
				水蓼 *Polygonum hydropiper*	0.75	Sol	花期	挺水
				扯根菜 *Penthorum chinense*	0.45	Un	营养期	挺水

注：取样地点为桂林市奶牛场；样方面积为 400m²；取样时间为 2006 年 5 月 27 日

（三）华克拉莎-竹叶眼子菜群丛

该群丛挺水层高度 1.1~2.0m，盖度 60%~90%，仅由华克拉莎组成或以华克拉莎为主，其他种类有水烛、三棱水葱等；沉水层高度盖度 60%~90%，组成种类以竹叶眼子菜为主，其他种类有穗状狐尾藻、黑藻、石龙尾等。此外，还有少量的凤眼蓝、水龙等浮水植物（表 4-380）。

表 4-380　华克拉莎-竹叶眼子菜群丛的数量特征

样地编号	水深/m	层次结构	层高度/m	层盖度/%	种类	株高/m	多度等级	物候期	生长状态
Q1	0.5~1.3	挺水层	2.35	60	华克拉莎 *Cladium jamaicence* subsp. *chinense*	2.35	Cop³	花果期	挺水
					水烛 *Typha angustifolia*	1.95	Sol	营养期	挺水
					三棱水葱 *Schoenoplectus triqueter*	1.20	Sol	花果期	挺水
		沉水层	—	90	竹叶眼子菜 *Potamogeton wrightii*	—	Soc	花期	沉水
					穗状狐尾藻 *Myriophyllum spicatum*	—	Sol	营养期	沉水
					黑藻 *Hydrilla verticillata*	—	Sol	营养期	沉水
					石龙尾 *Limnophila sessiliflora*	—	Sol	营养期	沉水

续表

样地编号	水深/m	层次结构	层高度/m	层盖度/%	种类	株高/m	多度等级	物候期	生长状态
Q2	0.3～0.9	挺水层	2.20	70	华克拉莎 *Cladium jamaicence* subsp. *chinense*	2.35	Cop³	花果期	挺水
		沉水层	—	90	竹叶眼子菜 *Potamogeton wrightii*	—	Soc	花期	沉水
					黑藻 *Hydrilla verticillata*	—	Cop¹	营养期	沉水
		浮水植物	—	—	水龙 *Ludwigia adscendens*	0.23	Sol	花期	漂浮
					凤眼蓝 *Eichhornia crassipes*	0.34	Sol	花期	漂浮

注：取样地点为桂林市会仙镇睦洞湖；样方面积为 400m²；取样时间为 2014 年 7 月 12 日

四十二、迭穗莎草群系

迭穗莎草（*Cyperus imbricatus*）为莎草科莎草属多年生水湿生草本植物。广西的迭穗莎草群系在百色市、灵山县等地区有分布，见于沼泽及沼泽化湿地、水库等，主要类型有迭穗莎草群丛、迭穗莎草-浮萍群丛等。

（一）迭穗莎草群丛

该群丛高度 0.6～1.1m，盖度 60%～100%，仅由迭穗莎草组成或以迭穗莎草为主，其他种类有毛草龙、大画眉草、畦畔莎草、水虱草、喜旱莲子草等（表 4-381）。

表 4-381 迭穗莎草群丛的数量特征

样地编号	水深/m	群落高度/m	群落盖度/%	种类	株高/m	多度等级	物候期	生长状态
Q1	0.1～0.2	0.65	70	迭穗莎草 *Cyperus imbricatus*	0.65	Soc	花果期	挺水
				毛草龙 *Ludwigia octovalvis*	0.90	Sp	花期	挺水
				大画眉草 *Eragrostis cilianensis*	0.73	Sol	花果期	挺水
				畦畔莎草 *Cyperus haspan*	0.35	Sp	花果期	挺水
				水虱草 *Fimbristylis littoralis*	0.38	Sol	花果期	挺水
				喜旱莲子草 *Alternanthera philoxeroides*	0.26	Sp	营养期	挺水
Q2	0.1～0.3	0.86	100	迭穗莎草 *Cyperus imbricatus*	0.75	Soc	花果期	挺水

注：取样地点 Q1 为百色市澄碧河水库永乐镇三合村，Q2 为百色市汪甸乡黄兰村；样方面积为 100m²；取样时间 Q1 为 2011 年 9 月 12 日，Q2 为 2018 年 7 月 22 日

（二）迭穗莎草-浮萍群丛

该群丛挺水层高度 0.5～0.9m，盖度 70%～95%，组成种类以迭穗莎草为主，其他种类有丁香蓼、水蓼等；漂浮层盖度 50%～90%，通常仅由浮萍组成（表 4-382）。

表 4-382　迭穗莎草-浮萍群丛的数量特征

水深/m	层次结构	层高度/m	层盖度/%	种类	株高/m	多度等级	物候期	生长状态
0.1~0.3	挺水层	0.58	90	迭穗莎草 *Cyperus imbricatus*	0.58	Soc	花果期	挺水
				丁香蓼 *Ludwigia prostrata*	0.65	Sp	营养期	挺水
				水蓼 *Polygonum hydropiper*	0.53	Sol	营养期	挺水
	漂浮层	—	50	浮萍 *Lemna minor*	—	Cop²	营养期	漂浮

注：取样地点为灵山县太平镇；样方面积为 100m²；取样时间为 2013 年 6 月 11 日

四十三、茳芏群系

茳芏为莎草科莎草属多年生挺水草本植物。广西的茳芏群系见于钦州市和防城港市滨海地区，见于河口、潮间带等，主要类型为茳芏群丛。该群丛高度 0.6~1.5m，盖度 70%~100%，仅由茳芏组成或以茳芏为主，其他种类有秋茄树、老鼠簕、蜡烛果、海榄雌等（表 4-383）。

表 4-383　茳芏群丛的数量特征

样地编号	群落高度/m	群落盖度/%	种类	株高/m	多度等级	物候期	生长状态
Q1	1.60	90	茳芏 *Cyperus malaccensis*	1.60	Soc	花期	干淹交替
Q2	1.30	90	茳芏 *Cyperus malaccensis*	1.30	Soc	营养期	干淹交替
			蜡烛果 *Aegiceras corniculatum*	0.68	Sol	营养期	干淹交替
Q3	1.50	100	茳芏 *Cyperus malaccensis*	1.50	Soc	花期	干淹交替
Q4	1.50	100	茳芏 *Cyperus malaccensis*	1.50	Soc	花期	干淹交替
Q5	1.27	90	茳芏 *Cyperus malaccensis*	1.27	Soc	果期	干淹交替
			蜡烛果 *Aegiceras corniculatum*	0.85	Sol	营养期	干淹交替
Q6	1.35	90	茳芏 *Cyperus malaccensis*	1.35	Soc	营养期	干淹交替
			老鼠簕 *Acanthus ilicifolius*	0.53	Un	营养期	干淹交替
			秋茄树 *Kandelia obovata*	1.35	Sol	营养期	干淹交替
			海榄雌 *Avicennia marina*	1.20	Un	营养期	干淹交替

注：取样地点 Q1~Q3 为钦州湾茅尾海，Q4 为钦州市康熙岭，Q5 为东兴市东兴镇竹山村，Q6 为钦州市沙井港；样方面积为 25m²；取样时间 Q1 为 2011 年 9 月 22 日，Q2 为 2012 年 1 月 29 日，Q3 为 2016 年 9 月 18 日，Q4 为 2016 年 10 月 8 日，Q5 为 2016 年 11 月 6 日，Q6 为 2018 年 10 月 18 日

四十四、短叶茳芏群系

短叶茳芏为莎草科莎草属多年生挺水草本植物。广西的短叶茳芏群系分布普遍，主要类型为短叶茳芏群丛。该群丛高度 1.1~1.8m，盖度 70%~100%，仅由短叶茳芏组成或以短叶茳芏为主，其他种类内陆湿地有水虱草、水苋菜、泥花草、喜旱莲子草、柳叶若、李氏禾、铺地黍、异型莎草、两歧飘拂草等，滨海湿地有卤蕨、茳芏、铺地黍、芦苇、海榄雌、蜡烛果、秋茄树、盐地鼠尾粟等（表 4-384）。

表 4-384　短叶茳芏群丛的数量特征

样地编号	群落高度/m	群落盖度/%	组成种类	株高/m	多度等级	物候期	生长状态
Q1	1.3	100	短叶茳芏 *Cyperus malaccensis* subsp. *monophyllus*	1.3	Soc	花期	挺水
Q2	1.4	75	短叶茳芏 *Cyperus malaccensis* subsp. *monophyllus*	1.4	Cop³	花期	干淹交替
			芦苇 *Phragmites australis*	1.5	Sol	营养期	干淹交替
			蜡烛果 *Aegiceras corniculatum*	0.9	Sol	营养期	干淹交替
Q3	1.2	80	短叶茳芏 *Cyperus malaccensis* subsp. *monophyllus*	1.2	Soc	花期	干淹交替
			蜡烛果 *Aegiceras corniculatum*	0.8	Sp	营养期	干淹交替
Q4	1.4	80	短叶茳芏 *Cyperus malaccensis* subsp. *monophyllus*	1.4	Soc	花期	干淹交替
			海榄雌 *Avicennia marina*	1.1	Sp	营养期	干淹交替
Q5	1.5	90	短叶茳芏 *Cyperus malaccensis* subsp. *monophyllus*	1.5	Soc	花期	干淹交替
Q6	1.6	85	短叶茳芏 *Cyperus malaccensis* subsp. *monophyllus*	1.6	Soc	果期	干淹交替
			茳芏 *Cyperus malaccensis*	1.4	Sp	果期	干淹交替
Q7	1.1	90	短叶茳芏 *Cyperus malaccensis* subsp. *monophyllus*	1.1	Soc	果期	挺水
			铺地黍 *Panicum repens*	0.4	Sol	营养期	挺水
Q8	1.2	90	短叶茳芏 *Cyperus malaccensis* subsp. *monophyllus*	1.2	Soc	果期	干淹交替
Q9	1.5	90	短叶茳芏 *Cyperus malaccensis* subsp. *monophyllus*	1.5	Soc	果期	干淹交替
			秋茄树 *Kandelia obovata*	1.2	Un	营养期	干淹交替
			蜡烛果 *Aegiceras corniculatum*	1.3	Sol	营养期	干淹交替
			盐地鼠尾粟 *Sporobolus virginicus*	0.27	Sp	营养期	干淹交替

注：取样地点 Q1 为灵川县大圩镇上黄塘村，Q2 为钦州湾茅尾海，Q3 和 Q4 为合浦县党江镇，Q5 和 Q6 为钦州湾茅尾海，Q7 为合浦县山口镇英罗村，Q8 和 Q9 为钦州湾茅尾海；样方面积为 25m²；取样时间 Q1 为 2010 年 11 月 18 日，Q2 为 2010 年 12 月 1 日，Q3 和 Q4 为 2011 年 9 月 7 日，Q5 和 Q6 为 2011 年 9 月 25 日，Q7 为 2016 年 10 月 6 日，Q8 为 2016 年 10 月 8 日，Q9 为 2018 年 9 月 30 日。

四十五、毛轴莎草群系

毛轴莎草为莎草科莎草属多年生水湿生草本植物。广西的毛轴莎草群系分布普遍，见于沼泽及沼泽化湿地等，主要类型为毛轴莎草-李氏禾群丛。该群丛上层高度 0.5～1.2m，盖度 60%～90%，组成种类以毛轴莎草为主，其他种类有丁香蓼、毛草龙、水毛花等；下层高度 0.2～0.4m，盖度 60%～100%，组成种类以李氏禾为主，其他种类有喜旱莲子草、双穗雀稗、铺地黍、柳叶箬、两歧飘拂草等（表 4-385）。

四十六、水莎草群系

水莎草为莎草科莎草属多年生水湿生草本植物。广西水莎草群系分布普遍，见于沼泽及沼泽化湿地、水库、沟渠、水田等，主要类型有水莎草群丛、水莎草-双穗雀稗群丛等。

表 4-385 毛轴莎草-李氏禾群丛的数量特征

样地编号	水深/m	层次结构	层高度/m	层盖度/%	种类	株高/m	多度等级	物候期	生长状态
Q1	0.1~0.3	上层	0.63	80	毛轴莎草 *Cyperus pilosus*	0.63	Soc`	花期	挺水
					丁香蓼 *Ludwigia prostrata*	0.75	Sol	营养期	挺水
					水毛花 *Schoenoplectus mucronatus* subsp. *robustus*	0.72	Sol	花果期	挺水
					水烛 *Typha angustifolia*	0.86	Un	营养期	挺水
		下层	0.37	70	李氏禾 *Leersia hexandra*	0.37	Soc	营养期	挺水
					双穗雀稗 *Paspalum distichum*	0.35	Sol	花期	挺水
					铺地黍 *Panicum repens*	0.40	Sol	营养期	挺水
					畦畔莎草 *Cyperus haspan*	0.38	Un	花期	挺水
					圆基长鬃蓼 *Polygonum longisetum* var. *rotundatum*	0.42	Un	花期	挺水
Q2	0.1~0.2	上层	0.75	60	毛轴莎草 *Cyperus pilosus*	0.75	Cop³	花期	挺水
					毛草龙 *Ludwigia octovalvi*	0.87	Sol	营养期	挺水
					水蓼 *Polygonum hydropiper*	0.85	Sol	营养期	挺水
					水毛花 *Schoenoplectus mucronatus* subsp. *robustus*	0.73	Sol	花期	挺水
		下层	0.40	95	李氏禾 *Leersia hexandra*	0.40	Soc	营养期	挺水
					柳叶箬 *Isachne globose*	0.35	Sol	营养期	挺水
					喜旱莲子草 *Alternanthera philoxeroides*	0.32	Sol	营养期	挺水
					两歧飘拂草 *Fimbristylis dichotoma*	0.42	Sol	果期	挺水

注：取样地点 Q1 为钟山县清塘镇庙六村，Q2 为灵山县兰田乡西江山庄；样方面积为 100m²；取样时间 Q1 为 2009 年 8 月 29 日，Q2 为 2011 年 8 月 31 日

（一）水莎草群丛

该群丛高度 0.5~0.9m，盖度 80%~100%，组成种类以水莎草为主，其他种类有丁香蓼、异型莎草、碎米莎草、李氏禾等（表 4-386）。

表 4-386 水莎草群丛的数量特征

水深/m	群落高度/m	群落盖度/%	种类	株高/m	多度等级	物候期	生长状态
0.15~0.30	0.85	95	水莎草 *Cyperus serotinus*	0.85	Cop³	花期	挺水
			丁香蓼 *Ludwigia prostrata*	0.80	Sp	营养期	挺水
			异型莎草 *Cyperus difformis*	0.53	Sol	花期	挺水
			碎米莎草 *Cyperus iria*	0.48	Un	花期	挺水
			李氏禾 *Leersia hexandra*	0.23	Sol	营养期	挺水

注：取样地点为百色市汪甸乡黄兰村；样方面积为 100m²；取样时间 Q1 为 2018 年 7 月 22 日

（二）水莎草-双穗雀稗群丛

该群丛上层高度 0.4~0.7m，盖度 40%~70%，通常仅由水莎草组成；下层高度 0.2~0.4m，盖度 60%~90%，组成种类以双穗雀稗为主，其他种类有铺地黍、水蓑衣、水虱草、萤蔺等（表 4-387）。

表 4-387　水莎草-双穗雀稗群丛的数量特征

水深/m	层次结构	层高度/m	层盖度/%	种类	株高/m	多度等级	物候期	生长状态
	上层	0.67	40	水莎草 *Cyperus serotinus*	0.67	Cop²	花果期	挺水
				双穗雀稗 *Paspalum distichum*	0.28	Soc	花果期	挺水
				铺地黍 *Panicum repens*	0.35	Sol	营养期	挺水
0.10~0.3				水蓑衣 *Hygrophila ringens*	0.38	Un	果期	挺水
	下层	0.35	85	两歧飘拂草 *Fimbristylis dichotoma*	0.35	Un	花果期	挺水
				水虱草 *Fimbristylis littoralis*	0.37	Sol	花果期	挺水
				萤蔺 *Schoenoplectus juncoides*	0.40	Sol	花果期	挺水
				蘋 *Marsilea quadrifolia*	0.13	Sp	营养期	挺水

注：取样地点为凤山县中亭乡万福；样方面积为 100m²；取样时间为 2017 年 9 月 29 日

四十七、荸荠群系

荸荠为莎草科荸荠属多年生挺水草本植物。广西的荸荠群系分布普遍，主要产区为桂北、桂东（欧昆鹏等，2013），主要类型有荸荠群丛、荸荠-浮萍群丛、荸荠-紫萍群丛、荸荠-槐叶蘋群丛等。

（一）荸荠群丛

该群丛高度 0.4~0.8m，盖度 70%~95%，组成种类以荸荠为主，其他种类有稗、异型莎草、水虱草、鸭舌草、陌上菜、泥花草、水苋菜、浮萍、紫萍等，但个体数量较少，且分布稀疏（表 4-388）。

表 4-388　荸荠群丛的数量特征

样地编号	水深/m	群落高度/m	群落盖度/%	种类	株高/m	多度等级	物候期	生长状态
Q1	0.1~0.2	0.65	90	荸荠 *Eleocharis dulcis*	0.65	Soc	花果期	挺水
				稗 *Echinochloa crusgalli*	0.81	Un	果期	挺水
				泥花草 *Lindernia antipoda*	0.25	Un	营养期	挺水
				紫萍 *Spirodela polyrhiza*	—	Sp	营养期	漂浮
Q2	0.1~0.2	0.53	80	荸荠 *Eleocharis dulcis*	0.53	Soc	花期	挺水
				异型莎草 *Cyperus difformis*	0.43	Un	花果期	挺水
				鸭舌草 *Monochoria vaginalis*	0.23	Un	花期	挺水
				水虱草 *Fimbristylis littoralis*	0.35	Un	花果期	挺水
				陌上菜 *Lindernia procumbens*	0.21	Sol	花期	挺水
				两歧飘拂草 *Fimbristylis dichotoma*	0.38	Un	花果期	挺水
Q3	0.1~0.2	0.57	85	荸荠 *Eleocharis dulcis*	0.57	Soc	花期	挺水
				泥花草 *Lindernia antipoda*	0.18	Sol	花期	挺水
				水苋菜 *Ammannia baccifera*	0.23	Un	营养期	挺水
				圆叶节节菜 *Rotala rotundifolia*	0.17	Sol	营养期	挺水
				稗 *Echinochloa crusgalli*	0.75	Un	营养期	挺水
				浮萍 *Lemna minor*	—	Sp	营养期	漂浮

注：取样地点 Q1 为贺州市沙田镇芳林村，Q2 为荔浦市双江镇双安村，Q3 为灵川县灵川镇王家村；样方面积为 100m²；取样时间 Q1 为 2006 年 12 月 2 日，Q2 为 2012 年 9 月 7 日，Q3 为 2016 年 10 月 12 日

（二）荸荠-浮萍群丛

该群丛挺水层高度 0.5～0.8m，盖度 80%～95%，通常仅由荸荠组成或以荸荠为主，其他种类有水虱草、陌上菜、异型莎草、泥花草、陌上菜等；漂浮层盖度 80%～100%，仅由浮萍组成或以浮萍为主，其他种类有紫萍、满江红等（表 4-389）。

表 4-389　荸荠-浮萍群丛的数量特征

水深/m	层次结构	层高度/m	层盖度/%	种类	株高/m	多度等级	物候期	生长状态
0.1～0.2	挺水层	0.67	90	荸荠 *Eleocharis dulcis*	0.67	Cop²	花果期	挺水
				水虱草 *Fimbristylis littoralis*	0.37	Un	花果期	挺水
				异型莎草 *Cyperus difformis*	0.42	Un	花果期	挺水
				陌上菜 *Lindernia procumbens*	0.18	Sol	果期	挺水
	漂浮层	—	95	浮萍 *Lemna minor*	—	Soc	营养期	漂浮
				满江红 *Azolla pinnata* subsp. *asiatica*	—	Sol	营养期	漂浮

注：取样地点为荔浦市双江镇横岭村；样方面积为 100m²；取样时间为 2017 年 9 月 29 日

（三）荸荠-紫萍群丛

该群丛挺水层高度 0.5～0.8m，盖度 80%～95%，通常仅由荸荠组成或以荸荠为主，其他种类有水虱草、异型莎草、圆叶节节菜、鸭舌草、陌上菜、泥花草等；漂浮层盖度 80%～100%，仅由紫萍组成或以紫萍为主，其他种类有浮萍、无根萍、满江红等（表 4-390）。

表 4-390　荸荠-紫萍群丛的数量特征

水深/m	层次结构	层高度/m	层盖度/%	种类	株高/m	多度等级	物候期	生长状态
0.1～0.2	挺水层	0.63	95	荸荠 *Eleocharis dulcis*	0.63	Soc	果期	挺水
				异型莎草 *Cyperus difformis*	0.45	Un	果期	挺水
				水虱草 *Fimbristylis littoralis*	0.37	Un	果期	挺水
	漂浮层	—	100	紫萍 *Spirodela polyrhiza*	—	Soc	营养期	漂浮
				无根萍 *Wolffia globosa*	—	Cop¹	营养期	漂浮

注：取样地点为贺州市莲塘镇东鹿村；样方面积为 100m²；取样时间为 2012 年 10 月 15 日

（四）荸荠-槐叶蘋群丛

该群丛挺水层高度 0.5～0.8m，盖度 50%～90%，通常仅由荸荠组成或以荸荠为主，其他种类有稗、李氏禾、萤蔺、野慈姑、鸭舌草等；漂浮层盖度 80%～100%，仅由槐叶蘋组成或以槐叶蘋为主，其他种类有大薸、浮萍、紫萍等（表 4-391）。

表 4-391　荸荠-槐叶蘋群丛的数量特征

水深/m	层次结构	层高度/m	层盖度/%	种类	株高/m	多度等级	物候期	生长状态
0.1～0.2	挺水层	0.57	50	荸荠 *Eleocharis dulcis*	0.57	Cop²	果期	挺水
				李氏禾 *Leersia hexandra*	0.35	Sol	营养期	挺水
	漂浮层	—	100	槐叶蘋 *Salvinia natans*	—	Soc	营养期	漂浮
				大薸 *Pistia stratiotes*	0.11	Un	营养期	漂浮

注：取样地点为三江县古宜镇凤尾寨；样方面积为 100m²；取样时间为 2006 年 10 月 13 日

四十八、木贼状荸荠群系

木贼状荸荠为莎草科荸荠属多年生挺水草本植物。广西的木贼状荸荠群系在北海市、钦州市、防城港市等地区有分布，见于潮上带、沼泽及沼泽化湿地、沟渠等，主要类型为木贼状荸荠群丛。该群丛高度 0.4～0.8m，盖度 80%～100%，仅由木贼状荸荠组成或以木贼状荸荠为主，有时在群落空窗或群落边缘有铺地黍、海雀稗、多枝扁莎等（表 4-392）。

表 4-392　荸荠群丛的数量特征

样地编号	水深/m	群落高度/m	群落盖度/%	种类	株高/m	多度等级	物候期	生长状态
Q1	0.2～0.4	0.56	100	木贼状荸荠 *Eleocharis equisetina*	0.56	Soc	营养期	挺水
Q2	0.1～0.2	0.63	100	木贼状荸荠 *Eleocharis equisetina*	0.63	Soc	果期	挺水
				多枝扁莎 *Pycreus polystachyos*	0.46	Sol	果期	挺水
Q3	0.3～0.5	0.47	100	木贼状荸荠 *Eleocharis equisetina*	0.47	Soc	花期	挺水
Q4	0.1～0.2	0.67	100	木贼状荸荠 *Eleocharis equisetina*	0.67	Soc	花期	挺水
				海雀稗 *Paspalum vaginatum*	0.23	Sol	营养期	挺水
				铺地黍 *Panicum repens*	0.28	Sp	营养期	挺水
Q5	0.2～0.3	0.73	100	木贼状荸荠 *Eleocharis equisetina*	0.73	Soc	果期	挺水
				铺地黍 *Panicum repens*	0.45	Sol	营养期	挺水

注：取样地点 Q1 为东兴市巫头岛，Q2 为钦州湾茅尾海，Q3 为钦州市犀牛脚镇，Q4 为合浦县山口镇英罗村，Q5 为东兴市竹山村；样方面积为 100m²；取样时间 Q1 为 2004 年 1 月 4 日，Q2 为 2011 年 11 月 18 日，Q3 为 2016 年 10 月 8 日，Q4 为 2016 年 10 月 26 日，Q5 为 2016 年 11 月 3 日

四十九、野荸荠群系

野荸荠为莎草科荸荠属多年生挺水草本植物。广西的野荸荠群系在桂北等地区有分布，见于湖泊、沼泽及沼泽化湿地、沟渠等，主要类型为野荸荠群丛。该群丛高度 0.4～0.8m，盖度 80%～100%，通常仅由野荸荠组成，有时在群落空窗或群落边缘有锐棱荸荠（*Eleocharis acutangula*）、柳叶箬、水毛花、三棱水葱、李氏禾、水龙等（表 4-393）。

五十、龙师草群系

龙师草（*Eleocharis tetraquetra*）为莎草科荸荠属多年生挺水草本植物。广西的龙师草群系分布普遍，见于湖泊、沼泽及沼泽化湿地、水田等，主要类型为龙师草群丛。该群丛高度 0.2～0.6m，盖度 40%～90%，组成种类以龙师草为主，其他种类有笄石菖、水虱草、李氏禾、畦畔莎草、野慈姑等（表 4-394）。

表 4-393　野荸荠群丛的数量特征

样地编号	水深/m	群落高度/m	群落盖度/%	种类	株高/m	多度等级	物候期	生长状态
Q1	0.2～0.5	0.65	80	野荸荠 *Eleocharis plantagineiformis*	0.65	Soc	果期	挺水
				锐棱荸荠 *Eleocharis acutangula*	0.58	Sp	果期	挺水
				柳叶箬 *Isachne globose*	0.35	Sol	营养期	挺水
Q2	0.2～0.4	0.68	90	野荸荠 *Eleocharis plantagineiformis*	0.68	Soc	果期	挺水
				水毛花 *Schoenoplectus mucronatus* subsp. *robustus*	0.85	Un	花期	挺水
				三棱水葱 *Schoenoplectus triqueter*	0.92	Sol	花期	挺水
				李氏禾 *Leersia hexandra*	0.36	Sp	营养期	挺水
				水龙 *Ludwigia adscendens*	0.15	Sol	营养期	漂浮
Q3	0.2～0.4	0.75	100	野荸荠 *Eleocharis plantagineiformis*	0.75	Soc	花期	挺水

注：取样地点为桂林市会仙镇睦洞湖；样方面积为 100m²；取样时间 Q1 为 2011 年 8 月 29 日，Q2 为 2014 年 8 月 18 日，Q3 为 2016 年 7 月 22 日

表 4-394　龙师草群丛的数量特征

水深/m	群落高度/m	群落盖度/%	种类	株高/m	多度等级	物候期	生长状态
0.05～0.15	0.38	80	龙师草 *Eleocharis tetraquetra*	0.38	Soc	花期	挺水
			陌上菜 *Lindernia procumbens*	0.21	Un	花期	挺水
			笄石菖 *Juncus prismatocarpus*	0.25	Sol	果期	挺水
			水虱草 *Fimbristylis littoralis*	0.32	Sol	花果期	挺水
			李氏禾 *Leersia hexandra*	0.22	Sol	营养期	挺水
			圆叶节节菜 *Rotala rotundifolia*	0.17	Un	营养期	挺水
			谷精草 *Eriocaulon buergerianum*	0.18	Un	花果期	挺水
			畦畔莎草 *Cyperus haspan*	0.36	Sp	花果期	挺水
			野慈姑 *Sagittaria trifolia*	0.15	Un	花果期	挺水

注：取样地点为龙胜县泗水乡；样方面积为 100m²；取样时间为 2011 年 9 月 9 日

五十一、萤蔺群系

萤蔺为莎草科水葱属多年生挺水草本植物。广西的萤蔺群系分布普遍，见于沼泽及沼泽化湿地、水田等，主要类型有萤蔺群丛、萤蔺-牛毛毡群丛等。

（一）萤蔺群丛

该群丛高度 0.3～0.5m，盖度 40%～80%，组成种类以萤蔺为主，其他种类有水蓼、稗、牛毛毡、双穗雀稗、泥花草等（表 4-395）。

（二）萤蔺-牛毛毡群丛

该群丛上层高度 0.3～0.5m，盖度 40%～80%，组成种类以萤蔺为主，其他种类有稗、李氏禾、水苋菜、钻叶紫菀等；下层高度 0.05～0.12m，盖度 60%～90%，组成种类以牛毛毡为主，其他种类有水竹叶等（表 4-396）。

表 4-395　萤蔺群丛的数量特征

样地编号	水深/m	群落高度/m	群落盖度/%	种类	株高/m	多度等级	物候期	生长状态
Q1	0.05～0.10	0.41	40	萤蔺 *Schoenoplectus juncoides*	0.41	Cop^2	花果期	挺水
				稗 *Echinochloa crusgalli*	0.58	Sol	花果期	挺水
				牛毛毡 *Eleocharis yokoscensis*	0.08	Sp	营养期	挺水
				泥花草 *Lindernia antipoda*	0.17	Sol	营养期	挺水
Q2	0.05～0.10	0.38	60	萤蔺 *Schoenoplectus juncoides*	0.38	Cop^3	花果期	挺水
				稗 *Echinochloa crusgalli*	0.55	Sol	花果期	挺水
				双穗雀稗 *Paspalum distichum*	0.23	Sol	营养期	挺水
				水蓼 *Polygonum hydropiper*	0.39	Sp	营养期	挺水
Q3	0.05～0.15	0.43	80	萤蔺 *Schoenoplectus juncoides*	0.43	Soc	花果期	挺水
				稗 *Echinochloa crusgalli*	0.62	Sol	花果期	挺水

注: 取样地点 Q1 为兴安县高尚镇龙田村, Q2 为全州县龙水镇长井村, Q3 为桂林市六塘镇诚正村; 样方面积为 100m²; 取样时间 Q1 为 2008 年 9 月 3 日, Q2 为 2012 年 7 月 21 日, Q3 为 2012 年 10 月 26 日

表 4-396　萤蔺-牛毛毡群丛的数量特征

水深/m	层次结构	层高度/m	层盖度/%	种类	株高/m	多度等级	物候期	生长状态
0.05～0.12	上层	0.47	80	萤蔺 *Schoenoplectus juncoides*	0.47	Soc	花期	挺水
				稗 *Echinochloa crusgalli*	0.65	Sp	果期	挺水
				李氏禾 *Leersia hexandra*	0.26	Sp	营养期	挺水
				水苋菜 *Ammannia baccifera*	0.35	Sol	花期	挺水
				钻叶紫菀 *Aster subulatus*	0.53	Sp	营养期	挺水
	下层	0.10	80	牛毛毡 *Eleocharis yokoscensis*	0.10	Soc	营养期	挺水
				水竹叶 *Murdannia triquetra*	0.08	Sp	营养期	挺水

注: 取样地点为恭城县嘉会镇白羊村; 样方面积为 100m²; 取样时间为 2010 年 8 月 2 日

五十二、水毛花群系

水毛花为莎草科水葱属多年生挺水草本植物。广西的水毛花群系分布普遍, 见于河流、湖泊、沼泽及沼泽化湿地、水库、池塘等, 主要类型有水毛花群丛、水毛花-李氏禾群丛、水毛花-双穗雀稗群丛、水毛花-柳叶箬群丛、水毛花-圆基长鬃蓼群丛等。

(一) 水毛花群丛

该群丛高度 0.9～1.2m, 盖度 40%～80%, 仅由水毛花组成或以水毛花为主, 其他种类有菖蒲、李氏禾等 (表 4-397)。

表 4-397　水毛花群丛的数量特征

水深/m	群落高度/m	群落盖度/%	种类	株高/m	多度等级	物候期	生长状态
0.2～0.5	1.10	60	水毛花群系 *Schoenoplectus mucronatus* subsp. *robustus*	1.10	Cop^3	花果期	挺水
			菖蒲 *Acorus calamus*	0.65	Un	营养期	挺水
			李氏禾 *Leersia hexandra*	0.42	Sp	营养期	挺水

注: 取样地点为桂林市会仙镇大联村; 样方面积为 400m²; 取样时间为 2014 年 8 月 20 日

（二）水毛花-李氏禾群丛

该群丛上层高度 0.8～1.2m，盖度 40%～80%，仅由水毛花组成或以水毛花为主，其他种类有水烛、三棱水葱、菰、白花毛轴莎草（*Cyperus pilosus* var. *obliquus*）等；下层高度 0.2～0.4m，盖度 60%～9%，组成种类以李氏禾为主，其他种类有喜旱莲子草、水龙、双穗雀稗、柳叶箬、凤眼蓝、大藻等（表 4-398）。

表 4-398　水毛花-李氏禾群丛的数量特征

样地编号	水深/m	层次结构	层高度/m	层盖度/%	种类	株高/m	多度等级	物候期	生长状态
Q1	0.2～0.4	上层	1.20	50	水毛花 *Schoenoplectus mucronatus* subsp. *robustus*	1.20	Cop²	花期	挺水
					水烛 *Typha angustifolia*	1.10	Sp	营养期	挺水
					三棱水葱 *Schoenoplectus triqueter*	0.95	Sol	花期	挺水
					扯根菜 *Penthorum chinense*	0.75	Un	营养期	挺水
		下层	0.34	80	李氏禾 *Leersia hexandra*	0.34	Soc	果期	挺水
					喜旱莲子草 *Alternanthera philoxeroides*	0.28	Sp	营养期	挺水
					水龙 *Ludwigia adscendens*	0.25	Sol	营养期	挺水
					双穗雀稗 *Paspalum distichum*	0.20	Sol	果期	挺水
					凤眼蓝 *Eichhornia crassipes*	0.23	Sol	营养期	漂浮
					大藻 *Pistia stratiotes*	0.17	Un	营养期	漂浮
Q2	0.3～0.5	上层	1.15	40	水毛花 *Schoenoplectus mucronatus* subsp. *robustus*	1.15	Cop³	花期	挺水
					菰 *Zizania latifolia*	0.90	Sp	营养期	挺水
					白花毛轴莎草 *Cyperus pilosus* var. *obliquus*	0.75	Sol	花期	挺水
		下层	0.32	85	李氏禾 *Leersia hexandra*	0.32	Soc	果期	挺水
					柳叶箬 *Isachne globosa*	0.28	Sp	果期	挺水

注：取样地点 Q1 为桂林市朝阳乡欧家村，Q2 为恭城县嘉会镇白燕村；样方面积为 100m²；取样时间 Q1 为 2006 年 8 月 23 日，Q2 为 2007 年 8 月 21 日

（三）水毛花-双穗雀稗群丛

该群丛上层高度 0.8～1.2m，盖度 40%～80%，仅由水毛花组成或以水毛花为主，其他种类有三棱水葱、大蕙草等；下层高度 0.2～0.4m，盖度 60%～80%，组成种类以双穗雀稗为主，有喜旱莲子草、水蓑衣等混生（表 4-399）。

（四）水毛花-柳叶箬群丛

该群丛上层高度 0.8～1.2m，盖度 40%～80%，仅由水毛花组成或以水毛花为主，其他种类有毛草龙、狼杷草、水蓼、水珍珠菜等；下层高度 0.3～0.5m，盖度 80%～100%，组成种类以柳叶箬为主，其他种类有李氏禾、水香薷、喜旱莲子草等（表 4-400）。

表 4-399　水毛花-双穗雀稗群丛的数量特征

水深/m	层次结构	层高度/m	层盖度/%	种类	株高/m	多度等级	物候期	生长状态
0.1～0.3	上层	1.10	50	水毛花 *Schoenoplectus mucronatus* subsp. *robustus*	1.1	Cop²	花果期	挺水
				三棱水葱 *Schoenoplectus triqueter*	1.2	Sol	花果期	挺水
				大藨草 *Actinoscirpus grossus*	1.3	Sol	花果期	挺水
	下层	0.23	85	双穗雀稗 *Paspalum distichum*	0.23	Soc	花果期	挺水
				喜旱莲子草 *Alternanthera philoxeroides*	0.18	Sp	营养期	挺水
				水蓑衣 *Hygrophila ringens*	0.42	Sol	营养期	挺水

注：取样地点为贺州市贺江螺桥村河段；样方面积为 200m²；取样时间为 2009 年 9 月 29 日

表 4-400　水毛花-柳叶箬群丛的数量特征

样地编号	水深/m	层次结构	层高度/m	层盖度/%	种类	株高/m	多度等级	物候期	生长状态
Q1	0.2～0.4	上层	1.15	40	水毛花 *Schoenoplectus mucronatus* subsp. *robustus*	0.85	Cop²	果期	挺水
		下层	0.45	100	柳叶箬 *Isachne globosa*	0.43	Soc	营养期	挺水
Q2	0.1～0.3	上层	0.85	50	水毛花 *Schoenoplectus mucronatus* subsp. *robustus*	0.85	Cop²	果期	挺水
		下层	0.43	100	柳叶箬 *Isachne globosa*	0.43	Soc	果期	挺水
					喜旱莲子草 *Alternanthera philoxeroides*	0.35	Un	花期	挺水
Q3	0.1～0.2	上层	1.20	60	水毛花 *Schoenoplectus mucronatus* subsp. *robustus*	1.20	Cop³	花期	挺水
					毛草龙 *Ludwigia octovalvis*	1.35	Un	营养期	挺水
					狼杷草 *Bidens tripartita*	0.93	Sol	营养期	挺水
					水珍珠菜 *Pogostemon auricularius*	1.10	Sol	花期	挺水
					水蓼 *Polygonum hydropiper*	0.56	Sol	花期	挺水
		下层	0.25	90	柳叶箬 *Isachne globosa*	0.36	Soc	果期	挺水
					野芋 *Colocasia esculentum* var. *antiquorum*	0.53	Un	营养期	挺水
					水蓑衣 *Hygrophila ringens*	0.56	Un	营养期	挺水
					鸭跖草 *Commelina communis*	0.17	Sol	营养期	挺水
					中华石龙尾 *Limnophila chinensis*	0.32	Sp	营养期	挺水

注：取样地点 Q1 为陆川县大桥镇，Q2 为平乐县沙子镇，Q3 为陆川县沙湖镇；样方面积为 100m²；取样时间 Q1 为 2005 年 10 月 31 日，Q2 为 2009 年 8 月 16 日，Q3 为 2010 年 9 月 30 日

（五）水毛花-圆基长鬃蓼群丛

该群丛上层高度 0.8～1.2m，盖度 40%～80%，仅由水毛花组成或以水毛花为主，其他种类有水烛等；下层高度 0.3～0.6m，盖度 60%～90%，组成种类以圆基长鬃蓼为主，其他种类有双穗雀稗、喜旱莲子草等（表 4-401）。

五十三、钻苞水葱群系

钻苞水葱是莎草科水葱属多年生挺水草本植物。广西的钻苞水葱群系目前仅见于东兴市北仑河口，主要类型为钻苞水葱群丛。该群丛高度 1.3～2.2m，盖度 60%～90%，仅由钻苞水葱组成或以钻苞水葱为主，其他种类有短叶茳芏、蜡烛果等（表 4-402）。

表 4-401 水毛花-圆基长鬃蓼群丛的数量特征

水深/m	层次结构	层高度/m	层盖度/%	种类	株高/m	多度等级	物候期	生长状态
0.2～0.4	上层	0.95	50	水毛花 *Schoenoplectus mucronatus* subsp. *robustus*	0.95	Cop^2	花期	挺水
				水烛 *Typha angustifolia*	1.30	Sol	营养期	挺水
	下层	0.47	85	圆基长鬃蓼 *Polygonum longisetum* var. *rotundatum*	0.47	Soc	花期	挺水
				双穗雀稗 *Paspalum distichum*	0.35	Sp	营养期	挺水
				喜旱莲子草 *Alternanthera philoxeroides*	0.28	Sol	营养期	挺水

注：取样地点为钟山县公安镇荷塘村；样方面积为 100m²；取样时间为 2009 年 8 月 29 日

表 4-402 钻苞水葱群丛的数量特征

样地编号	群落高度/m	群落盖度/%	种类	株高/m	多度等级	物候期	生长状态
Q1	1.2	85	钻苞水葱 *Schoenoplectus subulatus*	1.2	Soc	果期	干淹交替
			短叶茳芏 *Cyperus malaccensis* subsp. *monophyllus*	1.1	Sol	果期	干淹交替
Q2	1.1	75	钻苞水葱 *Schoenoplectus subulatus*	1.1	Cop^3	花期	干淹交替
Q3	1.3	90	钻苞水葱 *Schoenoplectus subulatus*	1.3	Soc	花期	干淹交替
			蜡烛果 *Aegiceras corniculatum*	1.2	Sol	营养期	干淹交替

注：取样地点为防城港东兴竹山村；样方面积 Q1 和 Q2 为 25m²，Q3 为 100m²；取样时间 Q1 为 2010 年 12 月 10 日，Q2 和 Q3 为 2016 年 10 月 9 日

五十四、水葱群系

水葱为莎草科水葱属多年生挺水草本植物。广西的水葱群系在桂林市、贺州市等地区有分布，见于湖泊、沼泽及沼泽化湿地、池塘等，主要类型为水葱群丛。该群丛高度 1.5～2.1m，盖度 60%～90%，仅由水葱组成或以水葱为主，其他种类有芦苇、水烛、铺地黍、华克拉莎等（表 4-403）。

表 4-403 水葱群丛的数量特征

样地编号	水深/m	群落高度/m	群落盖度/%	种类	株高/m	多度等级	物候期	生长状态
Q1	0.1～0.4	1.80	90	水葱 *Schoenoplectus tabernaemontani*	1.70	Soc	花果期	挺水
				圆基长鬃蓼 *Polygonum longisetum* var. *rotundatum*	0.63	Sol	花果期	挺水
				水烛 *Typha angustifolia*	0.85	Sol	营养期	挺水
				铺地黍 *Panicum repens*	0.45	Sol	营养期	挺水
Q2	0.2～0.6	1.90	90	水葱 *Schoenoplectus tabernaemontani*	1.9	Soc	营养期	挺水
				芦苇 *Phragmites australis*	2.0	Sol	营养期	挺水
				华克拉莎 *Cladium jamaicence* subsp. *chinense*	1.7	Un	营养期	挺水

注：取样地点 Q1 为贺州市爱莲湖，Q2 为桂林市会仙镇冯家村；样方面积为 400m²；取样时间 Q1 为 2013 年 6 月 25 日，Q2 为 2012 年 7 月 11 日

五十五、三棱水葱群系

三棱水葱为莎草科水葱属多年生挺水草本植物。广西的三棱水葱群系分布普遍，见于河流、湖泊、沼泽及沼泽化湿地等，主要类型有三棱水葱群丛、三棱水葱-李氏禾群丛、三棱水葱-柳叶箬群丛等。

（一）三棱水葱群丛

该群丛高度 0.9～1.2m，盖度 90%～100%，仅由三棱水葱组成或以三棱水葱为主，其他种类有水蓼、柳叶箬、扯根菜、野荸荠等（表 4-404）。

表 4-404　三棱水葱群丛的数量特征

样地编号	水深/m	群落高度/m	群落盖度/%	种类	株高/m	多度等级	物候期	生长状态
Q1	0.1～0.3	1.20	95	三棱水葱 Schoenoplectus triqueter	1.20	Soc	营养期	挺水
				柳叶箬 Isachne globosa	0.38	Sp	花期	挺水
Q2	0.2～0.4	1.10	90	三棱水葱 Schoenoplectus triqueter	1.10	Soc	营养期	挺水
				水蓼 Polygonum hydropiper	0.45	Sol	花期	挺水

注：取样地点 Q1 为桂林市会仙湿地，Q2 为钟山县燕塘镇明家村；样方面积为 400m²；取样时间 Q1 为 2016 年 7 月 22 日，Q2 为 2018 年 6 月 24 日

（二）三棱水葱-李氏禾群丛

该群丛上层高度 0.8～1.1m，盖度 40%～80%，通常仅由三棱水葱组成；下层高度 0.2～0.4m，盖度 60%～90%，组成种类以李氏禾为主，其他种类有喜旱莲子草、水龙、双穗雀稗等（表 4-405）。

表 4-405　三棱水葱-李氏禾群丛的数量特征

样地编号	水深/m	层次结构	层高度/m	层盖度/%	种类	株高/m	多度等级	物候期	生长状态
Q1	0.1～0.4	上层	0.97	40	三棱水葱 Schoenoplectus triqueter	0.97	Cop²	花果期	挺水
		下层	0.32	85	李氏禾 Leersia hexandra	0.32	Soc	花果期	挺水
					水龙 Ludwigia adscendens	0.17	Sp	花果期	挺水
					双穗雀稗 Paspalum distichum	0.27	Sol	花果期	挺水
					喜旱莲子草 Alternanthera philoxeroides	0.28	Sp	花果期	挺水
Q2	0.2～0.4	上层	0.85	40	三棱水葱 Schoenoplectus triqueter	0.85	Cop²	花果期	挺水
		下层	0.28	80	李氏禾 Leersia hexandra	0.28	Soc	花果期	挺水
					喜旱莲子草 Alternanthera philoxeroides	0.28	Sol	营养期	挺水

注：取样地点 Q1 为桂林市会仙湿地，Q2 为贺州市贺江螺桥村河段；样方面积为 200m²；取样时间 Q1 为 2007 年 8 月 11 日，Q2 为 2010 年 7 月 13 日

（三）三棱水葱-柳叶箬群丛

该群丛上层高度 0.8～1.2m，盖度 40%～80%，通常仅由三棱水葱组成；下层高度

0.3～0.5m，盖度 90%～100%，组成种类以柳叶箬为主，其他种类有喜旱莲子草、圆基长鬃蓼等（表 4-406）。

表 4-406　三棱水葱-柳叶箬群丛的数量特征

水深/m	层次结构	层高度/m	层盖度/%	种类	株高/m	多度等级	物候期	生长状态
0.1～0.3	上层	1.10	80	三棱水葱 *Schoenoplectus triqueter*	1.10	Soc	花果期	挺水
	下层	0.37	90	柳叶箬 *Isachne globosa*	0.37	Soc	花果期	挺水
				圆基长鬃蓼 *Polygonum longisetum* var. *rotundatum*	0.45	Sol	花果期	挺水
				喜旱莲子草 *Alternanthera philoxeroides*	0.35	Un	营养期	挺水

注：取样地点为平乐县恭城河沙子河段；样方面积为 200m²；取样时间为 2010 年 8 月 3 日

五十六、猪毛草群系

猪毛草（*Schoenoplectus wallichii*）为莎草科水葱属多年生挺水草本植物。广西的猪毛草群系在桂北等地区有分布，见于沼泽及沼泽化湿地等，主要类型有猪毛草群丛、猪毛草-牛毛毡群丛等。

（一）猪毛草群丛

该群丛高度 0.3～0.5m，盖度 40%～80%，组成种类以猪毛草为主，其他种类有圆叶节节菜、泥花草、鸭舌草、野慈姑、稗、异型莎草等（表 4-407）。

表 4-407　猪毛草群丛的数量特征

水深/m	群落高度/m	群落盖度/%	种类	株高/m	多度等级	物候期	生长状态
0.05～0.20	0.43	50	猪毛草 *Schoenoplectus wallichii*	0.43	Cop³	花期	挺水
			野慈姑 *Sagittaria trifolia*	0.38	Sp	花期	挺水
			稗 *Echinochloa crusgalli*	0.58	Sol	花期	挺水
			圆叶节节菜 *Rotala rotundifolia*	0.20	Cop¹	花期	挺水
			鸭舌草 *Monochoria vaginalis*	0.15	Sp	营养期	挺水
			异型莎草 *Cyperus difformis*	0.45	Sol	花期	挺水
			泥花草 *Lindernia antipoda*	0.16	Sol	营养期	挺水

注：取样地点为灵川县青狮潭镇田心村；样方面积为 25m²；取样时间为 2015 年 8 月 26 日

（二）猪毛草-牛毛毡群丛

该群丛上层高度 0.3～0.5m，盖度 40%～80%，组成种类以猪毛草为主，其他种类有稗等；下层高度 0.05～0.12m，盖度 60%～90%，组成种类以牛毛毡为主，其他种类有布氏轮藻、小茨藻、眼子菜等（表 4-408）。

表 4-408　猪毛草-牛毛毡群丛的数量特征

水深/m	层次结构	层高度/m	层盖度/%	种类	株高/m	多度等级	物候期	生长状态
0.05～0.15	上层	0.47	70	猪毛草 Schoenoplectus wallichii	0.47	Soc	花期	挺水
				稗 Echinochloa crusgalli	0.60	Sol	果期	挺水
	下层	0.12	80	牛毛毡 Eleocharis yokoscensis	0.10	Soc	营养期	挺水
				布氏轮藻 Chara braunii	—	Sol	营养期	沉水
				小茨藻 Najas minor	—	Sol	营养期	沉水
				眼子菜 Potamogeton distinctus	—	Sol	营养期	浮叶

注：取样地点为灌阳县新圩镇镇长冲塘；样方面积为100m²；取样时间为2019年7月2日

五十七、水生薏苡群系

水生薏苡为禾本科薏苡属多年生挺水草本植物。广西的水生薏苡群系在南宁市、桂平市、来宾市、防城港市等地区有分布（陈成斌等，2008），见于河流等，主要类型为水生薏苡群丛。该群丛通常为单种群落，高度 1.3～2.0m，盖度 60%～95%，通常仅由水生薏苡组成，其他种类多见于群落边缘。

五十八、李氏禾群系

李氏禾为禾本科假稻属多年生挺水草本植物。广西的李氏禾群系分布普遍，见于河流、湖泊、沼泽及沼泽化湿地、水库、池塘、沟渠等，主要类型为李氏禾群丛。该群丛高度 0.3～0.6m，盖度 80%～100%，仅由李氏禾组成或以李氏禾为主，其他种类有双穗雀稗、三棱水葱、喜旱莲子草、柳叶箬、光蓼、水毛花、水蓼、垂穗莎草、水芹、水蔗草、鸭跖草、野芋等（表 4-409）。

表 4-409　李氏禾群丛的数量特征

样地编号	水深/m	群落高度/m	群落盖度/%	种类	株高/m	多度等级	物候期	生长状态
Q1	0.1～0.4	0.45	80	李氏禾 Leersia hexandra	0.45	Soc	果期	挺水
				双穗雀稗 Paspalum distichum	0.38	Sp	果期	挺水
				三棱水葱 Schoenoplectus triqueter	0.78	Sol	果期	挺水
				喜旱莲子草 Alternanthera philoxeroides	0.28	Sol	营养期	挺水
				柳叶箬 Isachne globosa	0.35	Sp	果期	挺水
				光蓼 Polygonum glabrum	0.65	Sol	营养期	挺水
Q2	0.1～0.2	0.48	90	李氏禾 Leersia hexandra	0.48	Soc	花期	挺水
				水毛花 Schoenoplectus mucronatus subsp. robustus	0.82	Sp	花期	挺水
				水蓼 Polygonum hydropiper	0.65	Sp	营养期	挺水
				垂穗莎草 Cyperus nutans	0.63	Un	花期	挺水
				喜旱莲子草 Alternanthera philoxeroides	0.37	Sol	营养期	挺水
Q3	0.2～0.3	0.53	100	李氏禾 Leersia hexandra	0.53	Soc	花期	挺水
Q4	0.1～0.3	0.55	100	李氏禾 Leersia hexandra	0.55	Soc	花期	挺水

样地编号	水深/m	群落高度/m	群落盖度/%	种类	株高/m	多度等级	物候期	生长状态
Q5	0.1~0.2	0.32	95	李氏禾 *Leersia hexandra*	0.32	Soc	花期	挺水
				水蓼 *Polygonum hydropiper*	0.35	Cop¹	营养期	挺水
				喜旱莲子草 *Alternanthera philoxeroides*	0.28	Sp	营养期	挺水
				水芹 *Oenanthe javanica*	0.53	Sp	营养期	挺水
Q6	0.1~0.3	0.45	100	李氏禾 *Leersia hexandra*	0.45	Soc	营养期	挺水
				水蔗草 *Apluda mutica*	0.65	Sol	营养期	挺水
				鸭跖草 *Commelina communis*	0.36	Sp	营养期	挺水
				毛蓼 *Polygonum barbatum*	0.58	Sol	花期	挺水
				野芋 *Colocasia esculentum* var. *antiquorum*	0.52	Un	营养期	挺水

注：取样地点 Q1 为来宾市五山乡古村，Q2 为桂林市朝阳乡西村，Q3 为桂林市会仙湿地，Q4 为桂林市会仙镇马面村，Q5 为苍梧县苍海湿地，Q6 为百色市永乐镇南乐村；样方面积为 100m²；取样时间 Q1 为 2011 年 9 月 29 日，Q2 为 2012 年 7 月 26 日，Q3 为 2016 年 7 月 7 日，Q4 为 2016 年 7 月 9 日，Q5 为 2017 年 8 月 26 日，Q6 为 2019 年 2 月 4 日

五十九、李氏禾+水芹群系

广西的李氏禾+水芹群系在桂北等地区有分布，见于沼泽及沼泽化湿地、沟渠等，主要类型为李氏禾+水芹群丛。该群丛高度 0.3~0.5m，盖度 80%~100%，组成种类以李氏禾和水芹为主，其他种类有狼杷草、钻叶紫菀、柳叶菜、长芒棒头草等（表 4-410）。

表 4-410　李氏禾+水芹群丛的数量特征

水深/m	群落高度/m	群落盖度/%	种类	株高/m	多度等级	物候期	生长状态
0.27	0.47	100	李氏禾 *Leersia hexandra*	0.47	Soc	营养期	挺水
			水芹 *Oenanthe javanica*	0.53	Cop³	花期	挺水
			狼杷草 *Bidens tripartita*	0.80	Sol	营养期	挺水
			钻叶紫菀 *Aster subulatus*	0.65	Un	营养期	挺水
			柳叶菜 *Epilobium hirsutum*	0.73	Un	花期	挺水
			长芒棒头草 *Polypogon monspeliensis*	0.45	Sp	果期	挺水

注：取样地点为灌阳县新圩镇镇长冲塘；样方面积为 100m²；取样时间为 2019 年 7 月 2 日

六十、假稻群系

假稻为禾本科假稻属多年生挺水草本植物。广西的假稻群系在灵川县、全州县等地区有分布，见于沼泽及沼泽化湿地、沟渠、水田等，主要类型为假稻群丛。该群丛高度 0.3~0.7m，盖度 90%~100%，仅由假稻组成或以假稻为主，其他种类有水莎草、喜旱莲子草、水蓼等（表 4-411）。

表 4-411　假稻群丛的数量特征

样地编号	水深/m	群落高度/m	群落盖度/%	种类	株高/m	多度等级	物候期	生长状态
Q1	0.26	0.42	100	假稻 *Leersia japonica*	0.42	Soc	花期	挺水
				水莎草 *Cyperus serotinus*	0.63	Sol	花期	挺水
				喜旱莲子草 *Alternanthera philoxeroides*	0.25	Sp	营养期	挺水
				水蓼 *Polygonum hydropiper*	0.57	Sol	营养期	挺水
Q2	0.45	0.63	90	假稻 *Leersia japonica*	0.63	Soc	果期	挺水

注：取样地点 Q1 为灵川县灵田镇四联村，Q2 为全州县石塘镇朝南村；样方面积为 100m²；取样时间 Q1 为 2013 年 7 月 23 日，Q2 为 2015 年 9 月 12 日

六十一、野生稻群系

野生稻为禾本科稻属多年生挺水草本植物。广西是我国野生稻资源最丰富的省（区）之一，其地理分布北起桂林市雁山（25°11′N），南到合浦县营盘（21°28′N），东从贺州市甫门（111°50′E），西达百色市那毕（106°22′E），共 42 个县（市）。根据 1978~1981 年的普查结果，广西的野生稻连片面积 3.33hm² 以上的有 17 处，最大的为贵港市马柳塘 27.96hm²，其次是来宾市五里塘和武宣县大洛河岸，各有 6.67hm²（陈成斌，2001）。野生稻属于挺水植物，见于河流、沼泽及沼泽化湿地、沟渠等，多数生长在水深 30~50cm 的地方，少部分能随水上涨，长出高位须根及蘖芽，而能在水深约 150cm 的区域生长，常见的伴生种类有李氏禾、柳叶箬、大蕉草、李氏禾、水禾、水蓼、菰等（陈成斌和庞汉华，1997；陈成斌等，2006）。

六十二、稻群系

稻为禾本科稻属一年生挺水草本植物。稻群系是广西主要的人工湿地植被类型之一，成熟期群落高度 0.35~0.80m，盖度 70%~100%，主要类型有稻群丛、稻-满江红群丛、稻-浮萍群丛、稻-紫萍群丛、稻-槐叶蘋群丛、稻-谷精草群丛、稻-眼子菜群丛、稻-鸭舌草群丛等。

（一）稻群丛

该群丛挺水层仅由稻组成或以稻为主，其他种类有稗、野慈姑、丁香蓼、水莎草、水虱草、紫苏草（*Limnophila aromatica*）等。此外，还有挺水生长的鸭舌草、陌上菜、泥花草、水苋菜等，浮水生长的眼子菜、蘋、紫萍、浮萍、槐叶蘋等，沉水生长的牛毛毡、有尾水筛、矮慈姑、狸藻等（表 4-412）。

（二）稻-满江红群丛

该群丛挺水层仅由稻组成或以稻为主，其他种类有稗等；漂浮层盖度 80%~100%，组成种类以满江红为主，其他种类有浮萍、紫萍等。此外，冠层下还有少量矮小的挺水植物，如鸭舌草、泥花草等（表 4-413）。

表 4-412　稻群丛的数量特征

样地编号	群落高度/m	群落盖度/%	种类	株高/m	多度等级	物候期	生长状态
Q1	0.58	90	稻 *Oryza sativa*	0.58	Soc	营养期	挺水
			紫苏草 *Limnophila aromatica*	0.32	Un	营养期	挺水
			异型莎草 *Cyperus difformis*	0.48	Un	花期	挺水
			𬞟 *Marsilea quadrifolia*	0.12	Sol	营养期	浮叶
			鸭舌草 *Monochoria vaginalis*	0.18	Sol	营养期	挺水
			泥花草 *Lindernia antipoda*	0.21	Sol	营养期	挺水
			陌上菜 *Lindernia procumbens*	0.15	Un	营养期	挺水
			有尾水筛 *Blyxa echinosperma*	—	Sol	营养期	沉水
			狸藻 *Utricularia vulgaris*	—	Sol	营养期	沉水
			圆叶节节菜 *Rotala rotundifolia*	0.12	Sol	营养期	挺水
			紫萍 *Spirodela polyrhiza*	—	Sol	营养期	漂浮
			浮萍 *Lemna minor*	—	Sol	营养期	漂浮
Q2	0.55	95	稻 *Oryza sativa*	0.55	Soc	果期	挺水
			稗 *Echinochloa crusgalli*	0.65	Sol	果期	挺水
			矮慈姑 *Sagittaria pygmaea*	0.12	Sol	营养期	沉水
			泥花草 *Lindernia antipoda*	0.23	Sol	营养期	挺水
			异型莎草 *Cyperus difformis*	0.52	Un	花期	挺水
			水虱草 *Fimbristylis littoralis*	0.28	Un	花期	挺水
Q3	0.62	95	稻 *Oryza sativa*	0.62	Soc	果期	挺水
			稗 *Echinochloa crusgalli*	0.75	Sol	果期	挺水
			丁香蓼 *Ludwigia prostrata*	0.65	Un	营养期	挺水
			牛毛毡 *Eleocharis yokoscensis*	0.06	Sp	营养期	沉水
			野慈姑 *Sagittaria trifolia*	0.47	Un	果期	挺水
			水莎草 *Cyperus serotinus*	0.56	Un	果期	挺水

注：取样地点 Q1 为兴安县华江乡同仁村，Q2 为灵川县兰田乡兰田村，Q3 为桂林市会仙湿地；样方面积为 100m²；取样时间 Q1 为 2006 年 7 月 12 日，Q2 为 2011 年 9 月 1 日，Q3 为 2017 年 9 月 4 日

表 4-413　稻-满江红群丛的数量特征

样地编号	层次结构	层高度/m	层盖度/%	种类	株高/m	多度等级	物候期	生长状态
Q1	挺水层	0.45	90	稻 *Oryza sativa*	0.45	Soc	营养期	挺水
				稗 *Echinochloa crusgalli*	0.58	Sol	营养期	挺水
	漂浮层	—	80	满江红 *Azolla pinnata* subsp. *asiatica*	—	Soc	营养期	漂浮
				𬞟 *Marsilea quadrifolia*	0.06	Un	营养期	浮叶
	层外植物	—	—	鸭舌草 *Monochoria vaginalis*	0.23	Sol	营养期	挺水
				泥花草 *Lindernia antipoda*	0.15	Un	营养期	挺水
Q2	挺水层	0.57	85	稻 *Oryza sativa*	0.37	Soc	营养期	挺水
	漂浮层	—	100	满江红 *Azolla pinnata* subsp. *asiatica*	—	Soc	营养期	漂浮

注：取样地点 Q1 为钟山县两安乡星寨村，Q2 为全州县两河镇白露村；样方面积为 100m²；取样时间 Q1 为 2015 年 8 月 25 日，Q2 为 2019 年 7 月 2 日

（三）稻-浮萍群丛

该群丛挺水层仅由稻组成或以稻为主，其他种类有稗、丁香蓼、野慈姑、水莎草、异型莎草、水虱草等；漂浮层层盖度 80%～100%，组成种类以浮萍为主，其他种类有紫萍、槐叶蘋、眼子菜等。此外，挺水生长的鸭舌草、陌上菜、泥花草等、沉水生长的牛毛毡、矮慈姑、有尾水筛等（表 4-414）。

表 4-414　稻-浮萍群丛的数量特征

样地编号	层次结构	层高度/m	层盖度/%	种类	株高/m	多度等级	物候期	生长状态
Q1	挺水层	0.55	95	稻 Oryza sativa	0.55	Soc	果期	挺水
				丁香蓼 Ludwigia prostrata	0.65	Un	营养期	挺水
				异型莎草 Cyperus difformis	0.52	Un	花果期	挺水
				稗 Echinochloa crusgalli	0.65	Sol	果期	挺水
				水虱草 Fimbristylis littoralis	0.38	Un	花果期	挺水
	漂浮层	—	90	浮萍 Lemna minor	—	Soc	营养期	漂浮
				紫萍 Spirodela polyrhiza	—	Sp	营养期	漂浮
				槐叶蘋 Salvinia natans	—	Sol	营养期	漂浮
	层外植物			泥花草 Lindernia antipoda	0.23	Sol	营养期	挺水
Q2	挺水层	0.62	95	稻 Oryza sativa	0.62	Soc	果期	挺水
				稗 Echinochloa crusgalli	0.75	Sol	花果期	挺水
				水莎草 Cyperus serotinus	0.56	Un	花果期	挺水
				野慈姑 Sagittaria trifolia	0.47	Un	花果期	挺水
				丁香蓼 Ludwigia prostrata	0.65	Un	营养期	挺水
	漂浮层	—	100	浮萍 Lemna minor	—	Soc	营养期	漂浮
	层外植物			牛毛毡 Eleocharis yokoscensis	0.06	Sp	营养期	挺水
				矮慈姑 Sagittaria pygmaea	0.12	Sol	营养期	沉水
Q3	挺水层	0.58	100	稻 Oryza sativa	0.58	Soc	果期	挺水
				稗 Echinochloa crusgalli	0.73	Sol	花果期	挺水
				紫苏草 Limnophila aromatica	0.32	Un	营养期	挺水
				异型莎草 Cyperus difformis	0.48	Un	花果期	挺水
	漂浮层	—	90	浮萍 Lemna minor	—	Soc	营养期	漂浮
				蘋 Marsilea quadrifolia	—	Sol	营养期	浮叶
				眼子菜 Potamogeton distinctus	—	Sol	营养期	浮叶
	层外植物	—	—	鸭舌草 Monochoria vaginalis	0.18	Sol	营养期	挺水
				泥花草 Lindernia antipoda	0.21	Sol	营养期	挺水
				陌上菜 Lindernia procumbens	0.15	Un	营养期	挺水
				有尾水筛 Blyxa echinosperma	0.26	Sol	果期	沉水

注：取样地点 Q1 为灌阳县灌阳镇大龙村，Q2 为灵川县兰田乡兰田村，Q3 为兴安县华江乡同仁村；样方面积为 100m²；取样时间 Q1 为 2011 年 8 月 6 日，Q2 为 2011 年 9 月 1 日，Q3 为 2017 年 9 月 4 日

（四）稻-紫萍群丛

该群丛挺水层仅由稻组成或以稻为主，其他种类有稗、野慈姑、水莎草、异型莎草、丁香蓼、合萌、紫苏草等；漂浮层盖度 80%～100%，组成种类以紫萍为主，其他种类有浮萍、满江红、浮苔等。此外，还有挺水生长的鸭舌草、陌上菜、泥花草、节节菜（*Rotala indica*）等，沉水生长的矮慈姑等（表 4-415）。

表 4-415　稻-紫萍群丛的数量特征

样地编号	层次结构	层高度/m	层盖度/%	种类	株高/m	多度等级	物候期	生长状态
Q1	挺水层	0.47	80	稻 *Oryza sativa*	0.47	Soc	营养期	挺水
	漂浮层	—	100	紫萍 *Spirodela polyrhiza*	—	Soc	营养期	漂浮
	层外植物			鸭舌草 *Monochoria vaginalis*	0.18	Sol	营养期	挺水
				节节菜 *Rotala indica*	0.12	Sol	花期	挺水
Q2	挺水层	0.45	90	稻 *Oryza sativa*	0.45	Soc	花期	挺水
				稗 *Echinochloa crusgalli*	0.55	Sol	花期	挺水
				合萌 *Aeschynomene indica*	0.38	Sol	营养期	挺水
				丁香蓼 *Ludwigia prostrata*	0.35	Un	营养期	挺水
				野慈姑 *Sagittaria trifolia*	0.38	Sol	营养期	挺水
				野芋 *Colocasia esculentum* var. *antiquorum*	0.35	Un	营养期	挺水
	漂浮层	—	90	紫萍 *Spirodela polyrhiza*	—	Soc	营养期	漂浮
				浮萍 *Lemna minor*	—	Sol	营养期	漂浮
				浮苔 *Ricciocarpos natans*	—	Sol	营养期	漂浮
	层外植物	—	—	泥花草 *Lindernia antipoda*	0.13	Sol	营养期	挺水
				陌上菜 *Lindernia procumbens*	0.18	Un	营养期	挺水
				矮慈姑 *Sagittaria pygmaea*	0.12	Sol	营养期	沉水
Q3	挺水层	0.52	85	稻 *Oryza sativa*	0.52	Soc	营养期	挺水
				稗 *Echinochloa crusgalli*	0.65	Sol	花期	挺水
				野慈姑 *Sagittaria trifolia*	0.47	Sp	营养期	挺水
				双穗雀稗 *Paspalum distichum*	0.38	Sol	花期	挺水
				紫苏草 *Limnophila aromatica*	0.36	Sp	花期	挺水
				合萌 *Aeschynomene indica*	0.55	Un	营养期	挺水
	漂浮层	—	100	紫萍 *Spirodela polyrhiza*	—	Soc	营养期	漂浮
				浮萍 *Lemna minor*	—	Sp	营养期	漂浮
Q4	挺水层	0.50	85	稻 *Oryza sativa*	0.50	Soc	营养期	挺水
	漂浮层	—	100	紫萍 *Spirodela polyrhiza*	—	Soc	营养期	漂浮
				浮萍 *Lemna minor*	—	Sp	营养期	漂浮
				满江红 *Azolla pinnata* subsp. *asiatica*	—	Sp	营养期	漂浮
				浮苔 *Ricciocarpos natans*	—	Cop[1]	营养期	漂浮

注：取样地点 Q1 为北流市大里镇罗坡村，Q2 为三江县林溪镇平岩村，Q3 为荔浦市东昌镇新村，Q4 为全州县两河镇白露村；样方面积为100m²；取样时间 Q1 为 2005 年 10 月 30 日，Q2 为 2006 年 10 月 13 日，Q3 为 2012 年 9 月 8 日，Q4 为 2019 年 7 月 2 日

（五）稻-槐叶蘋群丛

该群丛挺水层仅由稻组成或以稻为主，其他种类有萤蔺、野慈姑等；漂浮层盖度40%～80%，组成种类以槐叶蘋为主，其他种类有浮萍、紫萍等。此外，还有挺水生长的鸭舌草、泥花草等（表4-416）。

表4-416 稻-槐叶蘋群丛的数量特征

层次结构	层高度/m	层盖度/%	种类	株高/m	多度等级	物候期	生长状态
挺水层	0.38	70	稻 Oryza sativa	0.38	Soc	营养期	挺水
			野慈姑 Sagittaria trifolia	0.45	Sol	花期	挺水
			萤蔺 Schoenoplectus juncoides	0.36	Sol	果期	挺水
漂浮层	—	80	槐叶蘋 Salvinia natans	—	Cop³	营养期	漂浮
			紫萍 Spirodela polyrhiza	—	Sp	营养期	漂浮
			浮萍 Lemna minor	—	Cop¹	营养期	漂浮
层外植物	—	—	鸭舌草 Monochoria vaginalis	0.15	Sol	营养期	挺水
			泥花草 Lindernia antipoda	0.12	Sol	营养期	挺水

注：取样地点为灌阳县新圩镇小龙村；样方面积为100m²；取样时间为2009年9月10日

（六）稻-谷精草群丛

该群丛上层仅由稻组成或以稻为主，其他种类有稗、野慈姑、合萌等；下层高度0.07～0.15m，盖度40%～80%，组成种类以谷精草为主，其他种类有鸭舌草、陌上菜、圆叶节节菜等。此外，还有漂浮生长的浮萍、紫萍等（表4-417）。

表4-417 稻-谷精草群丛的数量特征

层次结构	层高度/m	层盖度/%	种类	株高/m	多度等级	物候期	生长状态
上层	0.52	95	稻 Oryza sativa	0.52	Soc	果期	挺水
			稗 Echinochloa crusgalli	0.62	Sol	果期	挺水
			合萌 Aeschynomene indica	0.65	Un	营养期	挺水
下层	0.15	80	谷精草 Eriocaulon buergerianum	0.15	Soc	花期	挺水
			鸭舌草 Monochoria vaginalis	0.13	Un	营养期	挺水
			陌上菜 Lindernia procumbens	0.15	Un	营养期	挺水
			圆叶节节菜 Rotala rotundifolia	0.08	Sol	营养期	挺水
层外植物	—	—	紫萍 Spirodela polyrhiza	—	Sol	营养期	漂浮
			浮萍 Lemna minor	—	Sp	营养期	漂浮

注：取样地点为兴安县华江乡同仁村；样方面积为100m²；取样时间为2016年8月27日

（七）稻-眼子菜群丛

该群丛挺水层仅由稻组成或以稻为主，其他种类有稗等；浮叶层盖度50%～90%，通常仅由眼子菜组成。此外，还有挺水生长的紫苏草、圆叶节节菜、水竹叶、鸭舌草等（表4-418）。

表 4-418 稻-眼子菜群丛的数量特征

层次结构	层高度/m	层盖度/%	种类	株高/m	多度等级	物候期	生长状态
挺水层	0.38	90	稻 Oryza sativa	0.38	Soc	营养期	挺水
			稗 Echinochloa crusgalli	0.62	Sol	花期	挺水
浮叶层	—	85	眼子菜 Potamogeton distinctus	—	Soc	营养期	浮叶
层外植物	—	—	紫苏草 Limnophila aromatica	0.25	Un	营养期	挺水
			鸭舌草 Monochoria vaginalis	0.16	Sol	营养期	挺水
			圆叶节节菜 Rotala rotundifolia	0.23	Sp	营养期	挺水
			水竹叶 Murdannia triquetra	0.10	Sp	营养期	挺水

注：取样地点为兴安县华江乡同仁村；样方面积为 100m²；取样时间为 2006 年 7 月 12 日

（八）稻-鸭舌草群丛

该群丛上层仅由稻组成或以稻为主，其他种类有稗、野慈姑等；下层盖度 60%～90%，组成种类以鸭舌草为主，其他种类有龙师草、圆叶节节菜等。此外，还有沉水生长的矮慈姑、小茨藻等，浮水生长的蘋、浮萍等（表 4-419）。

表 4-419 稻-鸭舌草群丛的数量特征

层次结构	层高度/m	层盖度/%	种类	株高/m	多度等级	物候期	生长状态
上层	0.56	70	稻 Oryza sativa	0.56	Soc	果期	挺水
			稗 Echinochloa crusgalli	0.63	Sol	果期	挺水
			野慈姑 Sagittaria trifolia	0.55	Sol	花期	挺水
下层	0.20	60	鸭舌草 Monochoria vaginalis	0.18	Cop²	营养期	挺水
			龙师草 Eleocharis tetraquetra	0.21	Sp	营养期	挺水
			圆叶节节菜 Rotala rotundifolia	0.27	Sp	营养期	挺水
层外植物	—	—	矮慈姑 Sagittaria pygmaea	0.12	Sol	营养期	沉水
			小茨藻 Najas minor	—	Sp	营养期	沉水
			蘋 Marsilea quadrifolia	—	Sol	营养期	浮叶

注：取样地点为灌阳县新圩镇廖家田；样方面积为 100m²；取样时间为 2010 年 8 月 3 日

六十三、双穗雀稗群系

双穗雀稗为禾本科雀稗属多年生水湿生草本植物，也可湿生或葡匐茎向水面延伸而呈漂浮状生长。广西的双穗雀稗群系分布普遍，见于潮上带、河流、湖泊、沼泽及沼泽化湿地、水库、池塘、沟渠、水田等，主要类型为双穗雀稗群丛。该群丛高度 0.3～0.6m，盖度 60%～100%，仅由双穗雀稗组成或以双穗雀稗为主，其他种类有酸模叶蓼、喜旱莲子草、李氏禾、水蓼等（表 4-420）。

表 4-420　双穗雀稗群丛的数量特征

样地编号	水深/m	群落高度/m	群落盖度/%	种类	株高/m	多度等级	物候期	生长状态
Q1	0.1～0.3	0.38	95	双穗雀稗 *Paspalum distichum*	0.38	Soc	花果期	挺水
				酸模叶蓼 *Polygonum lapathifolium*	0.63	Un	营养期	挺水
				喜旱莲子草 *Alternanthera philoxeroides*	0.27	Sp	营养期	挺水
				李氏禾 *Leersia hexandra*	0.32	Sp	营养期	挺水
Q2	0.1～0.3	0.35	100	双穗雀稗 *Paspalum distichum*	0.35	Soc	花果期	挺水
Q3	0.2～0.4	0.46	90	双穗雀稗 *Paspalum distichum*	0.42	Soc	花果期	挺水
				喜旱莲子草 *Alternanthera philoxeroides*	0.35	Cop¹	营养期	挺水
				水蓼 *Polygonum hydropiper*	0.57	Sol	花果期	挺水
Q4	0.1～0.3	0.35	100	双穗雀稗 *Paspalum distichum*	0.35	Soc	花果期	挺水

注：取样地点 Q1 为宁明县明江板兰村河段，Q2 为百色市澄碧河水库，Q3 为都安县地苏镇，Q4 为横县津江铜鼓岭河段；样方面积为 100m²；取样时间 Q1 为 2011 年 8 月 7 日，Q2 为 2011 年 9 月 12 日，Q3 为 2011 年 9 月 16 日，Q4 为 2016 年 8 月 1 日

六十四、芦苇群系

芦苇为禾本科芦苇属多年生挺水草本植物。广西的芦苇群系在内陆和滨海地区都有分布，主要类型为芦苇群丛。该群丛高度 1.1～3.5m，盖度 60%～100%，仅由芦苇组成或以芦苇为主，其他种类内陆地区有菰、水毛花、华克拉莎、三棱水葱等，滨海地区有蜡烛果、老鼠簕、秋茄树等（表 4-421）。

表 4-421　芦苇群丛的数量特征

样地编号	群落高度/m	群落盖度/%	种类	株高/m	多度等级	物候期	生长状态
Q1	1.5	90	芦苇 *Phragmites australis*	1.5	Soc	营养期	挺水
			菰 *Zizania latifolia*	1.1	Un	营养期	挺水
			水毛花 *Schoenoplectus mucronatus* subsp. *robustus*	0.9	Un	花期	挺水
			华克拉莎 *Cladium jamaicence* subsp. *chinense*	1.4	Cop¹	营养期	挺水
			三棱水葱 *Schoenoplectus triqueter*	1.2	Sol	花期	挺水
			双穗雀稗 *Paspalum distichum*	0.4	Un	营养期	挺水
			水龙 *Ludwigia adscendens*	0.2	Sol	花期	挺水
			竹叶眼子菜 *Potamogeton wrightii*	—	Sp	营养期	挺水
			石龙尾 *Limnophila sessiliflora*	—	Sp	营养期	挺水
Q2	1.6	95	芦苇 *Phragmites australis*	1.6	Soc	营养期	干淹交替
Q3	1.3	95	芦苇 *Phragmites australis*	1.3	Soc	营养期	挺水
Q4	1.9	100	芦苇 *Phragmites australis*	1.9	Soc	花期	干淹交替
			蜡烛果 *Aegiceras corniculatum*	1.2	Un	营养期	干淹交替

续表

样地编号	群落高度/m	群落盖度/%	种类	株高/m	多度等级	物候期	生长状态
Q5	2.1	90	芦苇 *Phragmites australis*	2.1	Soc	花期	干淹交替
			蜡烛果 *Aegiceras corniculatum*	1.4	Un	营养期	干淹交替
			秋茄树 *Kandelia obovata*	1.3	Un	营养期	干淹交替
Q6	3.2	100	芦苇 *Phragmites australis*	3.2	Soc	花期	干淹交替
Q7	2.6	100	芦苇 *Phragmites australis*	2.6	Soc	花期	干淹交替
Q8	2.3	100	芦苇 *Phragmites australis*	2.3	Soc	花期	干淹交替
			铺地黍 *Panicum repens*	0.5	Cop[1]	营养期	干淹交替
Q9	2.7	90	芦苇 *Phragmites australis*	2.7	Soc	花期	干淹交替
Q10	2.3	95	芦苇 *Phragmites australis*	2.3	Soc	花期	干淹交替
Q11	2.1	95	芦苇 *Phragmites australis*	2.1	Soc	花期	干淹交替
Q12	1.7	95	芦苇 *Phragmites australis*	1.7	Soc	花期	干淹交替
Q13	1.7	100	芦苇 *Phragmites australis*	1.7	Soc	花期	干淹交替
			蜡烛果 *Aegiceras corniculatum*	1.3	Sp	营养期	干淹交替
			老鼠簕 *Acanthus ilicifolius*	0.8	Sol	营养期	干淹交替
Q14	1.8	100	芦苇 *Phragmites australis*	1.8	Soc	花期	干淹交替

注：取样地点 Q1 为桂林市会仙镇睦洞湖，Q2 为钦州市康熙岭，Q3 为合浦县山口镇英罗村，Q4 为钦州市钦江口，Q5 为防城港市防城河口，Q6 为合浦县沙岗镇北城村，Q7 为钦州市犀牛脚镇沙角村，Q8 为钦州湾仙岛，Q9 为钦州湾樟木环岛，Q10 为防城港市墨鱼港，Q11 为东兴市江平镇交东村，Q12 为北海市党江镇南流江口，Q13 为北海市党江镇白塘冲村，Q14 为防城港市倒水坳；样方面积 Q3 为 50m²，Q5 为 400m²，Q6~Q11 为 25m²，其余为 100m²；取样时间 Q1 为 2008 年 8 月 20 日，Q2 为 2010 年 12 月 8 日，Q3 为 2016 年 10 月 6 日，Q4 为 2016 年 10 月 8 日，Q5 为 2016 年 10 月 9 日，Q6 为 2016 年 10 月 27 日，Q7 为 2016 年 10 月 29 日，Q8 为 2016 年 10 月 30 日，Q9 为 2016 年 10 月 31 日，Q10 为 2016 年 11 月 1 日，Q11 为 2016 年 11 月 4 日，Q12 和 Q13 为 2016 年 12 月 27 日，Q14 为 2018 年 9 月 15 日

六十五、卡开芦群系

卡开芦为禾本科芦苇属多年生水湿生草本植物。广西的卡开芦群系分布普遍，见于河流、湖泊、沼泽及沼泽化湿地、水库、沟渠等，主要类型为卡开芦群丛。该群丛高度 1.2~2.5m，盖度 80%~100%，通常仅由卡开芦组成。此外，还有火炭母、李氏禾、双穗雀稗、铺地黍、水蔗草、喜旱莲子草、野芋、藿香蓟、笔管草、杠板归、蒌草等，这些种类因卡开芦种群密度大而多见于群落边缘（表 4-422）。

六十六、长芒棒头草群系

长芒棒头草为禾本科棒头草属一年生水湿生草本植物。广西的长芒棒头草群系在桂北等地区有分布，见于沼泽及沼泽化湿地等，主要类型为长芒棒头草群丛。该群丛高度 0.3~0.6m，盖度 80%~100%，组成种类以长芒棒头草为主，其他种类有狼杷草、扬子毛茛、畦畔莎草、双穗雀稗等（表 4-423）。

表 4-422　卡开芦群丛的数量特征

样地编号	水深/m	群落高度/m	群落盖度/%	种类	株高/m	多度等级	物候期	生长状态
Q1	0.2～0.7	1.80	95	卡开芦 Phragmites karka	1.80	Soc	果期	挺水
				华克拉莎 Cladium jamaicence subsp. chinense	2.10	Sol	营养期	挺水
				三棱水葱 Schoenoplectus triqueter	0.95	Sol	果期	挺水
				铺地黍 Panicum repens	0.42	Sp	营养期	挺水
Q2	—	1.75	100	卡开芦 Phragmites karka	1.75	Soc	花期	湿生
				五节芒 Miscanthus floridulus	1，60	Un	花期	湿生
				藿香蓟 Ageratum conyzoides	0.83	Sol	花期	湿生
				扁穗牛鞭草 Hemarthria compressa	0.45	Sp	营养期	湿生
				杠板归 Polygonum perfoliatum	1.30	Sol	营养期	湿生
				火炭母 Polygonum chinense	1.16	Sp	营养期	湿生
				笔管草 Equisetum ramosissimum subsp. debile	0.76	Sol	营养期	湿生
Q3	0.3～0.6	1.73	90	卡开芦 Phragmites karka	1.73	Soc	花期	挺水

注：取样地点 Q1 为桂林市会仙镇督龙村，Q2 为南丹县车河镇八步村，Q3 为桂林市会仙镇毛家村；样方面积为 100m²；取样时间 Q1 为 2011 年 8 月 30 日，Q2 为 2011 年 9 月 16 日，Q3 为 2016 年 7 月 23 日

表 4-423　长芒棒头草群丛的数量特征

水深/m	群落高度/m	群落盖度/%	种类	株高/m	多度等级	物候期	生长状态
0.1～0.2	0.45	80	长芒棒头草 Polypogon monspeliensis	0.45	Soc	花期	挺水
			狼杷草 Bidens tripartita	0.32	Sp	营养期	挺水
			扬子毛茛 Ranunculus sieboldii	0.38	Un	果期	挺水
			畦畔莎草 Cyperus haspan	0.28	Un	花期	挺水
			双穗雀稗 Paspalum distichum	0.25	Sol	花期	挺水

注：取样地点为桂林市广西师范大学雁山校区；样方面积为 100m²；取样时间为 2016 年 4 月 28 日

六十七、互花米草群系

互花米草是禾本科米草属（*Spartina*）多年生挺水草本植物。广西的互花米草属于外来入侵种，见于北海市海岸潮间带，主要类型为互花米草群丛。该群丛高度 1.2～2.5m，盖度 80～100%，为单种群落或间有少量的秋茄树、蜡烛果、海榄雌等（表 4-424）。

表 4-424　互花米草群丛的数量特征

样地编号	群落高度/m	群落盖度/%	种类	株高/m	多度等级	物候期	生长状态
Q1	1.4	80	互花米草 Spartina alterniflora	1.4	Soc	营养期	干淹交替
			蜡烛果 Aegiceras corniculatum	1.3	Sol	营养期	干淹交替
Q2	1.7	85	互花米草 Spartina alterniflora	1.7	Soc	营养期	干淹交替
			海榄雌 Avicennia marina	1.2	Sol	营养期	干淹交替
			蜡烛果 Aegiceras corniculatum	1.3	Sol	营养期	干淹交替
Q3	1.5	100	互花米草 Spartina alterniflora	1.5	Soc	花期	干淹交替
Q4	1.3	90	互花米草 Spartina alterniflora	1.3	Soc	花期	干淹交替
			蜡烛果 Aegiceras corniculatum	0.9	Un	营养期	干淹交替

样地编号	群落高度/m	群落盖度/%	种类	株高/m	多度等级	物候期	生长状态
Q5	1.7	85	互花米草 *Spartina alterniflora*	1.7	Soc	花期	干淹交替
Q6	1.2	90	互花米草 *Spartina alterniflora*	1.2	Soc	营养期	干淹交替
			海榄雌 *Avicennia marina*	1.2	Sol	营养期	干淹交替

注：取样地点 Q1 为合浦县山口镇永安村，Q2 为合浦县丹兜湾，Q3 为北海市营盘镇，Q4 为北海市铁山港，Q5 为北海市西村港，Q6 为合浦县西场镇官井村；样方面积为 25m²；样方面积 Q1 和 Q2 为 2013 年 11 月 17 日，Q3 为 2016 年 10 月 6 日，Q4 和 Q5 为 2016 年 10 月 7 日，Q6 为 2016 年 12 月 28 日

六十八、菰群系

菰是禾本科菰属多年生挺水草本植物。广西的菰群系分布普遍，见于河流、湖泊、沼泽及沼泽化湿地、池塘、沟渠、水田等，主要类型有菰群丛、菰-紫萍群丛、菰-浮萍群丛、菰-凤眼蓝群丛、菰-李氏禾群丛等。

（一）菰群丛

该群丛挺水层高度 1.1～1.8m，盖度 70%～100%，仅由菰组成或以菰为主，其他种类有水毛花、水烛、毛草龙、三白草等，冠层下还有挺水生长的李氏禾、水虱草、喜旱莲子草等，漂浮生长的凤眼蓝、水龙等，沉水生长的密刺苦草、黑藻、石龙尾、竹叶眼子菜等（表 4-425）。

表 4-425　菰群丛的数量特征

样地编号	水深/m	群落高度/m	群落盖度/%	组成种类	株高/m	多度等级	物候期	生长状态
Q1	0.2～0.5	1.26	100	菰 *Zizania latifolia*	1.26	Soc	营养期	挺水
Q2	0.1～0.4	1.15	70	菰 *Zizania latifolia*	1.15	Soc	营养期	挺水
				密刺苦草 *Vallisneria denseserrulata*	0.36	Cop¹	营养期	沉水
Q3	0.3～0.5	1.45	80	菰 *Zizania latifolia*	1.45	Soc	营养期	挺水
				水毛花 *Schoenoplectus mucronatus* subsp. *robustus*	1.32	Un	花果期	挺水
				三棱水葱 *Schoenoplectus triqueter*	1.23	Sol	花果期	挺水
				水烛 *Typha angustifolia*	1.50	Un	花果期	挺水
				三白草 *Saururus chinensis*	1.20	Sol	营养期	挺水
				李氏禾 *Leersia hexandra*	0.34	Sol	营养期	挺水
				凤眼蓝 *Eichhornia crassipes*	0.25	Sol	营养期	漂浮
				黑藻 *Hydrilla verticillata*	—	Sp	营养期	沉水
				密刺苦草 *Vallisneria denseserrulata*	—	Sol	营养期	沉水
				竹叶眼子菜 *Potamogeton wrightii*	—	Sol	营养期	沉水
Q4	0.1～0.4	1.60	90	菰 *Zizania latifolia*	1.60	Soc	营养期	挺水
				毛草龙 *Ludwigia octovalvis*	1.15	Sol	营养期	挺水
				水虱草 *Fimbristylis littoralis*	0.43	Sp	营养期	挺水
				喜旱莲子草 *Alternanthera philoxeroides*	0.28	Sp	营养期	挺水

注：取样地点 Q1 为北流市圭江北流镇河段，Q2 为桂林市会仙湿地，Q3 为田林县潞城，Q4 为荔浦市修仁镇；样方面积为 100m²；取样时间 Q1 为 2005 年 11 月 2 日，Q2 为 2007 年 10 月 16 日，Q3 为 2012 年 9 月 17 日，Q4 为 2012 年 8 月 3 日

（二）菰-紫萍群丛

该群丛挺水层高度 1.2～1.8m，盖度 60%～100%，仅由菰组成或以菰为主，其他种类有水毛花、三棱水葱等；漂浮层盖度 80%～100%，仅由紫萍组成或以紫萍为主，其他种类有水龙、大薸、凤眼蓝、浮萍等。此外，冠层下还有水虱草、泥花草、陌上菜、野慈姑、异型莎草、喜旱莲子草、李氏禾等（表 4-426）。

表 4-426　菰-紫萍群丛的数量特征

样地编号	水深/m	层次结构	层高度/m	层盖度/%	种类	株高/m	多度等级	物候期	生长状态
Q1	0.2～0.5	挺水层	1.4	80	菰 *Zizania latifolia*	1.40	Soc	营养期	挺水
					水毛花 *Schoenoplectus mucronatus* subsp. *robustus*	1.20	Un	花果期	挺水
					三棱水葱 *Schoenoplectus triqueter*	1.30	Un	花果期	挺水
		漂浮层	—	90	紫萍 *Spirodela polyrhiza*	—	Soc	营养期	漂浮
					大薸 *Pistia stratiotes*	0.12	Sol	营养期	漂浮
					浮萍 *Lemna minor*	—	Sp	营养期	漂浮
					凤眼蓝 *Eichhornia crassipes*	0.25	Un	花期	漂浮
					水龙 *Ludwigia adscendens*	0.21	Sol	花期	漂浮
		层外植物	—	—	喜旱莲子草 *Alternanthera philoxeroides*	0.35	Sol	营养期	挺水
					李氏禾 *Leersia hexandra*	0.42	Sp	花果期	挺水
Q2	0.2～0.4	挺水层	1.45	80	菰 *Zizania latifolia*	1.45	Soc	营养期	挺水
		漂浮层	—	100	紫萍 *Spirodela polyrhiza*	—	Soc	营养期	漂浮
		层外植物	—	—	浮萍 *Lemna minor*	—	Sp	营养期	漂浮
					水虱草 *Fimbristylis littoralis*	0.28	Un	花果期	挺水
					泥花草 *Lindernia antipoda*	0.27	Un	营养期	挺水
					异型莎草 *Cyperus difformis*	0.32	Sol	花果期	挺水
					陌上菜 *Lindernia procumbens*	0.21	Un	营养期	挺水

注：取样地点 Q1 为平乐县沙子镇长塘村，Q2 为阳朔县高田镇；样方面积为 100m²；取样时间 Q1 为 2009 年 8 月 3 日，Q2 为 2014 年 8 月 27 日

（三）菰-浮萍群丛

该群丛挺水层高度 1.2～1.8m，盖度 60%～100%，仅由菰组成或以菰为主，其他种类有水毛花、水烛、三白草、野芋、稗、异型莎草、喜旱莲子草、李氏禾、柳叶箬、野慈姑等；漂浮层盖度 80%～100%，仅由浮萍组成或以浮萍为主，其他种类紫萍、浮苔、大薸、凤眼蓝等（表 4-427）。

（四）菰-凤眼蓝群丛

该群丛挺水层高度 1.2～1.6m，盖度 50%～90%，仅由菰组成或以菰为主，其他种类有水毛花等；漂浮层高度多在 0.4m 以下，盖度 60%～90%，组成种类以凤眼蓝为主，其他种类有水龙、喜旱莲子草、欧菱等（表 4-428）。

表 4-427　菰-浮萍群丛的数量特征

样地编号	水深/m	层次结构	层高度/m	层盖度/%	种类	株高/m	多度等级	物候期	生长状态
Q1	0.2~0.4	挺水层	1.4	80	菰 Zizania latifolia	1.40	Soc	营养期	挺水
					稗 Echinochloa crusgalli	0.65	Sol	果期	挺水
					异型莎草 Cyperus difformis	0.43	Sol	花果期	挺水
					水竹叶 Murdannia triquetra	0.18	Sol	营养期	挺水
					野慈姑 Sagittaria trifolia	0.38	Un	花果期	挺水
					水苋菜 Ammannia baccifera	0.32	Un	花期	挺水
		漂浮层	—	100	浮萍 Lemna minor	—	Sp	营养期	漂浮
					紫萍 Spirodela polyrhiza	—	Soc	营养期	漂浮
					浮苔 Ricciocarpos natans	—	Sp	营养期	漂浮
Q2	0.2~0.5	挺水层	1.45	80	菰 Zizania latifolia	1.45	Soc	营养期	挺水
					水毛花 Schoenoplectus mucronatus subsp. robustus	1.2	Sol	花果期	挺水
					水烛 Typha angustifolia	1.4	Sol	花果期	挺水
					三白草 Saururus chinensis	0.95	Un	营养期	挺水
					野芋 Colocasia esculentum var. antiquorum	0.65	Un	营养期	挺水
					喜旱莲子草 Alternanthera philoxeroides	0.32	Sol	营养期	挺水
					柳叶箸 Isachne globosa	0.28	Sp	花果期	挺水
		漂浮层	—	90	浮萍 Lemna minor	—	Soc	营养期	漂浮
					紫萍 Spirodela polyrhiza	—	Sp	营养期	漂浮
					凤眼蓝 Eichhornia crassipes	0.32	Un	花期	漂浮

注：取样地点 Q1 为荔浦市修仁镇，Q2 为灵川县大圩镇上黄塘村；样方面积为 100m²；取样时间 Q1 为 2012 年 8 月 3 日，Q2 为 2015 年 9 月 12 日

表 4-428　菰-凤眼蓝群丛的数量特征

样地编号	水深/m	层次结构	层高度/m	层盖度/%	种类	株高/m	多度等级	物候期	生长状态
Q1	0.3~0.5	挺水层	1.4	70	菰 Zizania latifolia	1.40	Soc	花期	挺水
		漂浮层	0.28	60	凤眼蓝 Eichhornia crassipes	0.28	Cop³	营养期	漂浮
Q2	0.2~0.5	挺水层	1.70	60	菰 Zizania latifolia	1.70	Cop³	花期	挺水
					水毛花 Schoenoplectus mucronatus subsp. robustus	1.36	Sol	花果期	挺水
		漂浮层	0.32	90	凤眼蓝 Eichhornia crassipes	0.32	Soc	营养期	漂浮
					水龙 Ludwigia adscendens	0.15	Sol	营养期	漂浮
					喜旱莲子草 Alternanthera philoxeroides	0.21	Sp	营养期	漂浮
					欧菱 Trapa natans	—	Sp	花期	浮叶

注：取样地点 Q1 为桂林市陂头村，Q2 为恭城县嘉会镇秋家村；样方面积为 100m²；取样时间 Q1 为 2009 年 10 月 29 日，Q2 为 2016 年 9 月 16 日

（五）菰-李氏禾群丛

该群丛上层高度 1.2～1.7m，盖度 50%～80%，仅由菰组成或以菰为主，其他种类有香蒲、水烛、水毛花、三棱水葱、三白草、水莎草等；下层高度多在 0.5m 以下，盖度 60%～90%，组成种类以李氏禾为主，其他种类有双穗雀稗、喜旱莲子草、柳叶箬、水蓼、菖蒲等。此外，还有漂浮生长的水龙、凤眼蓝、大藻、浮萍等（表 4-429）。

表 4-429　菰-李氏禾群丛的数量特征

样地编号	水深/m	层次结构	层高度/m	层盖度/%	种类	株高/m	多度等级	物候期	生长状态
Q1	0.2～0.4	上层	1.45	70	菰 Zizania latifolia	1.45	Cop³	花期	挺水
					三棱水葱 Schoenoplectus triqueter	1.20	Sol	花期	挺水
					三白草 Saururus chinensis	1.15	Sol	营养期	挺水
					水烛 Typha angustifolia	1.30	Sol	花期	挺水
		下层	0.42	80	李氏禾 Leersia hexandra	0.42	Soc	营养期	挺水
					水龙 Ludwigia adscendens	0.18	Sp	营养期	漂浮
					水蓼 Polygonum hydropiper	0.73	Sol	营养期	挺水
					菖蒲 Acorus calamus	0.53	Un	营养期	挺水
					喜旱莲子草 Alternanthera philoxeroides	0.25	Sp	营养期	挺水
					柳叶箬 Isachne globosa	0.38	Sp	花期	浮叶
Q2	0.2～0.3	上层	1.30	90	菰 Zizania latifolia	1.30	Soc	营养期	挺水
		下层	0.45	80	李氏禾 Leersia hexandra	0.45	Soc	营养期	挺水
					菖蒲 Acorus calamus	0.57	Sol	营养期	挺水
Q3	0.3～0.5	上层	1.4	70	菰 Zizania latifolia	1.40	Soc	花期	挺水
					水毛花 Schoenoplectus mucronatus subsp. robustus	1.25	Sol	果期	挺水
		下层	0.38	60	李氏禾 Leersia hexandra	0.38	Cop³	营养期	漂浮

注：取样地点 Q1 为灵川县灵田镇，Q2 为乐业县同乐镇罗妹村，Q3 为凤山县凤城镇松仁村；样方面积为 100m²；取样时间 Q1 为 2009 年 9 月 20 日，Q2 为 2010 年 8 月 22 日，Q3 为 2017 年 9 月 24 日

第二十节　海　草　床

海草床是指以海草为建群种的各种湿地草本群落的总称。广西的海草种类有贝克喜盐草（Halophila beccarii）、小喜盐草（Halophila minor）、喜盐草（Halophila ovalis）、矮大叶藻（Zostera japonica）、川蔓藻（Ruppia maritima）、羽叶二药藻（Halodule pinifolia）、二药藻（Halodule uninervis）、针叶藻（Syringodium isoetifolium）8 种，隶属 4 科 5 属，主要类型有贝克喜盐草、喜盐草、川蔓藻、矮大叶藻等群系。

一、贝克喜盐草群系

贝克喜盐草为水鳖科喜盐草属沉水植物，也是形态比较小的海草种类，间断和破碎地分布在印度洋至太平洋沿岸，面积不超过 2000km²，见于孟加拉国、中国、印度、马

来西亚、缅甸、菲律宾、新加坡、斯里兰卡、泰国、越南等亚洲国家（Short et al.，2007）。受自然和人为干扰，许多地方的贝克喜盐草已经严重衰退，因而被世界自然保护联盟列为易危种。在中国，贝克喜盐草在海南、广西、广东、香港和台湾有分布（郑凤英等，2013），然而分布面积都比较小，全国总面积估计不超过200hm^2，最大的贝克喜盐草海草床面积仅 21.4hm^2。在广西，贝克喜盐草在北海市、钦州市和防城港市近岸海域都有分布，以贝克喜盐草为优势种的海草面积有86.33hm^2，其中面积较大的有防城港市珍珠湾 21.4hm^2、钦州市纸宝岭 10.7hm^2、北海市那交河口 10.7hm^2（邱广龙等，2013）。贝克喜盐草主要生长在泥质或泥沙质的潮间带生境中，通常形成单种群落，面积达29.05hm^2，占广西海草群落总面积的3.08%（范航清等，2015）；在一些地段，贝克喜盐草与矮大叶藻、川蔓藻、喜盐草等种类混生，形成多优势种群落。贝克喜盐草群落的盖度可高达55%（邱广龙等，2013）。

二、喜盐草群系

喜盐草为水鳖科喜盐草属沉水植物，是一种生长较快、形态小的海草，广泛分布于印度洋至西太平洋的热带沿海及其他一些的热带沿海区域。喜盐草能够生长在中潮带至潮下带 60m 水深的生境中，土壤为淤泥质、泥沙质或珊瑚礁（Kuo et al.，2001）。喜盐草具有广盐性和广温性，如在盐度为 10～40、温度为 10～28.6℃的环境中都能生长（Hillman et al.，1995；Benjamin et al.，1999；Kuo et al.，2001）。在中国，喜盐草分布于广东、广西、海南、福建和香港近海海域。在广西，喜盐草是分布面积最大的海草种类，以喜盐草为优势种的海草群落面积达808.11hm^2，占广西海草群落总面积85.77%。喜盐草在北海市、钦州市和防城港市近岸海域都有分布，其中北海市铁山港沙背的分布面积最大，达 283.1hm^2（范航清等，2015）。喜盐草通常是形成单种群落，盖度10%～25%，面积达 763.62hm^2，占广西海草群落总面积的81.05%（范航清等，2015）；在一些地段，喜盐草与矮大叶藻、贝克喜盐草、二药藻、羽叶二药藻等种类混生，形成多优势种海草群落。

三、矮大叶藻群系

矮大叶藻为大叶藻科大叶藻属沉水植物，分布于北太平洋沿岸从温带到亚热带的广泛区域（Aioi & Nakaoka，2003），南至越南，北到俄罗斯萨哈林岛（库页岛）（Shin & Choi，1998），它的生长区域上限为平均低潮线以上 0.1～1.5m，甚至更高（2.3～3m）的潮间带，下限最大深度为平均低潮线下 7m（王伟伟等，2013）。在亚洲，矮大叶藻经常是咸水湖、潟湖和河口海草床的主要种类（Shin & Choi，1998；Nakaoka et al.，2001；Aioi & Nakaoka，2003），多生长在潮间带和较浅的潮下带。中国是矮大叶藻的原产地之一，其分布范围跨越南北两个海草区域，北方区域包括辽宁、河北、山东近岸海域，南方区域分布在福建、广西、广东、海南、香港及台湾近岸海域。在广西，矮大叶藻在北海市、钦州市和防城港市近岸海域都有分布，总分布面积108.3hm^2，其中以防城港市的交东、班埃及北海市的北暮盐场、沙田山寮、竹林等地海域的分布面积比较大，尤其是防城港市交东的分布面积最大，连片面积达 41.6hm²。矮大叶藻通常形成单种群落，面积有 26.84hm²，占广西海草群落总面积的 2.85%；一些地段矮大叶藻与贝克喜盐草、喜盐草、川蔓藻、二药藻、羽叶二药藻等种类混生，形成多优势种群落。矮大叶藻群落盖度以防城港市交东和班埃的较高，达 20%，而其他分布点盖度都在 10%以下（范航清等，2015）。

四、川蔓藻群系

川蔓藻为川蔓藻科川蔓藻属沉水植物，它具有广泛的耐盐性（Brock，1979），除了生长在具有潮汐的海洋生境之外，也分布于一些内陆湖泊。目前，川蔓藻是否属于海草仍然存在着争论，如 Zieman（1982）认为，川蔓藻尽管与其他海草生长在同一栖息地，但它并不是真正的海洋植物，而是一个具有显著耐盐性的淡水植物种。由于川蔓藻不仅是越冬食草候鸟和海洋动物的重要食物资源，而且以川蔓藻为建群种的海草床也是许多海洋动物栖息和繁殖的场所，同时还具有净化水体等功能，对近岸海域生态系统具有重要的作用，因此许多学者将其列为海草（Larkumet al.，2006；Short et al.，2011；范航清等，2015）。川蔓藻广泛分布于温带至热带地区，在北半球甚至延伸到除了北极圈之外的地区（Larkumet al.，2006）。在中国，川蔓藻分布在天津、江苏、浙江、福建、海南、广东、广西、香港和台湾（郑凤英等，2013）。在广西，川蔓藻在北海市、钦州市和防城港市都有分布，见于沿海各种咸水体，以川蔓藻为优势种的海草面积有 42.24hm²。川蔓藻有时形成单种群落，面积有 9.60hm²，占广西海草群落总面积的 1.02%；一些地段川蔓藻与贝克喜盐草、小喜盐草、喜盐草、矮大叶藻、二药藻、羽叶二药藻等种类混生，形成多优势种群落。川蔓藻群落盖度以钦州沙井的较高，达 30%，而其他分布点盖度多数在 10%以下（范航清等，2015）。

除了上述海草群落类型之外，广西近岸海域还有以二药藻、小喜盐草等种类为建群种的海草群落，但是这些海草群落的组成种类生长非常稀疏，群落盖度通常在 2%以下。

第二十一节　苔　　丛

苔丛是指以苔类植物为建群种的各种湿地草本植物群落的总称，通常见于潮湿的土壤或岩石表面，以及滴水或潮湿的岩壁上等。

一、毛地钱群系

毛地钱群系是指以毛地钱属（*Dumortiera*）植物为建群种的群落类型。广西的毛地钱属植物仅有毛地钱（*Dumortiera hirsuta*）1 种，见于河流两岸或沟边阴暗潮湿的土壤或岩石表面，以及滴水的岩壁上等。

二、地钱群系

地钱群系是指以地钱属（*Marchantia*）植物为建群种的群落类型。广西的地钱属植物有地钱（*Marchantia polymorpha*）、拳卷地钱（*Marchantia subintegra*）和粗裂地钱
（*Marchantia paleacea*）3 种（李鹏等，2017；王跃峰等，2017），见于河流、湖泊、水库、
池塘、沟渠、水田、田间、沟谷等。

第二十二节　藓　　丛

　　藓丛是在地表过湿或有积水的地段上以藓类植物为建群种的群落类型，通常在地表
上形成比较厚的藓类地被物，盖度可达 100%。一些地段因藓类植物在沼泽发育过程中
具有不断向上生长的特性，同时由于它们常密集成堆，呈现高度 0.3～0.5m 的丘状
凸起。

一、泥炭藓群系

　　泥炭藓群系是指以泥炭藓属（*Sphagnum*）植物为建群种的群落类型，见于海拔 1000m
以上的沼泽湿地，多呈斑块状分布。广西的泥炭藓属植物种类有长叶泥炭藓（*Sphagnum
falcatulum*）、暖地泥炭藓拟柔叶亚种（*Sphagnum junghuhnianum* subsp. *pseudomolle*）、舌
叶泥炭藓（*Sphagnum obtusum*）、卵叶泥炭藓（*Sphagnum ovatum*）等（梁士楚，2011b）。

二、小金发藓群系

　　小金发藓群系是指以小金发藓属（*Pogonatum*）为建群种的群落类型，见于海拔
1000m 以上的山地湿地，面积较小，多呈斑块状分布，一些地段形成藓丘，如资源县河
口乡十万古田海拔 1600m 左右地带的小金发藓藓丘。广西的小金发藓属植物种类有
小金发藓（*Pogonatum aloides*）、东亚小金发藓（*Pogonatum inflexum*）等（梁士楚，2011b）。

第五章 广西湿地植被的分布特点

虽然湿地植被为非地带性植被类型，但其在生长发育过程中受地带性因素的影响而在组成种类、生理生态等方面也具有一定程度的地带性烙印。在地理分布上，受某种主导生态因子的制约，非地带性植被常呈斑块或条状嵌入地带性植被类型中，因此湿地植被的地理分布与湿地类型及其性质密切相关。

第一节 植被类型与生境关系

根据是否受海洋因素影响，广西湿地植被可划分为滨海湿地植被和内陆湿地植被两大类型。滨海湿地植被是指所有生长在潮上带、河口、潮间带及低潮时水深不超过 6m 永久性浅海水域的湿地植物群落的总称，其可再划分为潮上带湿地植被、潮间带湿地植被和潮下带湿地植被。内陆湿地植被是指不受海洋因素影响的各种湿地植物群落的总称，其可再划分为河流湿地植被、湖泊湿地植被、沼泽及沼泽化湿地植被、水库湿地植被、池塘湿地植被、沟渠湿地植被、水田湿地植被等类型。此外，还有一些湿地植被生长在田间和山间潮湿地、潮湿或流水的石壁等。

一、滨海湿地植被

广西滨海湿地的主要植被类型有阔叶林、鳞叶林、灌丛、草丛和水生草丛 5 个植被型组，红树林、半红树林、常绿鳞叶林、盐生灌丛、禾草型草丛、杂草型草丛、盐生草丛、挺水草丛和海草床 9 个植被型，共 64 个群系（表 3-1）。

（一）潮上带湿地植被

广西潮上带湿地植被的主要类型有阔叶林、鳞叶林、草丛、水生草丛 4 个植被型组，半红树林、常绿鳞叶林、禾草型草丛、杂草型草丛、盐生草丛、挺水草丛、海草床 7 个植被型，共 39 个群系（表 3-1），见于高潮线附近、岸坡和堤内湿地。其中，高潮线附近有阔叶林、鳞叶林、草丛 3 个植被型组，半红树林、常绿鳞叶林、禾草型草丛、盐生草丛 4 个植被型，共 15 个群系。岸坡有阔叶林、鳞叶林、草丛 3 个植被型组，半红树林、常绿鳞叶林、禾草型草丛、杂草型草丛、盐生草丛 5 个植被型，共 30 个群系。堤内湿地有阔叶林、草丛、水生草丛 3 个植被型组，半红树林、禾草型草丛、杂草型草丛、盐生草丛、挺水草丛 5 个植被型，共 25 个群系。

（二）潮间带湿地植被

广西潮间带湿地的主要植被类型有阔叶林、灌丛、草丛、水生草丛 4 个植被型组，红树林、盐生灌丛、盐生草丛、挺水草丛、海草床 5 个植被型，共 35 个群系（表 3-1）。红树林多数见于中潮滩，少数还见于低潮滩和高潮滩；海草床见于低潮滩至中潮滩，其他群落类型多见于高潮滩。

（三）潮下带湿地植被

广西潮下带湿地的主要植被类型为海草床（表 3-1）。广西海草床在北海市、钦州市和防城港市的海域都有分布，北海市有 42 处，钦州市有 9 处，防城港市有 18 处（表 5-1），主要的海草床及其分布地点如表 5-2 所示。广西的海草总面积 957.74hm²，其中北海有 876.06hm²，占广西海草总面积的 91.5%，钦州有 17.25hm²，占 1.8%；防城港有 64.43hm²，占 6.7%。

表 5-1 广西海草的分布面积

行政区	海草分布点数量	海草种类	最大海草点面积/m²	海草总面积/m²
北海市	42（60.9%）	8（100%）	2 831 192	8 760 592（91.5%）
钦州市	9（13.0%）	5（62.5%）	107 316	172 492（1.8%）
防城港市	18（26.1%）	5（62.5%）	416 096	644 270（6.7%）

资料来源：孟宪伟和张创智（2014）；括号内的数字为占广西总数的百分比

表 5-2 广西主要海草床的地理分布

行政区	海草床分布地点	海草种类
北海市	英罗湾、沙田、丹兜湾、铁山港、北暮盐场、竹林、古城岭、大冠沙、西村港、下村	喜盐草、矮大叶藻、二药藻、羽叶二药藻、贝克喜盐草、川蔓藻
钦州市	硫磺山、沙井、犀牛脚、大环、纸宝岭	喜盐草、矮大叶藻、贝克喜盐草、小喜盐草、川蔓藻
防城港市	企沙、交东、下佳邦、贵明、山心、大冲口	喜盐草、矮大叶藻、贝克喜盐草、小喜盐草、川蔓藻

二、河流湿地植被

广西河流湿地的主要植被类型有 6 个植被型组 13 个植被型 163 个群系，见于淹水区、消落带、河漫滩、岸坡、河口、河心洲等（表 3-1）。其中，淹水区有草丛、水生草丛 2 个植被型组，禾草型草丛、沉水草丛、浮叶草丛、漂浮草丛、挺水草丛 5 个植被型，共 66 个群系；消落带有灌丛、草丛、水生草丛 3 个植被型组，落叶阔叶灌丛、常绿阔叶灌丛、莎草型草丛、禾草型草丛、杂草型草丛、沉水草丛、漂浮草丛、挺水草丛 8 个植被型，共 72 个群系；河漫滩有针叶林、阔叶林、灌丛、草丛、苔藓丛 5 个植被型组，落叶针叶林、落叶阔叶林、落叶阔叶灌丛、常绿阔叶灌丛、莎草型草丛、禾草型草丛、杂草型草丛、苔丛 8 个植被型，共 97 个群系；岸坡有针叶林、阔叶林、灌丛、草丛、苔藓丛 5 个植被型组，落叶针叶林、落叶阔叶林、常绿阔叶林、落叶阔叶灌丛、常绿阔叶灌丛、莎草型草丛、禾草型草丛、杂草型草丛、苔丛 9 个植被型，共 78 个群系；河口有阔叶林、灌丛、草丛、水生草丛 4 个植被型组，落叶阔叶林、常绿阔叶灌丛、莎草型草丛、禾草型草丛、杂草型草丛、沉水草丛、浮叶草丛、漂浮草丛、挺水草丛 9 个植被型，共 46 个群系；河心洲有阔叶林、灌丛、草丛 3 个植被型组，落叶阔叶林、常绿阔叶林、落叶阔叶灌丛、常绿阔叶灌丛、禾草型草丛、杂草型草丛 6 个植被型，共 10 个群系。

三、湖泊湿地植被

广西湖泊湿地的主要植被类型有 6 个植被型组 12 个植被型 79 个群系，见于淹水区、消落带、岸坡、河口等（表 3-1）。其中，淹水区有针叶林、水生草丛 2 个植被型组，落叶针叶林、沉水草丛、浮叶草丛、漂浮草丛、挺水草丛 5 个植被型，共 47 个群系；消落带有草丛、水生草丛 2 个植被型组，莎草型草丛、禾草型草丛、杂草型草丛、沉水草丛、浮叶草丛、漂浮草丛、挺水草丛 7 个植被型，共 37 个群系；岸坡有针叶林、阔叶林、灌丛、草丛、苔藓丛 5 个植被型组，落叶针叶林、落叶阔叶林、落叶阔叶灌丛、常绿阔叶灌丛、莎草型草丛、禾草型草丛、杂草型草丛、苔丛 8 个植被型，共 32 个群系；河口有灌丛、草丛、水生草丛 3 个植被型组，常绿阔叶灌丛、莎草型草丛、禾草型草丛、杂草型草丛、沉水草丛、挺水草丛 6 个植被型，共 14 个群系。

四、沼泽及沼泽化湿地植被

广西沼泽及沼泽化湿地的主要植被类型有 6 个植被型组 9 个植被型 95 个群系（表 3-1）。其中，沼泽有针叶林、阔叶林、草丛、水生草丛、苔藓丛 5 个植被型组，常绿针叶林、常绿阔叶林、竹林、莎草型草丛、禾草型草丛、杂草型草丛、挺水草丛、藓丛 8 个植被型，72 个群系；沼泽化湿地有针叶林、阔叶林、灌丛、草丛、水生草丛、苔藓丛 6 个植被型组，常绿针叶林、常绿阔叶林、竹林、常绿阔叶灌丛、莎草型草丛、禾草型草丛、杂草型草丛、挺水草丛、藓丛 9 个植被型，共 94 个群系。

五、水库湿地植被

广西水库湿地的主要植被类型有 5 个植被型组 11 个植被型 83 个群系，见于淹水区、消落带、岸坡、河口等（表 3-1）。其中，淹水区有水生草丛 1 个植被型组，沉水草丛、漂浮草丛、挺水草丛 3 个植被型，共 12 个群系；消落带有针叶林、草丛、水生草丛 3 个植被型组，落叶针叶林、莎草型草丛、禾草型草丛、杂草型草丛、沉水草丛、浮叶草丛、漂浮草丛、挺水草丛 8 个植被型，60 个群系；岸坡有针叶林、灌丛、草丛、苔藓丛 4 个植被型组，落叶针叶林、落叶阔叶灌丛、常绿阔叶灌丛、莎草型草丛、禾草型草丛、杂草型草丛、苔丛 7 个植被型，32 个群系；河口有灌丛、草丛、水生草丛 3 个植被型组，常绿阔叶灌丛、莎草型草丛、禾草型草丛、杂草型草丛、沉水草丛、浮叶草丛、漂浮草丛、挺水草丛 8 个植被型，45 个群系。

六、池塘湿地植被

广西池塘湿地的主要植被类型有 5 个植被型组 11 个植被型 99 个群系，见于淹水区、岸坡、枯水期底部等（表 3-1）。其中，淹水区有草丛、水生草丛 2 个植被型组，禾草型草丛、沉水草丛、浮叶草丛、漂浮草丛、挺水草丛 5 个植被型，共 64 个群系；岸坡有阔叶林、灌丛、草丛、苔藓丛 4 个植被型组，落叶阔叶林、落叶阔叶灌丛、常绿阔叶灌丛、莎草型草丛、禾草型草丛、杂草型草丛、苔丛 7 个植被型，共 31 个群系；枯水期底部有草丛 1 个植被型组，莎草型草丛、禾草型草丛、杂草型草丛 3 个植被型，共 23 个群系。

七、沟渠湿地植被

广西沟渠湿地的主要植被类型有 5 个植被型组 10 个植被型 111 个群系，见于岸坡或边缘、淹水区等（表 3-1）。其中，岸坡或边缘有阔叶林、灌丛、草丛、水生草丛、苔藓丛 5 个植被型组，落叶阔叶林、落叶阔叶灌丛、常绿阔叶灌丛、莎草型草丛、禾草型草丛、杂草型草丛、挺水草丛、苔丛 8 个植被型，74 个群系；淹水区有草丛、水生草丛 2 个植被型组，禾草型草丛、杂草型草丛、沉水草丛、浮叶草丛、漂浮草丛、挺水草丛 6 个植被型，共 62 个群系。

八、水田湿地植被

广西水田湿地的主要植被类型有 3 个植被型组 7 个植被型 65 个群系，见于待耕、耕种、撂荒的水田（表 3-1）。其中，待耕水田有草丛、水生草丛、苔藓丛 3 个植被型组，莎草型草丛、禾草型草丛、杂草型草丛、浮叶草丛、漂浮草丛、挺水草丛、苔丛 7 个植被型，共 43 个群系；耕种水田有草丛、水生草丛、苔藓丛 3 个植被型组，杂草型草丛、挺水草丛、苔丛 3 个植被型，共 11 个群系；撂荒水田有草丛、水生草丛、苔藓丛 3 个植被型组，莎草型草丛、禾草型草丛、杂草型草丛、浮叶草丛、漂浮草丛、挺水草丛、苔丛 7 个植被型，共 52 个群系。

第二节　植被空间分布

植被在空间上的分布是各种生态因子综合作用的结果。不同生态因子对植被空间分布的影响是有差异的，但其中会有一种或一种以上的生态因子起主导或决定作用。受湿地类型及其主导因子的制约，湿地植被的空间分布常呈条状、网状、块状或片状格局。

一、条状分布

条状分布是指湿地植被在水平空间上呈现条状外貌的分布状态，这种分布方式与河流、沟渠、运河等湿地类型及湖泊岸坡、水库岸坡等湿地生境密切相关，其共同特征是湿地植被的长度远远大于宽度，而条状的人工湿地植被则是种植方式形成的。常见的湿地植被类型自然的有腺柳、白饭树、光荚含羞草、石榕树、风箱树、短叶水蜈蚣、水蔗草、芦竹、节节草、食用双盖蕨、序叶苎麻、糯米团、卤蕨、菹草、微齿眼子菜、尖叶眼子菜、小茨藻、茶菱、大花水蓑衣、地钱等群系，人工的有水杉、垂柳、黄槿等群系。

二、网状分布

网状分布是指湿地植被在水平空间上呈现网状外貌的分布状态，这种分布方式与连片的水田、池塘等密切相关。常见的湿地植被类型自然的既有草本植被，如碎米莎草、短叶水蜈蚣、节节草、鬼针草等群系，也有木本植被，如枫杨、腺柳等群系；人工的主要是木本植被，如垂柳、风箱树、乌桕等群系。

三、块状分布

块状分布是指湿地植被在水平空间上呈现斑块状外貌的分布状态，这种分布方式与湿地连片面积不大或湿地呈斑块状分布密切相关，这是多数湿地植被的空间分布方式，如枫杨、樟、褐叶青冈、木榄、红海榄、秋茄树、华西箭竹、南方碱蓬、鱼藤、香附子、扁鞘飘拂草、看麦娘、柳叶箬、扬子毛茛、蓼子草、海菜花、水芹、水烛、香蒲等群系。

四、片状分布

片状分布是指湿地植被在水平空间上呈现面积较大的连片状外貌的分布状态，这种分布方式与湿地连片面积较大、种植方式等密切相关。常见的湿地植被类型自然的有海榄雌、蜡烛果、华克拉莎、水烛、互花米草、凤眼蓝、齿叶水蜡烛等群系，人工的有莲、蕺菜、豆瓣菜、芋、荸荠、稻、菰等群系。

第三节　植被生态系列

生态系列是指在自然界中生物有机体及其组合随着海拔梯度或其他环境因子梯度的变化而有规律地依次更替的现象，是由于环境某一或某些因子的梯度差异而引起生物种群和群落发生相应变化的结果（侯威岭和仲伟艳，1999）。在特定环境条件下，湿地植被的分布受基质、水分、土壤等因素影响。

一、滨海湿地植被生态系列

从潮下带、潮间带至潮上带，广西近海与海岸湿地植被的空间分布系列主要有：①海草床→真红树林→半红树林→中生植被；②海草床→真红树林→盐生草丛→盐生灌丛→中生植被；③真红树林→半红树林→盐生草丛→中生植被；④真红树林→半红树林→盐生灌丛→中生植被等。

二、河流湿地植被生态系列

从河床至河岸，随着生境条件有规律的变化，广西河流湿地植被相应地呈现有规律的替代，主要有：①沉水草丛→浮水草丛→挺水草丛→湿生植被→半湿生或中生植被；

②沉水草丛→浮水草丛→挺水草丛→沼生草丛→湿生草丛→半湿生或中生草丛；③沉水草丛→挺水草丛→沼生草丛→湿生草丛→半湿生或中生草丛；④沉水草丛→挺水草丛→湿生草丛→半湿生或中生草丛等。

三、湖泊湿地植被生态系列

广西湖泊湿地植被的空间分布系列主要有：①沉水草丛→浮水草丛→挺水草丛→湿生植被→半湿生或中生植被；②沉水草丛→浮水草丛→挺水草丛→沼生植被→湿生植被→半湿生或中生植被等。

上述这些湿地植被生态系列实质上反映了它们的进展演替方向。例如，英罗湾红树林区的先锋植物为海榄雌和蜡烛果。当海榄雌在沙质裸滩上形成先锋群系后，通过群系的阻拦作用网罗碎屑，使淤泥逐渐增多。此后，蜡烛果首先侵入，因其植株分生能力强并呈灌丛状而增加了潮滩上的植株密度，由此加快了淤泥的沉积速度，增加了沉积量。当土壤由沙质演化为泥沙质时，适宜于秋茄树胎生苗的固着和生长，因秋茄树竞争能力较海榄雌和蜡烛果的强，而逐渐替代海榄雌和蜡烛果群系。秋茄树群系的形成和发展使淤泥进一步沉积，但导致了土壤盐度增高，不利于秋茄树的生长。红海榄适生于含盐量高的环境，同时其庞大的支柱根系使红海榄比秋茄树更能在淤泥质环境中抵御潮汐和波浪冲击而逐渐产生替代。随着红海榄群系的发展和淤泥质层的增厚，地表抬升和水位相对下降。在高潮线附近，因受周期性潮水浸泡的时间缩短，这一区域的淤泥首先固结，呈半硬化淤泥质状，这种土壤基质不利于红海榄胎生苗的固着和自然更新。木榄的胎生胚轴粗壮，能在半硬化淤泥上着生，因此当红海榄群系发育到这一阶段后会被木榄群系所更替。海漆具根萌更新的特性和形成暴露于地面的表面根系，而比木榄更适应于硬化了的土壤环境，因此随着土壤固结程度的提高，海漆群系更替了木榄群系（梁士楚，1996），并具有向陆生植物群系演替的趋势（图 5-1）。

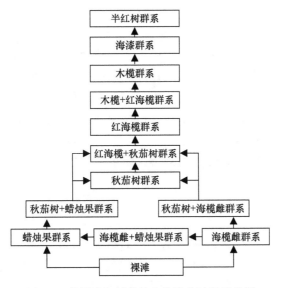

图 5-1　英罗湾红树林的自然演替过程示意图

第六章　广西湿地植被资源的保护与利用

植被是湿地的生产者,合理开发利用湿地植被资源,充分发挥湿地植被资源的经济、社会和生态效益,保障湿地植被资源的可持续利用具有特别重要的意义。

第一节　湿地植被资源类型

根据湿地植被的功能及其价值,广西湿地植被资源可划分为环保植被、经济植被和潜在利用植被三大类型。

一、环保植被资源

环保植被是指对湿地及其周围环境具有生态保护作用的植被类型。广西湿地环保植被主要有如下 5 种类型。

(一)降污植被

降污植被是指对环境污染具有净化作用的植被类型。湿地植物因其具有吸附、吸收、富集和降解污染物的功能而在环境污染生态治理中发挥着关键的作用。具有比较显著降污作用的植被类型有密刺苦草、水蕴草、石龙尾、水龙、水蓼、喜旱莲子草、千屈菜、粉绿狐尾藻、凤眼蓝、大藻、菖蒲、竹叶眼子菜、香蒲、水烛、水葱、短叶茫芏、风车草、双穗雀稗、李氏禾、芦苇、芦竹、菰等群系。

(二)护岸植被

护岸植被是指具有促淤造陆、固土等水土保持功能的植被类型。例如,红树林枝繁叶茂、地上不定根系发达,降低水流速度和促进水中悬浮物沉降的作用明显,因此红树林具有显著的促淤造陆功能(梁士楚,2018)。其他的护岸作用明显的植被类型有黄槿、木麻黄、枫杨、樟、垂柳、腺柳、石榕树、细叶水团花、白饭树、牡荆、风箱树、卤蕨、厚藤、盐地鼠尾粟、风车草、狗牙根、芦竹、芦苇、卡开芦等群系,它们具有生长快、根系或根状茎发达、耐瘠薄、耐干旱等生长特性,因此护岸作用和效果明显。

(三)绿肥植被

绿肥植被是指能够提供肥源和培肥土壤的植被类型。例如,紫云英的含氮(N)0.48%、含磷(P_2O_5)0.09%、含钾(K_2O)0.37%,是优质的有机肥,对改良土壤、培肥地力具有重要作用。其他绿肥作用明显的植被类型有满江红、大藻、凤眼蓝、喜旱莲子草、海榄雌等群系。例如，合浦等地群众过去常用海榄雌的叶子作为种植秋红薯的有机基肥，产量可提高 20%～30%。

（四）指示植被

指示植被是指在一定区域范围内能指示其生长环境或某些环境条件的植被类型。例如，鸭跖草是一种辐射污染的指示植物，红树植物、盐角草、盐地鼠尾粟、海雀稗、南方碱蓬等是滨海盐土的指示植物。其他具有环境指示作用的植被类型有垂柳、水芹、星毛金锦香等群系。

（五）栖息植被

栖息植被是指可为动物提供居留、觅食、繁殖、躲避敌害等的植被类型。湿地植被为动物不仅提供了生存场所，而且提供了丰富的食物来源，因此成为动物重要的生存环境。例如，广西红树林中的动物类群中底栖动物有 97 科 177 属 258 种、鱼类有 41 科81 属 125、昆虫有 98 科 221 属 297 种、鸟类有 58 科 161 属 346（梁士楚，2018）。其他常见的栖息植被类型有枫杨、芦竹、芦苇、菰、黑藻、竹叶眼子菜等群系。

二、经济植被资源

经济植被是指具有某种特定经济用途的植被类型，通常为单优种植被。广西湿地经济植被主要有如下 8 种类型。

（一）食用植被

食用植被是指可为人类提供直接或间接食用产品的植被类型。广西湿地食用植被可划分为如下类型：①野生蔬菜类，如食用双盖蕨、星毛蕨、水芹等群系；②种植蔬菜类，如蕺菜、莲、豆瓣菜、蕹菜、华夏慈姑、菰、荸荠等群系；③种植粮食类，如稻、薏苡等群系。此外，红树植物中，海榄雌的果实，俗称"榄钱"，是广西沿海地区的特色菜肴，当地群众普遍采集作为蔬菜出售；木榄、秋茄树、红海榄等种类的胚轴去涩后，与米饭或面粉一起混合制成糕饼，过去用作救荒粮食。

（二）药用植被

药用植被是指可为人类提供直接或间接药用产品的植被类型。广西湿地药用植物现已知的有 97 科 231 属 402 种，包括苔藓植物 3 科 3 属 3 种、蕨类植物 10 科 10 属 15 种、裸子植物 1 科 2 属 2 种、被子植物 83 科 216 属 382 种（梁士楚等，2013a）。常见的植被类型野生的有节节草、三白草、血水草、糯米团、水芹、补血草、老鼠簕、半边莲、灯心草、菖蒲等群系；种植的有东方泽泻、蕺菜、薏苡、莲等群系。

（三）饲用植被

饲用植被是指可为家畜食用的植被类型。广西湿地饲用植被主要是草本植被，如浮萍、满江红、喜旱莲子草、黑藻、苦草、凤眼蓝、鸭舌草等群系可用作鱼类、家禽和家畜的饲料；光头稗、稗、柳叶箬、李氏禾、双穗雀稗、菰等禾本科种类植物粗蛋白含量高，猪、牛、羊等大型家畜喜食。红树植物生长在海水环境中，树叶中含牲畜生长所需要的盐和碘，而大多数非盐生植物的饲料往往缺少盐和碘。因此，用红树植物树叶作为饲料，牲畜不再需要专门去获取盐分，也不会因为缺碘而致病（林鹏和傅勤，1995）。

（四）纤维植被

纤维植被是指能从中取得纤维的植被类型。广西湿地纤维植被常见的类型有石榕树、细叶水团花、枫杨、凤眼蓝、芦竹、芦苇、卡开芦、灯心草、水毛花、萤蔺、猪毛草、五节芒、菰等群系，这些群系的建群种富含纤维，可作为编织、造纸的原材料。

（五）材用植被

材用植被是指可获取木材的植被类型。广西湿地材用植被面积较大的为红树林，其他的有水松、水杉、铁杉、乌桕、垂柳、腺柳、枫杨、樟、褐叶青冈、木麻黄等群系。

（六）能源植被

能源植被是指具有较高合成能源或替代能源产品能力的植被类型。广西湿地能源植被常见的类型有铁杉、枫杨、樟、乌桕、五节芒、芦竹、光头稗、凤眼蓝、水葱、灯心草、薏苡、芋、浮萍等群系。

（七）蜜源植被

蜜源植被是指可供蜜蜂采集花蜜和花粉的植被类型。广西湿地蜜源植被不仅类型较多，而且蜂蜜品质富有特色。例如，在广西的红树植物中蜡烛果、木榄、海漆等都是良好的蜜源植物（梁士楚，1999）。其他具有较高蜜源价值的植被类型有乌桕、垂柳、黄槿、蕺菜、千屈菜、紫云英、厚藤、莲、稻等群系。

（八）观赏植被

观赏植被是指具有较高观赏价值的植被类型。例如，红树林特殊的地域环境及奇形怪状的地上不定根系、胎生现象等一些特有的生物生态学特征，使其具有较高的生态景观旅游价值。其他具有较高观赏价值的植被类型有水松、水杉、垂柳、莲、千屈菜、紫云英、海菜花、靖西海菜花、萍蓬草、中华萍蓬草、柔毛齿叶睡莲、睡莲、金银莲花、荇菜、大叶皇冠草、水生美人蕉、再力花、梭鱼草等群系。

三、潜在利用植被资源

广西湿地植物中，一些种类具有较高的科研价值和潜在利用价值。例如，水松是著名的孑遗植物，已被列为国家Ⅰ级重点保护野生植物和极小种群野生植物，在世界自然保护联盟濒危物种红色名录中被评估为“极危”等级。水松在中生代和第三纪曾广布北半球，第四纪冰期以后欧洲、北美洲、东亚及我国东北等地的种群均已灭绝，目前主要分布于我国华南和东南地区及越南和老挝（郑世群等，2011；陈雨晴等，2017）。野生稻是种植稻的始祖，属国家 II 级重点保护野生植物（庞汉华和陈成斌，2002）。中华水韭为我国特有的国家 I 级重点保护野生植物，分布于江苏、安徽、江西、浙江、湖南等地，广西的野生种群可能已经灭绝。因此，以这些物种为建群种的植被类型，不仅保障了物种自身得以生存延续，而且奠定了植被资源开发利用的重要基础，同时具有较高的科研价值。

第二节 湿地植被资源利用现状

广西湿地植被中的资源植物种类较为丰富，其主要用途体现在食用、药用、饲用、养蜂、绿肥、纤维、水土保持、生态修复、生态景观等 9 个方面。

一、食用

广西湿地植被中的食用植物主要有 33 科 50 属 58 种，有福建莲座蕨、食用双盖蕨、星毛蕨、莲、蕺菜、荠、豆瓣菜、马齿苋、欧菱、蒲桃、地菍、木榄、秋茄树、红海榄、紫云英、积雪草、鸭儿芹、水芹、野茼蒿、拟鼠麹草、蕹菜、厚藤、海榄雌、海菜花、靖西海菜花、灌阳水车前、华夏慈姑、菖蒲、芋、荸荠、水生薏苡、薏苡、稻、菰等。人工种植且经济价值较大的种类为蕺菜、莲、豆瓣菜、蕹菜、华夏慈姑、菰、荸荠、芋、稻等。蕺菜在桂林市、柳州市、来宾市等地有种植，如 2012 年桂林市灵川县蕺菜种植面积达 530hm²；莲在广西的种植面积达 3.33 万 hm²，主要种植区为贵港市覃塘区、柳州市柳江区、防城港市东兴市、南宁市宾阳县黎塘镇、百色市田东县等（张尚文等，2017）；豆瓣菜在广西的种植面积约 0.15 万 hm²（覃汉林，2014），是我国豆瓣菜的主要种植区之一；蕹菜在广西各地都有种植，其中玉林市博白县的"博白空心菜（博白蕹菜）"于 2011 年被授予国家地理标志产品，每年种植面积在 230hm² 以上（莫永，2013）；华夏慈姑在广西的主产区为桂林市平乐县、柳州市柳江县和贺州市平桂区，种植面积约 3500hm²（周维等，2015）；菰在广西的种植面积约 0.27 万 hm²（覃汉林，2014）；荸荠在广西的种植面积约 2 万 hm²，主产区为桂林市和贺州市（蔡炳华等，2012；欧昆鹏等，2013）；芋在广西各地都有种植，以荔浦芋、贺州香芋为主，如桂林市荔浦市每年种植荔浦芋的面积在 3330hm² 以上（江发茂和欧利，2016）；稻为广西主要的水生粮食作物，如 2017 年的种植面积为 192.25 万 hm²（广西壮族自治区地方志编纂委员会，2018）。此外，还有一些野生的湿地植物一直为当地居民利用，如海榄雌果实，俗称"榄钱"，为广西滨海地区特色的菜肴之一，在北海市农贸市场每年的销售量超过 60t（邱广龙，2005）。

二、药用

广西湿地植被中的药用植物主要有 86 科 203 属 305 种，有节节草、海金沙、卤蕨、蘋、莲、蕺菜、三白草、血水草、荷莲豆草、金线草、金荞麦、青葙、糯米团、柳叶白前、白花蛇舌草、鳢肠、临时救、红根草、补血草、车前、半边莲、铜锤玉带草、老鼠簕、水蓑衣、活血丹、东方泽泻、水烛、香蒲、灯心草、荸荠、芦竹、薏苡、芦苇、菰等。作为大宗药材种植的种类为蕺菜、薏苡、东方泽泻等，如薏苡的主产区为桂西地区，在百色市西林县的种植面积超过 1130hm²，产量约 2000t(林伟等，2016)；东方泽泻种植见于贵港市、玉林市等地，贵港市桥圩镇建有万亩①以上的高产种植示范区。

三、饲用

广西湿地植被中的饲用植物主要有 47 科 127 属 201 种，有满江红、槐叶蘋、茅、喜旱莲子草、紫云英、厚藤、水蕴草、水鳖、黑藻、华夏慈姑、凤眼蓝、鸭舌草、大藻、浮萍、紫萍、看麦娘、竹节草、狗牙根、光头稗、鹅观草、李氏禾、斑茅、五节芒、糠稷、铺地黍、双穗雀稗、芦苇、卡开芦、长芒棒头草、甜根子草、互花米草、菰等。例如，满江红、槐叶蘋、喜旱莲子草、水竹叶、凤眼蓝、鸭舌草、大藻、浮萍过去常被用作猪、鸭的青饲料，稻、菰、斑茅的秆叶被贮存用作冬季饲料。

四、养蜂

广西湿地植被中的蜜源植物主要有 64 科 130 属 204 种，有扬子毛茛、莲、三白草、血水草、金荞麦、青葙、千屈菜、水龙、毛草龙、星毛金锦香、木榄、秋茄树、海漆、乌桕、光荚含羞草、紫云英、鱼藤、腺柳、水芹、牡荆、水香薷、东方泽泻、野慈姑、华夏慈姑、野蕉、水生美人蕉、凤眼蓝、薏苡、稻、菰等。没有种植专门的蜜源植被。富有特色的是红树林蜜源植物，如蜡烛果、木榄、海漆等。红树林产出的蜜不仅质量好，而且蜂蜜淡黄色，品质仅次于荔枝蜜。根据合浦县山口镇山东村村民介绍，1992 年清明节前后仅在英罗湾放蜂采集英罗湾两岸的蜡烛果花蜜，产量高达 3.5t，参考 1992 年安徽省蜂蜜出口收购价为 0.67 万元/t 计算，1992 年英罗湾蜡烛果养蜂效益约 2.35 万元。

五、绿肥

广西湿地植被中的绿肥植物主要有 34 科 68 属 109 种，有满江红、槐叶蘋、五刺金鱼藻、穗状狐尾藻、紫云英、拟鼠麴草、厚藤、石龙尾、海榄雌、牡荆、水蕴草、黑藻、密刺苦草、苦草、菹草、南方眼子菜、尖叶眼子菜、竹叶眼子菜、水竹叶、凤眼蓝、鸭舌草、大藻、浮萍、稻、菰等。例如，黑藻、水蕴草、密刺苦草、竹叶眼子菜、穗状狐尾藻、五刺金鱼藻、石龙尾等沉水植物常被打捞，堆沤后用作肥料（梁士楚等，2016）；沿海村民过去有砍伐红树植物枝叶用来沤肥的习惯，海榄雌叶作为种植红薯的基肥，可使红薯产量可提高 20%～30%（梁士楚，1999）；紫云英是广西种植的主要绿肥种类之一，2012～2016 年的种植面积为 6.77 万～9.39 万 hm²，占广西专用绿肥种植总面积的 65.02%～71.3%（刘文奇，2017）。

---

① 1 亩≈666.67m²

六、纤维

广西湿地植被中的纤维植物主要有 43 科 86 属 134 种，有黄槿、鱼藤、水黄皮、垂柳、石榕树、桑、苎麻、凤眼蓝、灯心草、大藨草、风车草、茳芏、短叶茳芏、荸荠、野荸荠、锈鳞飘拂草、萤蔺、水毛花、钻苞水葱、水葱、三棱水葱、木贼状荸荠、芦竹、斑茅、五节芒、稻、芦苇、卡开芦、甜根子草、菰等，以莎草科和禾本科种类为主。一些种类既有野生，也有专门种植，且面积较大，如钦州市茅尾海茳芏面积达 45hm^2（潘良浩，2011）。目前，广西湿地纤维植物的用途是以编织为主。

七、水土保持

广西湿地植被中的水土保持植物主要有 73 科 148 属 198 种，有卤蕨、水松、水杉、樟、水翁蒲桃、木榄、秋茄树、红海榄、银叶树、黄槿、桐棉、海漆、水黄皮、垂柳、木麻黄、蜡烛果、海杧果、细叶水团花、风箱树、南美蟛蜞菊、草海桐、厚藤、海榄雌、牡荆、水烛、香蒲、露兜树、大藨草、条穗薹草、茳芏、短叶茳芏、风车草、钻苞水葱、水葱、芦竹、狗牙根、李氏禾、斑茅、五节芒、竹叶草、芦苇、卡开芦、甜根子草、互花米草、盐地鼠尾粟、沟叶结缕草等。

八、生态修复

广西湿地植被中的生态修复植物主要有 83 科 169 属 227 种，有卤蕨、水松、水杉、樟、莲、睡莲、无瓣海桑、蒲桃、水翁蒲桃、拉关木、秋茄树、红海榄、银叶树、黄槿、海漆、白饭树、乌桕、水黄皮、垂柳、木麻黄、石榕树、硬毛马甲子、枫杨、蜡烛果、海杧果、细叶水团花、南美蟛蜞菊、草海桐、厚藤、海榄雌、过江藤、牡荆、水蕴草、海菜花、靖西海菜花、密刺苦草、大叶皇冠草、水生美人蕉、再力花、梭鱼草、凤眼蓝、野芋、大藻、水烛、香蒲、露兜树、大藨草、茳芏、短叶茳芏、风车草、粗根茎莎草、野荸荠、钻苞水葱、水葱、三棱水葱、芦竹、狗牙根、芦苇、卡开芦、互花米草、盐地鼠尾粟、菰、沟叶结缕草等。

九、生态景观

广西湿地植被中的生态景观植物主要有 89 科 155 属 209 种，有福建莲座蕨、铁杉、水松、水杉、樟、莲、中华萍蓬草、延药睡莲、三白草、血水草、龙胜梅花草、华凤仙、千屈菜、圆叶节节菜、木榄、秋茄树、红海榄、银叶树、黄槿、乌桕、紫云英、垂柳、枫杨、蜡烛果、海杧果、金银莲花、厚藤、老鼠簕、海榄雌、齿叶水蜡烛、海菜花、靖西海菜花、水生美人蕉、再力花、梭鱼草、凤眼蓝、水烛、香蒲、露兜树、茳芏、风车草、钻苞水葱、水葱、芦苇等，一些种类及其形成的群落已经成为广西湿地生态旅游的核心内容或标志之一，比较典型的是以紫云英、莲、红树植物为建群种的植被生态景观主题文化旅游。例如，桂林市灵川县公平湖紫云英花海、百色市田东县十里莲塘、贺州市钟山县十里画廊荷塘、贵港市覃塘镇龙凤村荷塘、北海市合浦县英罗湾红树林、钦州市七十二泾群岛红树林、防城港市珍珠湾红树林等均为远近闻名的生态旅游景点（梁士楚等，2014；梁士楚，2018）。

第三节　湿地植被资源保护管理对策

　　湿地植被是湿地生态系统中的生产者，不仅为人类生产和生活提供了各种各样的植物资源，而且为动物提供了食物和栖息场所，因此湿地植被是维持湿地生态系统健康和人类可持续发展的重要基础，湿地植被资源的开发利用必须遵循生态、经济和社会效益和谐统一。

一、加强法律、法规和规划执行力度

　　有效保护管理湿地植被资源必须完善有关的法律、法规和规划，同时加强执行的力度。早在 1980 年，广西就已经颁布了《广西壮族自治区海洋水产资源繁殖保护实施细则暂行规定》，将重要或名贵的水生动物、植物列入重点保护对象。广西壮族自治区人民政府颁布的法律、法规中，与湿地植被保护密切相关的有《广西壮族自治区森林和野生动物类型自然保护区管理条例》《广西壮族自治区河道管理规定》《广西壮族自治区水功能区监督管理办法》《广西壮族自治区环境保护条例》《广西壮族自治区水文条例》《广西壮族自治区野生植物保护办法》等；相关主管部门和部分市（县）府也制定有相应的规章、地方法规或规范，如北海市人民政府出台的《北海市红树林保护管理办法》等。此外，广西壮族自治区人民政府先后发布了《广西壮族自治区水功能区划》《广西壮族自治区海洋功能区划》《生态广西建设规划纲要（2006～2025）》等。除了有这些法律、法规、区划或规划作为保障之外，各级政府部门还要高度重视执行力度，加强执法队伍建设，明确和加大有关管理部门的执法权限，严厉打击各种违法违规行为，切实保证湿地植被资源安全。

二、加强湿地自然保护区和湿地公园建设

　　建立湿地自然保护区、湿地公园等是避免和预防湿地植被资源遭受严重破坏的主要途径。目前，广西已建各类自然保护区 78 个，其中国家级的有 23 个、自治区级的有46 个、市县级的有 9 个，以湿地植被为保护主体之一的有合浦营盘港-英罗湾儒艮国家级自然保护区、山口红树林生态国家级自然保护区、北仑河口国家级自然保护区和茅尾海红树林自治区级自然保护区。获准立项建设的国家湿地公园有 24 个（表 6-1），其中北海滨海国家湿地公园、桂林会仙喀斯特国家湿地公园、横县西津国家湿地公园、靖西龙潭国家湿地公园、富川龟石国家湿地公园和都安澄江国家湿地公园已经通过国家有关部门验收。此外，广西的森林公园国家级的有 20 个、自治区级的有 31 个、市县级的有6 个。加强这些自然保护区和公园建设，生长在其中的湿地植被将得到有效的保护管理。

表6-1　广西国家湿地公园基本情况

所在市	湿地公园名称	湿地公园面积/hm²	公园内湿地面积/hm²	湿地率/%	主要湿地类型	批准年度
南宁市	横县西津国家湿地公园	1855.69	1619.93	87.3	库塘	2012
	南宁大王滩国家湿地公园	5520	3800	68.84	库塘	2015
桂林市	桂林会仙喀斯特国家湿地公园	586.75	493.59	84.16	湖泊、河流、库塘、沼泽	2011
	荔浦荔江国家湿地公园	699.99	392.57	55.9	河流	2014
	龙胜龙脊梯田国家湿地公园	3503.54	1098.71	31.36	稻田	2015
	全州天湖国家湿地公园	806.89	270.6	33.54	湖泊、沼泽	2016
	灌阳灌江国家湿地公园	612.43	510.21	83.31	河流	2016
梧州市	梧州苍海国家湿地公园	722.84	445.54	61.64	库塘、河流	2015
北海市	北海滨海国家湿地公园	2009.8	1827	90.9	滨海、河流、库塘	2010
百色市	靖西龙潭国家湿地公园	186.4	60.94	32.79	库塘、湖泊	2013
	百色福禄河国家湿地公园	659	313.54	47.65	库塘、河流	2014
	凌云浩坤湖国家湿地公园	1312	459	34.98	湖泊	2014
	平果芦仙湖国家湿地公园	967.37	541.67	56	库塘、河流	2014
贺州市	富川龟石国家湿地公园	4173.13	3687.4	88.36	库塘	2013
	贺州合面狮湖国家湿地公园	2519.75	1300.92	51.63	库塘、河流	2016
	昭平桂江国家湿地公园	1199.95	671.72	55.98	库塘、河流	2016
河池市	都安澄江国家湿地公园	864	474	54.86	河流	2013
	东兰坡豪湖国家湿地公园	549.4	289.4	52.67	库塘	2014
	南丹拉希国家湿地公园	561.48	214.9	38.27	库塘、河流	2015
崇左市	大新黑水河国家湿地公园	692.52	449.6	64.92	河流、沼泽	2014
	龙州左江国家湿地公园	1031.25	794.98	77.09	河流	2014
来宾市	忻城乐滩国家湿地公园	1252	880.8	70.4	库塘、河流	2016
	合山洛灵湖国家湿地公园	317.17	295.16	93.06	河流、库塘、沼泽	2016
	兴宾三利湖国家湿地公园	977.1	644.5	66	库塘、沼泽	2016

三、加强科学研究和动态监测

湿地植被资源用途较广，如挺水植物可作为纤维原料、牛羊饲料等，沉水植物既是草食性鱼类的重要饵料，也可作农田绿肥。然而，只顾眼前利益，过度利用将会引起植物生长衰退，生产力下降，不利于湿地植被资源的可持续利用。因此，首先要深入研究湿地植被的类型、数量与分布，摸清家底；其次要探究高效率或循环性的利用途径，进行适度开发；同时要建立湿地植被资源数据库及监测体系，全面、及时、准确地掌握湿地植被的动态变化，以便采取有效的保护管理措施。

四、加强外来入侵种防治

外来入侵种因能有效地抢占本地种的生长空间和资源而造成本地种物种个体数量降低，甚至消失，以及生态环境退化。例如，互花米草在沿海滩涂生长迅速，并侵入邻近的红树林区，抢占红树林的边缘地带或林中空地，因互花米草生长迅速而影响了红树植物的生长或繁殖；凤眼蓝、大藻等可随着水流到处漂浮并能迅速繁殖，占据整个水面，由此造成沉水植物因缺乏光照而大量死亡，导致湿地植被物种多样性降低。因此，必须重视和加强对湿地植被外来入侵种的防治。同时，采取有效措施，避免外来物种的盲目引进和在湿地中的扩散及其对湿地植被资源造成威胁和破坏。

五、加强退化湿地植被修复

湿地植被是湿地生态系统生物资源的重要组成部分，通常提供着类型较为复杂的生态服务，湿地植被的退化就意味着其生态服务数量和质量的降低，甚至消失。因此，只有对已经退化的湿地植被进行修复才能保证湿地植被资源生态服务功能的恢复及其可持续利用。然而，对于已经退化的湿地植被进行修复或重建，必须遵照湿地植被生态演替规律，因地制宜地构建组成种类适宜、结构合理、具资源特征的群落类型，恢复自然植被，同时发展相应的人工植被，以尽量减轻对自然湿地植被的过度利用。

六、加强公众宣传教育

公众宣传教育的主要目的是使人们认识到湿地植被资源尽管可以再生，但开发利用决不能超过其稳定性阈值，而应使其保持自然更新能力。湿地植被资源保护需要公众广泛参与，可通过电视、广播、报纸等新闻媒体对湿地植被的重要性、经济价值和生态效益进行宣传，提高全民合理利用和有效保护湿地植被资源意识。通过编写科普宣传材料或书籍，结合国际湿地日等主题日，开展湿地植被保护宣传活动，强化公众的保护意识和资源忧患意识。

参 考 文 献

蔡炳华, 陈丽娟, 江文, 等. 2012. 广西荸荠产业发展现状与建议. 长江蔬菜, (18): 98-100

陈成斌. 2001. 广西北回归线上野生稻遗传多样性探讨. 亚热带植物科学, 30(4): 5-9

陈成斌, 庞汉华. 1997. 南昆铁路广西段野生稻现状考察与收集. 广西农学报, (2): 46-49

陈成斌, 赖群珍, 徐志建, 等. 2009. 广西野生稻种质资源保护利用现状与展望. 植物遗传资源学报, 10(2): 338-342

陈成斌, 李杨瑞, 王启德, 等. 2006. 广西玉林野生稻保护区生态现状与原位安全保护. 西南农业学报, 19(3): 385-388

陈成斌, 梁云涛, 徐志健, 等. 2008. 广西薏苡种质资源考察报告. 西南农业学报, 21(3): 792-797

陈成斌, 张烨, 曾华忠, 等. 2012. 广西野生稻保护进展与思考. 植物遗传资源学报, 13(2): 293-298

陈雨晴, 朱双双, 王刚涛, 等. 2017. 极小种群植物水松群落系统发育多样性分析. 植物科学学报, 35(5): 667-678

陈玉军, 廖宝文, 彭耀强, 等. 2003. 红树植物无瓣海桑北移引种的研究. 广东林业科技, 19(2): 9-12

陈作雄. 1990. 广西山地草甸土的形成特点及其理化性质. 热带地理, 10(2): 132-137

邓晓玫, 宋书巧, 郑洲. 2011. 那交河河口植被群落多样性特征研究. 市场论坛, 4: 14-17

范航清, 梁士楚. 1995. 中国红树林研究与管理. 北京: 科学出版社

范航清, 黎广钊, 周浩郎, 等. 2015. 广西北部湾典型海洋生态系统——现状与挑战. 北京: 科学出版社

方龙香, 吕晓倩, 奚道国, 等. 2017. 克隆整合有利于喜旱莲子草(*Alternanthera philoxeroides*)入侵. 湖泊科学, 29(5): 1202-1208

甘新华, 林清. 2008. 广西河池沉水植物多样性及分布初步调查. 广西师范学院学报(自然科学版), 25(3): 83-88

谷立勋, 黄莉莉, 谢培德, 等. 2019. 中药材泽泻的研究现状及对广西中药材产业发展的启示. 中医药导报, 25(6): 60-62, 66

广西大百科全书编纂委员会. 2008a. 广西大百科全书(地理·上册). 北京: 中国大百科全书出版社

广西大百科全书编纂委员会. 2008b. 广西大百科全书(地理·下册). 北京: 中国大百科全书出版社

广西海洋开发保护管理委员会. 1996. 广西海岛资源综合调查报告. 南宁: 广西科学技术出版社

广西壮族自治区地方志编纂委员会. 1994. 广西通志·自然地理志. 南宁: 广西人民出版社

广西壮族自治区地方志编纂委员会. 2018. 广西年鉴(2018). 南宁: 广西年鉴社

广西壮族自治区林业厅. 1993. 广西自然保护区. 北京: 中国林业出版社

广西壮族自治区统计局. 2019. 广西统计年鉴(2019). 北京: 中国统计出版社

郭晓丽, 林清, 李宁, 等. 2010. 广西钦州市钦南区和钦北区沉水植物分布与多样性研究. 安徽农业科学, 38(13): 6778-6780

国家林业局, 2015. 中国湿地资源(广西卷). 北京: 中国林业出版社

何录秋, 薛灿辉, 张亚. 湖南主要经济绿肥的品种研究. 湖南农业科学, 2011(7): 45-47

贺强, 安渊, 崔保山. 2010. 滨海盐沼及其植物群落的分布与多样性. 生态环境学报, 19(3): 657-664

侯威岭, 仲伟艳. 1999. 小兴安岭南坡土壤动物生态序列研究. 地理科学, 19(6): 559-564

胡宝清, 毕燕. 2011. 广西地理. 北京: 北京师范大学出版社

黄安书. 2012. 广西湿地植被生态学研究. 桂林: 广西师范大学硕士学位论文

黄承标, 罗远周, 张建华, 等. 2009. 广西猫儿山自然保护区森林土壤化学性质垂直分布特征研究. 安

徽农业科学, 37(1): 245-247, 354

黄国涛, 欧阳底梅, 向其柏, 等. 2005. 美人蕉属品种分类研究. 南京林业大学学报(自然科学版), 4: 20-24

黄继红, 马克平, 陈彬. 2014. 中国特有种子植物的多样性及其地理分布. 北京: 高等教育出版社

黄金玲, 蒋得斌. 2002. 广西猫儿山综合科学考察. 长沙: 湖南科学技术出版社,

黄李丛, 苏宏河, 唐丰利. 2013. 钦州市引种无瓣海桑现状及发展对策分析. 广东科技, (14): 188-189

黄新芳, 柯卫东, 叶元英, 等. 2005. 中国芋种质资源研究进展. 植物遗传资源学报, 6(1): 119-123

黄歆怡, 钟诚, 陈树誉, 等. 2015. 鱼藤对红树林植物的危害及管理. 湿地科学与管理, 11(2): 26-29

黄阳成, 张征, 翁春英, 等. 柳州市水生蔬菜产业发展现状及规划. 长江蔬菜, 2013(18): 27-29

江发茂, 欧利. 2016. 荔浦县荔浦芋产业发展现状及种植技术. 长江蔬菜, (8): 27-28

江西省农业科学院作物研究所. 1982. 绿肥栽培与利用. 上海: 上海科学技术出版社

蒋礼珍, 黄汝红. 2008. 钦州红树林寒害调查及无瓣海桑耐寒性初探. 气象研究与应用, 29(3): 35-38

焦彬. 1986. 中国绿肥. 北京: 农业出版社

金鉴明, 胡舜士, 陈伟烈, 等. 1981. 广西阳朔漓江河道及其沿岸水生植物群落与环境关系的观察. 广西植物, 1(2): 11-17

孔庆东. 2001. 中国水生蔬菜品种资源. 武汉: 湖北科学技术出版社: 219-238

况雪源, 苏志, 涂方旭. 2007. 广西气候区划. 广西科学, 14(3): 278-283

蓝福生, 李瑞棠, 陈平, 等. 1994. 广西海滩红树林与土壤的关系. 广西植物, 14(1): 54-59

蓝福生, 莫权辉, 陈平, 等. 1993. 广西滩涂土壤资源及其合理开发利用. 自然资源, (4): 26-32

李发根, 夏念和. 2004. 水松地理分布及其濒危原因. 热带亚热带植物学报, 12(1): 13-20

李桂荣. 2008. 广西湿地生态学研究. 桂林: 广西师范大学硕士学位论文

李克敌. 2008. 广西野生稻原生境保护点建设的进展、问题和对策. 植物遗传资源学报, 9(2): 230-233

李丽香, 姜勇, 漆光超, 等. 2018. 广西海岸潮上带草本植物种类与群落特征研究. 广西科学院学报, 34(2): 103-113, 120

李鹏, 李平凤, 黎理, 等. 2017. 地钱属植物研究进展. 大众科技, 19(10): 47-49

李信贤. 2005. 广西海岸沙生植被的类型及其分布和演替. 广西科学院学报, 21(1): 27-36

李信贤, 温远光, 何妙光. 1991. 广西红树林类型及生态. 广西农学院学报, 10(4): 70-81

李玉洪, 李业勇, 秦东. 2013. 关于加快桂林市水生蔬菜产业发展的思考. 长江蔬菜, (18): 23-24

李云, 郑德璋, 陈焕雄, 等. 1998. 红树植物无瓣海桑引种的初步研究. 林业科学研究, 11(1): 39-44

李忠义, 胡钧铭, 蒙炎成, 等. 2015. 广西绿肥发展现状及种植模式. 热带农业科学, 35(11): 71-75

梁士楚. 1988. 广西桂林水生高等植物的概况. 西南师范大学学报, (1): 130-137

梁士楚. 1996. 广西英罗湾红树植物群落的研究. 植物生态学报, 20(4): 310-321

梁士楚. 1999. 广西红树林资源及其可持续利用. 海洋通报, 18(6): 77-83

梁士楚. 2000. 广西红树植物群落特征的初步研究. 广西科学, 7(3): 210-216

梁士楚. 2007. 广西玉林湿地植物区系与群落分析. 广西师范大学学报(自然科学版), 25(3): 101-104

梁士楚. 2011a. 广西湿地植被分类系统. 广西植物, 31(1): 47-51

梁士楚. 2011b. 广西湿地植物. 北京: 科学出版社

梁士楚. 2018. 广西滨海湿地. 北京: 科学出版社

梁士楚, 桂凌健, 马晓彤, 等. 2013a. 广西湿地药用植物资源初步调查//梁士楚, 马姜明. 广西动植物生态学研究(第四集). 北京: 中国林业出版社: 217-230

梁士楚, 田华丽, 伍淑婕, 等. 2013b. 广西沟渠湿地维管束植物初步研究//梁士楚, 马姜明. 广西动植物生态学研究(第四集). 北京: 中国林业出版社: 37-50

梁士楚, 巫文香, 马晓彤, 等. 2013c. 广西湿地外来植物//梁士楚, 马姜明. 广西动植物生态学研究(第三集). 北京: 中国林业出版社: 3-7

梁士楚, 黄安书, 李贵玉. 2011. 广西湿地维管束植物及其区系特征. 广西师范大学学报(自然科学版), 29(2): 82-87

梁士楚, 覃盈盈, 李友邦, 等. 2014. 广西湿地与湿地生物多样性. 北京: 科学出版社

梁士楚, 田丰, 李丽香, 等. 2018. 广西湿地植物分布新纪录. 广西科学院学报, 34(2): 83-86, 102

梁士楚, 田华丽, 田丰, 等. 2015. 漓江湿地植被类型及其分布特点. 广西师范大学学报(自然科学版), 33(4): 115-119

梁士楚, 田华丽, 田丰, 等. 2016. 漓江湿地植物与湿地植被. 北京: 科学出版社

林鹏. 1997. 中国红树林生态系. 北京: 科学出版社

林鹏, 傅勤. 1995. 中国红树林环境生态及经济利用. 北京: 高等教育出版社

林伟, 吴庆华, 农定霖, 等. 2016. 西林薏苡生产现状、问题与对策. 大众科技, 18(2): 120-121, 147

刘镜法. 2002. 广西的银叶树林. 海洋开发与管理, (6): 66-68

刘镜法. 2005. 北仑河口国家级自然保护区的老鼠簕群落. 海洋开发与管理, 1: 41-44

刘伦忠, 莫竹承. 2001. 钦州市红树林保护与管理现状及对策. 林业资源管理, (5): 38-41

刘文奇. 2017. 广西绿肥生产现状与发展潜力及发展对策研究. 南宁: 广西大学硕士学位论文

刘秀, 蒋焱, 陈乃明, 等. 2009. 钦州湾红树林资源现状及发展对策. 广西林业科学, 38(4): 259-260

刘永泉, 凌博闻, 徐鹏飞. 2009. 谈广西钦州茅尾海红树林保护区的湿地生态保护. 河北农业科学, 13(4): 97-99, 102

陆树刚. 2004. 中国蕨类植物区系//中国科学院《中国植物志》编辑委员会. 中国植物志(第I卷). 北京: 科学出版社

罗旋. 1986. 两广沿海红树林潮滩盐土及其利用研究. 土壤通报, 17(30): 118-121

马金双. 2014. 中国外来入侵植物调研报告(下卷). 北京: 高等教育出版社

马履一, 王希群, 郭保香. 2006. 水杉引种及迁地保护进展. 广西植物, 26(3): 235-241

马祖陆, 蔡德所, 蒋忠诚. 2009. 岩溶湿地分类系统研究. 广西师范大学学报(自然科学版), 27(2): 101-106

孟宪伟, 张创智. 2014. 广西壮族自治区海洋环境资源基本现状. 北京: 海洋出版社

莫熙穆, 陈定如、陈章和, 等. 1993. 广东饲用植物. 广州: 广东科技出版社

莫永. 2013. 博白空心菜(博白蕹菜)地理标志产品的保护现状、问题与对策. 湖北植保, (6): 11-14

莫竹承, 范航清, 刘亮. 2010. 广西海岸潮间带互花米草调查研究. 广西科学, 17(2): 170-174

宁世江, 邓泽龙, 蒋运生. 1995. 广西海岛红树林资源的调查研究. 广西植物, 15(2): 139-145

欧昆鹏, 陈丽娟, 郭畅, 等. 2013. 广西荸荠产业现状与发展建议. 南方农业学报, 44(2): 356-359

潘良浩. 2011. 广西茅尾海茳芏生物量研究. 安徽农业科学, 39(22): 13481-13483

潘良浩, 史小芳, 陶艳成, 等. 2016. 广西海岸互花米草分布现状及扩散研究. 湿地科学, 14(4): 464-470

潘良浩, 史小芳, 曾聪, 等. 2018. 广西红树林的植物类型. 广西科学, 25(4): 352-362

庞汉华, 陈成斌. 2002. 中国野生稻资源. 南宁: 广西科学技术出版社

漆光超, 姜勇, 李丽香, 等. 2018. 广西海岸潮间带草本植物群落的研究. 广西科学院学报, 34(2): 114-120

秦汉荣, 闭正辉, 许政, 等. 2016. 广西红树林蜜源植物桐花树蜜蜂利用调查研究. 中国蜂业, 67: 40-42

覃海宁, 刘演. 2010. 广西植物名录. 北京: 科学出版社

覃汉林. 2014. 广西水生蔬菜产销现状及产业发展建议. 长江蔬菜, (5): 1-3

覃勇荣. 1987. 漓江水生高等植物调查及其对环保关系与经济利用初探. 河池师专学报, (1): 86-95

邱广龙. 2005. 红树植物海榄雌繁殖生态研究与果实品质分析. 南宁: 广西大学硕士学位论文

邱广龙, 范航清, 李宗善, 等. 2013. 濒危海草贝克喜盐草的种群动态及土壤种子库研究——以广西珍珠湾为例. 生态学报, 33(19): 6163-6172

孙娟, 蓝崇钰, 夏汉平, 等. 2006. 基于QuickBird卫星影像的贵港市城市景观格局分析. 生态学杂志, 25(1): 50-54

谭伟福, 罗保庭. 2010. 广西大瑶山自然保护区生物多样性研究及保护. 北京: 中国环境科学出版社

田丰, 黄永, 刘杰恩, 等. 2014. 靖西海菜花分布现状及其保护管理对策. 湿地科学与管理, 10(2): 26-29

田丰, 赵红艳, 刘润红, 等. 2016. 广西水生植物一新记录种——小花水毛茛. 广西师范大学学报(研究生专刊): 32-33

田华丽, 夏艺, 梁士楚, 等. 2015. 桂林漓江湿地植被组成种类及其区系成分. 湿地科学: 13(1): 103-110

王淑元, 郑德璋. 1992. 中国红树林技术考察组赴孟加拉国考察情况的汇报. 国外考察报告汇编, 哈尔滨: 东北林业大学出版社

王伟伟, 宋少峰, 曹增梅, 等. 2013. 日本大叶藻生态学研究进展. 海洋湖沼通报, (4): 120-124

王秀丽, 卢昌义, 周亮, 等. 2017. 外来红树植物拉关木对木榄的化感作用. 厦门大学学报(自然科学版), 56(3): 339-345

王育鹏, 徐丽, 张震. 2009. 合肥市不同生境喜旱莲子草的分布和发生. 安徽农业科学, 37(6): 2800-2802

王跃峰, 杜沛霖, 谢凤凤, 等. 2017. 广西产拳卷地钱资源调查研究. 大众科技, 19(9): 12-13, 26

吴名川. 1981. 水松. 广西植物, 1(8): 51-52

吴征镒. 2003. 世界种子植物科的分布区类型系统的修订. 云南植物研究, 25(5): 535-538

吴征镒, 周浙昆, 孙航, 等. 2006. 种子植物分布区类型及其起源和分化. 昆明: 云南科技出版社

谢宝贵, 陈维群. 1989. 广西轮藻植物初步调查. 广西农学院学报, 8(1): 10-16

徐万林. 1983. 中国蜜源植物. 哈尔滨: 黑龙江科学技术出版社

徐志健, 陈成斌, 梁世春等. 2010. 广西野生稻自然资源濒危现状评估报告. 广西农业科学, 41(3): 281-285

薛跃规, 黄云峰. 2002. 桂林市郊重现国家一级重点保护孑遗植物——中华水韭. 广西师范大学学报(自然科学版), 20(2): 42

喻国忠. 2007. 漫谈广西主要土壤. 南方国土资源, (3): 39-40

张尚文, 吴龙墩, 蒋慧萍, 等. 2017. 广西莲藕产业发展现状及发展趋势. 长江蔬菜, (18): 174-176

张志. 1982. 芋的起源、演变和分类. 江西农业科技, (7): 24-25, 31

赵焕庭, 王丽荣. 2000. 中国海岸湿地的类型. 海洋通报, 19(6): 72-82

赵有为. 1999. 中国水生蔬菜. 北京: 中国农业出版社

郑凤英, 邱广龙, 范航清, 等. 2013. 中国海草的多样性、分布及保护. 生物多样性, 21(5): 517-526

郑世群, 吴则焰, 刘金福, 等. 2011. 我国特有孑遗植物水松濒危原因及其保护对策. 亚热带农业研究, 7(4): 217-220

中国湿地植被编辑委员会. 1999. 中国湿地植被. 北京: 科学出版社

中国饲用植物志编辑委员会. 1987. 中国饲用植物志第 1 卷. 北京: 农业出版社

中国饲用植物志编辑委员会. 1989. 中国饲用植物志第 2 卷. 北京: 农业出版社

中国植被编辑委员会. 1980. 中国植被. 北京: 科学出版社

周清湘. 1994. 广西土壤. 南宁: 广西科学技术出版社

周维, 高美萍, 陈丽娟, 等. 2015. 广西慈姑产业发展现状及对策. 长江蔬菜, (4): 68-69

朱太平, 刘亮, 朱明. 2007. 中国资源植物. 北京: 科学出版社

Aioi K, Nakaoka M. 2003. The seagrass of Japan//Green E P, Short F T. World Atlas of Seagrasses. Berkley: University of California Press

Benjamin K J, Walker D I, McComb A J, et al. 1999. Structural response of marine and estuarine plants of *Halophila ovalis* (R. Br.) Hook. f. to long-term hyposalinity. Aquatic Botany, 64: 1-17

Brock M A. 1979. Accumulation of proline in a submerged aquatic halophyte, *Ruppia* L. Oecologia, 51: 217-219

Cook C D K. 1990. Aquatic Plant Book. Hague: SPB Academic Publishing

Den Hartog C. 1970. The Seagrass of the World. Amsterdam: North-Holland Publication

Duarte C M. 1991. Seagrass depth limits. Aquatic Botany, 40: 363-377

Green E P, Short F T. 2003. World Atlas of Seagrasses. California: University of California Press

Hillman K, McComd A J, Walker D I. 1995. The distribution, biomass and primary production of the seagrass *Halophila ovalis* in the Swan/Canning Estuary, Western Australia. Aquatic Biology, 51: 1-54

Hunt K W. 1943. Floating mats on a southeastern coastal plain reservoir. Bulletin of the Torrey Botanical Club, 70: 481-488

Kay S H, Haller W T. 1982. Evidence for the existence of distinct alligator weed biotypes. Journal of Aquatic Plant Management, 20: 37-41

Kuo J, Shibuno T, Kanamoto Z, et al. 2001. *Halophila ovalis* (R. Br.) Hook. f. from a submarine hot spring in southern Japan. Aquatic Botany, 70(4): 329-335

Larkum A W D, Orth R J, Duarte C M. 2006. Seagrasses: Biology, Ecology and Conservation. Berlin: Springer

Nakaoka M, Toyohara T, Matsumasa M. 2001. Seasonal and between-substrate variation in mobile epifaunal community in a multispecific seagrass bed of Otsuchi Bay, Japan. Marine Ecology, 22(4): 379-395

Robert H C, Palmisano A W. 1973. The effects of hurricane Camille on the marshes of the Mississippi River Delta. Ecology, 54: 1118-1123

Satoh K. 1999. *Metasequoia* travels the globe. Arnoldia, 58(4)/59(1): 72-75

Shin H, Choi H K. 1998. Taxonomy and distribution of *Zostera* (Zosteraceae) in eastern Asia, with special reference to Korea. Aquatic Botany, 60: 49-66

Short F T, Willy-Echeverria S. 1996. Natural and human-induced disturbance of seagrasses. Environment Conservation, 23: 17-27

Short F T, Carruthers T, Dennison W, et al. 2007. Global seagrass distribution and diversity: A bioregional model. Journal of Experimental Marine Biology and Ecology, 350: 3-20

Short F T, Polidoro B, Livingstone S R, et al. 2011. Extinction risk assessment of the world's seagrass species. Biological Conservation, 144: 1961-1971

Zieman J C. 1982. The Ecology of the Seagrasses of South Florida: A Community Profile. Washington: US Fish and Wild Life Service